U0958275

机械振动学

闻邦椿　刘树英　张纯宇　编著

北京
冶金工业出版社
2010

内 容 提 要

本书是为高等院校机械类专业本科生编写的简明教材。主要内容有：第一章叙述了机械振动的基本概念、振动力学模型及振动的分类；第二章及第三章叙述了单自由度系统的振动，包括无阻尼、有阻尼的自由振动和受迫振动及其应用；第四章叙述了无阻尼、有阻尼二自由度系统的自由振动和受迫振动，着重介绍振动方程的建立和求解的一般方法及其在工程中的应用；第五章介绍多自由度系统的振动，着重介绍用矩阵法建立系统的振动方程、矩阵迭代法求固有频率及振型、坐标变换与解耦，并举出了若干应用实例。第六章介绍单自由度非线性系统的振动。书后附有一定量的习题及参考答案。

本书可作为高等院校本科生有关专业的基础课或技术基础课教材，也可作为研究生参考教材，还可供从事机械振动领域研究和设计的工程技术人员参考。

图书在版编目(CIP)数据

机械振动学/闻邦椿等主编．—北京：冶金工业出版社，2000.2（2010.8 重印）

ISBN 978-7-5024-2438-1

Ⅰ.机…　Ⅱ.闻…　Ⅲ.机械振动　Ⅳ.TH113.1

中国版本图书馆 CIP 数据核字（2008）第 087913 号

出 版 人　曹胜利
地　　址　北京北河沿大街嵩祝院北巷 39 号，邮编 100009
电　　话　(010)64027926　电子信箱　yjcbs@cnmip.com.cn
责任编辑　宋　良　美术编辑　李　新　责任校对　白　迅
ISBN 978-7-5024-2438-1
北京兴顺印刷厂印刷；冶金工业出版社发行；各地新华书店经销
2000 年 2 月第 1 版，2010 年 8 月第 4 次印刷
787mm×1092mm　1/16；12.25 印张；291 千字；188 页
25.00 元

冶金工业出版社发行部　电话：(010)64044283　传真：(010)64027893
冶金书店　地址：北京东四西大街 46 号(100711)　电话：(010)65289081
（本书如有印装质量问题，本社发行部负责退换）

前　言

振动理论及其应用技术的发展已经取得了引人注目的成就，有力地推动了新设计与新产品的不断出现。随着现代工业对工程质量、产品精度及其可靠性方面要求的提高，振动理论已经成为工程技术人员正确进行产品设计、结构优化以及开发新产品等必备的基础知识。因此，机械振动学课程已经成为高等工科院校机械工程类专业学生必修的基础理论课之一。目前，国内出版发行的几种教材和著作均已使用多年，根据国家教委新近颁布的专业目录和高等学校机械工程类专业四年制本科教学大纲的要求，我们编写了这本教材。

本书内容：第一章概论，叙述了振动的基本概念、振动力学模型、振动的分类、振动在国民经济建设中的应用及地位；第二章及第三章叙述了单自由度系统的振动，包括无阻尼、有阻尼的自由振动和受迫振动、隔振原理及其应用，重点是建立起振动学基本概念及对其重要性的认识；第四章叙述了无阻尼及有阻尼二自由度系统的自由振动和受迫振动，着重介绍系统振动方程的建立和求解的一般方法及其在工程中的应用；第五章叙述多自由系统的振动，着重介绍矩阵法建立系统振动方程，求固有频率及固有振型的矩阵迭代法，坐标变换与解耦，并举出了若干应用实例。第六章介绍单自由度非线性系统的振动。书中带“*”号部分可留给学生自学。书后给出了一定量习题与答案，以便巩固和消化课程的基本内容。

本书曾作为东北大学本科生内部教材使用多年。此次出版是在原有基础上进行了重新编写。书中吸收了作者多年积累的教学经验和本学科科学研究的成果，使其更具科学性和实用性。本书的特点是简明扼要，既突出重点又照顾一般，能够在有限的课时内提供尽可能多的信息和本科生应具有的必要的知识。在编写过程中，我们特别注意了有关理论基础与工程用机械的联系，使理论的应用更具有典型性和鲜明性，并且尽量反映近年来国内外有关的最新研究成果，使本教材具有先进性。

担任本书主审的有：大连理工大学马孝江教授，东北大学张维屏教授、关立章教授。在此对三位教授表示衷心感谢。

本书在编写出版过程中，得到东北大学等院校许多老师的指导并提供资料，冶金工业出版社教材编辑室同志给予大力帮助和支持，在此一并表示感谢！

由于时间仓促以及我们的水平所限，对书中可能存在的疏漏之处，恳切希望师生及读者不吝赐教。

编　者

1999 年 10 月

目　录

1 概　论

随着科学技术的发展，现代工业对工程的质量、产品的精度及可靠性等都提出越来越高的要求。这就是说，在现代设计中不仅要考虑静力效应，而且还要考虑到动力效应问题，即所谓"动态设计"问题。动态设计中的一个重要方面就是振动分析。因此，振动问题已经在工程领域中日益被重视，振动分析已经成为进行机械设计、制造和机器使用过程中不可缺少的内容。

所有的机械都处在运动(运转)的过程中，而且常常伴随着振动。但是，以往的一个漫长时期中，人们往往"忽视"了振动问题，使得依据静力学理论作出的机械设计的强度和刚度虽然绰绰有余，但实际使用过程中却往往"过早地"损坏了。其中之一就是振动所引起的不良作用。

振动是一个复杂的物理过程。要解析这个过程，建立振动理论并且用来解决工程实际问题，是艰巨而漫长的任务。过去人们只能在允许的条件下进行简化求解，满足部分工程问题的要求。近年来由于电子计算机的飞速发展和应用，人们解决复杂振动问题和进行大量浩繁的运算成为可能。近二十多年来，振动理论的研究有了许多重要的发展，并且在许多方面得到越来越广泛的应用。

1.1　机械振动的基本概念

机械振动是一种特殊形式的机械运动。可以解释为：机器或结构物在其静平衡位置附近所作的"往复运动"。这个往复运动的机器或结构物称为振动体。实际中为了便于说明问题，人们总是把振动体假设成没有弹性而只有集中质量的刚体，并且把它与一个被忽视了质量而只具有弹性的弹簧联系在一起，组成一个"弹簧-质量"系统，称为振动系统，简化后的单自由度弹簧-质量系统力学模型如图 1-1 所示。

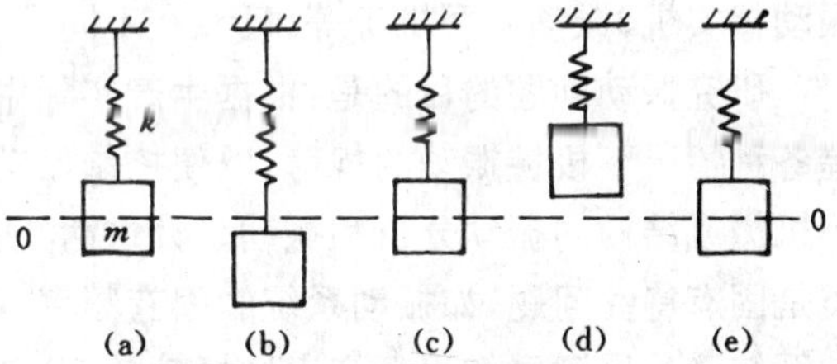

图 1-1　弹簧-质量系统力学模型

如图 1-1，当物体(振动体)处于静力平衡位置(即 1-1a 位置)时，物体的重力与支持它的弹簧的弹性恢复力相互平衡，其合力 $F=0$，故物体处于静止状态，物体的速度 $v=0$，加速度 $a=0$。

当物体受到向下的冲击力作用即向下运动，弹簧被拉伸。随着弹簧越来越拉长，其弹簧恢复力逐渐增大，物体作减速运动，当物体的运动速度减少到 $v=0$ 时，物体运动到最低位置(1-1b 位置)，此时由于弹簧的恢复力大于物体的重力，故合力 F 的方向向上，物体产生向上的加速度 a，物体即转而向上运动。

当物体返回到平衡位置(图 1-1c 位置)时，它所受的重力与弹簧弹性力的合力 F 又为零。但由于物体的惯性作用，物体继续向上运动；随着物体向上运动，弹簧逐渐被压缩，则弹性恢复力渐渐增大，且与重力的合力方向向下，故物体又作减速运动；当物体向上运动的速度减少到零时，物体即运动到最高位置(图 1-1d 位置)，此时由于被压缩弹簧的弹性恢复力

与重力的合力 F 大于惯性力，物体又开始向下运动，直至再次回到平衡位置(图 1-1e 位置)；此后，由于惯性的作用，物体继续向下运动，重复前面的运动过程。如此物体在其平衡位置附近往复运动。当系统内无阻尼存在时，这种往复运动将进行无穷次。

物体从平衡位置起始，向下运动到最低位置，然后向上运动，经过平衡位置继续向上运动至最高位置，然后再向下运动回到平衡位置，即从图 1-1a 到图 1-1e，算作完成一次振动。物体完成一次振动所占用的时间长度称为周期。振动物体每经过一个周期后，便重复前一个周期全部过程。周期以 T 表示，单位为秒(s)。

单位时间内振动的次数称为频率，它是周期的倒数。以 f 表示频率，即

$$f=\frac{1}{T} \tag{1-1}$$

频率的单位为赫兹(Hz)或 1/s。

在大多数情况下，振动是有害的。当振动量超出容许的范围后，振动将会影响机器的工作性能，使机器的零部件产生附加的动载荷，从而缩短使用寿命；强烈的机器振动还会影响周围的仪器仪表正常工作，严重影响其度量的精确度，甚至给生产造成重大损失；振动往往还会产生巨大的噪声，污染环境，损害人们的健康，这已成为最引人关注的公害之一。例如，某矿井多绳提升机，由于其减速装置产生强烈振动，曾被迫降速减载运行，严重影响了该提升机的工作性能；露天矿用潜孔钻机冲击器的缸体，曾因冲击振动而导致缸壁产生纵向裂纹；风动凿岩机的高频冲击产生强烈的噪声，严重影响作业环境卫生和工人的健康。

另一方面，振动也是可以被利用的。在很多工艺过程中，振动起着特有的良好作用。例如，利用振动可以使物料在振动体内运动，输送或筛分物料；利用振动可以减少物料的内摩擦及物料的抗剪强度，进行充填或将物料密实；利用振动还可降低松散物料对贯入物体的阻力，从而提高作业机械的生产率；利用振动可以提高物料在烘干箱(振动体)内的干燥效率，节省能源。此外，利用振动还可以完成破磨、粉碎、沉拔桩等各种工艺过程。因此，随着各种不同的工艺要求，就出现了各种类型的振动机械，如振动输送机，振动筛分机，振动装载机，振动捣实机，振动研磨机等等，已经在不同的生产工艺过程中发挥了重要作用。

研究振动问题的目的是：根据生产实际中提出的各种各样的振动问题，不断地认识和掌握各种情况下机械振动的规律，以便控制振动的危害，发挥其有益的作用。由此就提出了进行机械或结构的振动分析和振动设计这两个方面的问题。前者的问题大致可分为三类：第一类是固有特性问题，如振动系统的固有频率、固有振型等等；第二类是振动的响应问题，即振动系统受外界激励作用而产生的振动效应，其中一方面是研究振动引起的结构动态变形，其加速度是否超出允许值以及所产生的噪声等；另一方面是研究构件动应力，结构疲劳强度或其寿命等问题；第三类问题是振动的稳定性问题，即研究影响系统稳定性的主要因素以及确定稳定性临界条件等。

振动设计或振动控制是振动分析的逆问题，其主要任务是在产品设计中采取必要措施来满足振动要求，如避开共振，限制振动响应水平，不使发生自激振动等等。但由于问题的复杂性，一般仍将问题转化为振动分析问题来处理，即先根据经验选取振动系统的质量，确定其系统刚度分布以及必要时外加减振装置等。然后再分析其固有特性、振动响应及其振动稳定性问题。

1.2　机械振动的分类

对机械振动，可根据不同的特征把它加以分类：

(1)按产生振动的输入特性，可分为自由振动、受迫振动和自激振动3类

自由振动　系统受到初始激振作用后，仅靠其本身的弹性恢复力“自由地”振动，其振动的特性仅决定于系统本身的物理特性(质量 m、刚度 k)；

受迫振动　又称强迫振动，系统受到外界持续的激振作用而“被迫地”进行振动，其振动特性除决定于系统本身的特性外，还决定于激振的特性；

自激振动　有的系统由于具有非振荡性能源和反馈特性，从而引起一种稳定的振动。

(2)按振动的周期性，可分为周期振动和非周期振动两大类

周期振动　振动系统的某些物理量(如位移、速度、加速度等)，在相等的时间间隔内作往复运动。往复一次所需的时间间隔称为“周期”；每经过一个周期以后，运动又重复前一周期的全过程(如图1-2所示)。

非周期振动　即瞬态振动，振动系统的物理量的变化没有固定的时间间隔，即没有一定的周期(如图1-3所示)。

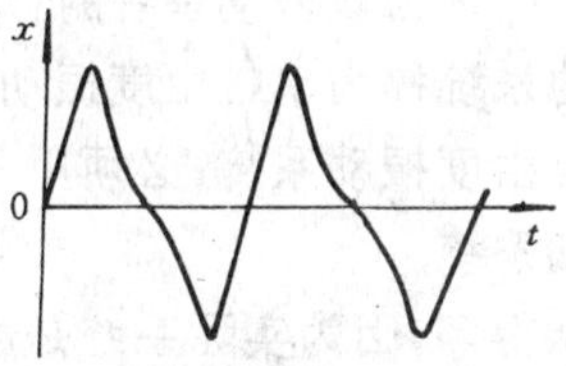

图1-2　周期振动

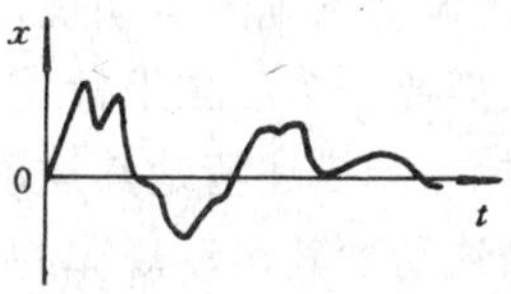

图1-3　非周期振动

(3)按振动的输出特性，可分为简谐振动，非简谐振动和随机振动

简谐振动　可以用简单正弦函数或余弦函数表述其运动规律的振动(如图1-13)。显然，简谐振动属于周期性振动。

非简谐振动　不可以直接用简单正弦函数或余弦函数表述其运动规律的振动，如图1-2所示的振动。非简谐振动也可能是周期性振动。

随机振动　不能用简单函数或简单函数的组合来表述其运动规律，而只能用统计的方法来研究其规律的非周期性振动(如图1-3)。

(4)按振动系统的结构参数的特性，可分为线性振动和非线性振动

线性振动　振动系统的惯性力、阻尼力、弹性恢复力分别与加速度、速度、位移成线性关系，能够用常系数线性微分方程表述的振动；

非线性振动　振动系统的阻尼力或弹性恢复力具有非线性性质，故只能用非线性微分方程表述的振动。

(5)按振动系统的自由度数目分类，可分为单自由度和多自由度系统振动

单自由度系统的振动　确定系统在振动过程中任何瞬时的几何位置，只需要一个独立坐标的振动；

多自由度系统的振动　确定系统在振动过程中任何瞬时的几何位置，需要多个独立坐标的振动。

弹性体具有无限多个自由度，因此需用无限多个独立坐标确定系统在振动过程中任何

瞬时的几何位置。

(6)按振动位移的特征分类,可分为纵向振动、横向振动、扭转振动和摆振动

纵向振动　振动体上的质点沿轴线方向发生位移的振动,如图 1-1 所示的振动。

横向振动　振动体上的质点在垂直于轴线方向发生位移的振动,如图 1-8 所示的振动。

扭转振动　振动体上的质点作绕轴线方向发生位移(角位移)的振动,如图 1-9、图 2-3。

纵向振动和横向振动又统称为直线振动,扭转振动又称为角振动。

摆振动　振动体上的质点在平衡位置附近作弧线运动,如图 1-4。

1.3　振动系统的简化及其力学模型

1.3.1　振动系统的简化与自由度

实际的振动系统往往是很复杂的,给研究解决振动问题带来很大困难。因此,在处理实际工程问题时,必须根据所研究问题的实际情况,抓住系统中的主要影响因素,忽略那些次要的因素,把复杂的振动系统加以合理的简化和抽象,研究起来就方便多了。有时候对那些不能够研究的复杂问题,经过简化以后就能够研究解决了。经过简化抽象以后的振动系统,在振动学上称为力学模型。

用以描述振动系统的运动规律所必须的独立坐标数目,称为该振动系统的自由度数。如前节所述,只需要一个独立坐标就可以描述其运动规律的系统称为单自由度振动系统;需要两个独立坐标才能描述清楚其运动规律的系统,称为二自由度振动系统;必须用多个独立坐标,才可以描述清楚其运动规律的系统称为多自由度振动系统。

当分析实际的振动系统的自由度数目时,情况要复杂得多,因为实际系统是由许多构件组成的,而每个构件都具有分布的质量和弹性。因此严格地讲,实际的振动系统都是无限多自由度的系统。为使问题得以研究解决,必须在对系统的各因素进行全面分析的基础上,把握主要因素,忽略次要因素,建立合理的力学模型。例如,将质量较大、弹性较小的构件简化为不计弹性的集中质量;将振动过程中弹性变形较大的构件简化为不计质量的弹性元件;将较小位移的振动忽略不计或只考虑某一方向的振动而暂不考虑其他方向的振动等等。这样处理以后,实际的无限多自由度的系统就可以简化为有限个自由度系统,甚至单自由度系统,这样分析研究起来不仅方便得多,而且所得到的结果仍具有足够的精度。

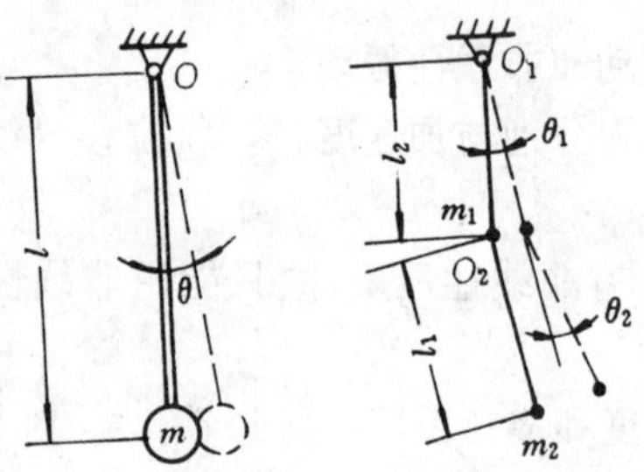

图 1-4　单摆振动与复摆振动

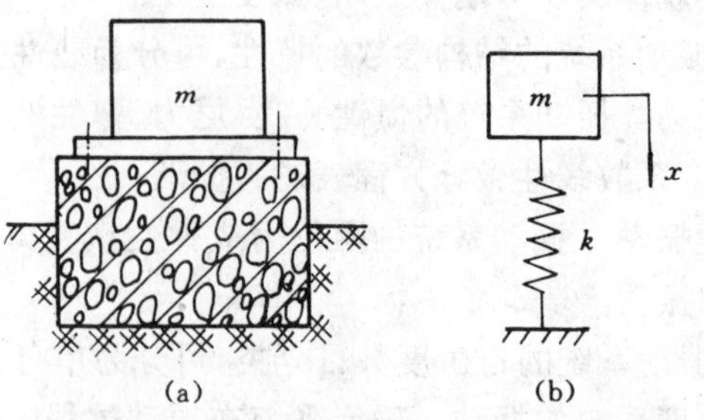

图 1-5　机器及其力学模型

可见,所研究系统的自由度数目,不仅决定于系统本身的机械性质,而且还决定于人们要着重研究系统中的主要方面及要求的精确度。

1.3.2 力学模型的建立

下面举例说明振动系统力学模型的建立方法。

图 1-5a 所示为一台机器安装在混凝土基础上。在机器工作时，由于离心载荷的作用，机器与基础一起产生振动。通常机器与基础的变形远小于地基土壤的变形，因此可把机器与基础看成一个刚性质量块，基础正下方的地基土壤看成为无质量的弹簧。若我们只研究垂直方向的振动情况，那么该振动系统便可简化成如图 1-5b 所示的力学模型。图中 k 为弹簧的刚度，它表示产生单位变形所需施加的力，单位是 N/cm。

图 1-6a 为悬臂梁式提升设备。当绞车提升重物时，由于某种原因突然紧急制动，整个提升系统悬臂梁——绞车——钢丝绳——重物将沿着垂直方向产生振动。在振动过程中，绞车与重物可看作无弹性变形的质量块，钢丝绳和悬臂梁变形较大，可当作无质量的弹簧来处理。当只研究垂直方向的振动时，其简化后的力学模型如图 1-6b 所示。在这个模型中，k_1 为悬臂梁的刚度，由材料力学可知

$$k_1 = 3EJ/l^3 \tag{1-2}$$

式中 E——弹性模量；

J——悬臂梁截面惯性矩；

l——重物距悬臂梁固定端的距离。

k_2' 为钢丝绳的刚度，它指钢丝绳产生单位长度变形所需加的外力。m_1 与 m_2 分别为绞车与重物的质量，对图 1-6b 所示的力学模型还可作进一步简化。用一个弹簧代替 m_1 与 m_2 之间的两个弹簧，其刚度为

$$k_2 = 2k_2'$$

简化后的模型如图 1-6c 所示。

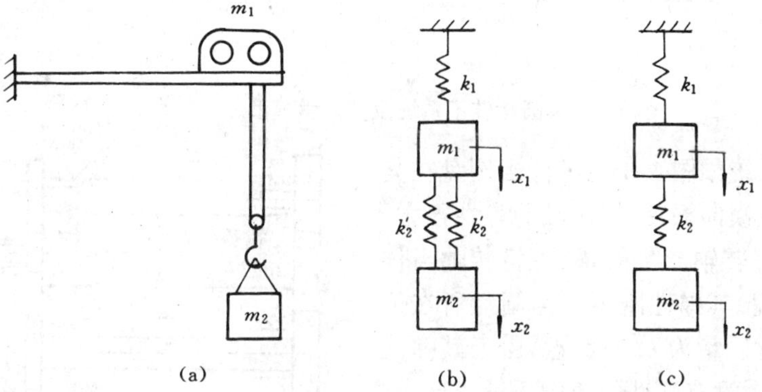

图 1-6 悬臂梁式提升机及其力学模型

图 1-7a 所示的运输汽车是由许多构件组成的机械系统，当研究包括全部构件的振动时，它是一个有无限多个自由度的系统。当把车身、车斗等看成一个刚体，并且各构件的质量集中到一点，将弹性较大的轮胎看成为刚度为 k 的弹簧来研究这个刚体的振动时，则这个汽车振动系统就被简化为一个仅具有刚性的刚体坐落在四个弹簧上的振动系统(图 1-7b)。当汽车在凸凹不平的道路上行驶时，将会引起较为复杂的振动。

如图 1-7a，当把汽车车身、车斗等作为一个刚体研究时，汽车将会发生沿 x、y、z 三个轴向的直线振动和绕这三个轴的转角振动。系统被简化为具有六个自由度的振动系统。实际表明，对汽车行驶影响最大的是沿 z 轴的垂直振动和绕 y 轴的角振动。因此，六个自由度可以简化成两个自由度问题来研究。

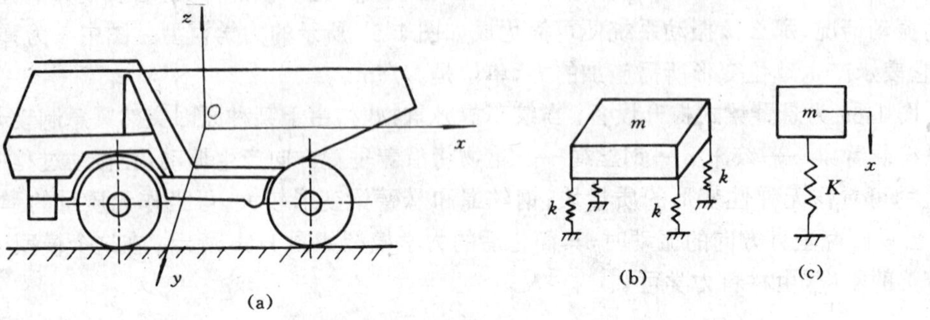

图 1-7　运输汽车及其力学模型

当只研究汽车垂直方向的振动时，图 1-7b 所示的力学模型可以进一步简化，即用一个刚度为 $K(K=4k)$ 的弹簧代替四个刚度为 k 的弹簧，则系统又简化成如图 1-7c 所示的单个自由度的力学模型了。

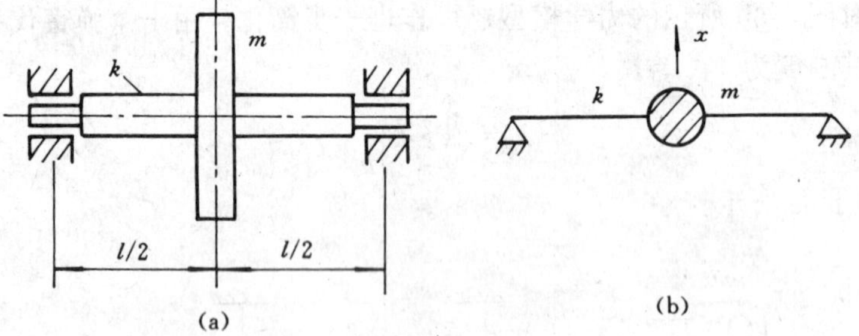

图 1-8　单圆盘转子系统及其力学模型

一单圆盘转子系统如图 1-8a 所示。当圆盘在其静平衡位置附近产生横向振动时，转轴的弹性很大，系统弹性变形主要是转轴产生的，故可将转轴当作无质量的弹性体处理，其弹性刚度 k 为圆盘所在位置时转轴的刚度。对质量为 m 的圆盘，由于其弹性很小，则可认为是一个没有弹性的集中质量。这样，图 1-8a 所示的单圆盘转子系统即被简化为图 1-8b 所示的力学模型。它与图 1-7c 所示的力学模型本质上是一致的。

扭转振动也是工程实际中常遇到的振动问题，需用角位移作为独立坐标来描述其运动状态（图 1-9a）。

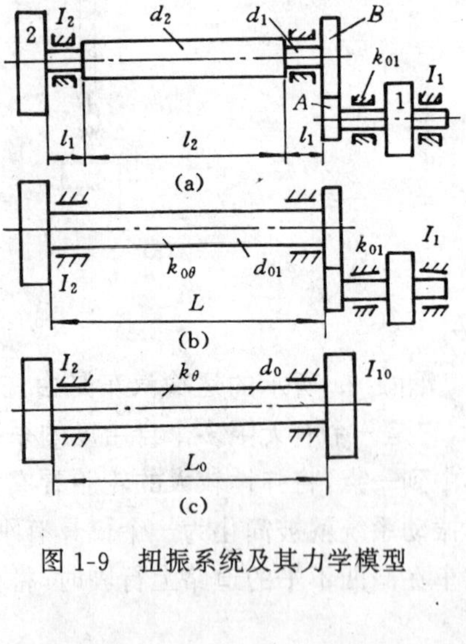

图 1-9　扭振系统及其力学模型

根据运动特点，可以把转轴简化为无质量的扭转弹簧；将工作叶轮 2 与齿轮 B 间的阶梯轴用一等直径的当量轴代替(图 1-9b)；把 I_1 向低速轴简化为 I_{10}；用刚度为 k_θ 的当量转轴代替图 1-9b 中的两根轴，k_θ 称为扭转刚度，意义为单位转角所需的力矩(N · cm/rad)；将转动惯量为 I_{10} 及 I_2 的圆盘看成无弹性的刚体。这样，原扭振系统即被简化为如图 1-9c 所示的力学模型。

1.4　各种弹性元件的刚度特性及刚度的计算

当质量的位移(即弹性元件的变形)为 x，弹性元件的弹性力(等于施加的外力)为 Q_k，弹性力和位移的关系为

$$Q_k = f(x) \tag{1-3}$$

称为弹性元件的刚度特性。各种弹性元件的刚度特性如图 1-10 所示。

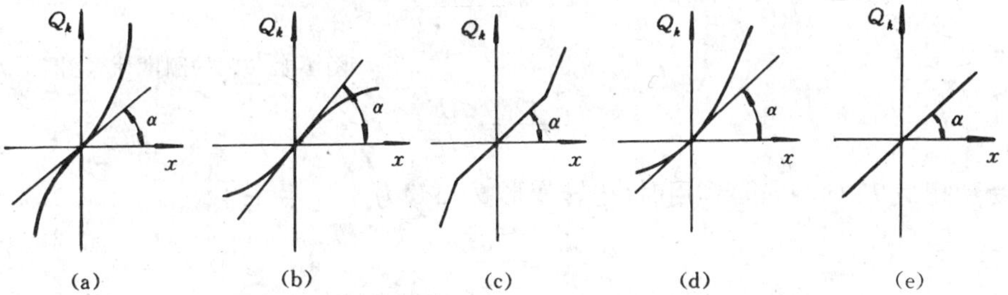

图 1-10　各种刚度特性曲线

(a)硬特性；(b)软特性；(c)分段特性；(d)不对称特性；(e)线性

由图可见，当位移很小时，作为一阶近似，各种刚度特性曲线均可用过原点的切线代替，即

$$Q_k = kx$$

上述将弹性元件的弹性力与位移的关系简化为线性关系，称为线性化。如果线性化以后改变了振动系统的性质，则应按非线性特性处理。

上式表明，弹性元件的弹性力 Q_k 与位移 x 的一次方成正比，其比例系数 k 即产生单位位移(线位移或角位移)所需的载荷(力或力矩)称为刚度，其单位是 N/cm，或 N · cm/rad。

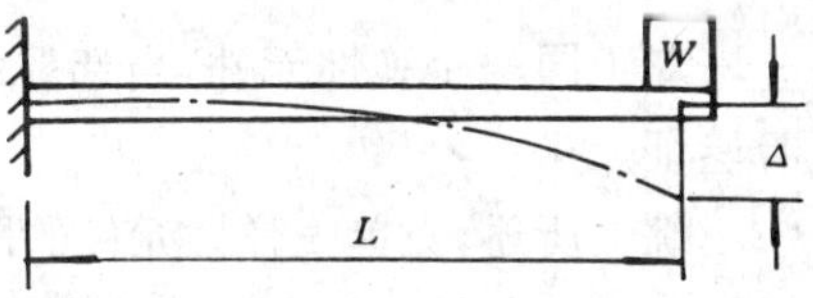

图 1-11　悬臂梁的刚度计算图

下面举例说明根据此定义计算弹性元件的刚度。

如图 1-11 所示，悬臂梁端部作用一物体，若不计梁质量的影响，求梁端点的弯曲刚度。

由材料力学知，梁端受物体的重力作用产生的弯曲挠度(变形)为

$$\Delta = \frac{WL^3}{3EJ}$$

式中　E——梁材料的弹性模量；

J——梁截面对中性轴的惯性矩；

W——物体的质量；

L——梁的计算长度。

所以梁端点的弯曲刚度应为

$$k_{\Delta}=\frac{W}{\Delta}=\frac{3EJ}{L^3}$$

实际系统中的同一构件，所受载荷不同，在研究不同方向的振动时，构件具有不同的刚度表示。

一简支的等截面轴如图 1-12 所示，轴的截面面积为 $A(\mathrm{cm}^2)$，长度为 $L(\mathrm{cm})$，轴截面惯性矩为 $J(\mathrm{cm}^4)$，极惯性矩为 $J_\mathrm{p}(\mathrm{cm}^4)$，材料的弹性模量为 $E(\mathrm{N/cm}^2)$，剪切弹性模量为 $G(\mathrm{N/cm}^2)$。

当轴受到轴向载荷 $Q_1(\mathrm{N})$ 的作用时，产生的轴向变形为

$$\delta=\frac{Q_1L}{EA}$$

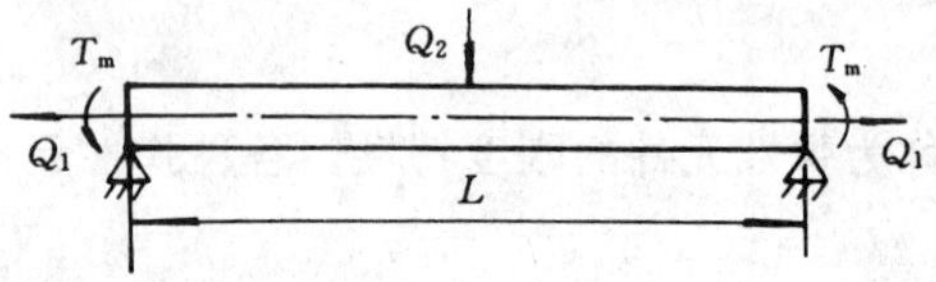

图 1-12　轴的刚度计算图

所以轴向刚度为

$$k_1=\frac{Q_1}{\delta}=\frac{AE}{L} \tag{1-4}$$

当轴端受到扭矩 $T_\mathrm{m}(\mathrm{N\cdot cm})$ 作用时，扭转变形 $\theta(\mathrm{rad})$ 为

$$\theta=\frac{T_\mathrm{m}L}{GJ_\mathrm{p}}$$

故扭转刚度为

$$k_\theta=\frac{T_\mathrm{m}}{\theta}=\frac{GJ_\mathrm{p}}{L} \tag{1-5}$$

当轴的中点受到径向载荷 $Q_2(\mathrm{N})$ 的作用时，在该点的位移(挠度)为

$$y=\frac{Q_2L^3}{48EJ}$$

可得轴中点的横向刚度为

$$k_2=\frac{48EJ}{L^3}$$

对于同一个弹性元件，当选择的参考点不同时，其刚度的值也不相同，读者可以自行计算验证。

综上所述，对单一弹性元件的刚度计算是比较容易的，但在实际中经常是若干个弹性元件组合使用。关于组合元件的刚度计算将在下一章叙述。

1.5　简谐振动及其表示法

1.5.1　简谐振动的运动学特征

简谐振动是最简单而又最重要的一种周期振动。

如前所述，简谐振动是指机械系统的某个物理量(如位移、速度、加速度等)按时间的正弦或余弦函数规律变化的振动，其数学表达式如

$$x=A\sin\left(\frac{2\pi}{T}t+\varphi_0\right)$$

或 $$x=A\cos\left(\frac{2\pi}{T}t+\varphi_0\right)$$

式中 A——振幅，表示振动体离开平衡位置的最大位移(cm)；

T——周期，为振动体完成一次振动所占的间隔时间(s)；若用 $t+T$，$t+2T$，…，$t+nT$ 代替式中的 t，则所得的 x 值不变，故运动每间隔时间 T 就重复一次；

φ_0——初相位，即 $t=0$ 时的相位，表示振动体的初始位置。

上式中令 $\omega_n=\frac{2\pi}{T}=2\pi f$，称为“角频率”或“圆频率”，则上式可写成

$$x=A\sin(\omega_n t+\varphi_0) \tag{1-6}$$

式中 $\omega_n t+\varphi_0$——相位角，是决定振动物体在 t 时刻运动状态的重要参量。

对简谐振动的位移表达式(1-6)式求一阶和二阶导数，可得简谐振动的速度和加速度表达式

$$\dot{x}=A\omega_n\cos(\omega_n t+\varphi_0)=A\omega_n\sin\left(\frac{\pi}{2}+\omega_n t+\varphi_0\right) \tag{1-7}$$

$$\ddot{x}=-A\omega_n^2\sin(\omega_n t+\varphi_0)=A\omega_n^2\sin(\pi+\omega_n t+\varphi_0) \tag{1-8}$$

比较式(1-6)、(1-7)及(1-8)可知，简谐振动具有如下运动学特征：

(1)简谐振动的速度、加速度也是简谐函数，而且与位移函数(简谐函数)具有相同的频率；

(2)速度的相位较位移的相位超前$\frac{\pi}{2}$，加速度相位较位移相位超前 π；

(3)由于 $\ddot{x}=-\omega_n^2 x$，表明简谐振动的加速度与位移恒成正比而方向相反。

1.5.2 简谐振动的表示法

1 矢量表示法

简谐振动可以用旋转矢量在坐标轴上的投影表示。

如图 1-13，矢量 **OP** 以等角速度 ω 反时针旋转，其模为 A。起始位置与水平轴夹角 φ_0，在任一瞬时，矢量与水平轴的夹角为 $\omega t+\varphi_0$，那么该旋转矢量在垂直轴上的投影为

$$x=A\sin(\omega t+\varphi_0) \tag{1-9}$$

或表示为旋转矢量在水平轴上的投影

$$x=A\cos(\omega t+\varphi_0) \tag{1-10}$$

可见，旋转矢量在垂直轴(或水平轴)上的投影，可用来表示简谐振动。旋转矢量的模 A 就是简谐振动的振幅；旋转矢量的角速度 ω 就是简谐振动的圆频率；旋转矢量与水平轴(或垂直轴)的夹角 $\omega t+\varphi_0$ 就是简谐振动的相位角；简谐振动的初相位角 φ_0 则是 $t=0$ 时旋转矢量与水平轴(或垂直轴)的夹角。

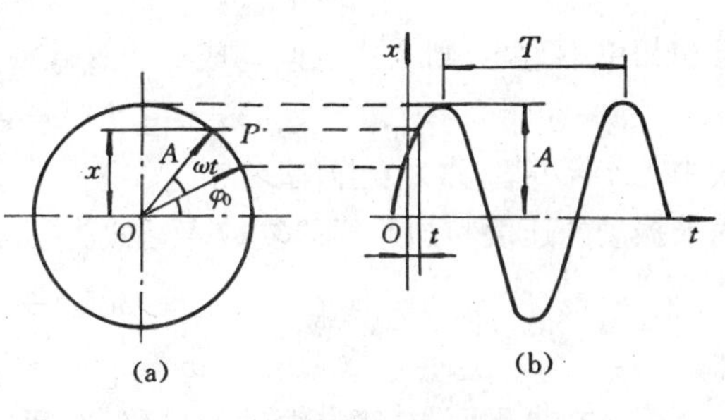

图 1-13 简谐振动的矢量表示

2 复数表示法

简谐振动也可以用复数表示。如图 1-14，一个复数可以表示为复数平面上的一个矢量，

称为复矢量。长度为 A 的矢量 **OP** 在实数轴和虚数轴上的投影分别为 $A\cos\theta$ 及 $A\sin\theta$，故矢量 **OP** 就代表了下列复数

$$Z=A(\cos\theta+\mathrm{i}\sin\theta) \tag{1-11}$$

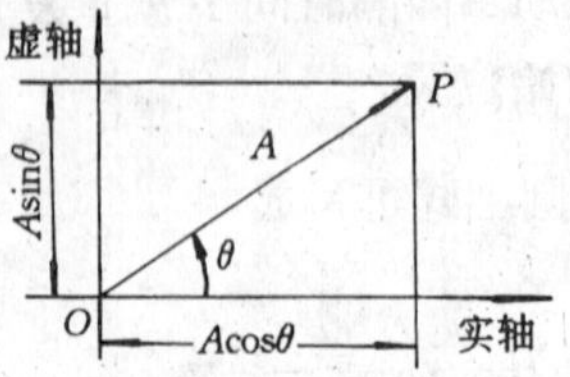

图 1-14　复数的矢量表示

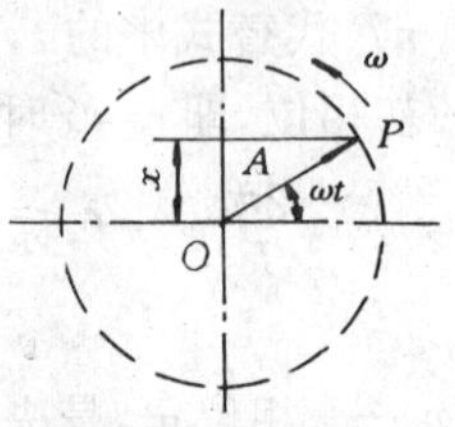

图 1-15　复数旋转矢量

矢量的长度 A 就代表了复数的模，与实数轴的夹角 θ 就是这一复数的复角。

令矢量 **OP** 绕 O 点以等角速度 ω 在复平面内逆时针旋转，就成为一个复数旋转矢量(如图 1-15)，它在旋转中任一瞬时的复角为 ωt，所以这一旋转矢量的复数表达式又可表示为

$$Z=A(\cos\omega t+\mathrm{i}\sin\omega t) \tag{1-12}$$

根据欧拉公式

$$\mathrm{e}^{\mathrm{i}\theta}=\cos\theta+\mathrm{i}\sin\theta$$

则(1-12)式可改写成

$$Z=A\mathrm{e}^{\mathrm{i}\omega t} \tag{1-13}$$

如前所述，任一简谐振动都可以表示为一个旋转矢量在直角坐标轴上的投影。因此，同样可以用一个复数旋转矢量在复平面的实轴或者虚轴上的投影来表示这个简谐振动，也就是说可以用复数来表示简谐振动，即把一个简谐振动表示为

$$x=A\sin\omega t=I_{\mathrm{m}}Z=I_{\mathrm{m}}[A\mathrm{e}^{\mathrm{i}\omega t}] \tag{1-14}$$

式中符号 $I_{\mathrm{m}}Z$ 表示取复数 Z 的虚数部分。

当然也可以取复数 Z 的实数部分来表示简谐振动，这时的简谐振动是用余弦函数表达的。为方便起见，以后如不作特别说明时，对复数 $A\mathrm{e}^{\mathrm{i}\omega t}$ 即表示取它的虚数部分，而省去符号 I_{m}。

这样，简谐振动的复数表达式即写成

$$x=A\mathrm{e}^{\mathrm{i}\omega t} \tag{1-15}$$

若初相位不为零，则上式应改写成

$$x=A\mathrm{e}^{\mathrm{i}(\omega t+\varphi_0)}=A\mathrm{e}^{\mathrm{i}\varphi_0}\cdot\mathrm{e}^{\mathrm{i}\omega t}=\overline{A}\mathrm{e}^{\mathrm{i}\omega t} \tag{1-16}$$

式中　$\overline{A}=A\mathrm{e}^{\mathrm{i}\varphi_0}$，称为复振幅。

简谐振动的速度和加速度的复数表达式为

$$\begin{aligned}\dot{x}&=\mathrm{i}\omega A\mathrm{e}^{\mathrm{i}\omega t}=A\omega\mathrm{e}^{\mathrm{i}\left(\omega t+\frac{\pi}{2}\right)}\\ \ddot{x}&=-\omega^2A\mathrm{e}^{\mathrm{i}\omega t}=A\omega^2\mathrm{e}^{\mathrm{i}(\omega t+\pi)}\end{aligned} \tag{1-17}$$

可见在复平面内，简谐振动的位移、速度、加速度仍具有前述的超前特征(见 5.1.1)。

2　单自由度系统振动的理论基础

许多工程技术问题在一定条件下，都可以将实际振动系统简化为单自由度振动系统来研究。因此，单自由度系统的振动理论是机械振动学的理论基础，要掌握多个自由度振动的基本规律，也必须首先掌握单自由度系统的基本理论。本章将介绍单自由度系统线性自由振动的基本理论。主要包括振动方程的建立及其求解，系统固有频率的计算以及等效系统的质量和刚度等。

2.1　振动微分方程的建立

如前所述，单自由度振动系统通常包括一个定向振动的质量 m，联接于振动质量与基础之间的弹性元件（其刚度为 k）以及运动中的阻尼（阻尼系数为 r）。振动质量 m、弹簧刚度 k 和阻尼系数 r 是振动系统的三个基本要素。如图 1-5 所示的系统，考虑混凝土基础的阻尼，且在振动系统中还作用有持续作用的激振力 Q，此激振力 Q 可以是简谐的力（以 $Q_0\sin\omega t$ 或 $Q_0\cos\omega t$ 表示），也可以是任意的力。机器（振动体）的受力示意图如图 2-1 所示。

系统振动时，振动质量的位移 x、速度 $\dot{x}$ 和加速度 $\ddot{x}$ 会产生弹性力 kx、阻尼力 $r\dot{x}$ 和惯性力 $m\ddot{x}$，它们分别与振动质量的位移、速度和加速度成正比、但方向相反（图 2-1）。

应用牛顿运动定律可以建立运动微分方程式。现取 x 轴向为正，按牛顿定律：作用于质点上所有力的合力等于该质点的质量与沿合力方向的加速度的乘积，则

$$m\ddot{x}=Q_0\sin\omega t-r\dot{x}-kx$$

或

$$m\ddot{x}+r\dot{x}+kx=Q_0\sin\omega t \tag{2-1}$$

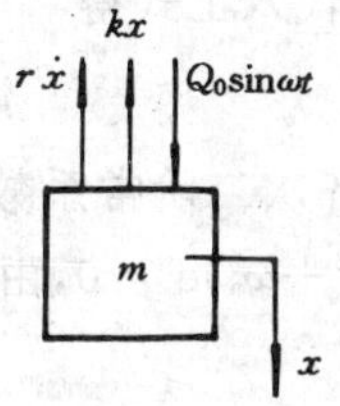

图 2-1　振动体受力示意图

式(2-1)即为单自由度线性振动系统的运动微分方程式的普通式。它又可以分为如下几种情况：

(1)单自由度无阻尼自由振动

$$m\ddot{x}+kx=0$$

(2)单自由度有粘性阻尼的自由振动

$$m\ddot{x}+r\dot{x}+kx=0$$

(3)单自由度无阻尼受迫振动

$$m\ddot{x}+kx=Q_0\sin\omega t$$

(4)单自由度有粘性阻尼的受迫振动

$$m\ddot{x}+r\dot{x}+kx=Q_0\sin\omega t$$

下面就分别讨论这几种不同情况的振动。

2.2　无阻尼单自由度系统的自由振动

所谓无阻尼自由振动，是指振动系统受到初始扰动（激励）以后即不再受外力作用，也不受阻尼的影响所作的振动。

如图 2-2，设振动体的质量为 m，它所受的重力为 W，弹簧刚度为 k。弹簧挂上质量块后

的静伸长为 δ_j，此时系统处于静平衡状态，平衡位置为 0-0；由静平衡条件知

$$k\delta_j=W \tag{2-2}$$

当系统受到外界的某种初始干扰以后，静平衡状态被破坏，则弹性力不再与重力相平衡，而产生弹性恢复力，使系统产生自由振动。

取静平衡位置为坐标原点，以 x 表示质量块的位移，并以 x 轴为系统的坐标轴，取向下为正。则当质量块离开平衡位置时，在质量块上作用有重力 W 和弹性恢复力 $-k(\delta_j+x)$，由于受力不平衡，质量块即产生加速度，根据牛顿第二定律建立振动微分方程式

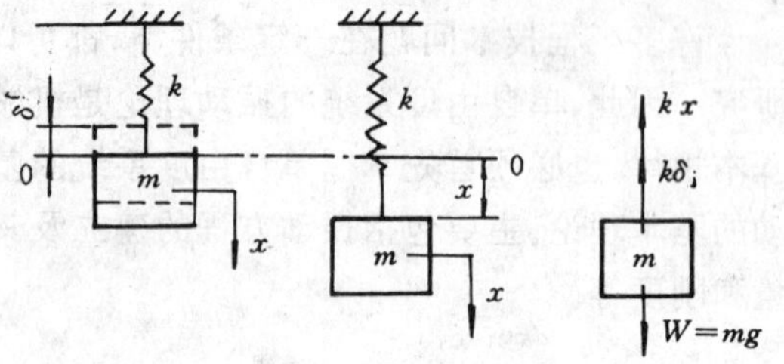

图 2-2 单自由度系统的振动

$$m\ddot{x}=W-k(\delta_j+x)$$

即

$$m\ddot{x}+kx=0 \tag{2-3}$$

在建立振动微分方程时，若取静平衡位置为坐标原点，就已经考虑了重力的影响，而在建立振动方程式过程中不必出现重力 W 和静变形 δ_j。

现将(2-3)式改写为

$$\ddot{x}+\frac{k}{m}x=0 \tag{2-4}$$

令 $\frac{k}{m}=\omega_n^2$，代入上式得

$$\ddot{x}+\omega_n^2x=0 \tag{2-5}$$

这是一个齐次二阶常系数线性微分方程，显然 $x=e^{st}$ 是方程的特解，把它及 $\ddot{x}=s^2e^{st}$ 代入(2-5)式得：$(s^2+\omega_n^2)e^{st}=0$，由于 $e^{st}\neq0$，否则位移为零没有意义。故必有

$$S^2+\omega_n^2=0 \tag{2-6}$$

称为微分方程的特征方程，其特征根为

$$S=\pm i\omega_n \tag{2-7}$$

式中 $i=\sqrt{-1}$

故振动微分方程的通解是

$$x=c_1e^{i\omega_n t}+c_2e^{-i\omega_n t}$$

由欧拉公式，可得

$$\begin{aligned} x&=c_1(\cos\omega_n t+i\sin\omega_n t)+c_2(\cos\omega_n t-i\sin\omega_n t)\\ &=(c_1+c_2)\cos\omega_n t+i(c_1-c_2)\sin\omega_n t\\ &=D_1\cos\omega_n t+D_2\sin\omega_n t \end{aligned} \tag{2-8}$$

式中 $D_1=c_1+c_2$，$D_2=i(c_1-c_2)$，由初始条件确定。

式(2-8)表明，单自由度系统无阻尼自由振动包含两个频率相同的简谐振动，而这两个简谐振动的合成，仍是一个简谐振动，可用下式表示

$$x=A\sin(\omega_n t+\varphi_0) \tag{2-9}$$

式中 A——振幅，它表示质量偏离静平衡位置的最大位移，cm，

$$A=\sqrt{D_1^2+D_2^2} \tag{2-10}$$

φ_0——初相位角，rad，

$$\varphi_0=\arctan\frac{D_1}{D_2} \tag{2-11}$$

ω_n——振动系统的固有角频率，rad/s。

$$\omega_n=\sqrt{\frac{k}{m}} \tag{2-12}$$

将振动的初始条件 $t=0, x=x_0, \dot{x}=\dot{x}_0$ 代入式(2-9)中，得

$$x_0=D_1;\dot{x}_0=D_2\omega_n$$

则得

$$A=\sqrt{x_0^2+\frac{\dot{x}_0^2}{\omega_n^2}};\varphi_0=\arctan\frac{x_0\omega_n}{\dot{x}_0}$$

系统每秒钟振动的次数，称为系统的固有频率(Hz)，以 f 表示

$$f=\frac{\omega_n}{2\pi}=\frac{1}{2\pi}\sqrt{\frac{k}{m}} \tag{2-13}$$

振动一次所用的时间称周期(s)，用 T 表示，显然，周期 T 是频率 f 的倒数

$$T=\frac{1}{f}=\frac{2\pi}{\omega_n}=2\pi\sqrt{\frac{m}{k}} \tag{2-14}$$

由式(2-12)和式(2-13)可知，系统的固有频率(ω_n 或 f)是系统的固有特性，它仅决定于振动系统本身的固有参数(m 和 k)，而与系统所受的初始扰动(初动条件)无关。因此，对相同质量的两个系统，弹簧刚度小的固有频率低，弹簧刚度大的固有频率高；而对刚度相同的两个系统，质量大的系统固有频率低，质量小的系统固有频率高。

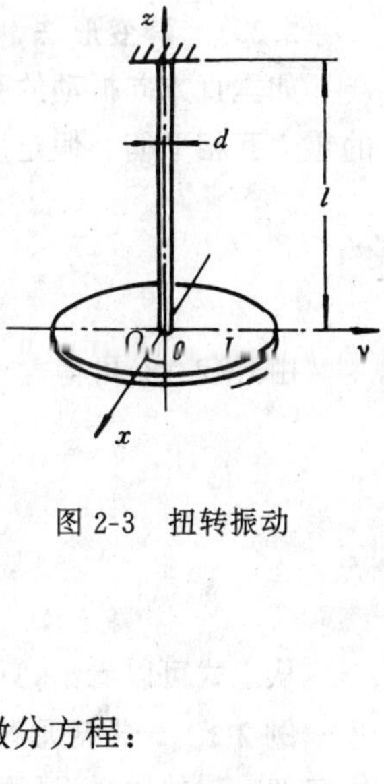

图 2-3 扭转振动

图 2-3 所示为垂直轴的下端固定一个水平圆盘。已知轴长为 l，直径为 d，剪切弹性模量为 G，圆盘的转动惯量为 I(略去轴的质量)。在圆盘平面上施加初始扰动(如一力偶)后，系统作自由扭转振动。若不计阻尼影响，振动将永远继续下去。

由材料力学可知，它的扭转刚度为

$$k_\theta=\frac{\pi d^4 G}{32l}$$

图 2-3 中角位移坐标为 θ，箭头所指方向为正。建立扭转振动微分方程：

$$I\ddot{\theta}=-k_\theta\theta$$

即

$$I\ddot{\theta}+k_\theta\theta=0 \tag{2-15}$$

系统振动的固有角频率

$$\omega_n=\sqrt{\frac{k_\theta}{I}} \tag{2-16}$$

系统振动的固有频率

$$f=\frac{1}{2\pi}\sqrt{\frac{k_\theta}{I}} \tag{2-17}$$

把 ω_n 代入微分方程得

$$\ddot{\theta}+\omega_n^2\theta=0 \tag{2-18}$$

上式与式(2-5)形式完全相同,方程的通解可表达为

$$\theta=A\sin(\omega_n t+\varphi_0) \tag{2-19}$$

式中 A——扭转振幅;

φ_0——扭转初相位角。

当 $t=0$ 时,假定 $\theta=\theta_0$,$\dot{\theta}=\dot{\theta}_0$,代入上式得

$$A=\sqrt{\theta_0^2+\left(\frac{\dot{\theta}_0}{\omega_n}\right)^2} \tag{2-20}$$

$$\varphi_0=\arctan\frac{\theta_0\omega_n}{\dot{\theta}_0} \tag{2-21}$$

可见扭转振动与线振动在形式上完全相同,只是把线振动质量换成转动惯量,弹簧刚度换成扭转刚度。

2.3 固有频率的计算

系统的固有频率是系统振动的重要特性之一,在振动研究中有着十分重要的意义。单自由度系统固有频率的计算常采用以下几种方法。

2.3.1 静变形法

如垂直方向振动的弹簧质量系统,当质体处于静平衡状态时,弹簧的弹性恢复力与质体的重力互相平衡。假定质体的重力为 $W=mg$,弹簧的静变形为 δ_j,弹簧刚度为 k,则有

$$W=k\delta_j$$

$$k=\frac{W}{\delta_j}$$

由式(2-12)可得

$$\omega_n=\sqrt{\frac{k}{m}}=\sqrt{\frac{W}{m\delta_j}}=\sqrt{\frac{mg}{m\delta_j}}=\sqrt{\frac{g}{\delta_j}}$$

$$f=\frac{\omega_n}{2\pi}=\frac{1}{2\pi}\sqrt{\frac{g}{\delta_j}}$$

从上式可以看出,只要测出弹簧的静变形 δ_j,就可以计算出系统的固有频率。

例 2-1 一根矩形截面梁抗弯刚度为 EJ,上面支承一质量为 m 的物体,如图 2-4 所示。假定忽略梁的质量,试用静变形法求该系统的固有频率。

解 根据材料力学,梁上支持物体处的静挠度为

$$\delta_j=\frac{mgl^3}{48EJ}$$

因此固有角频率为

$$\omega_n=\sqrt{g/\delta_j}=\sqrt{\frac{48EJ}{ml^3}}$$

2.3.2 能量法

无阻尼自由振动系统，没有能量损失，振动将永远持续下去。在振动过程中，动能与弹簧势能不断转换，但总的机械能守恒。因此可以利用能量守恒原理计算系统的固有频率。

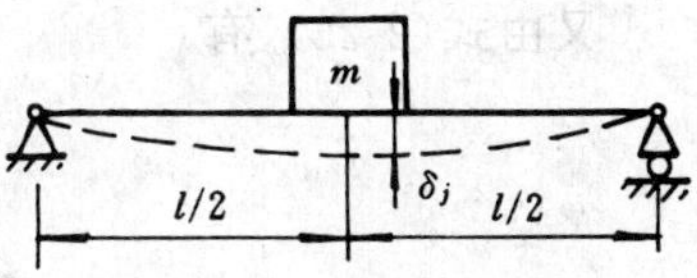

图 2-4 简支梁的静变形

振动任一瞬时，系统机械能守恒

$$T+U=常数$$

$$\frac{\mathrm{d}}{\mathrm{d}t}(T+U)=0 \tag{2-22}$$

式中 T——系统质量的动能；

U——系统弹性变形势能或重力作功产生的势能。

如图 2-5 所示，任一瞬时质体 m 的位移为 x，系统的动能

$$T=\frac{1}{2}m\dot{x}^2$$

该系统的势能为质体 m 的离开平衡位置弹性恢复力所做的功，即

$$U=\int_0^x kx\mathrm{d}x=\frac{1}{2}kx^2$$

此时系统的总机械能

$$\frac{1}{2}m\dot{x}^2+\frac{1}{2}kx^2=E \quad (E\ 为常数)$$

当质体 m 经过平衡位置时，位移 x 为零，势能等于零；其动能达到最大值

$$T_{\max}=\frac{1}{2}m\dot{x}_{\max}^2=E \tag{2-23}$$

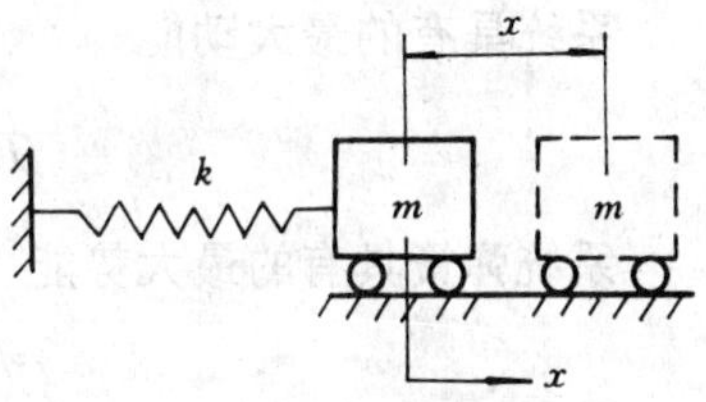

图 2-5 能量法

当质体 m 离开平衡位置达到最大位移处时，速度为零，动能为零；其弹性势能达到最大值

$$U_{\max}=\frac{1}{2}kx_{\max}^2=E \tag{2-24}$$

由于式(2-23)与式(2-24)相等，所以有

$$T_{\max}=U_{\max}=E \tag{2-25}$$

对单自由度无阻尼自由振动，时间历程为

$$x=A\sin(\omega_n t+\varphi_0)$$

$$x_{\max}=A$$

对时间历程方程式求导

$$\dot{x}=A\omega_n\cos(\omega_n t+\varphi_0)$$

$$\dot{x}_{\max}=A\omega_n$$

代入式(2-23)得系统的最大动能

$$T_{\max}=\frac{1}{2}m(A\omega_n)^2$$

由式(2-24)知系统的最大势能

$$U_{\max}=\frac{1}{2}kA^2$$

又由式(2-25),有

$$\frac{1}{2}mA^2\omega_n{}^2=\frac{1}{2}kA^2$$

$$\omega_n=\sqrt{\frac{k}{m}} \tag{2-26}$$

进而有

$$f=\frac{1}{2\pi}\sqrt{\frac{k}{m}} \tag{2-27}$$

与式(2-12)及式(2-13)完全相同。能量法可以比较方便地计算出复杂的单自由度系统的固有频率。

例 2-2 图 2-6 所示,两弹簧的刚度分别为 k_1 和 k_2,摆球的质量为 m,若杆的质量忽略不计。用能量法求系统的固有频率。

解 取摆球偏离平衡位置角位移 θ 为广义坐标,并假定摆球微摆振动为简谐振动,即

$$\theta=A\sin(\omega_n t+\varphi_0),\theta_{\max}=A$$

对上式求导

$$\dot{\theta}=A\omega_n\cos(\omega_n t+\varphi_0),\dot{\theta}_{\max}=A\omega_n$$

系统具有的最大动能

$$T_{\max}=\frac{1}{2}m(c\dot{\theta}_{\max})^2=\frac{1}{2}mA^2\omega_n^2c^2$$

系统弹簧具有的最大势能

$$U'_{\max}=\frac{1}{2}k_1(\theta_{\max}a)^2+\frac{1}{2}k_2(\theta_{\max}b)^2$$

$$=\frac{1}{2}k_1A^2a^2+\frac{1}{2}k_2A^2b^2$$

摆球上升最大重力势能

$$U''_{\max}=mg(1-\cos\theta_{\max})c=\frac{1}{2}mgcA^2$$

系统总的最大势能

$$U_{\max}=U'_{\max}+U''_{\max}=\frac{1}{2}k_1A^2a^2+\frac{1}{2}k_2A^2b^2+\frac{1}{2}mgcA^2$$

由机械能守恒:$T_{\max}=U_{\max}$

$$\frac{1}{2}mA^2\omega_n{}^2c^2=\frac{1}{2}k_1A^2a^2+\frac{1}{2}k_2A^2b^2+\frac{1}{2}mgcA^2$$

$$\omega_n=\sqrt{\frac{k_1a^2+k_2b^2+mgc}{mc^2}} \tag{2-28}$$

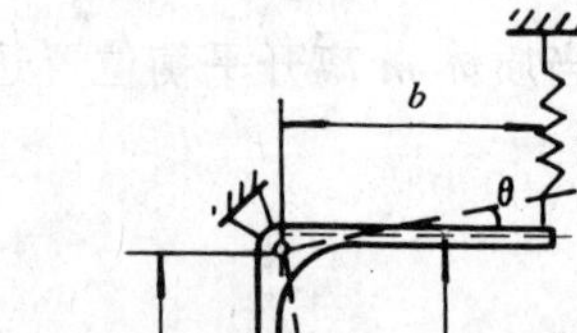

图 2-6 微摆振动

2.3.3 瑞利(Rayleigh)法

前面介绍的两种计算固有频率的方法,均忽略了弹性元件的质量。但在许多实际问题中,弹性元件本身的质量可能占总质量的较大比例。此时若忽略这部分弹性元件的质量,将会使计算出的固有频率偏高。为了计入弹性元件的质量对系统的固有频率影响,这里介绍一

种近似计算方法，称为瑞利法。在应用瑞利法时，通常用系统的静态变形曲线代替实际的系统振型曲线，然后用能量法求解系统的固有频率。实践证明，用该种方法求得的近似值与准确解比较，一般来说误差是很小的。

如图 2-7 假定弹簧各截面的位移与它离固定端的距离成正比，即与其静态变形情况相同。当质体 m 位移为 x 时，则弹簧上距固定端距离为 y 处的位移为 $\frac{y}{l}x$。当质体 m 在任一瞬时的速度为 $\dot{x}$ 时，弹簧上在 y 处的微段 dy 的相应速度为 $\frac{y}{l}\dot{x}$。

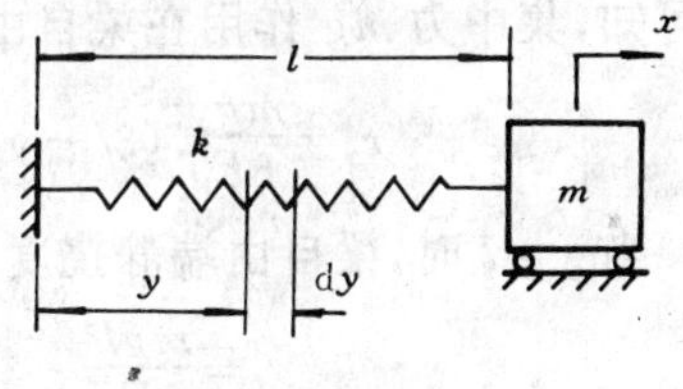

图 2-7 瑞利法

令 ρ 为弹簧单位长度的质量，弹簧微段 dy 的质量为 ρdy，则弹簧微段 dy 的动能为

$$dT=\frac{1}{2}\rho dy\left(\frac{y\dot{x}}{l}\right)^2$$

所以整个弹簧的动能为

$$T=\int_0^l \frac{1}{2}\rho\left(\frac{y\dot{x}}{l}\right)^2 dy=\frac{1}{2}\times\frac{\rho l}{3}\dot{x}^2$$

取 $m'=\rho l$，则

$$T=\frac{1}{2}\times\frac{m'}{3}\dot{x}^2$$

显然，整个系统的总动能为质体 m 的动能与弹簧的动能之和。当质体 m 经过平衡位置时，系统的最大动能为

$$T_{max}=\frac{1}{2}m\dot{x}_{max}^2+\frac{1}{2}\times\frac{m'}{3}\dot{x}_{max}^2$$
$$=\frac{1}{2}\left(m+\frac{m'}{3}\right)\dot{x}_{max}^2$$

系统的最大势能仍与不计弹簧质量的情况相同，即

$$U_{max}=\frac{1}{2}kx_{max}^2$$

根据机械能守恒定律：$T_{max}=U_{max}$，即

$$\frac{1}{2}\left(m+\frac{m'}{3}\right)\dot{x}_{max}^2=\frac{1}{2}kx_{max}^2 \tag{2-29}$$

如前述，对于简谐振动，有

$$x=A\sin(\omega_n t+\varphi_0),\ x_{max}=A$$
$$\dot{x}=A\omega_n\cos(\omega_n t+\varphi_0),\ \dot{x}_{max}=\omega_n A$$

代入式(2-29)得

$$\left(m+\frac{m'}{3}\right)A^2\omega_n{}^2=kA^2$$

所以

$$\omega_n=\sqrt{\frac{k}{m+\frac{m'}{3}}},\ f=\frac{\omega_n}{2\pi}=\frac{1}{2\pi}\sqrt{\frac{k}{m+\frac{m'}{3}}} \tag{2-30}$$

上述计算结果说明，当考虑弹簧质量对系统影响时，只需把弹簧质量的三分之一加入质体 m 上，求解固有频率，便会得到精度较高的近似值。例如当 $m'=m$ 时，误差仅为0.75%；当 $m'=\frac{1}{2}m$ 时，这一近似值与准确解比较，误差为 0.5%。而当 $m'=2m$ 时，误差仅为 3%。

例 2-3 设一悬臂梁的长度为 l，单位长度上的质量为 ρ，抗弯刚度为 EJ。在自由端上放一质量为 m 的物体(图 2-8)。用瑞利法求该系统的固有频率。

解 假设系统振动时梁的动变形曲线与在物体 m 作用下的静变形曲线一致。由材料力学可知，集中力 mg 作用在梁自由端时梁的挠曲线方程为

$$x_y=\frac{mgy^2}{6EJ}(3l-y)$$

当 $y=l$ 时，梁自由端静挠度为

$$x_c=\frac{mgl^3}{3EJ}$$

令物体 m 在振动状态下的最大速度为 $\dot{x}_{max}$，由上面假设条件可知梁上各点最大运动速度

$$\dot{x}_{ymax}=\frac{x_y}{x_c}\dot{x}_{cmax}=\frac{y^2(3l-y)}{2l^3}\dot{x}_{cmax}$$

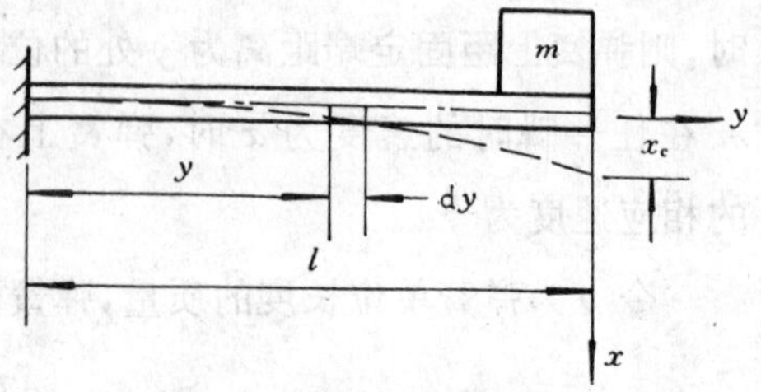

图 2-8 悬臂梁系统

距离梁固定端为 y 处 dy 段的最大动能

$$\begin{aligned}dT_y&=\frac{1}{2}\rho dy\dot{x}_{ymax}^2\\&=\frac{1}{2}\rho dy\left[\frac{y^2(3l-y)}{2l^3}\right]^2\dot{x}_{cmax}^2\end{aligned}$$

对上式积分得整个梁具有的最大动能

$$\begin{aligned}T_y&=\int_0^l\frac{1}{2}\rho\left[\frac{y^2(3l-y)}{2l^3}\right]^2\dot{x}_{cmax}^2dy\\&=\frac{33}{280}\rho l\dot{x}_{cmax}^2\end{aligned}$$

取 $m'=\rho l$ 为整个梁的质量，则

$$T_y=\frac{33}{280}m'\dot{x}_{cmax}^2$$

系统总的最大动能

$$\begin{aligned}T_{max}&=T_y+T_{mmax}\\&=\frac{33}{280}m'\dot{x}_{cmax}^2+\frac{1}{2}m\dot{x}_{cmax}^2\\&=\frac{1}{2}\left(\frac{33}{140}m'+m\right)\dot{x}_{cmax}^2\end{aligned}$$

式中 T_{mmax}——物体 m 的最大动能。

梁上物体 m 处的刚度为 k_c，系统的最大势能

$$U_{max}=\frac{1}{2}k_cx_{cmax}^2$$

由机械能守恒 $U_{max}=T_{max}$，得

$$\frac{1}{2}\left(\frac{33}{140}m'+m\right)\dot{x}_{cmax}^2=\frac{1}{2}k_cx_{cmax}^2$$

假定系统作简谐振动，则有

$$\dot{x}_{cmax}=\omega_nx_{cmax}$$

代入能量守恒式得

$$\omega_n=\sqrt{\frac{k_c}{\frac{33}{140}m'+m}}=\sqrt{\frac{420EJ}{(33m'+140m)l^3}} \tag{2-31}$$

2.4 等效质量与等效刚度

2.4.1 等效质量

实际振动系统通常由多个构件组成，因而其质量是分散的，这给振动分析带来困难。因此，对于相关的那些质量，可以采用等效质量代替实际的分散质量，来简化力学模型。但在进行质量折算求解等效质量时，应保持系统的振动动能不变。

例如，一个杠杆-弹簧系统如图 2-9a 所示，均质杆长度为 L，质量为 m，弹簧刚度为 k，为了便于振动分析，可把该杠杆-弹簧系统化成集中质量-弹簧系统（如图 2-9b）。因弹簧刚度保持不变，只需用一个等效质量 m' 来代替杠杆的分散质量 m。

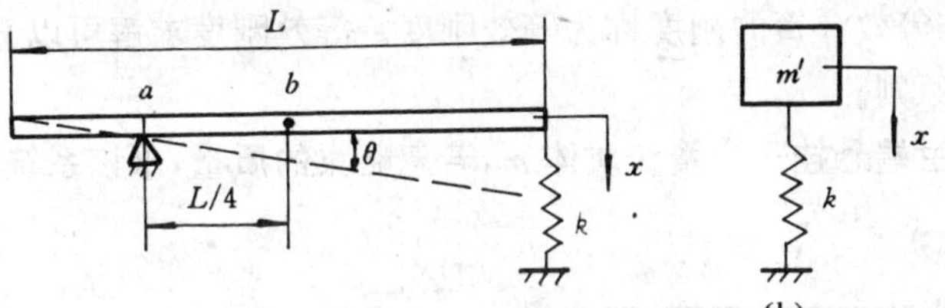

图 2-9 杠杆-弹簧系统及其等效系统

系统变换前的动能为：

$$T=\frac{1}{2}I_a\dot{\theta}^2$$

$$I_a=I_b+m\left(\frac{L}{4}\right)^2=\frac{1}{12}mL^2+m\left(\frac{L}{4}\right)^2=\frac{7}{48}mL^2$$

式中 I_a——杠杆绕 a 点的转动惯量；

I_b——杠杆绕中心点 b 的转动惯量。

系统变换后的动能为

$$T'=\frac{1}{2}m'\dot{x}^2$$

保持系统的动能不变，即

$$T=T'$$

$$\frac{1}{2}m'\dot{x}^2=\frac{1}{2}I_a\dot{\theta}^2$$

由

$$\dot{x}=\frac{3}{4}L\dot{\theta},I_a=\frac{7}{48}mL^2$$

可得

$$m'=\frac{7}{27}m \tag{2-32}$$

为了提高计算精度，有时候需要考虑弹性元件的质量，如图 2-8 中，除考虑质体 m 的质量外，还要考虑弹簧自身质量的影响。系统的动能为

$$T=\frac{1}{2}m\dot{x}^2+\frac{1}{2}\int_0^L\left(\frac{l}{L}\right)^2\dot{x}^2\rho\mathrm{d}l$$

$$=\frac{1}{2}m\dot{x}^2+\frac{1}{2}\rho\dot{x}^2\left[\frac{l^3}{3L^2}\right]_0^L$$
$$=\frac{1}{2}\left(m+\frac{\rho L}{3}\right)\dot{x}^2$$

它应等于等效质量 m' 的动能，即：

$$\frac{1}{2}\left(m+\frac{\rho L}{3}\right)\dot{x}^2=\frac{1}{2}m'\dot{x}^2$$

所以得

$$m'=m+\frac{\rho L}{3} \tag{2-33}$$

即为该弹簧-质量系统振动时的等效质量。

2.4.2 等效刚度

在振动系统中，可作为弹性元件的物体很多，如圆柱螺旋簧、扭转轴、橡胶及各种形式的梁等。在实际振动系统中，单独使用某个弹性元件的情况较少，通常都是组合形式。在振动分析上，同样需要简化组合形式的弹性元件，即用一个等效弹簧代替系统的组合弹簧，且系统刚度保持恒定。这个等效弹簧的刚度称为等效刚度。等效刚度求解可以直接利用刚度特性，也可采用势能守恒原则。

例如一悬臂梁，自由端悬挂一弹簧和质体 m，若忽略梁的质量，求该系统的等效刚度(图2-10a)。

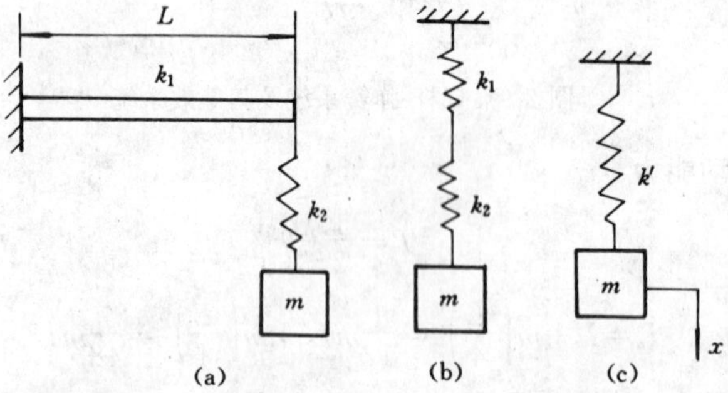

图 2-10　串联弹簧系统

该系统可以看成是由悬臂梁和弹簧 k_2 作为弹性元件串联组合而成。其力学模型见图 2-10b。

用一个等效弹簧 k' 代替 k_1 与 k_2，得到如图 2-10c 所示力学模型。

在质体 m 的作用下，弹簧 k_1 与 k_2 的总伸长量应等于等效弹簧的伸长量，即

$$\frac{mg}{k'}=\frac{mg}{k_1}+\frac{mg}{k_2}$$

把上式整理可得

$$k'=\frac{k_1k_2}{k_1+k_2} \tag{2-34}$$

图 2-11a 为一弹簧并联系统，该并联弹簧系统的等效系统见图 2-11b。在质体 m 作用下，设原系统与等效系统弹簧伸长量均为 δ_j。通过受力分析，得

原系统　　$k_1\delta_j+k_2\delta_j=mg$

等效系统　　$k'\delta_j=mg$

由上两式相等得 $$k' = k_1 + k_2$$

图 2-12a 所示并联弹簧—杠杆系统中，AB 为刚性杆，在 C 点又连接一弹簧—质量系统，现求解其等效刚度。

首先来分析系统在刚性杆 C 点的等效刚度。

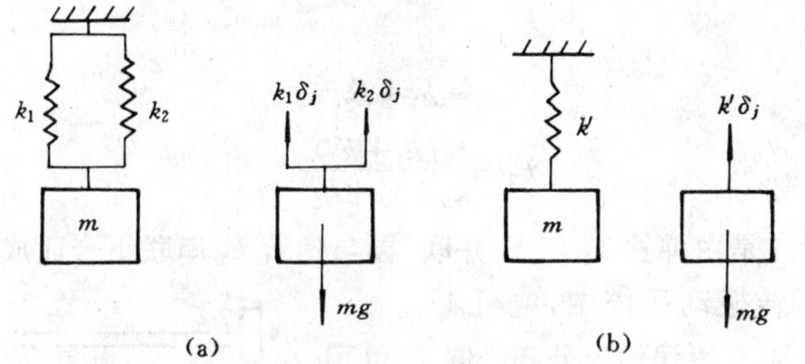

图 2-11 并联弹簧系统

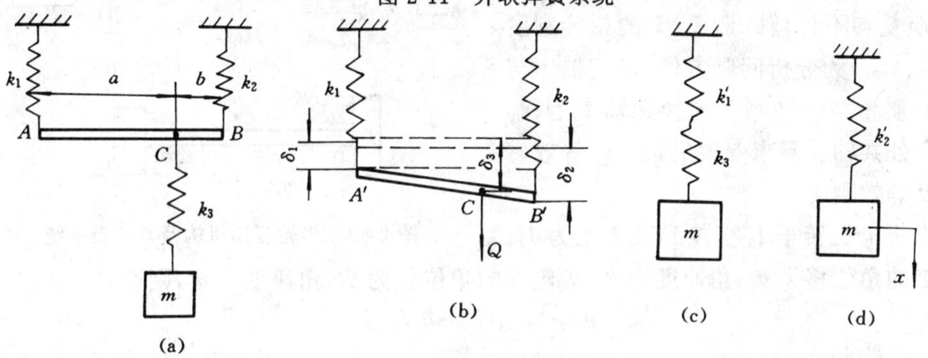

图 2-12 并联弹簧-杠杆系统

假定在杆 C 处有一作用力 Q，那么在杆上 A 处与 B 处的受力为

$$Q_A = \frac{b}{a+b}Q, Q_B = \frac{a}{a+b}Q$$

作用力 Q_A 与 Q_B 引起弹簧 k_1 与 k_2 的伸长量分别为

$$\delta_1 = \frac{bQ}{(a+b)k_1}, \delta_2 = \frac{aQ}{(a+b)k_2}$$

在 Q 作用下，杆上 C 处的位移量为

$$\delta_3 = \delta_1 + \frac{a}{a+b}(\delta_2 - \delta_1) = \frac{Q}{(a+b)^2}\left(\frac{a^2}{k_2} + \frac{b^2}{k_1}\right)$$

所以在 C 处的等效刚度为

$$k_1' = \frac{Q}{\delta_3} = \frac{(a+b)^2}{\left(\dfrac{a^2}{k_2} + \dfrac{b^2}{k_1}\right)}$$

以 k_1' 作为 C 点的等效刚度，原系统简化成如图 2-12c 所示力学模型。则弹簧 k_1' 与 k_3 串联，系统的等效刚度为

$$k_2' = \frac{k_3 k_1'}{k_3 + k_1'}$$

把 k_1' 值代入得

$$k_2' = \frac{(a+b)^2 k_3}{(a+b)^2 + k_3\left(\dfrac{a^2}{k_2} + \dfrac{b^2}{k_1}\right)}$$
$$= \frac{(a+b)^2 k_1 k_2 k_3}{(a+b)^2 k_1 k_2 + a^2 k_1 k_3 + b^2 k_2 k_3} \quad (2\text{-}35)$$

若$\dfrac{a}{k_2} = \dfrac{b}{k_1}$，则有

$$k_1' = k_1 + k_2$$
$$k_2' = \frac{k_3(k_1 + k_2)}{k_3 + k_1 + k_2} \quad (2\text{-}36)$$

此时系统可被看成是由弹簧 k_1 与 k_2 并联，再与弹簧 k_3 串联组合而成。

图 2-13a 所示扭转振动系统中，电机 1 的动力通过齿轮 2、3、4、5 传递给飞轮 6。假定电机转子和飞轮的转动惯量分别为 I_1 与 I_2，齿轮质量均不计，轴Ⅰ、Ⅱ、Ⅲ的扭转刚度为 $k_{\theta 1}$、$k_{\theta 2}$、$k_{\theta 3}$。为分析问题方便，需把轴Ⅰ与轴Ⅲ上的质量与弹性刚度转换到轴Ⅱ上，都参考一个公共轴。需求变换后轴Ⅱ的等效转动惯量及等效刚度。

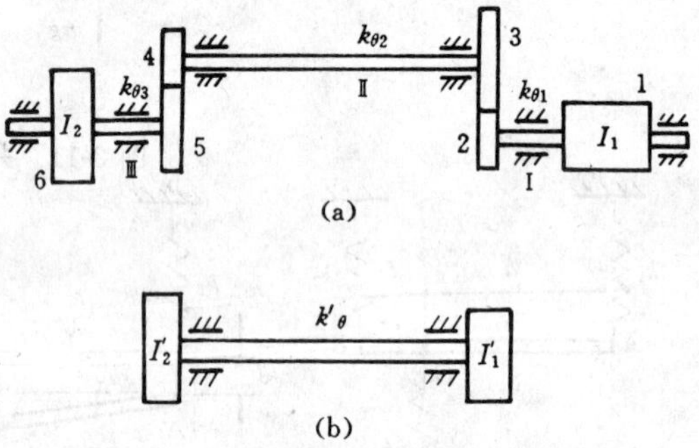

图 2-13　齿轮变速机构及其等效系统

首先将电机转子 I_1 变换到轴Ⅱ上为 I_1'。令齿轮 2 的角位移为 θ_1，角速度为 θ_1，齿轮 3 的角位移为 θ_2，角速度为 θ_2，则有

$$\theta_2 = \theta_1 / i_1, \theta_2 = \theta_1 / i_1$$

式中　i_1——齿轮 2 与齿轮 3 之间的传动比。

按转动惯量变换前后动能保持守恒，有

$$\frac{1}{2} I_1 \theta_1^2 = \frac{1}{2} I_1' \theta_2^2$$
$$I_1' = I_1 \left(\frac{\theta_1}{\theta_2}\right)^2 = I_1 i_1^2$$

式中　I_1'——I_1 变换到轴Ⅱ上的等效转动惯量。

同理，将飞轮 I_2 变换到轴Ⅱ上为 I_2'，有

$$I_2' = I_2 / i_2^2$$

式中　I_2'——I_2 变换到轴Ⅱ上的等效转动惯量；

　　　i_2——齿轮 4 与齿轮 5 之间的传动比。

用刚度为 k'_θ 的等效转轴代替原三根轴的扭转刚度 $k_{\theta 1}$、$k_{\theta 2}$、$k_{\theta 3}$。系统变换后的力学模型见图 2-13b。刚度变换按系统的势能守恒计算。令等效转轴角位移为 θ，轴Ⅰ、Ⅱ、Ⅲ角位移分别为 θ_1、θ_2、θ_3，则有

$$\frac{1}{2} k'_\theta \theta^2 = \frac{1}{2} k_{\theta 1} \theta_1^2 + \frac{1}{2} k_{\theta 2} \theta_2^2 + \frac{1}{2} k_{\theta 3} \theta_3^2$$

假定作用在飞轮 6 上的扭矩为 T，则有

$$\theta = \frac{T}{k'_\theta} \quad \theta_3 = \frac{T}{k_{\theta 3}} \quad \theta_2 = \frac{T}{k_{\theta 2} i_2} \quad \theta_1 = \frac{T}{k_{\theta 1} i_1 i_2}$$

按系统的势能守恒，得

$$k'_\theta\left(\frac{T}{k'_\theta}\right)^2=k_{\theta1}\left(\frac{T}{k_{\theta1}i_1i_2}\right)^2+k_{\theta2}\left(\frac{T}{k_{\theta2}i_2}\right)^2+k_{\theta3}\left(\frac{T}{k_{\theta3}}\right)^2$$

$$\frac{1}{k'_\theta}=\frac{1}{k_{\theta1}i_1^2i_2^2}+\frac{1}{k_{\theta2}i_2^2}+\frac{1}{k_{\theta3}}$$

所以
$$k'_\theta=\frac{k_{\theta1}k_{\theta2}k_{\theta3}i_1^2i_2^2}{k_{\theta2}k_{\theta3}+k_{\theta1}k_{\theta3}i_1^2+k_{\theta1}k_{\theta2}i_1^2i_2^2} \tag{2-37}$$

2.5 具有粘性阻尼单自由度系统的自由振动

无阻尼自由振动只是一种理想情况。实际上系统振动不可避免地有阻力存在，因而自由振动都是会衰减的，振幅将随时间而逐渐减小，直到最后停止振动，在振动中这些阻力称为阻尼。在实际振动系统中，存在着多种类型的阻尼。由于粘性阻尼力与速度成线性关系，因此通常都假设系统阻尼为粘性阻尼，以便简化振动问题的分析。这种假设在阻尼较小的振动系统中接近正确值。

如图 2-14 为单自由度有阻尼自由振动系统的力学模型。在弹簧的左侧为一阻尼器，其阻尼假定为粘性阻尼。当质体振动时，阻尼力 Q_r 与质体 m 的速度 $\dot{x}$ 成正比，且方向相反，即

$$Q_r=-r\dot{x}$$

式中 r——粘性阻尼系数，N·s/m。

根据牛顿第二定律，建立具有粘性阻尼的自由振动微分方程

$$m\ddot{x}=-r\dot{x}-kx$$

$$m\ddot{x}+r\dot{x}+kx=0 \tag{2-38}$$

令$\frac{k}{m}=\omega_n^2$，$\frac{r}{m}=2n$，代入上式得

$$\ddot{x}+2n\dot{x}+\omega_n^2x=0 \tag{2-39}$$

该振动微分方程式也是一个齐次二阶常系数线性微分方程，设其特解为

$$x=e^{st}$$

把它的一阶、二阶导数 $\dot{x}=se^{st}$，$\ddot{x}=s^2e^{st}$代入式(2-39)，得$(s^2+2ns+\omega_n{}^2)e^{st}=0$

因 $e^{st}\neq0$，所以必有

$$s^2+2ns+\omega_n{}^2=0 \tag{2-40}$$

称为特征方程。这一方程有两个根

$$s_{1,2}=-n\pm i\sqrt{\omega_n{}^2-n^2} \tag{2-41}$$

令 $\omega_r=\sqrt{\omega_n{}^2-n^2}$，微分方程式(2-39)的通解可表达为

$$x=c_1e^{(-n+i\omega_r)t}+c_2e^{(-n-i\omega_r)t}$$
$$=e^{-nt}(c_1e^{i\omega_rt}+c_2e^{-i\omega_rt}) \tag{2-42}$$

式中，c_1、c_2 是待定常数，由振动的初始条件确定。

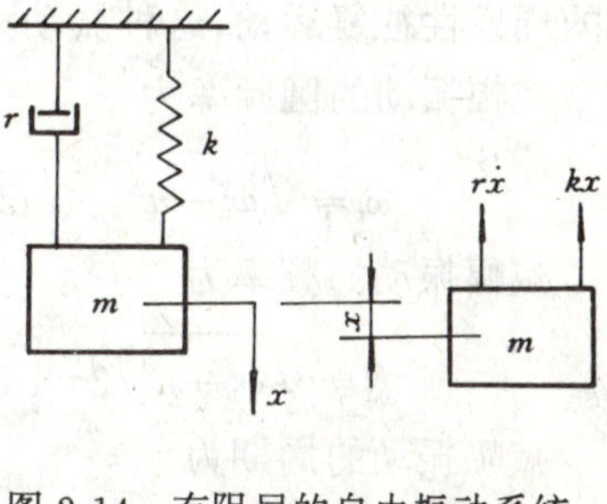

图 2-14 有阻尼的自由振动系统

从式(2-42)可见，系统运动状态决定于根式$\sqrt{n^2-\omega_n^2}$的值是实数（正实数、负实数、零）还是虚数，即决定于阻尼大小。现引进一个无量纲值 ζ 表示系统的阻尼状态

$$\zeta=\frac{n}{\omega_n}$$

式中　ζ——相对阻尼系数或阻尼比。

以下对三种情况分别进行讨论。

(1)当 $n<\omega_n$，或 $\zeta<1$ 时，根式 $\sqrt{n^2-\omega_n^2}$ 是虚数，称为**弱阻尼状态**。此时特征方程(2-40)有一对共轭复根

$$s_{1,2}=-n\pm i\omega_r$$

应用欧拉公式

$$e^{\pm i\omega_r t}=\cos\omega_r t\pm i\sin\omega_r t$$

可将式(2-42)改写成为

$$x=e^{-nt}(D_1\cos\omega_r t+D_2\sin\omega_r t)$$

式中　$\omega_r=\sqrt{\omega_n^2-n^2}$，称为有阻尼系统的固有圆频率或减幅振动圆频率。$D_1=c_1+c_2$，$D_2=i(c_1-c_2)$ 由初始条件确定。

把它通过三角函数变换可得

$$x=Ae^{-nt}\sin(\omega_r t+\varphi_r) \tag{2-43}$$

$$A=\sqrt{D_1^2+D_2^2}$$

$$\varphi_r=\arctan\frac{D_1}{D_2}$$

式中 A 与 φ_r 为待定常数，决定于初始条件。设 $t=0$ 时，$x=x_0$，$\dot{x}=\dot{x}_0$，代入式(2-43)中可得

$$x_0=A\sin\varphi_r$$

$$\dot{x}_0=A(\omega_r\cos\varphi_r-n\sin\varphi_r)$$

解上列联立方程得

$$A=\sqrt{x_0^2+\left(\frac{\dot{x}_0+nx_0}{\omega_r}\right)^2} \tag{2-44}$$

$$\varphi_r=\arctan\frac{x_0\omega_r}{\dot{x}_0+nx_0} \tag{2-45}$$

从式(2-43)可以看出，系统振动的振幅将随时间延续逐渐减小，即该系统为振幅逐渐减小的周期性往复运动，这种振动称为减幅阻尼振动。图 2-15 表示这种减幅振动的响应曲线。

减幅振动的圆频率为

$$\omega_r=\sqrt{\omega_n^2-n^2}\quad (\mathrm{rad/s}) \tag{2-46}$$

减幅振动的频率为

$$f_r=\sqrt{\omega_n^2-n^2}/2\pi\quad (\mathrm{Hz}) \tag{2-47}$$

减幅振动的周期为

$$T_r=\frac{2\pi}{\omega_r}=\frac{2\pi}{\sqrt{\omega_n^2-n^2}}\quad (\mathrm{s}) \tag{2-48}$$

由此可见，由于阻尼的影响，使系统的固有频率减小，振动周期增大，振动不再是简谐振动。

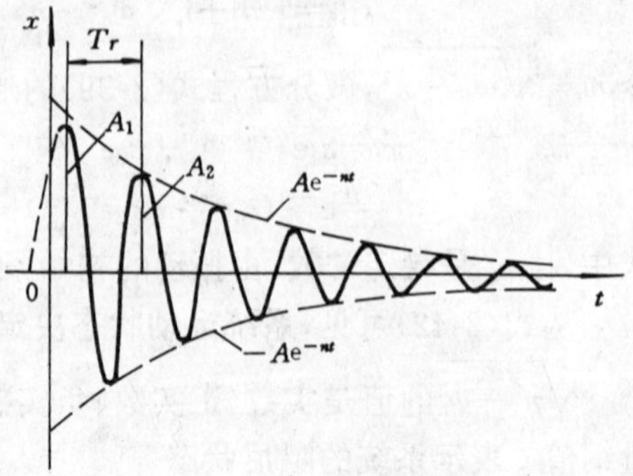

图 2-15　$n<\omega_n$ 时的减幅振动

在有阻尼的自由振动系统中，振幅衰减程度可由相邻两振幅之比（减幅系数）表示

$$\eta_a=\frac{A_1}{A_2}=\frac{Ae^{-nt}}{Ae^{-n(t+T_r)}}=e^{nT_r} \tag{2-49}$$

式中　η_a——减幅系数；

　　　n——衰减系数。

n 越大表示阻尼越大，振幅衰减也越快。为运算方便，常用对数衰减系数 δ 代替减幅系数 η_a，即

$$\delta=\ln\eta_a=\ln\frac{A_1}{A_2}=\ln e^{nT_r}=nT_r \tag{2-50}$$

从上式可以看出，通过实测法测出系统振动的周期 T_r 及相邻振幅衰减程度，即可求出衰减系数 n。为得到较高的测试精度，用相距 j 个周期的两个振幅之比计算对数衰减系数

$$\delta=\frac{1}{j}\ln\frac{A_1}{A_{j+1}}$$

代入式(2-50)中得

$$\frac{1}{j}\ln\frac{A_1}{A_{j+1}}=nT_r$$

$$n=\frac{1}{jT_r}\ln\frac{A_1}{A_{j+1}} \tag{2-51}$$

由 $n=\frac{r}{2m}$，代入上式得

$$r=\frac{2m}{jT_r}\ln\frac{A_1}{A_{j+1}} \tag{2-52}$$

因此，只要实测出系统的振动周期 T_r 及相距 j 个周期的两个振幅，便可求出系统的阻尼系数 r。

(2)当 $n>\omega_n$，或 $\zeta>1$ 时，根式 $\sqrt{n^2-\omega_n{}^2}$ 是实数，称为**强阻尼状态**。则

$$x=e^{-nt}\left(c_1e^{\sqrt{n^2-\omega_n^2}t}+c_2e^{-\sqrt{n^2-\omega_n^2}t}\right) \tag{2-53}$$

当初始条件为 $t=0$ 时，$x=x_0$，$\dot{x}=\dot{x}_0$ 代入上式求得

$$c_1=\frac{1}{2}\left(x_0+\frac{\dot{x}_0+nx_0}{\sqrt{n^2-\omega_n^2}}\right),c_2=\frac{1}{2}\left(x_0-\frac{\dot{x}_0+nx_0}{\sqrt{n^2-\omega_n^2}}\right)$$

代入位移方程(2-53)

$$x=e^{-nt}\left[x_0\frac{1}{2}\left(e^{\sqrt{n^2-\omega_n^2}t}+e^{-\sqrt{n^2-\omega_n^2}t}\right)+\frac{\dot{x}_0+nx_0}{\sqrt{n^2-\omega_n^2}}\frac{1}{2}\left(e^{\sqrt{n^2-\omega_n^2}t}+e^{-\sqrt{n^2-\omega_n^2}t}\right)\right]$$

即

$$x=e^{-nt}\left(x_0\mathrm{ch}\sqrt{n^2-\omega_n^2}t+\frac{\dot{x}_0+nx_0}{\sqrt{n^2-\omega_n^2}}\mathrm{sh}\sqrt{n^2-\omega_n^2}t\right) \tag{2-54}$$

上式可用图 2-16 表示。从该图可见，系统受到初始扰动（初始位移为 x_0，初始速度为 $\dot{x}_0$）后，运动只是蠕变地返回到平衡位置，是一种非周期性运动。可见当粘性阻尼很大（$n>\omega_n$）时，系统不产生振动。

(3)$n=\omega_n$ 或 $\zeta=1$，称为**临界阻尼状态**

此时微分方程(2-39)的特征方程有重根，即：$s_1=s_2=-n$。故微分方程通解应为

$$x=e^{-nt}(c_1+c_2t) \tag{2-55a}$$

代入初始条件：$t=0$ 时，$x=x_0$，$\dot{x}=\dot{x}_0$，求出方程的待定系数

$$c_1=x_0, c_2=\dot{x}_0+nx_0$$

将 c_1 和 c_2 代回式(2-55a)中，得

$$x=e^{-nt}[x_0+(\dot{x}_0+nx_0)t] \tag{2-55b}$$

式(2-55b)中，x 随 t 变化曲线如图 2-17，从该图可见，系统受到初始扰动后，尽管初始速度 $\dot{x}_0$ 不同，但随着时间延续，质体都蠕变地返回到原来的平衡位置，所以 $n=\omega_n$ 和 $n>\omega_n$ 一样，阻尼仍很大，系统的运动也不能形成周期性振动。$n=\omega_n$ 是系统从振动到不振动过渡的临界状态，这时的阻尼称为临界阻尼，用 r_c 表示

$$r_c=2mn=2m\omega_n \tag{2-56}$$

例 2-4 已知一弹簧质量系统，质体的质量为 10kg，在粘性阻尼中振动频率为 10Hz，相隔 5 个周期振幅衰减 50%，试计算系统的阻尼系数及阻尼比。

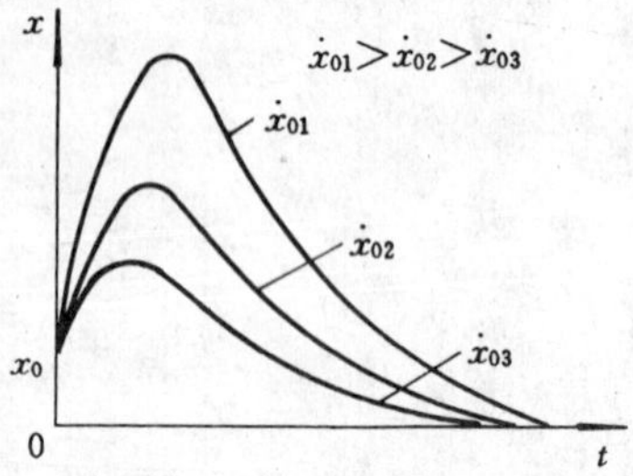

图 2-16 $n>\omega_n$ 不振动

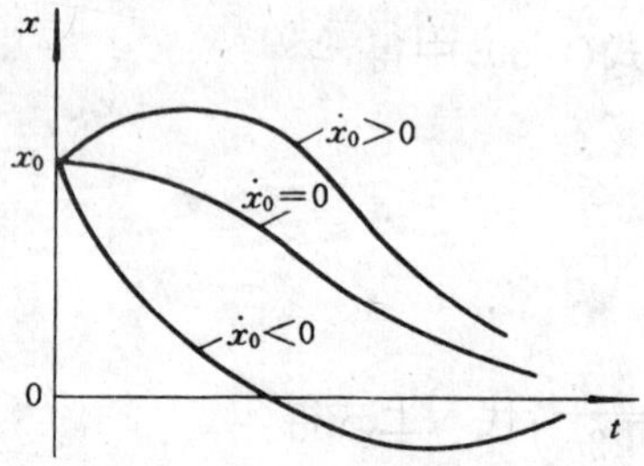

图 2-17 $n=\omega_n$ 临界状态

解 对数衰减系数

$$\delta=\frac{1}{j}\ln\frac{A_1}{A_{j+1}}=\frac{1}{5}\ln\left(\frac{1}{0.5}\right)=0.139$$

由 $\delta=nT_r$ 得衰减系数为

$$n=\frac{\delta}{T_r}=\delta f_r=0.139\times10=1.39(s^{-1})$$

阻尼系数为

$$r=2mn=2\times10\times1.39=27.8(N\cdot s/m)$$

阻尼比为

$$\zeta=\frac{n}{\omega_r}=\frac{n}{2\pi f_r}=\frac{1.39}{2\pi\times10}=0.022$$

2.6 无阻尼单自由度系统受迫振动

如前所述，具有粘性阻尼的系统，其自由振动会逐渐衰减。但是，当系统受到外界动态作用力持续地周期地作用时，系统将产生等幅的振动，即受迫振动，这种振动就是系统对外力的响应。例如，工件上的轴向开槽会给车刀每转一次的冲击，磨床砂轮的不平衡会对工件施加周期压力，皮带的接扣周期性地给传动轴的冲击等，就不是像自由振动那样，只在开始瞬时给系统以扰动，而是持续不断地给系统以扰动，故而产生受迫振动。

作用在系统上持续的激振，按它们随时间变化的规律，可以归为三类：简谐激振、非简谐

周期性激振和随时间任意变化的非周期性激振。

(1)简谐激振力，即按正弦或余弦函数规律变化的力。如偏心质量引起的离心力，载荷不均或传动不均衡产生的冲击力等；

(2)非简谐周期激振力，如凸轮旋转产生的激振，单缸活塞-连杆机构的激振力等。

(3)随时间任意变化的激振力，如爆破载荷的作用力，提升机紧急制动的冲击力等。

对系统持续激振的作用形式可以是力直接作用到系统上，也可以是位移(如持续的支承运动，地基运动等)、速度或加速度。

外界的激振所引起系统的振动形态，称为对激振的响应，系统的响应也可以是位移、速度或加速度等，而一般以位移的形式表达。

本节只讨论简谐激振力产生的受迫振动。

如图 2-18a 所示，在简支梁的中点装有双轴惯性激振器。忽略阻尼简化为图 2-18b 所示的力学模型。激振器的质量为 m，梁的跨度为 l，刚度为 k。激振器为两个以 ω 角速度反方向转动的偏心圆盘。偏心质量产生的离心惯性力 Q 的水平分量互相平衡，设垂直分量叠加为激振力 $Q_0\sin\omega t$ 作用在质量上，使系统产生受迫振动。

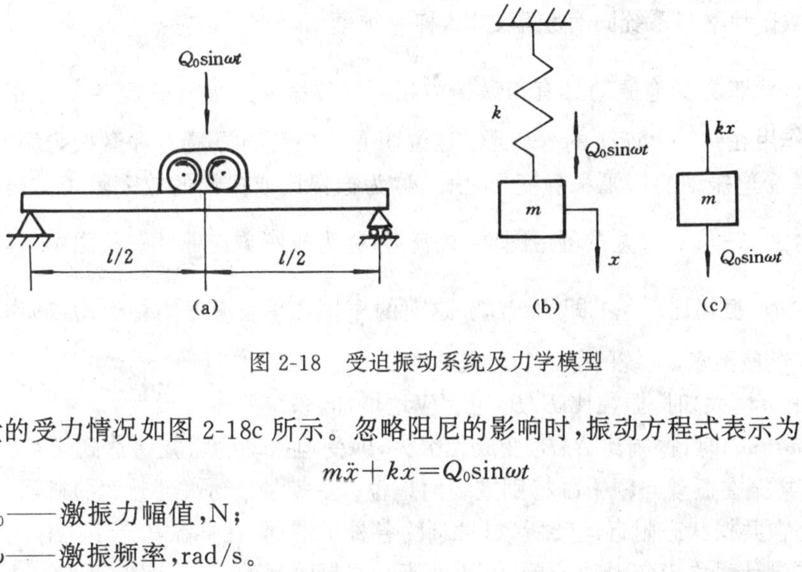

图 2-18　受迫振动系统及力学模型

质量的受力情况如图 2-18c 所示。忽略阻尼的影响时，振动方程式表示为

$$m\ddot{x}+kx=Q_0\sin\omega t \tag{2-57}$$

式中　Q_0——激振力幅值，N；

　　ω——激振频率，rad/s。

方程式(2-57)是一个二阶常系数非齐次线性微分方程，它的解由对应的齐次方程的通解和非齐次方程的特解两部分组成。把它改写成

$$\ddot{x}+\frac{k}{m}x=\frac{Q_0}{m}\sin\omega t \tag{2-58}$$

令 $\frac{k}{m}=\omega_n^2$，$\frac{Q_0}{m}=q$，代入式(2-58)中，得

$$\ddot{x}+\omega_n^2x=q\sin\omega t \tag{2-59}$$

ω_n 为系统的固有频率。设 $x=B\sin\omega t$ 为式(2-59)的特解，代入式(2-59)可解得 $B=\frac{q}{\omega_n^2-\omega^2}$，故微分方程式(2-59)的通解可表达为

$$x=c_1\cos\omega_nt+c_2\sin\omega_nt+\frac{q}{\omega_n^2-\omega^2}\sin\omega t \tag{2-60}$$

式(2-60)表明，系统的振动为自由振动(前两项)与受迫振动(第三项)的合成。

2.6.1 受迫振动的稳态振动

在振动的前几个周期里，自由振动和受迫振动同时存在。由于系统中不可避免地存在着阻尼，因而自由振动逐渐衰减，经过若干个周期之后，系统的受迫振动达到稳态。首先研究式(2-60)中第三项。受迫振动的稳态振动为

$$x=\frac{q}{\omega_n^2-\omega^2}\sin\omega t=\frac{q}{\omega_n^2}\times\frac{1}{1-(\omega/\omega_n)^2}\sin\omega t$$

$$=\frac{Q_0}{k}\times\frac{1}{1-(\omega/\omega_n)^2}\sin\omega t=B\sin\omega t \tag{2-61}$$

其中振幅

$$B=\frac{Q_0}{k}\times\frac{1}{1-(\omega/\omega_n)^2} \tag{2-62}$$

令$\frac{Q_0}{k}=B_s$，则上式可改写为

$$\frac{B}{B_s}=\frac{1}{1-(\omega/\omega_n)^2}=\frac{1}{1-z^2} \tag{2-63}$$

式中　z——激振频率与系统固有频率之比，称为频率比，$z=\frac{\omega}{\omega_n}$。

可以看出，稳态的受迫振动具有和激振力相同的频率 ω。振幅中 $B_s=\frac{Q_0}{k}$是相当于激振力幅值 Q_0 静作用在弹簧上产生的静变形。这说明受迫振动的振幅 B 和激振力幅值 Q_0 成正比；而 B/B_s 是受迫振动的振幅和静变形之比，称为振幅比或振幅的放大因子。振幅比仅仅决定于频率比 z。$\frac{B}{B_s}$与 z 的关系可用图 2-19 表示，称为幅频响应曲线。从图中可以看出：当 z 很小($\omega\ll\omega_n$)时，振幅比$\frac{B}{B_s}\approx1$ 即 $B\approx B_s$。这时的振幅几乎与激振力幅值 Q_0 静作用在弹簧上引起的静变形差不多，系统的静态特性是主要的。

当 z 增加(ω 增大)时，振幅比 B/B_s 也相应地增加，系统的振幅增大。

当 $z=1(\omega=\omega_n)$时，振幅比 B/B_s 变成无穷大，即受迫振动的振幅将达到无穷大。这就是"共振"现象。共振在振动问题中占特别重要的地位。许多因振动遭到破坏的机器，有相当一部分是由于处在共振状态附近运转所致。因此，各种机器(除在共振状态下工作的振动机械外)和结构，在设计时均应作振动分析，以达到避开共振的目的。

当 $z\gg1(\omega\gg\omega_n)$时，振幅比 B/B_s 趋近于零。这也就是说，当激振频率 ω 远远超过系统的固有频率 ω_n 时，振幅反而很小。

当 $z<1(\omega<\omega_n)$时，振幅比 B/B_s，为正，受迫振动与激振力同相，所以受迫振动与激振力之间的相位角 $\psi=0$。

图 2-20 表示相位角 ψ 与频率比 z 之间的关系，称为相频响应曲线。

当 $z>1(\omega>\omega_n)$时，振幅比 B/B_s 为负，受迫振动与激振力反相，$\psi=\pi$。在 $z=1(\omega=\omega_n)$ 的前后，相位角 ψ 分别为零、π。在 $\omega=\omega_n$ 时，ψ 突然变化。在共振的情况下，即 $z=1$ 时，振动微分方程式可改写成

$$\ddot{x}+\omega_n^2x=q\sin\omega_n t \tag{2-64}$$

设微分方程的特解为 $x=Bt\sin(\omega_n t-\psi)$，并代入方程式，可得

$$B=\frac{q}{2\omega_n}, \psi=\frac{\pi}{2}$$

则特解为

$$x=\frac{q}{2\omega_n}t\sin\left(\omega_n t-\frac{\pi}{2}\right) \tag{2-65}$$

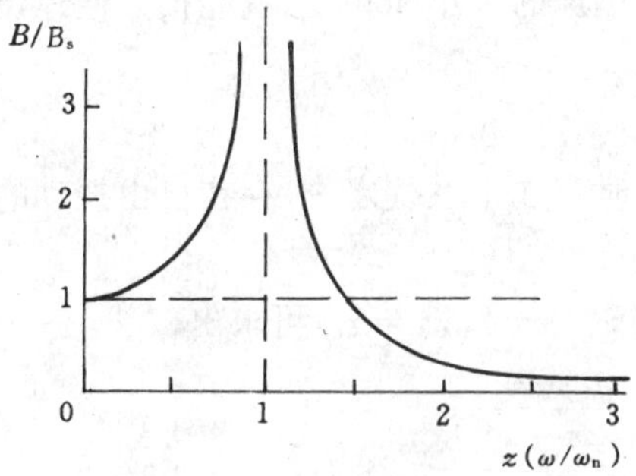

图 2-19　幅频曲线

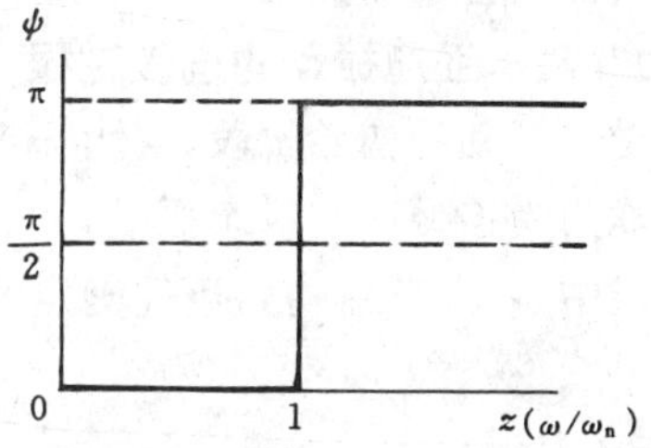

图 2-20　相频曲线

可以看到，当 $\omega=\omega_n$ 时，系统的振幅随着时间 t 的增加而增大。不管激振力的幅值 Q_0 是多么小，只要时间一直延续下去，系统的振幅可以达到无穷大，这一结论与前面分析的结果是一致的。

综上所述，无阻尼受迫振动的频率与激振力的频率相同，而振幅决定于激振力的幅值 Q_0、频率 ω 及振动系统的固有特性 ω_n(即系统的质量 m 和弹簧刚度 k)。

例 2-5　在一质量-弹簧系统的质量上作用一电磁激振力。电磁激振力是由电磁激振器产生的，如图 2-21a，其力学模型如图 2-21b 所示。试分析电磁激振器的参数对系统受迫振动的影响。

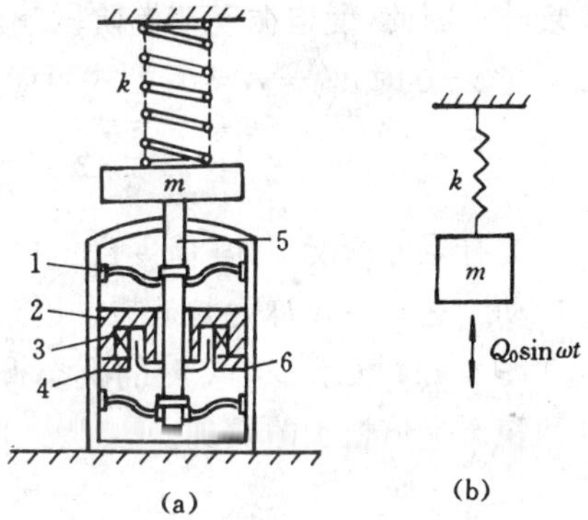

图 2-21　电磁激振器及其力学模型

1—弹簧；2—中心磁极；3—励磁线圈；4—动线圈；5—顶杆；6—壳体

解　根据电磁激振器的激振原理可知：当励磁线圈 3 中通入直流电时形成一磁场，同时动线圈 4 中输入频率为 ω 的交流电流 i。激振器的激振力就是通电导线在磁场中的受力。若这一电磁力的幅值为 Q_0。则

$$Q_0=B_i\,L\,I_i \tag{2-66}$$

式中　B_i——电磁感应强度，T；

L——动线圈有效长度，m；

I_i——通过动线圈的交流电流幅值，A。

通过动线圈的交流电是简谐变化的，即

$$i=I_i\sin\omega t$$

所以激振力 $Q(t)$ 可表达为

$$Q(t)=Q_0\sin\omega t$$

在电磁激振力 $Q(t)$ 的作用下，系统的受迫振动可用公式表示

$$x=\frac{Q_0}{k}\times\frac{1}{1-(\omega/\omega_n)^2}\sin\omega t$$

如前所述，受迫振动的振幅除决定于系统的固有特性外，还决定于激振力幅值 Q_0 和频率 ω。

当供给激振器动线圈的交流电为某一固定频率时，要想改变(即调节)受迫振动振幅，只要改变激振力的幅值(即改变交流电的电流或电压)就可以了。

一般的情况下，交流电是由信号发生器经功率放大器获得一定功率(能量)后才输入到激振器动线圈上，所以只要调节信号发生器的输出电压的大小和频率，就能很方便地调节电磁激振器的力幅和频率。

2.6.2 受迫振动的过渡过程

受迫振动的初始阶段，自由振动和受迫振动同时存在于系统之中，存在自由振动的这一阶段称为受迫振动的瞬态振动，如公式(2-60)所示。

式中 c_1,c_2 是由初始条件确定的常数。当 $t=0$ 时，$x=x_0$，$\dot{x}=\dot{x}_0$，可求出

$$c_1=x_0 \qquad c_2=\frac{\dot{x}_0}{\omega_n}-\frac{q(\omega/\omega_n)}{\omega_n^2-\omega^2}$$

将 c_1,c_2 的值代入式(2-60)中得

$$\begin{aligned} x&=x_0\cos\omega_n t+\frac{\dot{x}_0}{\omega_n}\sin\omega_n t+\frac{q}{\omega_n^2-\omega^2}\left(\sin\omega t-\frac{\omega}{\omega_n}\sin\omega_n t\right) \\ &=A\sin(\omega_n t+\psi_0)+\frac{q}{\omega_n^2-\omega^2}\left(\sin\omega t-\frac{\omega}{\omega_n}\sin\omega_n t\right) \end{aligned} \tag{2-67}$$

上式表明，受迫振动的初始阶段响应由三部分组成。第一项是初始条件产生的自由振动；第二项是简谐激振力产生的受迫振动；第三项是不论初始条件如何都伴随受迫振动而产生的自由振动称为伴生自由振动。同时，系统中不可避免地存在着阻尼，自由振动将是不断地衰减。因此，受迫振动初始阶段响应是很复杂的。

当 $t=0$ 时，$x_0=\dot{x}_0=0$，上式可简化为

$$x=\frac{q}{\omega_n^2-\omega^2}\left(\sin\omega t-\frac{\omega}{\omega_n}\sin\omega_n t\right) \tag{2-68}$$

在有阻尼情况下，其伴生自由振动在一段时间内也逐渐衰减，系统的振动逐渐变成稳态的振动。这一阶段称为受迫振动的过渡过程。

图 2-22a 表示 $\omega<\omega_n$ 时的瞬态振动，图中虚线代表等幅受迫振动，实线代表伴生自由振动和稳态受迫振动的叠加。

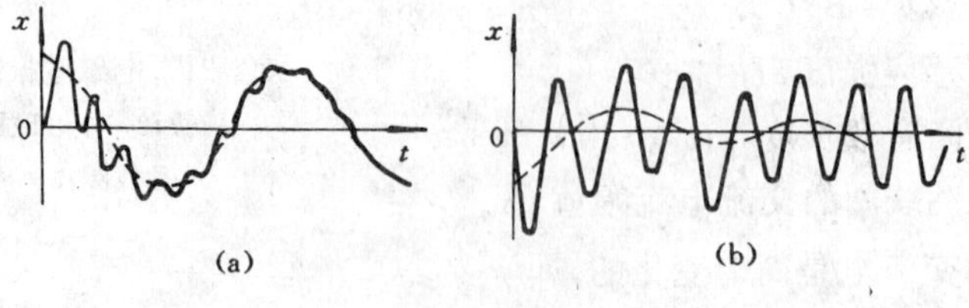

图 2-22 瞬态振动

图 2-22b 表示 $\omega>\omega_n$ 时的瞬态振动，其中虚线代表伴生自由振动，实线代表伴生自由振动和稳态受迫振动的叠加。

2.6.3 “拍振”现象

当激振频率 ω 与固有频率 ω_n 很接近时，振动的振幅周期性增长又周期性减小，产生“拍

振"现象。

令 $\omega_n-\omega=2\varepsilon$ 并代入式(2-68)得

$$x=\frac{q/\omega_n}{\omega_n^2-\omega^2}\left[\frac{\omega_n+\omega}{2}(\sin\omega t-\sin\omega_n t)+\frac{\omega_n-\omega}{2}(\sin\omega t+\sin\omega_n t)\right]$$

$$=-\frac{q}{\omega_n(\omega_n^2-\omega^2)}\left[(\omega_n+\omega)\sin\varepsilon t\cos\left(\frac{\omega_n+\omega}{2}\right)t-2\varepsilon\sin\left(\frac{\omega_n+\omega}{2}\right)t\cos t\right]$$

当 ε 很小时,可略去括号中后一项,当 $\omega\approx\omega_n$ 时,$\frac{\omega_n+\omega}{2}\approx\omega_n$,则

$$x\approx\frac{-q}{2\varepsilon\omega_n}\sin\varepsilon t\cos\omega_n t \tag{2-69}$$

上式表示的拍振如图 2-23 所示,最大振幅是$\frac{q}{2\varepsilon\omega_n}$,最小振幅是$\frac{q}{2\omega_n^2}$。当 ω 趋近 ω_n 时,ε 趋近于零,拍的振幅和周期都将逐渐变成无限大,这就是共振现象。

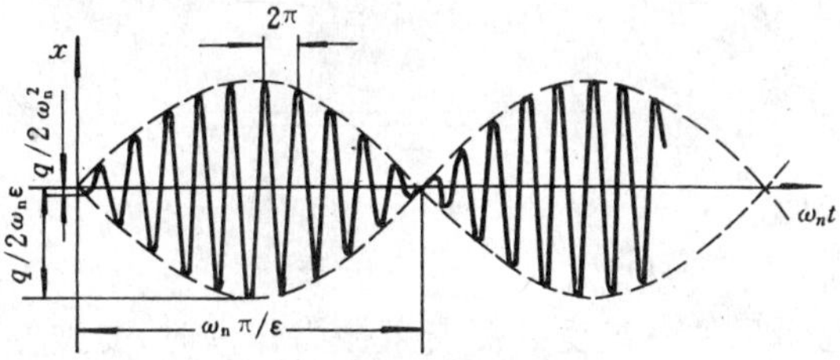

图 2-23 "拍振"现象

除了上面讨论的一种自由振动和一种受迫振动叠加形成拍振外,两种自由振动或者两种受迫振动,只要两种振动频率很接近,都可能产生拍振现象。如果拍振的最大振幅大于容许值,则必须消除或衰减。

2.7 有阻尼单自由度系统受迫振动

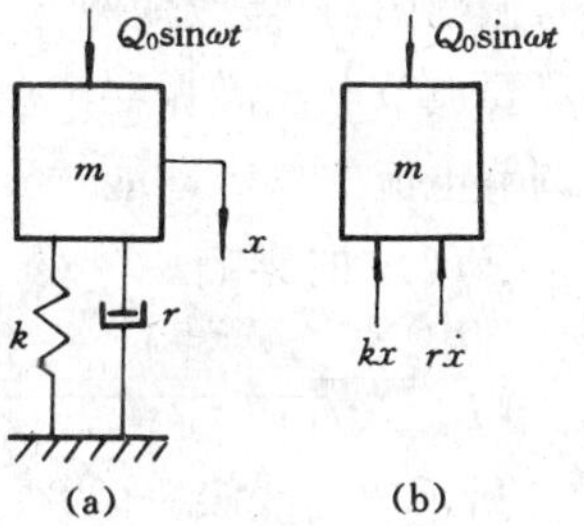

图 2-24 单自由度有阻尼受迫振动系统

本节只讨论简谐激振的响应。

如图 2-24 所示系统,在质量 m 上作用简谐激振力 $Q_0\sin\omega t$。现规定质量 m 的位移为 $x(t)$,其正方向如图所示,速度为 $\dot{x}(t)$,加速度为 $\ddot{x}(t)$。作用在质量 m 上的弹簧恢复力为 $-kx$,阻尼力为 $-r\dot{x}$,激振力为 $Q_0\sin\omega t$。根据牛顿第二定律建立振动微分方程式

$$m\ddot{x}+r\dot{x}+kx=Q_0\sin\omega t \tag{2-70}$$

令$\frac{k}{m}=\omega_n^2$,$\frac{r}{m}=2n$,$\frac{Q_0}{m}=q$ 代入式(2-70)中,得

$$\ddot{x}+2n\dot{x}+\omega_n^2x=q\sin\omega t \tag{2-71}$$

运动方程式也是一个二阶线性常系数非齐次的微分方程式。它的通解可以用二阶线性常系数齐次微分方程式的通解 $x_1(t)$和方程式(2-71)的特解 $x_2(t)$之和来表示。

$$x=x_1(t)+x_2(t) \tag{2-72}$$

式中 $x_1(t)$代表有阻尼自由振动,在小阻尼的情况下,$x_1=Ae^{-nt}\sin(\omega_r t+\psi)$,是一个衰减振动,只在开始振动后某一较短时间内有意义,随着时间的增加,它将衰减下去。当我们仅研究

受迫振动中持续的等幅振动时，可以略去 $x_1(t)$。

$x_2(t)$表示系统的受迫振动，称为系统的稳态解。从微分方程式非齐次项是正弦函数这一性质，可知特解的形式亦为正弦函数，它的频率与激振频率相同。因此，可以设此特解为

$$x_2(t)=B\sin(\omega t-\psi) \tag{2-73}$$

式中 B——受迫振动的振幅；

ψ——位移落后于激振力的相位角。

将 $x_2(t)$及其一阶、二阶导数代入方程式(2-71)中，可解出 B 与 ψ

$$B=\frac{q}{\sqrt{(\omega_n^2-\omega^2)^2+4n^2\omega^2}} \tag{2-74}$$

$$\psi=\arctan\frac{2n\omega}{\omega_n^2-\omega^2} \tag{2-75}$$

令$\frac{\omega}{\omega_n}=z$，$\frac{n}{\omega_n}=\zeta$，得

$$B=\frac{Q_0}{k}\frac{1}{\sqrt{(1-z^2)^2+(2\zeta z)^2}} \tag{2-76}$$

$$\psi=\arctan\frac{2\zeta z}{1-z^2} \tag{2-77}$$

可以看出，具有粘性阻尼的系统受到简谐激振力作用时，受迫振动也是一个简谐运动，其频率和激振频率 ω 相同，振幅 B、相位角 ψ 决定于系统本身的性质(质量 m、弹簧刚度 k、粘性阻尼系数 r)和激振力的性质(力幅 Q_0、频率 ω)，与初始条件无关。

影响振幅的因素主要是 Q_0、z 和 ζ。

(1)Q_0 的影响。受迫振动的振幅 B 与激振力幅值 Q_0 成正比。因此，要想改变受迫振动的振幅 B，只需改变激振力的幅值 Q_0。例如电磁振动给料机，当需要调节给料箱的振幅时，只要调节电磁激振器产生的激振力幅值 Q_0 即可。而电磁激振力与电流参数有关，因此只要调节电流的参数即能达到调节给料箱振幅的目的。

(2)z 的影响。令 $Q_0/k=B_s$，B_s 即相当于激振力的幅值 Q_0 静作用在弹簧上产生的静变形。$\frac{B}{B_s}=\frac{1}{\sqrt{(1-z^2)^2+(2\zeta z)^2}}$称为振幅比或振幅的放大因子。对于不同的 ζ 值可绘出如图 2-25 所示的曲线族，称为幅频响应曲线。由幅频响应曲线可以看出 z 对振幅的影响规律。当 z 很小时，$\frac{B}{B_s}\approx1$，即 $B\approx B_s$，振幅 B 几乎与激振力幅值引起弹簧的静变形 B_s 相等。当 $z\gg1$ 时，B/B_s 趋近于零，振幅 B 很小。当 $z\approx1$、即 $\omega\approx\omega_n$ 时，在 ζ 较小的情况下，振幅 B 可以很大(即比 B_s 大很多倍)，在没有阻尼的情况下、即 $\zeta=0$ 时，振幅 B 就会变成无限大(共振)。

(3)ζ 的影响。有阻尼的幅频响应曲线均在 $\zeta=0$ 时的幅频响应曲线的下方，这说明阻尼的存在使得振幅 B 变小。从图中可以看出，当 $z\ll1$ 或 $z\gg1$ 时，阻尼衰减振幅的作用是不大的。因此，在 $\omega\ll\omega_n$，$\omega\gg\omega_n$ 时，计算振幅可以不计阻尼的影响。但是在 $\omega\approx\omega_n$ 的区域内，系统的振幅随着阻尼的增加明显减小，这时必须计入阻尼。当 $\zeta>0.7$ 时，幅频响应曲线变成了一平坦的曲线。这说明，阻尼对共振振幅有明显的抑制作用。

在给定阻尼比 ζ 的情况下，求最大振幅所对应的频率比 z 时，可将振幅的表达式对 z 求导并使之等于零即可求出。求解的结果 $z=\sqrt{1-2\zeta^2}$。可见，最大振幅所对应的频率比 z 随

ζ 的增大而左移。

当 ζ 较小($\zeta=0.05\sim0.2$)时，可近似地认为共振($\omega=\omega_n$)时的振幅就是最大振幅。共振时振幅为

$$B=\frac{B_s}{2\zeta}=\frac{Q_0}{r\omega_n}$$

相位角 ψ 与 z 和 ζ 的关系曲线称为相频响应曲线(图 2-26)。

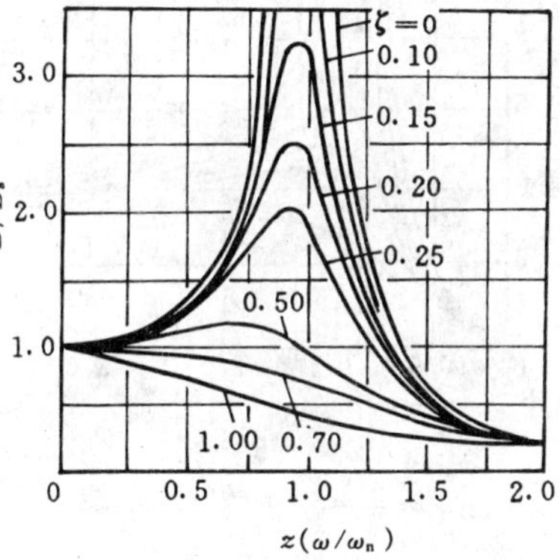

图 2-25　幅频响应曲线

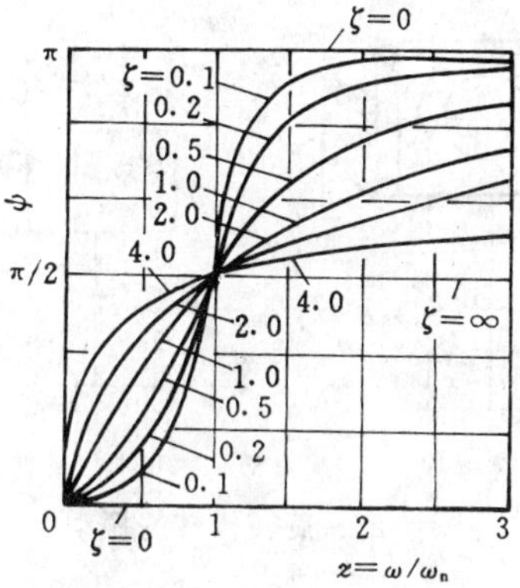

图 2-26　相频响应曲线

由公式(2-77)看出，相位角 ψ 和阻尼比 ζ 成正比。当 $\zeta=0$ 时，相位角 ψ 与频率比 z 的关系如图 2-26 所示，当 $z<1$ 时，$\psi=0$；当 $z>1$ 时 $\psi=\pi$；当 $z=1$ 时，共振点前后相位角突然变化。当阻尼很小时，在 $z\ll1$ 的低频范围内，$\psi\approx0$，即位移 x_2 与激振力 Q 差不多同相；当 $z\gg1$ 时，$\psi\approx\pi$，即在高频范围内，位移 x_2 与激振力 Q 差不多异相。上述情况表明，阻尼很小时，它对相位角 ψ 的影响也很小。当阻尼较大时，相位角 ψ 随 z 增加而增大。当 $z=1$(即共振)时，相位角 $\psi=\pi/2$，与阻尼大小无关，这是共振时一个重要特征。

下面讨论旋转机械的振动和支承运动引起的受迫振动。

例 1　图 2-27 为由弹簧(刚度为 k)和阻尼器(阻尼系数为 r)支承的旋转机械力学模型。旋转机械的总质量为 M，转子的偏心质量为 m，偏心距为 e，转动角速度为 ω。

若只研究机器在垂直方向的振动，其位移表示为 x，则偏心质量 m 的位移为 $x+e\sin\omega t$，系统的振动方程式可写成

$$(M-m)\ddot{x}+m\frac{\mathrm{d}^2}{\mathrm{d}t^2}(x+e\sin\omega t)=-kx-r\dot{x}$$

整理后得

$$M\ddot{x}+r\dot{x}+kx=me\omega^2\sin\omega t \tag{2-78}$$

方程式的稳态解为

$$x=B\sin(\omega t-\psi)$$

以 $\ddot{x}$、$\dot{x}$ 代入方程解得振幅

$$B=\frac{me\omega^2}{\sqrt{(k-M\omega^2)^2+r^2\omega^2}}=\frac{me}{M}\times\frac{z^2}{\sqrt{(1-z^2)^2+(2\zeta z)^2}} \tag{2-79}$$

$$\psi=\arctan\frac{2\zeta z}{1-z^2} \tag{2-80}$$

从公式(2-79)可以看出，由偏心质量 m 引起的受迫振动幅 B 与偏心质量 m、偏心距 e 成正比。因此，离心式通风机、离心式水泵和离心式压缩机的转动部件(通常称它为转子)，在出厂前都要作平衡试验，使其质量分布尽量均匀，减小转子的偏心质量 m 和偏心距 e，以减小旋转机械的振动。

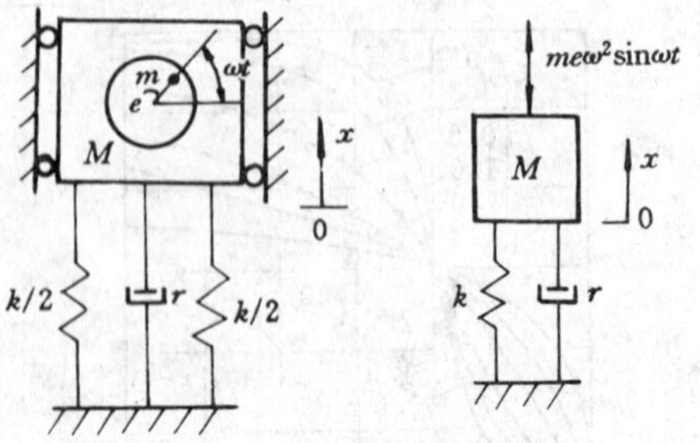

图 2-27　旋转机械的振动

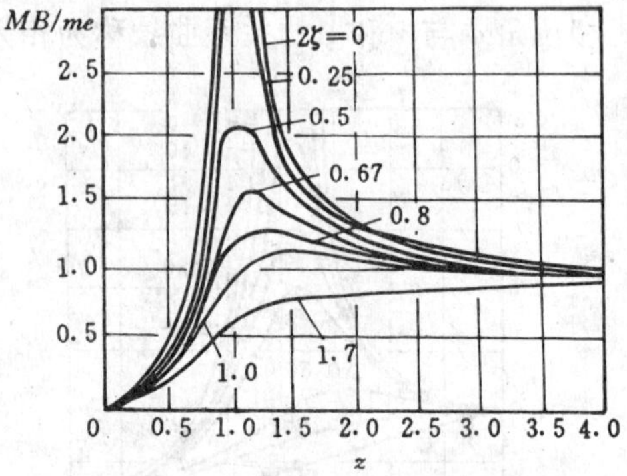

图 2-28　幅频响应曲线

将表达式(2-79)作如下变换

$$\frac{B}{me/M}=\frac{BM}{me}=\frac{z^2}{\sqrt{(1-z^2)^2+(2\zeta z)^2}}$$

以 $\frac{BM}{me}$ 为纵坐标，z 为横坐标，对于不同的 ζ 值画出的曲线图，为该旋转机的幅频响应曲线(图 2-28)。

由图(2-28)可见，当 $z\ll 1(\omega\ll\omega_n)$ 时，激振力幅值 $me\omega^2$ 很小，振幅 $B\approx 0$，即在低频范围内，振幅 B 几乎等于零；当 $z\gg 1(\omega\gg\omega_n)$ 时，振幅 $B\approx\frac{me}{M}$，就是说在高频范围内，振幅接近常数，幅频曲线以振幅 $\frac{me}{M}$ 为渐近线；当 $z=1(\omega=\omega_n)$ 时，振幅 $B=\frac{me}{2\zeta M}$，系统的振幅受到阻尼的限制。当阻尼很小时，振幅很大，振动强烈，这就是共振现象。

例 2　如图 2-29 所示的振动系统的振动为支承运动引起的受迫振动。支承运动规律 $x_H=H\sin\omega t$，其中 H 为支承运动的幅值，ω 为频率。x_H 正方向如图所示。

假定质量的运动和支承的运动方向相同。弹簧的变形为 $x-x_H$，阻尼器的速度即为相对速度 $\dot{x}=\dot{x}_H$，作用在质量 m 上的作用力有弹簧力 $-k(x-x_H)$，阻尼力 $-r(\dot{x}-\dot{x}_H)$。根据牛顿第二定律建立振动微分方程式

$$m\ddot{x}=-k(x-x_H)-r(\dot{x}-\dot{x}_H)$$

即

$$m\ddot{x}+r\dot{x}+kx=kx_H+r\dot{x}_H$$

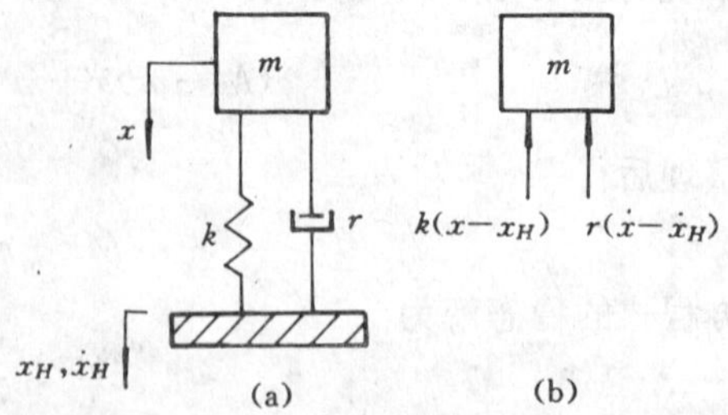

图 2-29　支承运动引起的受迫振动

把 x_H，$\dot{x}_H$ 值代入上式中，得

$$m\ddot{x}+r\dot{x}+kx=kH\sin\omega t+r\omega H\cos\omega t \tag{2-81}$$

可以看出，作用在系统质量 m 上的激振力由两部分组成：一是弹簧传给质量 m 的力 $kH\sin\omega t$；二是阻尼器传给质量 m 的力 $r\omega H\cos t$。可用矢量合成的方法求出合成激振力

$$Q=Q_0\sin(\omega t+a)$$

而

$$Q_0=\sqrt{(kH)^2+(r\omega H)^2}=H\sqrt{k^2+r^2\omega^2}$$

$$\tan\alpha=\frac{r\omega}{k}\text{或 }\alpha=\arctan\frac{r\omega}{k}$$

于是方程式(2-81)可写成

$$m\ddot{x}+r\dot{x}+kx=H\sqrt{k^2+r^2\omega^2}\sin(\omega t+\alpha) \tag{2-82}$$

微分方程式(2-82)和方程式(2-70)在形式上是一样的，所以方程式(2-82)的稳态解可表示为

$$x=B\sin(\omega t-\psi) \tag{2-83}$$

振幅

$$B=\frac{H\sqrt{k^2+r^2\omega^2}}{\sqrt{(k-m\omega^2)^2+r^2\omega^2}}=\frac{H\sqrt{1+(2\zeta z)^2}}{\sqrt{(1-z^2)^2+(2\zeta z)^2}} \tag{2-84}$$

以 B/H 为纵坐标，z 为横坐标，对不同的阻尼可作出如图 2-30 所示的幅频响应曲线。可以看出，支承运动引起的受迫振动振幅决定于支承运动的幅值 H、频率比 z 和阻尼比 ζ。

相位角

$$\psi=\arctan\frac{\tan(\alpha+\psi)-\tan\alpha}{\tan\alpha\tan(\alpha+\psi)+1}$$

$$=\arctan\frac{2\zeta z^3}{1-z^2+(2\zeta z)^2}$$

其中 $\tan(\alpha+\psi)=\dfrac{r\omega}{k-m\omega^2}$，$\tan\alpha=\dfrac{r\omega}{k}$，参见图 2-31。

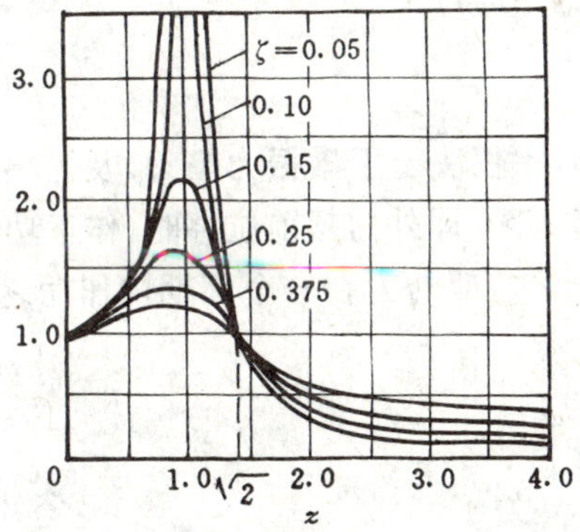

图 2-30　幅频曲线

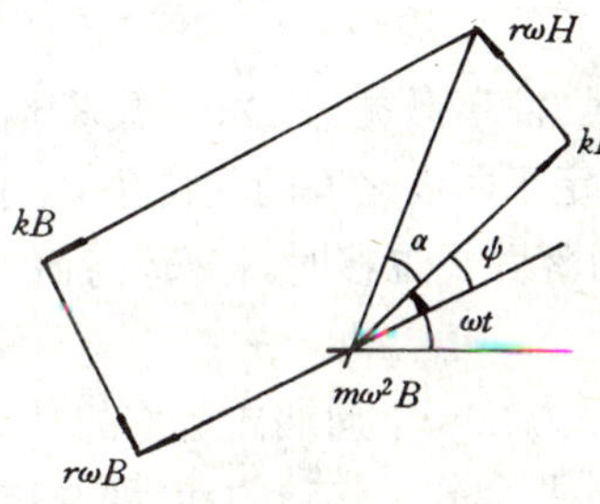

图 2-31　系统各力的矢量关系

从图可以看出，曲线都交于($\sqrt{2}$，1)这一点，这说明当激振频率与系统固有频率之比等于$\sqrt{2}$时，无论多大的阻尼，振幅 B 都等于支承运动的幅值 H。而当 $z\gg\sqrt{2}$时，由支承运动引起的受迫振动很小，这就是被动隔振的理论基础。

2.8　等效粘性阻尼

工程中还有很多阻尼是非线性的，如机械零件间的干摩擦产生的阻尼力与速度无关(图 2-32b)；物体在低粘性流体中高频振动产生的阻尼力与其速度的平方成正比(图 2-32c)等等。

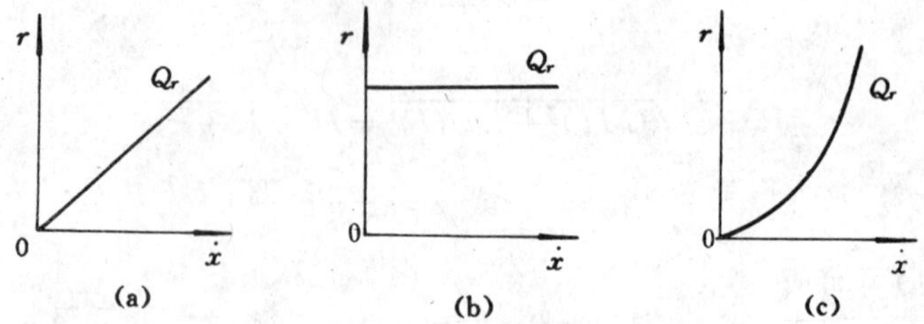

图 2-32 阻尼特性

(a)线性阻尼;(b)库仑阻尼;(c)流体阻尼

同前面非线性刚度特性线性化(见概论第四节)一样,非线性阻尼特性也可以线性化。其方法就是应用能量守恒原理将非线性阻尼变成等效粘性阻尼(即等效线性阻尼)。等效或称当量粘性阻尼是这样计算的:先假设在非粘性阻尼情况下,系统仍作简谐振动,使此时在每一周期中消耗的能量同等效粘性阻尼消耗的能量相等。

2.8.1 简谐激振力在一个周期内作的功

如前所述,简谐激振力 $Q(t)=Q_0\sin\omega t$ 作用下的振动系统,其稳态解为 $x=B\sin(\omega t-\psi)$,则激振力在微小位移 $\mathrm{d}x$ 上所作的微元功应为 $\mathrm{d}W=Q(t)\mathrm{d}x=Q(t)\dot{x}\mathrm{d}t$。在一个周期内,即 $t=0$ 到 $t=\frac{2\pi}{\omega}$ 所作的功,也就是通过 $Q(t)$ 输入系统的能量,即为

$$\begin{aligned}\Delta W_Q&=\int_0^{\frac{2\pi}{\omega}}Q(t)\dot{x}\mathrm{d}t=\int_0^{\frac{2\pi}{\omega}}Q_0\sin\omega tB\omega\cos(\omega t-\psi)\mathrm{d}t\\&=Q_0B\int_0^{\frac{2\pi}{\omega}}\sin\omega t\cos(\omega t-\psi)\mathrm{d}(\omega t)\\&=\pi Q_0B\sin\psi\end{aligned}\tag{2-85}$$

可见,简谐激振力在一个周期内所作功的大小,不仅决定于激振力幅 Q_0 及振幅 B 的大小,还决定于两者之间的相位角 ψ。由上式可见,当 $\psi>0$ 即外力超前位移时,作正功;当 $\psi<0$ 即外力落后于位移时,作负功;而当 $\psi=0$ 或 $\psi=\pi$ 时,即外力在一个周期内作功之和等于零。

激振力在一个周期内所作的功 ΔW_Q,可以看成是激振力的两个分量作功的和,即与位移同相的分量 $Q_1=Q_0\cos\psi$ 和与速度同相的分量 $Q_2=Q_0\sin\psi$ 所作功之和(见图 2-33)。

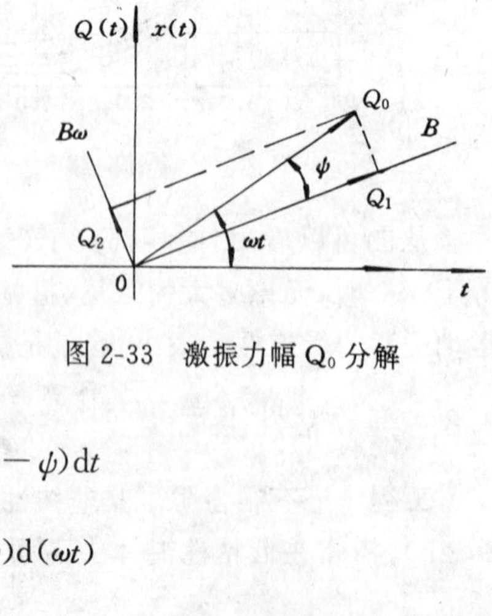

图 2-33 激振力幅 Q_0 分解

与位移同相的力 $Q_0\cos\psi\sin(\omega t-\psi)$ 在一个周期内所作的功 $\Delta W'_Q$ 为:

$$\begin{aligned}\Delta W'_Q&=\int_0^{T}Q_1\sin(\omega t-\psi)\dot{x}\mathrm{d}t\\&=\int_0^{\frac{2\pi}{\omega}}Q_0\cos\psi\sin(\omega t-\psi)B\omega\cos(\omega t-\psi)\mathrm{d}t\\&=Q_0B\cos\psi\int_0^{\frac{2\pi}{\omega}}\sin(\omega t-\psi)\cos(\omega t-\psi)\mathrm{d}(\omega t)\\&=0\end{aligned}$$

与速度同向的力 $Q_0\sin\psi\cos(\omega t-\psi)$ 在一个周期内所作的功为

$$\Delta w''_Q = \int_0^T Q_2\cos(\omega t-\psi)\dot{x}\mathrm{d}t = Q_0 B\sin\psi\int_0^{\frac{2\pi}{\omega}}\cos^2(\omega t-\psi)\mathrm{d}(\omega t) = \pi Q_0 B\sin\psi$$

激振力在一个周期内所作的功为分量作功之和，即为

$$\Delta W_Q=\Delta W'_Q+\Delta W''_Q=\pi Q_0 B\sin\psi$$

因此，激振力在一个周期内所作的功，就是其超前位移 $\frac{\pi}{2}$ 的分量所作的功。

2.8.2 阻尼力在一个周期内所消耗的能量

假定系统的位移为 $x=B\sin(\omega t-\psi)$，阻尼力 $-r\dot{x}=-r\omega B\cos(\omega t-\psi)=r\omega B\sin\left(\omega t-\psi-\frac{\pi}{2}\right)$，比位移落后 $\frac{\pi}{2}$，作负功，它在一周期内所消耗的能量为

$$\begin{aligned}\Delta W_r &= \int_0^T Q_r\dot{x}\mathrm{d}t=\int_0^{\frac{2\pi}{\omega}} rB^2\omega^2\cos^2(\omega t-\psi)\mathrm{d}t\\ &=-\pi rB^2\omega\end{aligned} \tag{2-86}$$

可见粘性阻尼力所作的功与振幅的平方及振动频率成正比。

当系统达到稳态受迫振动以后，必有

$$\Delta W_Q+\Delta W_r=0$$

即

$$\pi Q_0 B\sin\psi=\pi r\omega B^2$$

由此，亦可求得稳态振动的振幅

$$B=\frac{Q_0\sin\psi}{r\omega} \tag{2-87}$$

2.8.3 等效粘性阻尼

粘性阻尼在一个周期中所消耗的能量如公式(2-86)所示

$$\Delta W_r=\pi r\omega B^2$$

设 ΔW_e 为非粘性阻尼在一个周期内作的功，根据计算等效粘性阻尼系数的原则，则有

$$\Delta W_e=\Delta W_r=\pi r_e\omega B^2 \tag{2-88}$$

式中的 r_e 称为等效粘性阻尼系数，由上式知

$$r_e=\frac{\Delta W_e}{\pi\omega B^2} \tag{2-89}$$

ΔW_e 可根据不同阻尼情况计算出来，例如下面几种情况。

1. 干摩擦阻尼的等效粘性阻尼

有干摩擦阻尼的振动系统的力学模型如图 2-34。当质量从平衡位置移动到最大位移时，摩擦力作功为 NB。所以一个振动周期中摩擦力作功为

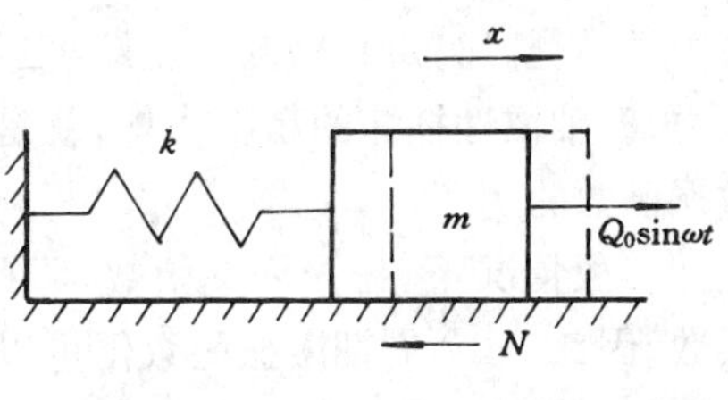

图 2-34 有干摩擦阻尼的振动系统

$$\Delta W_e=4NB \tag{2-90}$$

将 ΔW_e 的值代入公式(2-89)中，得等效粘性阻尼系数

$$r_e=\frac{4N}{\pi\omega B} \tag{2-91}$$

2. 流体阻尼的等效粘性阻尼

当物体在流体（如水、空气）中以较大的速度（大于 3m/s）运动时，阻力与速度平方成正比，其方向与速度方向相反，其值可近似表示为

$$Q_r = r_Q |\dot{x}| \dot{x} \tag{2-92}$$

式中 r_Q——常数。

假定振动物体位移 $x = B\sin(\omega t - \psi)$，$\dot{x} = B\omega\cos(\omega t - \psi)$，在一个周期内 Q_r 作功为

$$\Delta W_e = 4\int_0^{T/4} Q_r \dot{x} \mathrm{d}t = 4r_Q \int_0^{T/4} \dot{x}^3 \mathrm{d}t$$

$$= \frac{8}{3} r_Q B^3 \omega^2 \tag{2-93}$$

将 ΔW_e 的值代入公式(2-89)中，得等效粘性阻尼系数

$$r_e = \frac{8 r_Q B\omega}{3\pi} \tag{2-94}$$

3. 结构阻尼的等效阻尼

大多数结构金属如钢铝等，由于它们自身内摩擦造成的阻尼称为结构阻尼。实验证明，结构阻尼在每一周期中消耗的能量 ΔW_e 与振幅的平方成正比。即

$$\Delta W_e = a_r B^2 \tag{2-95}$$

式中 a_r——常数。

将 ΔW_e 的值代入到公式(2-89)中，可得等效阻尼系数。

$$r_e = \frac{a_r}{\pi\omega} \tag{2-96}$$

按式(2-91)、(2-94)和式(2-96)确定的等效阻尼系数代入到振动微分方程式中，可求得等效阻尼条件下的振幅

$$B = \frac{Q_0}{k} \times \frac{1}{\sqrt{(1-z^2)^2 + \left(\frac{r_e \omega}{k}\right)^2}} \tag{2-97}$$

2.9 非简谐周期激振的响应

在工程实际中，往往还出现更为复杂的激振函数。图 2-35 表示了力激振和位移激振两种激振形式的力学模型。例如 L 型空气压缩机运转时产生的激振力、四轴惯性摇床的激振力等，就是非简谐周期性激振函数的例子。

一般情况下，任一周期函数都可以展开成富氏级数。因此，一个周期激振函数便可以分解为一系列不同频率（为整倍数关系）的简谐函数。设周期函数为 $Q(t)$，可表达为

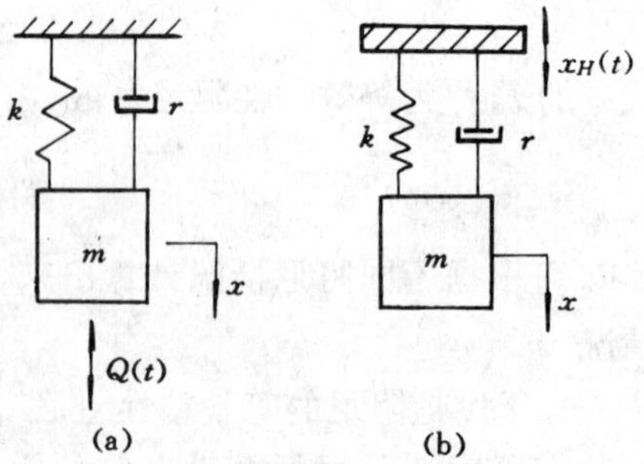

图 2-35 非简谐周期激振

$$Q(t) = a_0 + a_1\cos\omega t + a_2\cos 2\omega t + \cdots + b_1\sin\omega t + b_2\sin 2\omega t + \cdots$$

$$= a_0 + \sum_{j=1}^{n} (a_j \cos j\omega t + b_j \sin j\omega t) \quad (j = 1, 2, \cdots, n) \tag{2-98}$$

式中 a_0、a_j、b_j——三角级数的系数，其值按下式确定

$$a_0=\frac{1}{T}\int_0^T Q(t)\mathrm{d}t \tag{2-99}$$

$$a_j=\frac{2}{T}\int_0^T Q(t)\cos j\omega t\mathrm{d}t \tag{2-100}$$

$$b_j=\frac{2}{T}\int_0^T Q(t)\sin j\omega t\mathrm{d}t \quad (j=1,2,\cdots,n) \tag{2-101}$$

所以，只要 $Q(t)$ 已知，就可求出各系数 a_0、a_j 及 b_j。这样，非简谐周期激振函数作用下的有阻尼受迫振动方程式可写成

$$m\ddot{x}+r\dot{x}+kx=a_0+\sum_{j=1}^{n}(a_j\cos j\omega t+b_j\sin j\omega t) \tag{2-102}$$

一个振动波所需要的时间仍称为周期 $T=\frac{2\pi}{\omega}$，$f_0=\frac{1}{T}$ 称为基频。式(2-98)表明任何一个复杂的周期激振函数均可以运用“谐波分析”的方法分解成一系列具有基频整数倍的许多简谐函数的叠加。

式中 a_0 表示一个常力，它只影响系统的静平衡位置，如果坐标原点取在静平衡位置，此常数项就不出现在微分方程中。

已经知道，单自由度系统在简谐激振力的作用下受迫振动的稳态响应为

$$x(t)=B\sin(\omega t-\psi)=\frac{Q_0}{k}\frac{1}{\sqrt{(1-z^2)^2+(2\zeta z)^2}}\sin(\omega t-\psi)$$

根据叠加原理，线性系统在激振函数 $Q(t)$ 作用下的效果等于其各次谐波单独作用效果响应的叠加。所以按公式(2-102)右侧各项分别计算出响应，然后叠加即是系统对 $Q(t)$ 总的响应。

$$x(t)=\frac{a_0}{k}+\sum_{j=1}^{n}\frac{B_{sj}}{\sqrt{(1-j^2z^2)^2+(2\zeta jz)^2}}\sin(j\omega t+\alpha_j+\psi_j) \tag{2-103}$$

式中　$B_{sj}=\frac{\sqrt{a_j^2+b_j^2}}{k}$，$\alpha_j=\arctan\frac{a_j}{b_j}$，$\psi_j=\arctan\frac{2\zeta jz}{1-j^2z^2}$。

非简谐的周期性支承运动产生的受迫振动如图 2-35b。支承运动的规律为

$$x_H(t)=a_0+\sum_{j=1}^{n}(a_j\cos j\omega t+b_j\sin j\omega t) \tag{2-104}$$

已经知道，单自由度系统在简谐支承运动 $x_H=H\sin\omega t$ 的作用下的稳态响应为

$$x(t)=\frac{H\sqrt{1+(2\zeta z)^2}}{\sqrt{(1-z^2)^2+(2\zeta z)^2}}(\sin\omega t-\psi)$$

同理，对式(2-104)右端各项单独求解并应用叠加原理，可以求得系统在非简谐周期性支承运动作用下的总响应可表示为

$$x(t)=\frac{a_0}{k}+\sum_{j=1}^{n}\frac{H\sqrt{1+(2\zeta z)^2}}{\sqrt{(1-jz^2)^2+(2\zeta jz)^2}}\sin(j\omega t+\alpha_j-\psi_j) \tag{2-105}$$

例 2-6　图 2-36a 所示，凸轮以等角速度 ω 转动，顶杆的运动规律为 $y(t)$（图 2-36b）。由于弹簧的耦合，系统的等效弹簧刚度为 $k=k_1+k_2$，激振力 $Q(t)=k_2y$，其力学模型如图 2-35a 所示。求非简谐周期性激振的响应。

解　凸轮每转一圈激振力 $Q(t)$ 可表示为

$$Q(t)=k_2A\frac{\omega}{2\pi}t$$

式中　A——凸轮的行程,cm；

ω——凸轮的角速度,rad/s。

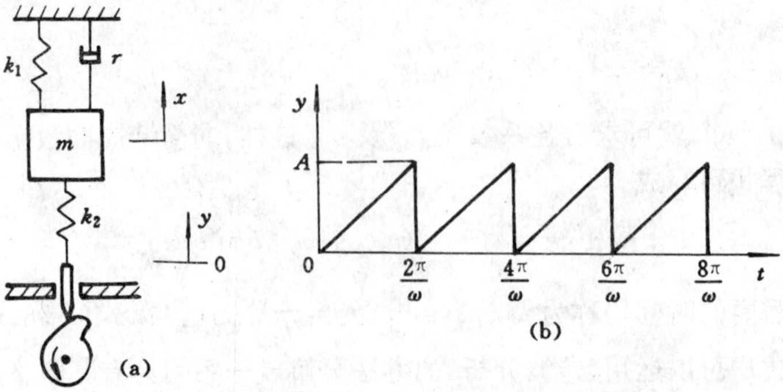

图 2-36　凸轮的激振响应

将锯齿形变化规律的激振力 $Q(t)$ 展成三角级数,各系数可由公式(2-99)、(2-100)和(2-101)计算

$$a_0=\frac{1}{T}\int_0^T Q(t)\mathrm{d}t=\frac{k_2A\omega}{2\pi}\times\frac{\omega}{2\pi}\int_0^{2\pi/\omega}t\mathrm{d}t=\frac{k_2A}{2}$$

$$a_j=\frac{2}{T}\int_0^T Q(t)\cos j\omega t\mathrm{d}t=\frac{k_2A\omega^2}{2\pi^2}\int_0^{2\pi/\omega}t\cos j\omega t\mathrm{d}t$$

$$=\frac{k_2A}{2\pi^2 j^2}\int_0^{2\pi}u\cos u\mathrm{d}u=0$$

$$b_j=\frac{2}{T}\int_0^T Q(t)\sin j\omega t\mathrm{d}t=\frac{k_2A\omega^2}{2\pi^2}\int_0^{2\pi/\omega}t\sin j\omega t\mathrm{d}t$$

$$=\frac{k_2A}{2\pi^2 j^2}\int_0^{2\pi}u\sin u\mathrm{d}u=\frac{-k_2A}{\pi j}$$

式中　$u=j\omega t$。

则得激振力函数为

$$Q(t)=\frac{k_2A}{2}-\frac{k_2A}{\pi}\left(\sin\omega t+\frac{1}{2}\sin 2\omega t+\frac{1}{3}\sin 3\omega t+\cdots\right)$$

系统在 $Q(t)$ 作用下受迫振动的微分方程式可写成

$$m\ddot{x}+r\dot{x}+(k_1+k_2)x=\frac{k_2A}{2}-\frac{k_2A}{\pi}\left(\sin\omega t+\frac{1}{2}\sin\omega t+\frac{1}{3}\sin 3\omega t+\cdots\right)$$

或

$$\ddot{x}+2n\dot{x}+\omega_n^2x=\frac{k_2A}{2m}-\sum_{j=1}^{n}\frac{k_2A}{j\pi m}\sin j\omega t$$

式中　$\omega_n^2=(k_1+k_2)/m,2n=r/m$。

上方程式中 $\frac{k_2A}{2m}$ 是一个常量,只起着改变质量静平衡位置的作用,系统对它的响应

$$x_1(t)=k_2A/2(k_1+k_2)$$

系统对简谐激振函数项 $-\sum_{i=j}^{n}\frac{k_2A}{j\pi m}\sin j\omega t$ 的响应可表示为

$$x_2(t)=-\sum_{j=1}^{n}B_j\sin(j\omega t-\psi_j)$$

式中

$$B_j=\frac{B_{sj}}{\sqrt{(1-j^2z^2)^2+(2\zeta jz)^2}}$$

$$B_{sj}=\frac{k_2A}{j\pi(k_1+k_2)},\psi_i=\arctan\frac{2\zeta jz}{1-j^2z^2}$$

系统对 $Q(t)$ 总的响应是 $x_1(t)$ 和 $x_2(t)$ 的叠加

$$\begin{aligned}x(t)&=x_1(t)+x_2(t)\\&=\frac{k_2A}{k_1+k_2}\left[\frac{1}{2}-\frac{1}{\pi}\sum_{j=1}^{n}\frac{1}{j\sqrt{(1-j^2z^2)^2+(2\zeta jz)^2}}\sin(j\omega t-\psi_j)\right]\end{aligned}\tag{2-106}$$

例 2-7 图 2-37 所示为一单缸活塞式发动机，它在运转中由于连杆造成不平衡质量而产生的周期惯性力作用在缸上引起发动机的振动。连杆 L 的质量可以分成两部分，一部分集中在活塞上，另一部分集中在曲柄销上。其它不平衡质量也都以等效质量集中在这两点上。于是整个运动部分的质量可用曲柄销上的质量 M_1 和活塞上的质量 M_2 来代表。在发动机运转时，质量 M_1 作等速圆周运动，产生惯性力 $M_1R\omega^2$。试求其垂直方向的激振力。

解 按图 2-37 所取坐标，x 向下为正，力亦以向下为正。则 M_1 的惯性力的垂直分力（只讨论垂直方向的振动）为

$$F_1=-M_1R\omega^2\cos\omega t \tag{a}$$

式中 R——曲柄半径；

ω——曲柄角速度。

求质量 M_2 引起的惯性力。首先必须求出活塞运行的加速度。因 M_2 在上死点时其位置恰为坐标的零点，由几何关系得

$$\begin{aligned}x&=(L+R)-(L\cos\alpha+R\cos\omega t)\\&=L(1-\cos\alpha)+R(1-\cos\omega t)\end{aligned}\tag{b}$$

因为 $R\sin\omega t=L\sin\alpha$

所以 $\sin\alpha=\frac{R}{L}\sin\omega t$

又 $L\gg R$

所以得

$$\begin{aligned}\cos\alpha&=\sqrt{1-\sin^2\alpha}=\sqrt{1-\frac{R^2}{L^2}\sin^2\omega t}\\&\approx1-\frac{R^2}{2L^2}\sin^2\omega t\end{aligned}\tag{c}$$

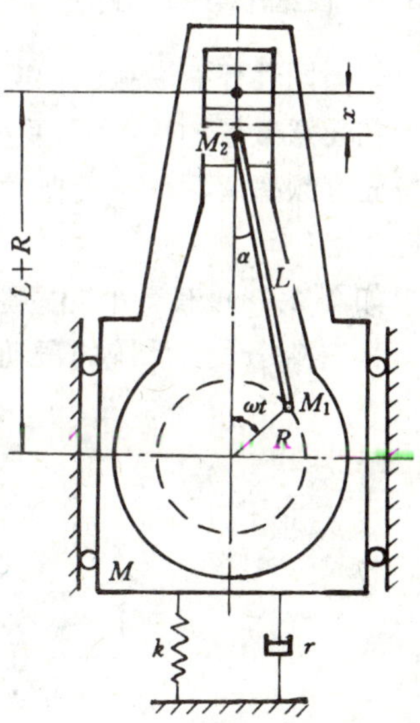

图 2-37 发动机的振动

式(c)代入式(b)中，得

$$x=R(1-\cos\omega t)+\frac{R^2}{2L}\sin^2\omega t$$

于是得 M_2 的惯性力为

$$F_2=-M_2\ddot{x}=-M_2R\omega^2\left(\cos\omega t+\frac{R}{L}\cos2\omega t\right)$$

故得垂直方向的激振力

$$F=F_1+F_2=-(M_1+M_2)R\omega^2\cos\omega t$$

$$-M_2R\omega^2\left(\frac{R}{L}\cos 2\omega t\right)$$

可见,激振力 F 包括两部分:一部分是具有与曲柄转速相同的频率 ω,另一部分则具有两倍于曲柄转速的频率 2ω。因此系统将有两次共振的可能性:一次是曲柄转速接近系统固有频率时;另一次是当曲柄转速接近系统固有频率的一半时。在式(c)中我们只取了头两项,实际上它还有许多高次项,还有许多共振的可能。但高频激振力的幅值很小,按$\left(\frac{R}{L}\right)^3$、$\left(\frac{R}{L}\right)^5$、…的比例迅速递减,所以可忽略。

系统的振动微分方程是

$$m\ddot{x}+kx=F(t)$$

$$=-(M_1+M_2)R\omega^2\cos\omega t-M_2R\omega^2\left(\frac{R}{L}\right)\cos 2\omega t$$

设

$$Q_1=-(M_1+M_2)R\omega^2$$

$$Q_2=-M_2R\omega^2\left(\frac{R}{L}\right)$$

所以微分方程的解是 Q_1、Q_2 分别作用于系统所得解的叠加,当忽略阻尼时,有

$$x=\frac{Q_1}{k}\left(\frac{1}{1-\omega^2/\omega_n^2}\right)\cos\omega t+\frac{Q_2}{k}\left(\frac{1}{1-(2\omega)^2/\omega_n^2}\right)\cos 2\omega t \tag{2-107}$$

2.10 任意激振的响应

非周期性任意激振的情况,如爆破载荷的作用,提升机的紧急制动的冲击作用等。

在任意激振的情况下,系统通常没有稳态振动而只有瞬态振动。当激振作用消失后,系统按固有频率继续作自由振动。一般把上述瞬态振动和自由振动合称为系统对任意激振的响应。

如图 2-38a,有一个任意激振力函数 $Q(\tau)$ 作用在单自由度系统上,其变化曲线如图 2-38b,其中 $0\leqslant\tau\leqslant t$,系统的振动微分方程式为

$$m\ddot{x}+r\dot{x}+kx=Q(\tau) \tag{2-108}$$

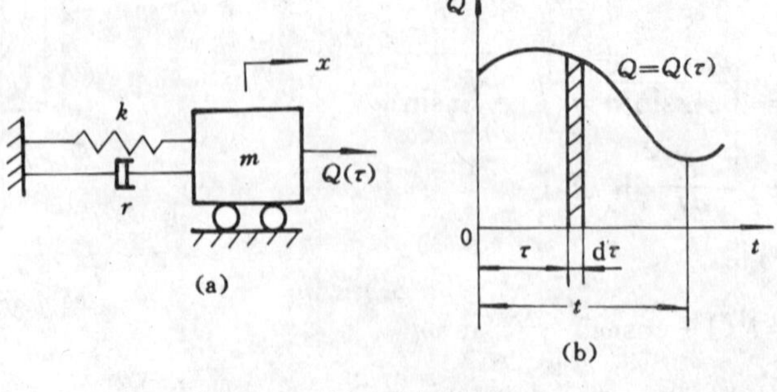

图 2-38　任意非周期激振

因为 $Q(\tau)$是非周期性的,故微分方程无法直接求解。因此,把任意激振力 $Q(\tau)$看成是无限多个脉冲所组成,而每个脉冲的宽度无限小。各脉冲的大小和作用时间由 $Q(\tau)$决定,先求出每小脉冲单独作用下系统的响应,最后叠加起来,即得出系统激振的响应。这种方法称

为杜哈梅积分法。

脉冲的大小以冲量 I 来表示，在 $t=0$ 时的极短的时间间隔 $d\tau$ 内，系统质量 m 上受到一个冲量

$$I=Q(\tau)d\tau \tag{1-109}$$

的作用，则质量 m 将产生一个初速度 $\dot{x}_0$。但因 $d\tau$ 时间很短，故 $x_0=0$。而由前述

$$\dot{x}_0=\frac{I}{m}=\frac{1}{m}Qd\tau \tag{2-110}$$

已经知道，有阻尼自由振动的时间历程（即系统对初位移为 x_0、初速度为 $\dot{x}_0$ 的响应）为

$$x=Ae^{-nt}\sin(\omega_r t+\varphi_1)$$

$$=\sqrt{x_0^2+\left(\frac{\dot{x}_0+nx_0}{\omega_r}\right)^2}e^{nt}\sin(\omega_r t+\varphi_1)$$

$$\varphi_1=\arctan\frac{x_0\omega_r}{\dot{x}_0+nx_0}$$

当 $x_0=0,\dot{x}=\dot{x}_0$ 的响应（也就是系统对冲量 I 的响应）为

$$dx=\frac{\dot{x}_0}{\omega_r}e^{-nt}\sin\omega_r t=\frac{Qd\tau}{m\omega_r}e^{-nt}\sin\omega_r t \tag{2-111}$$

在 t 内 τ 时刻，系统受到冲量 $I=Qd\tau$ 的脉冲作用，则系统在 t 时刻的响应为

$$dx=\frac{Qd\tau}{m\omega_r}e^{-n(t-\tau)}\sin\omega_r(t-\tau) \tag{2-112}$$

当激振力 $Q(\tau)$ 由 $\tau=0$，到 $\tau=t$ 而连续作用时，系统的响应应是 τ 时刻以前全部脉冲作用的叠加，因此，可以通过对上式的积分求得

$$x=\int_0^t dx=\int_0^t Q(\tau)\frac{1}{m\omega_r}e^{-n(t-\tau)}\sin\omega_r(t-\tau)d\tau$$

$$=\frac{1}{m\omega_r}\int_0^t Qe^{-n(t-\tau)}\sin\omega_r(t-\tau)d\tau \tag{2-113}$$

上式即为杜哈梅积分。积分时须注意，t 是位移响应的时间，是个常量，而 τ 则是每一个微小冲量作用的时间，是个变量.上式就是对系统振动微分方程式(2-108)的通解，它包含了系统在任意激振力作用下的瞬态振动和激振时间停止后的自由振动。

当不计阻尼（即 $n=0$）时，$\omega_r=\omega_n$，式(2-113)则可简化为

$$x=\frac{1}{m\omega_n}\int_0^t Q\sin\omega_n(t-\tau)d\tau \tag{2-114}$$

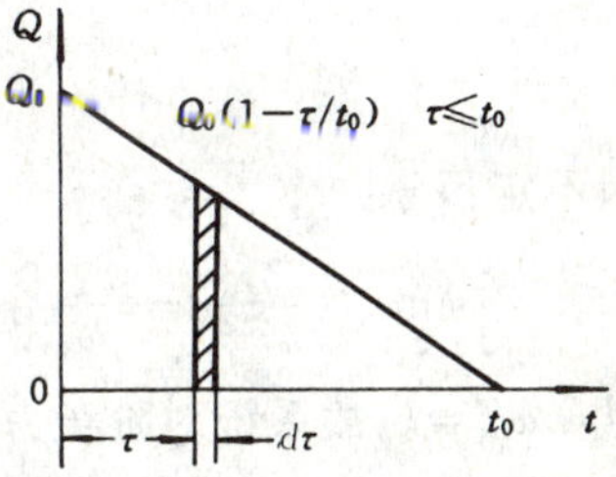

图 2-39　激振函数 Q 的变化规律

例 2-8　单自由度系统受激振函数 Q 的作用，Q 的变化规律如图 2-39 所示。初始条件为：当 $t=0$ 时，$x_0=\dot{x}_0=0$，试求系统对 Q 的响应（不计阻尼）。

解　应用杜哈梅积分，分别计算 $0\leqslant t<t_0$ 及 $t_0\leqslant t$ 两个区间的响应。

当 $0\leqslant t<t_0$ 时，由公式(2-114)计算系统的响应

$$x(t)=\frac{1}{m\omega_n}\int_0^t Q\sin\omega_n(t-\tau)d\tau$$

$$=\frac{Q_0}{m\omega_n}\int_0^t\left(1-\frac{\tau}{t_0}\right)\sin\omega_n(t-\tau)d\tau$$

$$=\frac{Q_0}{m\omega_n^2}\cos\omega_n(t-\tau)\Big|_0^t-\frac{Q_0}{m\omega_n t_0}\left[\frac{\tau}{\omega_n}\cos\omega_n(t-\tau)+\frac{1}{\omega_n{}^2}\sin\omega_n(t-\tau)\right]_0^t$$

$$=\frac{Q_0}{k}[1-\cos\omega_n t]-\frac{Q_0}{kt_0}\left[t-\frac{1}{\omega_n}\sin\omega_n t\right]$$

当 $t\geqslant 0$ 时，大于 t_0 的部分被积函数为零，积分为零，所以

$$x=\frac{Q_0}{m\omega_n^2}\cos\omega_n(t-\tau)\Big|_0^{t_0}-\frac{Q_0}{m\omega_n t_0}\left[\frac{\tau}{\omega_n}\cos\omega_n(t-\tau)+\frac{1}{\omega_n^2}\sin\omega_n(t-\tau)\right]_0^{t_0}+0$$

$$=\frac{Q_0}{k}[\cos\omega_n(t-t_0)-\cos\omega_n t]-\frac{Q_0}{kt_0}\left[t_0\cos\omega_n(t-t_0)+\frac{1}{\omega_n}\sin\omega_n(t-t_0)-\frac{1}{\omega_n}\sin\omega_n t\right]$$

$$=\frac{Q_0}{k\omega_n t_0}[\sin\omega_n t-\sin\omega_n(t-t_0)]-\frac{Q_0}{k}\cos\omega_n t$$

例 2-9 激振函数 $Q=Q_0\sin\omega\tau$ 作用在单自由度系统质量 m 上，试求系统的响应(不计阻尼)。

解 系统的质量为 m，单位质量激振函数

$$q=q_0\sin\omega\tau$$

式中 $q_0=\frac{Q_0}{m}$，代入公式(2-114)中得：

$$x=\frac{q_0}{\omega_n}\int_0^t\sin\omega\tau\sin\omega_n(t-\tau)\mathrm{d}\tau$$

将上式积分号内被积函数应用三角函数'积化和差'公式，改写为

$$x=\frac{q_0}{2\omega_n}\int_0^t[\cos(\omega\tau-\omega_n t+\omega_n\tau)-\cos(\omega\tau+\omega_n t-\omega_n\tau)]\mathrm{d}\tau$$

$$=\frac{q_0}{2\omega_n}\int_0^t\{\cos[(\omega+\omega_n)\tau-\omega_n t]-\cos[(\omega-\omega_n)\tau+\omega_n t]\}\mathrm{d}\tau$$

积分后，上式表达成 $$x=\left(\sin\omega t-\frac{\omega}{\omega_n}\sin\omega_n t\right)\frac{q}{\omega_n{}^2-\omega^2}$$

与式(2-68)所示结果完全相同。

例 2-10 求一常数 Q_0 力突然作于弹簧质量系统上的响应(不计阻尼)。

解 这种动力载荷称阶跃函数，由式(2-114)得

$$x=\frac{Q_0}{m\omega_n}\int_0^t\sin\omega_n(t-\tau)\mathrm{d}\tau$$

因不定积分

$$\int\sin\omega_n(t-\tau)\mathrm{d}\tau=\frac{1}{\omega_n}\cos\omega_n(t-\tau)$$

且 $m\omega_n{}^2=k$，故系统对阶跃力 Q_0 的响应为

$$x=\frac{Q_0}{k}(1-\cos\omega_n t)$$

可见突加载荷 Q_0 除了使弹簧静变形 $x_s=\frac{Q_0}{k}$ 外，还使系统进行振幅为 x、周期为 $T=2\pi/\omega_n$ 的振动，弹簧的最大变形为静变形的二倍，(图 2-40)。

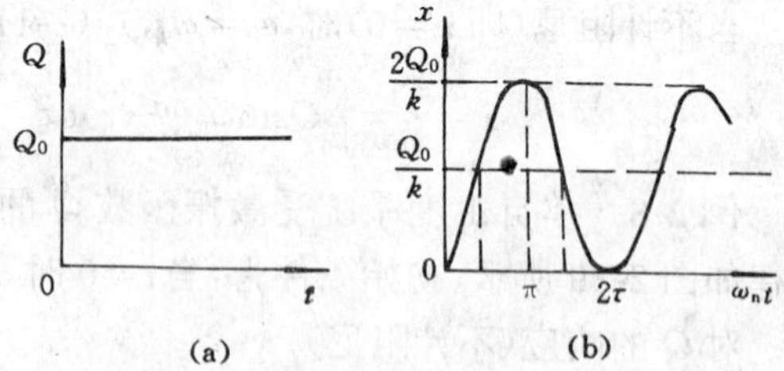

图 2-40 阶跃函数的响应

例 2-11 求突加载荷 Q_0 从 $t=0$ 开始作用到 $t=t_1$ 时系统的响应。

解 设突加载荷 Q_0 从 $t=0$ 开始作用到 $t=t_1$ 为止，即所谓矩形脉冲，(图 2-41a)，在 $0\leqslant$

$t \leqslant t_1$ 阶段，系统的响应如例 2-10，即 $x=\frac{Q_0}{k}(1-\cos\omega_n t)$，而在 $t \geqslant t_1$ 阶段就是除去激振后系统的自由振动。

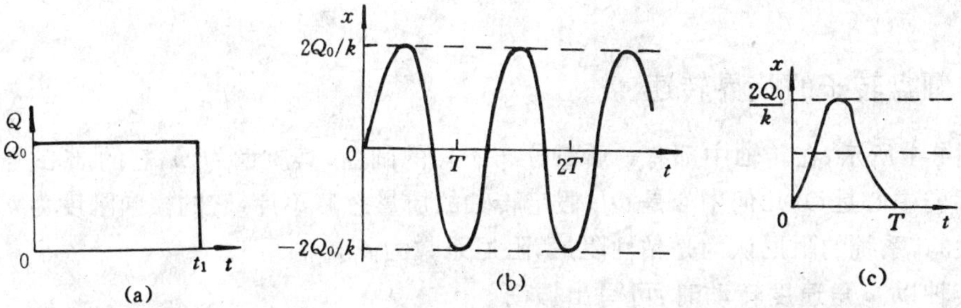

图 2-41　矩形脉冲的响应

在除去干扰力 Q_0 后，系统按固有频率 ω_n 进行自由振动，以在瞬时 $t=t_1$ 的位移 x_1 与速度 $\dot{x}_1$ 为初始条件，当 $t=t_1$ 时

$$x_1=\frac{Q_0}{k}(1-\cos\omega_n t_1) \quad \dot{x}_1=\frac{Q_0}{k}\omega_n\sin\omega_n t_1$$

故振动方程为

$$\begin{aligned} x &= x_1\cos\omega_n(t-t_1)+\frac{\dot{x}_1}{\omega_n}\sin\omega_n(t-t_1) \\ &= \frac{Q_0}{k}[\cos\omega_n(\mathrm{t}-\mathrm{t}_1)-\cos\omega_n t] \end{aligned}$$

自由振动的振幅为

$$\begin{aligned} A &= \sqrt{x_1^2+\left(\frac{\dot{x}_1}{\omega_n}\right)^2}=\frac{Q_0}{k}\sqrt{2(1-\cos\omega_n t_1)} \\ &= \frac{2Q_0}{k}\sin\frac{\omega_n t_1}{2}=\frac{2Q_0}{k}\sin\frac{\pi t_1}{T} \end{aligned}$$

由此可见，在除去常力 Q_0 后，质量 m 的振幅 A 随比值 $\frac{t_1}{T}$ 而改变。当 $t_1=\frac{T}{2}$ 时，$A=\frac{2Q_0}{k}$，系统响应如图 2-41b。当 $t_1=T$ 时，则 $A=0$，即除去 Q_0 后，系统就停止不动，其响应如图 2-41c。

3 单自由度振动理论的工程应用

3.1 单圆盘转子的临界转速

如图 3-1 所示，在转轴中部有一质量分布不均的圆盘，其质量为 m，它的质心是 G，偏心距为 e，回转中心是 O，几何中心是 O_1。假定转轴的质量忽略不计，它的横向刚度为 k，支承是绝对刚性的，系统的阻尼认为是粘性阻尼，阻尼系数为 r。

当转轴以 ω 角速度转动时，可写出振动方程式

在 x 方向

$$m\frac{\mathrm{d}^2}{\mathrm{d}t^2}(x+e\cos\omega t)=-k_x x-r_x\dot{x}$$

在 y 方向

$$m\frac{\mathrm{d}^2}{\mathrm{d}t^2}(y+e\sin\omega t)=-k_y y-r_y\dot{y}$$

或者

$$m\ddot{x}+r_x\dot{x}+k_x x=me\omega^2\cos\omega t \qquad (3\text{-}1)$$

$$m\ddot{y}+r_y\dot{y}+k_y y=me\omega^2\sin\omega t \qquad (3\text{-}2)$$

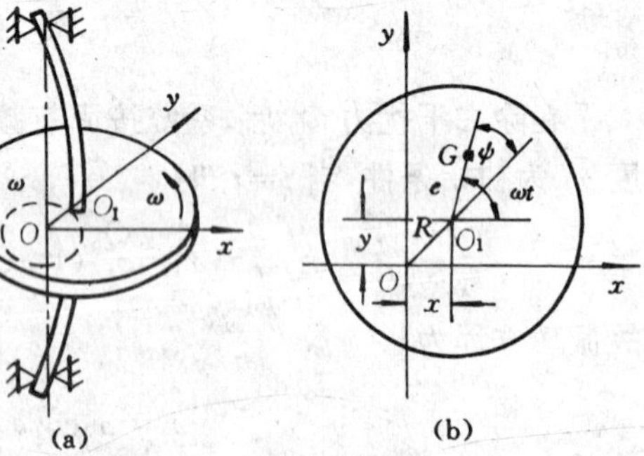

图 3-1 单盘转子

方程式(3-1)、(3-2)和前面受迫振动方程式相比较，得稳态解

$$x=B_x\cos(\omega t-\psi_x)$$

$$B_x=\frac{ez_x^2}{\sqrt{(1-z_x^2)^2+(2\zeta z_x)^2}},\quad \psi_x=\arctan\frac{2\zeta z_x}{1-z_x^2}$$

$$y=B_y\sin(\omega t-\psi_y)$$

$$B_y=\frac{ez_y^2}{\sqrt{(1-z_y^2)^2+(2\zeta z_y)^2}},\quad \psi_y=\arctan\frac{2\zeta z_y}{1-z_y^2}$$

式中 z_x, z_y——x 方向和 y 方向的频率比，

$$z_x=\omega/\omega_{nx},\quad z_y=\omega/\omega_{ny}$$

其中 ω_{nx} 与 ω_{ny} 分别为系统在 x 方向和 y 方向的固有角频率；

ζ——转子系统的阻尼比；

ψ_x, ψ_y——x 方向和 y 方向位移落后激振力的相位角。

通常认为，转轴及轴承在各方向的刚度是相同的，即

$$k_x=k_y=k$$

所以

$$\omega_{nx}=\omega_{ny}=\omega_n, z_x=z_y=z$$

则

$$B_x=B_y=B=\frac{ez^2}{\sqrt{(1-z^2)^2+(2\zeta z)^2}},\quad \psi=\arctan\frac{2\zeta z}{1-z^2}$$

转子在 x、y 方向的受迫振动可表示为

$$x=B\cos(\omega t-\psi)$$
$$y=B\sin(\omega t-\psi)$$

圆盘在 x、y 方向作等幅等频的简谐振动，二者的相位角为 $\pi/2$。因此，这两个方向振动合成之后，形心 O_1 的轨迹是一个圆，圆心在坐标原点 O，半径为 $R=\sqrt{x^2+y^2}=ez^2/\sqrt{(1-z^2)^2+(2\zeta z)^2}$。形心 O_1 绕 O 点转动的角速度为 ω，圆盘自转的角速度也是 ω，这种既自转又公转的运动称为“弓状回转”。

在不考虑其他影响因素时，转动角速度数值上与转轴横向弯曲振动固有频率相等即 $\omega=\omega_n$ 时的转速称为临界转速，记为 ω_c（$n_c=60\omega_c/2\pi$）。

但是“弓状回转”与横向振动完全不同，“弓状回转”对转轴本身不产生交变应力，所以不是振动。而不转动的轴作横向弯曲振动时，轴内将产生交变应力。“弓状回转”对轴承作用着一个交变力并导致支承系统发生受迫振动，这是我们在机器通过临界转速时感到剧烈振动的原因。

3.2 隔振原理及应用

机器运转时由于各种激振因素的存在，振动常常是不可避免的。因此，有效地隔离振动是现代工业中日益为人们所重视的重要问题。

根据振源的不同，一般分为两种性质不同的隔振，即主动隔振和被动隔振。

对于本身是振源的机器或结构，为了减少它对周围机器、仪表及建筑物的影响，需将它与地基隔离开来，这种隔振措施称为主动隔振或积极隔振（图 3-2）。

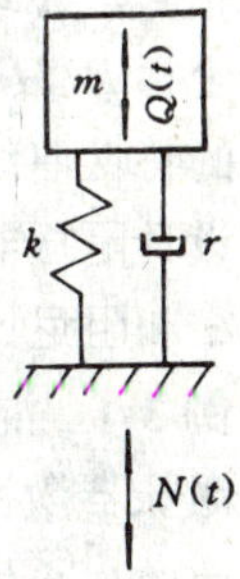

图 3-2　主动隔振原理示意

对于需要保护的精密仪器和机器设备，为了避免周围振源对它的影响，需将它与振源隔离开来，这种隔振措施称为被动隔振或消极隔振（图 3-3）。

积极隔振（图 3-2）的振源是机器本身工作时产生的激振力，设机器未隔振时传给地基的动载荷幅值为 Q_0，隔振后传给地基的动载荷 $N(t)$ 的幅值为 N_0，则 N_0 和 Q_0 之比 $\eta_b=N_0/Q_0$ 表示隔振效果，称为隔振系数（或传递系数）。若振源是简谐激振力 $Q_0\sin\omega t$，机器的位移 x 和相位角 ψ 分别为

$$x=\frac{Q_0}{k\sqrt{(1-z^2)^2+(2\zeta z)^2}}\sin(\omega t-\psi)$$

$$\psi=\arctan\frac{2\zeta z}{1-z^2}$$

而速度

$$\dot{x}=\frac{Q_0\omega}{k\sqrt{(1-z^2)^2+(2\zeta z)^2}}\cos(\omega t-\psi)$$

传给地基的动载荷 $N(t)$ 应是弹性力与阻尼力的叠加，即

$$\begin{aligned}N(t)&=kx+r\dot{x}\\&=\frac{Q_0}{\sqrt{(1-z^2)^2+(2\zeta z)^2}}[\sin(\omega t-\psi)+2\zeta z\cos(\omega t-\psi)]\\&=Q_0\frac{\sqrt{1+(2\zeta z)^2}}{\sqrt{(1-z^2)^2+(2\zeta z)^2}}\sin(\omega t-\psi+\alpha)\\&=N_0\sin(\omega t-\psi+\alpha)\end{aligned}$$

式中

$$\alpha=\arctan(2\zeta z)$$

所以隔振系数

$$\eta_b=\frac{N_0}{Q_0}=\frac{\sqrt{1+(2\zeta z)^2}}{\sqrt{(1-z)^2+(2\zeta z)^2}} \tag{3-3}$$

当无阻尼(即 $\zeta=0$)时，隔振系数可表达为如下简单形式

$$\eta_b=\frac{1}{|1-z^2|}$$

当 η_b 选定后，所需频率比可按下式计算：

$$z^2=\frac{1}{\eta_b}+1 \tag{3-4}$$

消极隔振的振源是支承的运动(图 3-3)。隔振效果用设备隔振后的振幅(或振动速度、加速度)与振源振幅(或振动速度、加速度)的比值 η_b 来表示，也称为隔振系数。若振源为简谐运动 $x_H=H\sin\omega t$，则可以利用前面讲过的方法求出隔振系数 η_b，其表达式与公式(3-3)完全相同。公式(3-3)和公式(2-84)数学形式一样，因而若把图 2-30 的纵坐标 B/H 换成 η_b，则此图也可以表示为隔振系数 η_b 随频率比 z 变化的特性曲线。

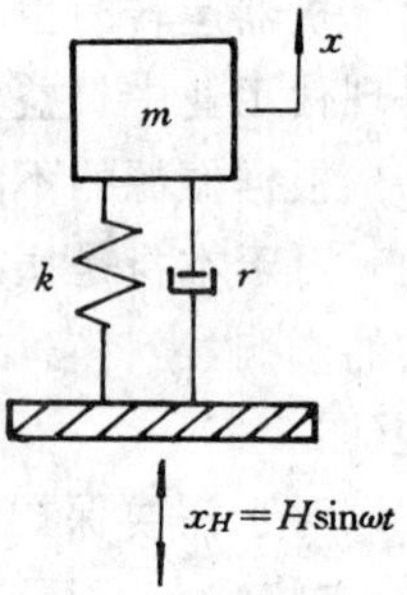

图 3-3 被动隔振原理示意图

设计隔振器的参数时，通常先选定隔振系数的大小，然后确定频率比 z 和阻尼比 ζ，最后计算出隔振器弹簧的刚度。

例 3-1 混凝土振动台满载时参振重量 $W=88200$(N)，用双轴惯性激振器激振，激振频率 $\omega=289$rad/s。要求隔振系数 $\eta_b=0.03$，试确定隔振弹簧的刚度。

解 该种振动台通常采用无阻尼隔振器，所以满足 η_b 要求的频率比 z 可按公式(3-4)计算

$$z^2=1+\frac{1}{\eta_b}=1+\frac{1}{0.03}\approx 34.3$$

$$z=5.84$$

$$\omega_n=\frac{\omega}{z}=\frac{289}{5.84}=49.5\text{rad/s}$$

$$\begin{aligned}k&=m\omega_n^2=\frac{W}{g}\omega_n^2=\frac{88200}{980}\times(49.5)^2\\&=220522(\text{N/cm})\end{aligned}$$

3.3　振动机动力学参数计算

图 3-4a 为单质体振动冷却机的工作原理图。该机由弹性连杆激振器 4 激振，机体 1 支承于导向杆 2 上，其振动方向与导向杆相垂直，机体下方还装有主振弹簧 3，通过适当选取该弹簧刚度可使之在适宜的工作点工作。图 3-4b 表示该振动机的力学模型。机体振动方程式如下：

$$M\ddot{x}+r\dot{x}+kx+\mu k\dot{x}=k_0(e\sin\omega t-x)+\mu_0k_0(e\omega\cos\omega t-\dot{x}) \tag{3-5}$$

式中　M——振动机体的计算质量；

k,k_0——主振弹簧和连杆弹簧的刚度；

$\mu k,\mu_0k_0$——主振弹簧和连杆弹簧的阻尼系数，它与弹簧刚度成正比，μ、μ_0 是常数；

r——机体的运动阻尼系数；

e——主轴的偏心距；

ω,t——工作频率和时间；

φ——转角，$\varphi=\omega t$。

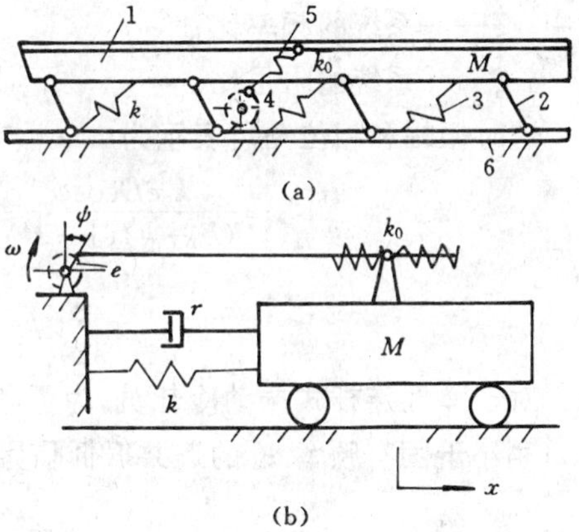

图 3-4　单质体振动冷却机工作原理图

1—机体；2—导向杆；3—主振弹簧；4—激振器；5—连杆弹簧；6—底架

方程式(3-5)左端第一项为机体惯性力，第二项为机体运动的阻尼力，第三项为主振弹簧弹性力，第四项为主振弹簧变形产生的阻力即内摩擦阻力，它与主振弹簧刚度 k 及其变形速度 $\dot{x}$ 的乘积成正比；等号右边第一项为连杆弹簧弹性力，第二项为连杆弹簧变形产生的内摩擦阻力，它与连杆弹簧刚度 k_0 及其变形速度 $e\omega\cos\omega t-\dot{x}$ 的乘积成正比。

上式化简后，得

$$M\ddot{x}+(r+\mu k+\mu_0k_0)\dot{x}+(k+k_0)x=k_0eD\sin(\omega t+\alpha) \tag{3-6}$$

式中　$D=\sqrt{1+(\mu_0\omega)^2}$，$\alpha=\arctan\mu_0\omega$。

在振动机械中，对工作有实际意义的是系统的受迫振动，有阻尼的自由振动在机器正常工作过程中是迅速衰减的，所以下面仅讨论受迫振动。假定非齐次振动方程的特解有以下形式

$$x=B\sin(\omega t+\alpha-\psi)$$

将 x、$\dot{x}$、$\ddot{x}$ 代入方程式(3-6)中，令 $\sin(\omega t+\alpha-\psi)$ 和 $\cos(\omega t+\alpha-\psi)$ 的系数相等，得

$$(r+\mu_0k_0+\mu k)\omega B=k_0eD\sin\psi \tag{3-7}$$

$$[(k_0+k)-M\omega^2]B=k_0eD\cos\psi \tag{3-8}$$

由公式(3-7)和公式(3-8)可求出振幅 B 及相位角 ψ

$$B=\frac{k_0eD\cos\psi}{k_0+k-M\omega^2} \tag{3-9}$$

或

$$B=\frac{k_0eD}{\sqrt{(k_0+k-M\omega^2)^2+(r+\mu_0k_0+\mu k)^2\omega^2}} \tag{3-10}$$

$$\psi=\arctan\frac{(r+\mu_0k_0+\mu k)\omega}{k_0+k-M\omega^2}$$

根据振动方程(3-6)可得系统的固有频率

$$\omega_n=\sqrt{\frac{k_0+k}{M}} \tag{3-11}$$

采用以下符号

$$z=\frac{\omega}{\omega_n},\zeta=\frac{r+\mu_0k_0+\mu k}{2M\omega_n}$$

式中 z——系统的频率比；

ζ——系统的阻尼比。

这时振幅和相位角可表示为

$$B=\frac{k_0eD\cos\psi}{(k_0+k)(1-z^2)}=\frac{k_0eD}{(k_0+k)\sqrt{(1-z^2)^2+(2\zeta z)^2}} \tag{3-12}$$

$$\psi=\arctan\frac{2\zeta z}{1-z^2} \tag{3-13}$$

对于弹性连杆式振动冷却机，为了利用共振，并使机体有较稳的振幅，通常选取工作频率 ω 稍小于固有频率 ω_n 的近共振低临界的工作状态，即取频率比

$$z=\frac{\omega}{\omega_n}=0.85\sim0.92$$

同时，为了减少传动机构的作用力，通常取主振弹簧刚度

$$k=M\omega^2 \tag{3-14}$$

所以连杆弹簧刚度可由公式(3-14)和公式(3-11)得出

$$k_0=M\omega_n^2-k=M\omega_n^2-M\omega^2=\left(\frac{1}{z^2}-1\right)M\omega^2 \tag{3-15}$$

将公式(3-14)代入公式(3-9)中，消去 k_0 和 k，可以求得当满足公式(3-9)条件时的振幅 B 和偏心距 e 的关系式

$$B=eD\cos\psi=\frac{eD}{\sqrt{1+\frac{(r+\mu_0k_0+\mu k)^2\omega^2}{(k_0+k-M\omega^2)^2}}} \tag{3-16}$$

当振幅选定之后，偏心距 e 可由下式求出

$$e=\frac{B}{D\cos\psi}=\frac{B}{D}\sqrt{1+\frac{(r+\mu_0k_0+\mu k)^2\omega^2}{(k_0+k-M\omega^2)^2}} \tag{3-17}$$

所需的名义激振力幅的计算公式为

$$\begin{aligned}k_0e&=\left(\frac{1}{z^2}-1\right)\frac{M\omega^2B}{D\cos\psi}\\&=\left(\frac{1}{z^2}-1\right)\frac{M\omega^2B}{D}\sqrt{1+\frac{(r+\mu_0k_0+\mu k)\omega^2}{(k_0+k-M\omega^2)^2}}\end{aligned} \tag{3-18}$$

当近似计算时，可取 $D\approx1$ 及 $\sqrt{1+\frac{(r-\mu_0k_0+\mu k)^2\omega^2}{(k_0+k-M\omega^2)^2}}\approx1$

所以求得

$$k_0 e=\left(\frac{1}{z^2}-1\right)M\omega^2 B \tag{3-19}$$

3.4 单自由度系统的减振

为了使系统中可能出现的振动得到迅速衰减，通常在这些系统中设有减振器。较常见的为液体阻尼减振器。图3-5为它的工作原理图。它是利用与振动体相连的运动件在阻尼液中的粘性阻尼，来消耗振动的能量，以衰减其振动。

根据阻尼的大小，振动体的位移可分别用公式(2-43)(弱阻尼)、(2-53)(强阻尼)、(2-55b)(临界阻尼)表达。

设计减振器时，应按振动减速度的快慢来选择适当的阻尼，例如选择 $n\leqslant\omega_n$ 或 $n\geqslant\omega_n$。当系统的质量 m 和弹簧刚度 k 已知时，阻尼系数用下式计算：

$$r\leqslant 2\sqrt{mk} \text{或} r\geqslant 2\sqrt{mk}$$

如果减振系统为受迫振动系统且激振力为简谐激振力时，振动体的位移由公式(2-73)、(2-76)和(2-20)表示。

为了减少振动体的振幅，通常采用以下三种办法：

(1)增加适当大小的阻尼；

(2)减少或平衡振源的激振力(力矩)；

(3)调整系统的固有频率(改变振动质量或改变弹性元件的刚度)，以免产生共振。

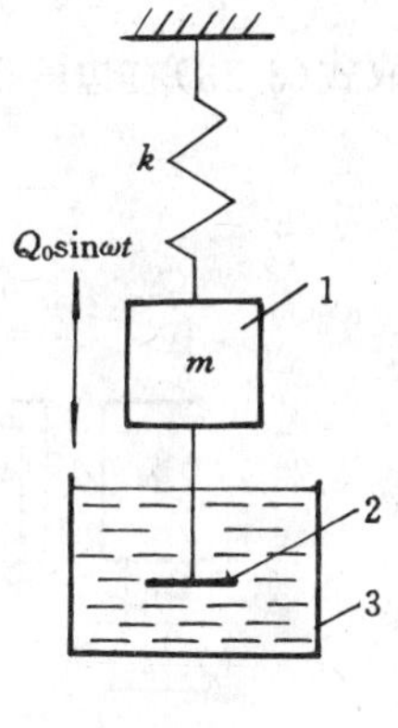

图3-5 液体阻尼减振器
1—振动体；2—运动件；3—阻尼液

减振之后的振幅与未经减振的受迫振动的振幅之比

$$\frac{B_2}{B_1}=\frac{B_{s2}}{B_{s1}}\times\frac{\sqrt{(1-z_1^2)^2+(2\zeta z_1)^2}}{\sqrt{(1-z_2^2)^2+(2\zeta z_2)^2}} \tag{3-20}$$

公式(3-20)符号意义同前，脚标1、2分别代表减振前后的参数。B_2/B_1 的比值越小，减振效果越好。因此，我们可以根据实际需要来确定振源的激振力、弹簧刚度、频率比及阻尼比的大小。

1.示波器振子阻尼的合理选择

如图3-6所示，振子通电后在磁场中受到电磁力矩 T_m($T_m=f(i)=A_0 i$，A_0 为常数)的作用转动 θ 角，要求 θ 只随信号大小变化，当信号恒定时，θ 也应是一个定值。但是由于振子的惯性，振子偏转时会产生自由振动。这样，偏转角就不是一个定值，振子无法使用。为此，将振子放在装满油的容器里，油的阻尼使振子的自由振动迅速衰减，以保证振子的偏转角能够正确地反映信号的变化规律。但是由于阻尼的存在，振子的偏转角落后于信号一个相位角 ψ。当阻尼过大时，相位角 ψ 也大，产生失真；当阻尼过小时，ψ 也过小，又不足以衰减振子的自由振动。

振子扭转振动的微分方程式可表达为

$$I\ddot{\theta}+r_\theta\dot{\theta}+k_\theta\theta=T_m=A_0 i \tag{3-21}$$

式中 T_m——使振子转动的电磁力矩，与电流 i 成正比，$T_m=A_0 i$；

I——振子的转动惯量；

r_θ——粘性阻尼系数；

k_θ——系统扭转弹簧刚度。

θ 和 i 的变化规律如图 3-7 所示。θ 落后 i 的相位角 ψ。令 D 表示 θ 和 i 两纵坐标的比例系数，则有

$$D\theta(t+\Delta t)=i(t) \tag{3-22}$$

式中 $\Delta t\approx\psi/\omega_n$ 将 $\theta(t+\Delta t)$ 等于展开成台劳级数，即

$$\theta(t+\Delta t)=\theta(t)+\frac{\Delta t}{1}\dot{\theta}(t)+\frac{\Delta t^2}{2!}\ddot{\theta}(t)+\frac{\Delta t^3}{3!}\dddot{\theta}(t)\cdots\cdots \tag{3-23}$$

现取式(3-23)右边的前三项近似地表示 $\theta(t+\Delta t)$，并代入到公式(3-22)中，得

$$D\left(\theta+\Delta t\,\dot{\theta}+\frac{\Delta t^2}{2!}\ddot{\theta}\right)=i(t) \tag{3-24}$$

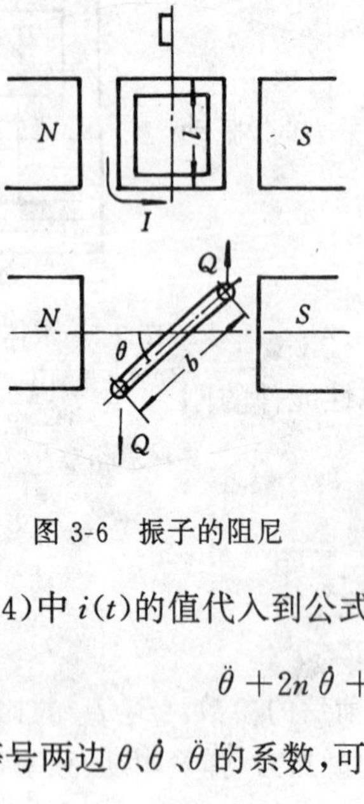

图 3-6　振子的阻尼

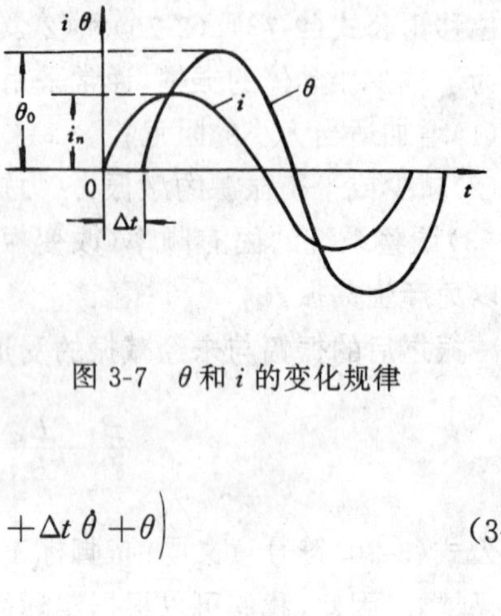

图 3-7　θ 和 i 的变化规律

将公式(3-24)中 $i(t)$ 的值代入到公式(3-21)中，则

$$\ddot{\theta}+2n\,\dot{\theta}+\omega_n^2\theta=\frac{A_0}{I}D\left(\frac{\Delta t^2}{2!}\ddot{\theta}+\Delta t\,\dot{\theta}+\theta\right) \tag{3-25}$$

比较上式等号两边 θ、$\dot{\theta}$、$\ddot{\theta}$ 的系数，可得

$$\omega_n^2=\frac{A_0}{I}D \tag{3-26}$$

$$2n=\frac{A_0}{I}\Delta t\ D \tag{3-27}$$

$$1=\frac{A_0}{I}\times\frac{\Delta t^2}{2!}\ D \tag{3-28}$$

将公式(3-26)代入到公式(3-27)中，得

$$\omega_n^2\Delta t=2n$$

即

$$\Delta t=2n/\omega_n^2 \tag{3-29}$$

$$\frac{\omega_n^2\Delta t^2}{2}=1 \tag{3-30}$$

将公式(3-29)代入到公式(3-30)中，得

$$\frac{4n^2}{\omega_n^4}\times\frac{\omega_n^2}{2}=1$$

$$n=\frac{\sqrt{2}}{2}\omega_n$$

即

$$\zeta=\frac{\sqrt{2}}{2}, r_\theta=2In=\sqrt{2}I\omega_n \tag{3-31}$$

公式(3-31)表明,当选择阻尼系数 $r=\sqrt{2}I\omega_n$(或阻尼比 $\zeta=\frac{\sqrt{2}}{2}$)时,示波器记录下来的波形曲线能够反映实际电流信号变化规律。

当 $r=\sqrt{2}I\omega_n$ 时,由公式(2-49)得减幅系数

$$\eta_a=\frac{A_1}{A_2}=e^{\frac{2\pi n}{\omega_n}}=e^{\frac{2\pi\zeta}{\sqrt{1-\zeta^2}}}=e^{\frac{2\pi\sqrt{2}/2}{\sqrt{1-1/2}}}=e^{2\pi}=535.5$$

表明振子的自由振动会在很短的时间内衰减掉。

示波器的油阻尼振子 $\zeta=0.6\sim0.8$ 之间。实际使用时,若要求能正确测出瞬时冲击信号等瞬态过程,可选择 $\zeta=0.8$ 的振子;而要求有宽的工作频带时,可选择 $\zeta=0.6$ 的振子。我国制造的油阻尼振子的阻尼比 $\zeta=0.7$,电磁阻尼振子也按 $\zeta=0.7$ 给出外电阻 R_i 值。

2. 采用离心摆消除转轴的扭转振动——动力消振

如图 3-8 所示的转子以 ω 角速度转动,由于脉动扭矩(即激振扭矩)T_{nm}的作用,转子产生扭转振动 $\varphi=\varphi_0\sin n\omega t$,($n$ 是转子每转简谐激振的次数)。为了消减该扭转振动,采用一离心摆,它铰接于圆盘的 B 点,$OB=R$,摆的当量长为 L,质量为 m。

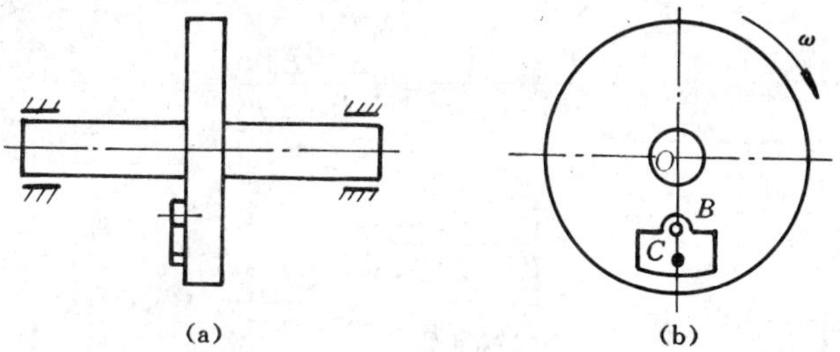

图 3-8 摆式减振器结构简图

当忽略阻尼时,系统的振动微分方程为

$$I\ddot{\theta}+k_\theta\theta=T_{nm}\sin\omega t$$

若圆盘转速较高,重力对摆的影响与离心力相比可以忽略不计。质量 m 产生的离心惯性力是 $me\omega^2$,它在 L 法线方向的分量是 $me\omega^2\sin\beta$(图 3-9),由图 3-9 中几何关系得

$$\frac{R}{\sin\beta}=\frac{e}{\sin(180°-\theta)}=\frac{e}{\sin\theta}=\frac{L}{\sin\varphi} \tag{3-32}$$

当摆动角 θ 较小时

$$\sin\beta=\frac{R}{e}\sin\theta\approx\frac{R}{e}\theta \tag{3-33}$$

所以

$$me\omega^2\sin\beta\approx m\omega^2R\theta$$

质量 m 的切向加速度是 $L\ddot{\theta}+(R+L)\ddot{\varphi}$,二力对 B 点取力矩的合力应等于零

$$m[L\ddot{\theta}+(R+L)\ddot{\varphi}]L+m\omega^2RL\theta=0 \tag{3-34}$$

将$\ddot{\varphi}=-(n\omega)^2\varphi_0\sin n\omega t$ 代入上式并整理得

$$mL^2\ddot{\theta}+m\omega^2RL\theta=m(R+L)L(n\omega)^2\varphi_0\sin n\omega t \tag{3-35}$$

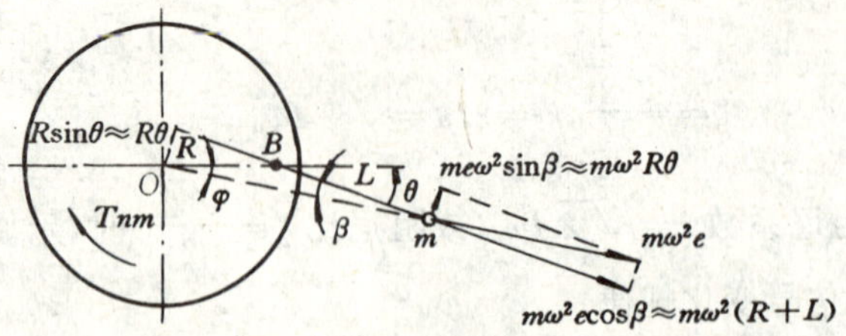

图 3-9　离心摆力学模型

上式与无阻尼受迫振动方程式比较,得

$$I=mL^2,k_\theta=m\omega^2RL,T_{om}=m(R+L)L(n\omega)^2\varphi_0$$

系统的固有频率

$$\omega_n{}^2=\frac{k_\theta}{I}=\frac{m\omega^2RL}{mL^2}=\frac{R}{L}\omega^2$$

频率比

$$z=n\omega/\omega_n$$

设方程式(3-35)稳态解

$$\theta=\theta_0\sin n\omega t$$

振幅

$$\theta_0=\frac{T_{om}}{k_\theta}\frac{1}{1-z^2}=\frac{(R+L)n^2\varphi_0}{R-Ln^2} \tag{3-36}$$

振幅比

$$\frac{\varphi_0}{\theta_0}=\frac{R-Ln^2}{n^2(R+L)} \tag{3-37}$$

从公式(3-37)可以看出:若 $n=\sqrt{R/L}$,振幅比$\frac{\varphi_0}{\theta_0}=0$,其物理意义是,只要单摆调整的合适(即 $n=\sqrt{R/L}$),它产生一个有限的摆幅 θ_0 能够使 φ_0 变得很小。这时单摆产生的惯性力矩 T_{om}能够平衡转子的激振扭矩 T_{nm},这种单摆称为离心摆。使用离心摆来消除转子扭振的方法称为动力消振。

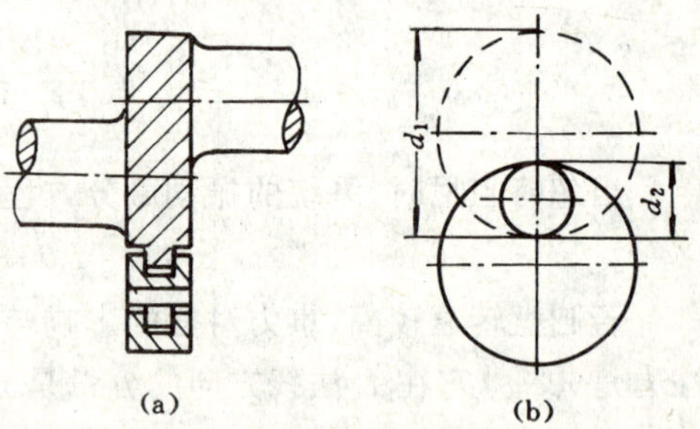

图 3-10　离心摆

实际使用时,将离心摆设计成如图 3-10a 所示的形式。质量 m 通过两个销轴与曲柄轴相连,孔的直径为 d_1,销轴的直径为 d_2,如图 3-10b。当曲柄轴转动时,质量 m 在径向移动的距离是销轴与孔之间的间隙 d_1-d_2,即为离心摆的摆长 L。

4 二自由度系统振动的理论基础及工程实例

工程实际中，大量问题不能简化为单自由度系统的振动问题进行分析，而往往需要简化成多自由度系统才能解决。二自由度系统是最简单的多自由度系统。对系统模型的简化、振动微分方程的建立和求解的一般方法以及系统响应表现出来的振动特性等等方面，二自由度系统和多自由度系统没有什么本质区别。因此研究二自由度系统是分析和掌握多自由度系统振动特性的基础。

二自由度系统具有两个不同数值的固有频率(特殊情况下数值相等或有一个等于零)。当系统按其中任一固有频率作自由振动时，称为主振动。主振动是一种简谐振动。系统作主振动时，任何瞬时各点位移之间具有一定的相对比值，即整个系统具有确定的振动形态，称为主振型。主振型和固有频率一样，只决定于系统本身的物理性质，而与初始条件无关。主振型是多自由度系统以及弹性体振动的重要特性。

二自由度系统在任意初始条件下的响应是两个主振动的叠加，只有在特殊的初始条件下系统才按某一个固有频率作主振动。

系统对简谐激振的响应是频率与激振频率相同的简谐振动。振幅与系统固有频率和激振频率的比值有关。当激振频率接近于系统的任一固有频率时，就发生共振。共振时的振型就是与固有频率相对应的主振型。

二自由度系统的运动形态要由两个独立的坐标来确定，需要用两个振动微分方程描述它的运动。建立振动微分方程最常用的方法有：牛顿第二定律法、动静法、拉格朗日法等。

4.1 系统振动微分方程的建立

4.1.1 应用牛顿第二定律建立振动微分方程式

在工程中有许多实际系统都可以简化为图 4-1a 所示的力学模型图。质体 m_1 和 m_2 用弹簧 k_2 联系，而它们与基础分别用弹簧 k_1 和 k_3 联系。假定两质体只沿铅垂方向作往复直线运动，质体 m_1 和 m_2 的任一瞬时位置只要用 x_1 和 x_2 两个独立坐标就可以确定，因此，系统具有两个自由度。

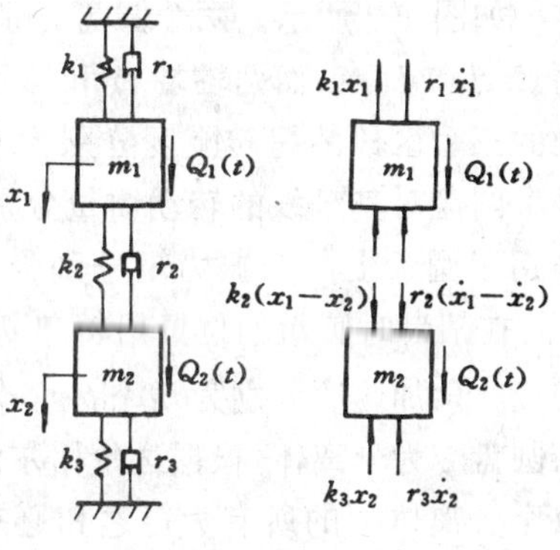

图 4-1 双质体弹簧系统

(a)力学模型图；(b)分离体及作用力图

以 m_1 和 m_2 的静平衡位置为坐标原点。在振动的任一瞬时 t，m_1 与 m_2 的位移分别为 x_1 和 x_2。为了导出振动微分方程，我们取 m_1 和 m_2 为分离体，作用于质体 m_1 与 m_2 上的力如图 4-1b 所示。取加速度和力的正方向与坐标正方向一致。根据牛顿第二定律可分别得到质体 m_1 和 m_2 的振动微分方程

$$Q_1(t)-k_1x_1-k_2(x_1-x_2)-r_1\dot{x}_1-r_2(\dot{x}_1-\dot{x}_2)=m_1\ddot{x}_1$$

$$Q_2(t)+k_2(x_1-x_2)-k_3x_2+r_2(\dot{x}_1-\dot{x}_2)-r_3\dot{x}_2=m_2\ddot{x}_2$$

整理后得出

$$m_1\ddot{x}_1+(r_1+r_2)\dot{x}_1-r_2\dot{x}_2+(k_1+k_2)x_1-k_2x_2=Q_1(t)$$

$$m_2\ddot{x}_2-r_2\dot{x}_1+(r_2+r_3)\dot{x}_2-k_2x_1+(k_2+k_3)x_2=Q_2(t) \tag{4-1}$$

方程(4-1)为双质体系统有阻尼的纵向受迫振动微分方程。我们注意到方程(4-1)中两式是相互关联的，因为第一式中包含 x_2 和 $\dot{x}_2$ 两项，而第二式中包含 x_1 和 $\dot{x}_1$ 两项。由(4-1)类型的两个联立的二阶微分方程描述的系统称为二自由度系统。我们把联立方程说成是耦联的，而把方程中彼此相关的项称为耦联项。对于方程(4-1)来说，其耦联项在第一式中为 $-r_2\dot{x}_2$ 和 $-k_2x_2$，在第二式中的为 $-r_2\dot{x}_1$ 和 $-k_2x_1$，速度的耦联项具有系数 $-r_2$，而位移的耦联项具有系数 $-k_2$。由此，可以预料到 m_1 的运动和 m_2 的运动将相互影响。

假设质体 m_1 和 m_2 在振动过程中不考虑阻尼影响，则方程(4-1)可写为

$$\begin{aligned} m_1\ddot{x}_1+(k_1+k_2)x_1-k_2x_2=Q_1(t) \\ m_2\ddot{x}_2-k_2x_1+(k_2+k_3)x_2=Q_2(t) \end{aligned} \tag{4-2}$$

方程(4-2)为双质体系统无阻尼纵向受迫振动微分方程。

若质体 m_1 和 m_2 上没有作用激振力 $Q_1(t)$ 和 $Q_2(t)$，则方程(4-1)可写为

$$\begin{aligned} m_1\ddot{x}_1+(r_1+r_2)\dot{x}_1-r_2\dot{x}_2+(k_1+k_2)x_1-k_2x_2=0 \\ m_2\ddot{x}_2-r_2\dot{x}_1+(r_2+r_3)\dot{x}_2-k_2x_1+(k_2+k_3)x_2=0 \end{aligned} \tag{4-3}$$

方程(4-3)为双质体系统有阻尼纵向自由振动微分方程。

若质体 m_1 和 m_2 在振动过程中，既不考虑阻尼的影响，也不作用激振力，则方程(4-1)可写为

$$\begin{aligned} m_1\ddot{x}_1+(k_1+k_2)x_1-k_2x_2=0 \\ m_2\ddot{x}_2-k_2x_1+(k_2+k_3)x_2=0 \end{aligned} \tag{4-4}$$

方程(4-4)为双质体系统无阻尼纵向自由振动微分方程。

4.1.2 应用动静法(达伦培尔原理)建立振动微分方程式

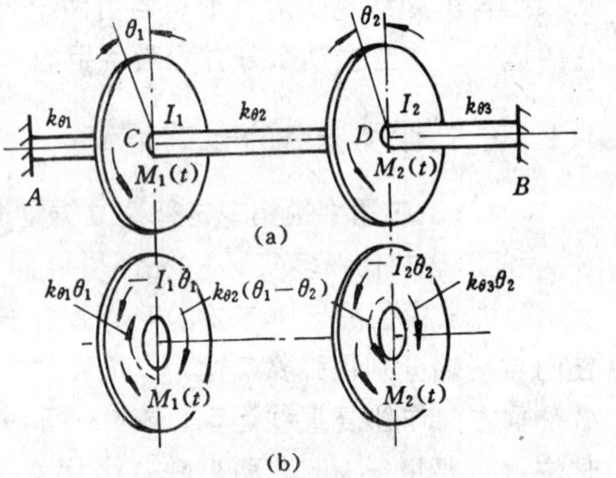

图 4-2 两个圆盘的扭转振动

(a)力学模型图；(b)分离体及作用力图

如图 4-2 所示。两个圆盘分别固定于轴上的 C 点和 D 点，而两轴端 A 和 B 为刚性固定。轴的三个区段的扭转刚度分别为 $k_{\theta1}$、$k_{\theta2}$ 和 $k_{\theta3}$，两个圆盘对其轴线的转动惯量分别为 I_1 和 I_2，作用于圆盘上的激振力矩分别为 $M_1(t)$ 和 $M_2(t)$，在某瞬时圆盘的位置用转角 θ_1 和 θ_2 表示，相应的角加速度分别为 $\ddot{\theta}_1$ 和 $\ddot{\theta}_2$。分别以圆盘 1 和圆盘 2 为分离体，根据达伦培尔原理，作用于每个分离体上的所有力矩之和必等于零，则圆盘的扭转振动微分方程式为

对圆盘 1 $\quad -I_1\ddot{\theta}_1-k_{\theta1}\theta_1-k_{\theta2}(\theta_1-\theta_2)+M_1(t)=0$

对圆盘 2 $\quad -I_2\ddot{\theta}_2-k_{\theta3}\theta_2+k_{\theta2}(\theta_1-\theta_2)+M_2(t)=0$

将上式整理后，可得

$$\begin{aligned} I_1\ddot{\theta}_1+(k_{\theta1}+k_{\theta2})\theta_1-k_{\theta2}\theta_2=M_1(t) \\ I_2\ddot{\theta}_2-k_{\theta2}\theta_1+(k_{\theta2}+k_{\theta3})\theta_2=M_2(t) \end{aligned} \tag{4-5}$$

式(4-5)为两个圆盘无阻尼扭转振动的受迫振动微分方程。

当系统存在阻尼力矩时，振动微分方程可写为以下形式

$$
\begin{aligned}
&I_1\ddot{\theta}_1+(r_{\theta1}+r_{\theta2})\dot{\theta}_1-r_{\theta2}\dot{\theta}_2+(k_{\theta1}+k_{\theta2})\theta_1-k_{\theta2}\theta_2=M_1(t)\\
&I_2\ddot{\theta}_2-r_{\theta2}\dot{\theta}_1+(r_{\theta2}+r_{\theta3})\dot{\theta}_2-k_{\theta2}\theta_1+(k_{\theta2}+k_{\theta3})\theta_2=M_2(t)
\end{aligned}
\tag{4-6}
$$

式中 $r_{\theta1}$、$r_{\theta2}$和 $r_{\theta3}$——当量粘性阻尼系数；

$\dot{\theta}_1$ 和 $\dot{\theta}_2$——圆盘 1 和圆盘 2 的角速度。

方程(4-6)为有阻尼扭转振动的受迫振动微分方程。该方程从形式上看，与前面导出的纵向振动微分方程(4-1)并无区别。

4.1.3 应用拉格朗日方程的方法建立振动微分方程式

对于简单的振动系统，应用牛顿第二定律和动静法建立系统的振动微分方程较为简便。而对于复杂的系统应用拉格朗日方程建立系统的振动微分方程较为方便。

按照拉格朗日方程的方法，系统的振动微分方程可通过动能 T、势能 U、能量散失函数 D 加以表示，即

$$
\frac{\mathrm{d}}{\mathrm{d}t}\frac{\partial T}{\partial \dot{q}_j}-\frac{\partial T}{\partial q_j}+\frac{\partial U}{\partial q_j}+\frac{\partial D}{\partial \dot{q}_j}=Q_j(t) \tag{4-7}
$$

$$(j=1,2,3,\cdots\cdots)$$

式中 q_j、$\dot{q}_j$——系统的广义坐标和广义速度；

T、U——系统的动能与势能；

D——能量散失函数；

$Q_j(t)$——广义激振力。

首先说明拉格朗日方程中每一项的意义。

广义坐标 q_j 是指振动系统中第 j 个独立坐标，例如图 4-1 所示二自由度系统，广义坐标有两个，即用来表示振动质体 1 和 2 运动状态的位移 x_1 和 x_2。广义速度 $\dot{q}_j$ 即是相应坐标上物体的运动速度，对于图 4-1 所示的振动系统，广义速度即是 $\dot{x}_1$ 和 $\dot{x}_2$。广义坐标的数目与自由度的数目相同。n 个自由度的振动系统就有 n 个广义坐标，同时有 n 个相对应的广义速度。

第一项中的$\frac{\partial T}{\partial \dot{q}_j}$，是动能 T 对其广义速度的偏导数，它表示振动系统在第 j 个坐标方向上所具有的动量，动量$\frac{\partial T}{\partial \dot{q}_j}$对时间 t 的导数$\frac{\mathrm{d}}{\mathrm{d}t}\frac{\partial T}{\partial \dot{q}_j}$即为第 j 个坐标方向上惯性力的负值。第二项$\frac{\partial T}{\partial q_j}$表示与广义坐标 q_j 有直接联系的惯性力或惯性力矩的负值。对于振动质量(或动能 T)与广义坐标 q_j 无关的振动系统，第二项$\frac{\partial T}{\partial q_j}$显然为零。

方程第三项$\frac{\partial U}{\partial q_j}$一般表示振动系统中与坐标 q_j 相关的弹性力的负值及重力。很明显，振动系统中势能 U 对第 j 个坐标的偏导数就是第 j 个坐标方向上弹性力的负值或重力。方程第四项$\frac{\partial D}{\partial \dot{q}_j}$表示第 j 个坐标方向上阻尼力的负值，它是能量散失函数 D 对广义速度的偏导数。能量散失函数的定义是各坐标上的速度的平方与相应的阻尼系数的乘积之和再除以 2。

方程等号右边的广义激振力 $Q_j(t)$系指某坐标 q_j 方向上的激振作用力。必须引起注意的是，如果某些激振力所作的功已经表示为振动系统的动能和势能形式，或能量散失函数形式，则在等号右边不再重复考虑这些激振作用力。例如，带偏心块的惯性激振器所产生的激振力直接可通过动能 T 由方程第一、二项中求出，弹性连杆式激振器的激振力可通过势能 U 由方程第三项中求出，所以它们不再视为广义激振力。

当激振力不能以动能或势能形式加以表示，那么只要直接求出作用于某坐标上的激振力即可。某些属于惯性力或弹性力形式的激振力，也可以直接计算出惯性力或弹性力的具体表达式，然后加到相应的坐标上，而不必通过动能或势能进行计算。

1. 单质体振动系统

在振动机械中，有的振动机虽然只有一个振动质体，但这个质体可以沿两个坐标或两个以上坐标振动，如图 4-3 所示的单质体振动机，在激振力 $Q_0\sin\omega t$ 的作用下，不但产生垂直方向的振动，还会产生对其质心的摆动。该系统是二自由度的振动系统。质体 m 由两组弹簧支承，弹簧垂直方向的刚度分别为 k_1 和 k_2，机体质心与弹簧作用力中心线的距离分别为 l_1 和 l_2，机体对质心的转动惯量为 I。若不考虑 x 方向的振动，而仅考虑 y 方向的振动及机体绕其质心的摆动，摆角为 θ，则此机体的广义坐标为 y 与 θ，广义速度为 $\dot{y}$ 与 $\dot{\theta}$。当弹簧未压缩时，机体的质心位于图 4-3 中的 O 点，由于重力的作用，机体质心向下移动至 O' 点，并产生静转角 θ_{st}；在振动的情况下，机体质心又移动至 O'' 点，并产生摆动角位移 θ。这时弹簧 1 和 2 所产生的静变形与动变形分别为 $y_{st}-l_1\theta_{st}$、$y-l_1\theta$、$y_{st}+l_2\theta_{st}$ 和 $y+l_2\theta$。

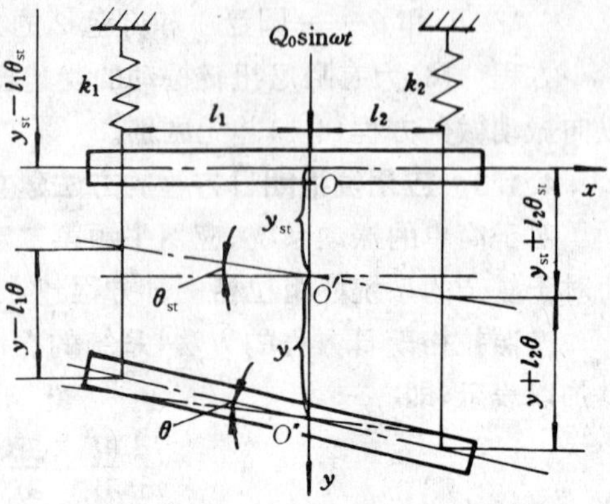

图 4-3　单质体二自由度振动系统

该系统的动能可表示为

$$T=\frac{1}{2}(m\dot{y}^2+I\dot{\theta}^2) \tag{4-8}$$

式中　$\dot{y}$、$\dot{\theta}$——机体 y 方向的运动速度及机体绕质心摆动角速度。

当考虑弹簧的静变形时，系统的势能应包括弹簧静变形产生的势能及机体的重力势能，弹簧 1 和 2 的总变形分别为 $y_{st}-l_1\theta_{st}+y-l_1\theta$ 和 $y_{st}+l_2\theta_{st}+y+l_2\theta$，而质心的位移为 $y_{st}+y$，所以系统的势能为

$$U=\frac{1}{2}[k_1(y_{st}-l_1\theta_{st}+y-l_1\theta)^2+k_2(y_{st}+l_2\theta_{st}+y+l_2\theta)^2]-mg(y_{st}+y) \tag{4-9}$$

能量散失函数为

$$D=\frac{1}{2}(r_y\dot{y}^2+r_\theta\dot{\theta}^2) \tag{4-10}$$

式中　r_y、r_θ——y 方向和摆动方向的阻力系数及阻力矩系数。

广义激振力为

$$Q_j(t)=Q_0\sin\omega t \tag{4-11}$$

将前面求得的动能 T、势能 U 和能量散失函数 D 代入拉格朗日方程中，可以求出

$$\frac{\mathrm{d}}{\mathrm{d}t}\frac{\partial T}{\partial \dot{y}}=\frac{\mathrm{d}}{\mathrm{d}t}\frac{\partial}{\partial \dot{y}}\left(\frac{1}{2}m\dot{y}^2+\frac{1}{2}I\dot{\theta}^2\right)=\frac{\mathrm{d}}{\mathrm{d}t}(m\dot{y})=m\ddot{y}$$

$$\frac{\partial T}{\partial y}=0$$

$$\frac{\partial U}{\partial y}=k_1(y_{st}-l_1\theta_{st})+k_2(y_{st}+l_2\theta_{st})-mg+(k_1+k_2)y-(k_1l_1-k_2l_2)\theta$$

$$\frac{\partial D}{\partial \dot{y}}=\frac{\partial}{\partial \dot{y}}(\frac{1}{2}r_y\dot{y}^2+\frac{1}{2}r_\theta\dot{\theta}^2)=r_y\dot{y}$$

$$\frac{\mathrm{d}}{\mathrm{d}t}\frac{\partial T}{\partial\dot{\theta}}=\frac{\mathrm{d}}{\mathrm{d}t}\frac{\partial}{\partial\dot{\theta}}(\frac{1}{2}m\dot{y}^2+\frac{1}{2}I\dot{\theta}^2)=\frac{\mathrm{d}}{\mathrm{d}t}(I\dot{\theta})=I\ddot{\theta}$$

$$\frac{\partial T}{\partial\theta}=0$$

$$\frac{\partial U}{\partial\theta}=-k_1l_1(y_{st}-l_1\theta_{st})+k_2l_2(y_{st}+l_2\theta_{st})-(k_1l_1-k_2l_2)y+(k_1l_1^2+k_2l_2^2)\theta$$

$$\frac{\partial D}{\partial\dot{\theta}}=\frac{\partial}{\partial\dot{\theta}}(\frac{1}{2}r_y\dot{y}^2+\frac{1}{2}r_\theta\dot{\theta}^2)=r_\theta\dot{\theta}$$

所以该系统有阻尼受迫振动微分方程为

$$m\ddot{y}+k_1(y_{st}-l_1\theta_{st})+k_2(y_{st}+l_2\theta_{st})-mg+(k_1+k_2)y-(k_1l_1-k_2l_2)\theta+r_y\dot{y}=Q_0\sin\omega t$$

$$I\ddot{\theta}-k_1l_1(y_{st}-l_1\theta_{st})+k_2l_2(y_{st}+l_2\theta_{st})-(k_1l_1-k_2l_2)y+(k_1l_1^2+k_2l_2^2)\theta+r_\theta\dot{\theta}=0 \quad (4\text{-}12)$$

考虑到机体重力 mg 与弹簧 1 和 2 的静弹性力相等，而且两组弹簧对质心的静弹性力矩之和也必为零，所以有以下关系

$$mg=k_1(y_{st}-l_1\theta_{st})+k_2(y_{st}+l_2\theta_{st})$$

$$-k_1l_1(y_{st}-l_1\theta_{st})+k_2l_2(y_{st}+l_2\theta_{st})=0 \quad (4\text{-}13)$$

将式(4-13)代入方程(4-12)中，得

$$\begin{aligned}&m\ddot{y}+r_y\dot{y}+(k_1+k_2)y-(k_1l_1-k_2l_2)\theta=Q_0\sin\omega t\\&I\ddot{\theta}+r_\theta\dot{\theta}-(k_1l_1-k_2l_2)y+(k_1l_1^2+k_2l_2^2)\theta=0\end{aligned} \quad (4\text{-}14)$$

此式为质体垂直振动与摆动的有阻尼受迫振动微分方程。

2.双质体振动系统

图 4-1a 所示的力学模型图为双质体受迫振动系统。

该系统的动能为

$$T=\frac{1}{2}(m_1\dot{x}_1^2+m_2\dot{x}_2^2) \quad (4\text{-}15)$$

该系统的势能为

$$U=\frac{1}{2}[k_1x_1^2+k_2(x_1-x_2)^2+k_3x_2^2] \quad (4\text{-}16)$$

系统的能量散失函数为

$$D=\frac{1}{2}[r_1\dot{x}_1^2+r_2(\dot{x}_1-\dot{x}_2)^2+r_3\dot{x}_2^2] \quad (4\text{-}17)$$

广义激振力为 $Q_1(t)$和 $Q_2(t)$

式中 x_1、x_2——广义坐标；

$\dot{x}_1$、$\dot{x}_2$——广义速度；

$\ddot{x}_1$、$\ddot{x}_2$——广义加速度。

将前面求得的动能 T，势能 U 和能量散失函数 D 代入拉格朗日方程中，可以求出

$$\frac{\mathrm{d}}{\mathrm{d}t}\frac{\partial T}{\partial\dot{x}_1}=m_1\ddot{x}_1 \qquad \frac{\mathrm{d}}{\mathrm{d}t}\frac{\partial T}{\partial\dot{x}_2}=m_2\ddot{x}_2$$

$$\frac{\partial T}{\partial x_1}=0 \qquad \frac{\partial T}{\partial x_2}=0$$

$$\frac{\partial U}{\partial x_1}=(k_1+k_2)x_1-k_2x_2 \qquad \frac{\partial U}{\partial x_2}=-k_2x_1+(k_2+k_3)x_2$$

$$\frac{\partial D}{\partial \dot{x}_1}=(r_1+r_2)\dot{x}_1-r_2\dot{x}_2 \qquad \frac{\partial D}{\partial \dot{x}_2}=-r_2\dot{x}_1+(r_2+r_3)\dot{x}_2$$

所以该系统有阻尼受迫振动微分方程为

$$\begin{aligned}&m_1\ddot{x}_1+(r_1+r_2)\dot{x}_1-r_2\dot{x}_2+(k_1+k_2)x_1-k_2x_2=Q_1(t)\\&m_2\ddot{x}_2-r_2\dot{x}_1+(r_2+r_3)\dot{x}_2-k_2x_1+(k_2+k_3)x_2=Q_2(t)\end{aligned} \tag{4-18}$$

式(4-18)与前面应用牛顿第二定律建立的振动微分方程式(4-1)完全一样。对于一振动系统，应用哪种方法建立方程更为简便，这要根据振动系统复杂程度而定。

4.2 振动方程的一般形式及其矩阵表达式

4.2.1 作用力方程的一般形式及其矩阵表达式

前面讨论的单质体和双质体的纵向振动与扭转振动，所建立的振动微分方程从形式上看并没有区别，振动微分方程中的每一项均代表某种作用力，其方程是诸力平衡(动态)方程，所以叫作用力方程，其一般形式为

$$\begin{aligned}&M_{11}\ddot{x}_1+M_{12}\ddot{x}_2+R_{11}\dot{x}_1+R_{12}\dot{x}_2+K_{11}x_1+K_{12}x_2=Q_1\\&M_{21}\ddot{x}_1+M_{22}\ddot{x}_2+R_{21}\dot{x}_1+R_{22}\dot{x}_2+K_{21}x_1+K_{22}x_2=Q_2\end{aligned} \tag{4-19}$$

式(4-19)中质量 M_{11}、M_{12}、M_{21}、M_{22}、阻尼系数 R_{11}、R_{12}、R_{21}、R_{22}及刚度系数 K_{11}、K_{12}、K_{21}、K_{22}，对于各种不同的振动系统有各自不同的具体数值。

为使方程(4-19)表示的形式更加简单，并在今后求解的过程中运用矩阵方法运算，将式(4-19)表示为以下矩阵形式

$$\boldsymbol{M}\ddot{\boldsymbol{X}}+\boldsymbol{R}\dot{\boldsymbol{X}}+\boldsymbol{K}\boldsymbol{X}=\boldsymbol{Q} \tag{4-20}$$

式中 $\boldsymbol{M}$、$\boldsymbol{R}$、$\boldsymbol{K}$ 称为质量矩阵、阻尼矩阵和刚度矩阵，分别为

$$\boldsymbol{M}=\begin{bmatrix}M_{11} & M_{12}\\ M_{21} & M_{22}\end{bmatrix},\boldsymbol{R}=\begin{bmatrix}R_{11} & R_{12}\\ R_{21} & R_{22}\end{bmatrix},\boldsymbol{K}=\begin{bmatrix}K_{11} & K_{12}\\ K_{21} & K_{22}\end{bmatrix}$$

式中位移列阵 $\boldsymbol{X}$、速度列阵 $\dot{\boldsymbol{X}}$ 和加速度列阵 $\ddot{\boldsymbol{X}}$ 分别为

$$\boldsymbol{X}=\begin{Bmatrix}x_1\\ x_2\end{Bmatrix},\dot{\boldsymbol{X}}=\begin{Bmatrix}\dot{x}_1\\ \dot{x}_2\end{Bmatrix},\ddot{\boldsymbol{X}}=\begin{Bmatrix}\ddot{x}_1\\ \ddot{x}_2\end{Bmatrix}$$

激振力列阵为

$$\boldsymbol{Q}=\begin{Bmatrix}Q_1\\ Q_2\end{Bmatrix}$$

4.2.2 位移方程的一般形式及其矩阵表达式

对于许多振动系统，有时采用运动的位移方程代替作用力方程更为方便。对于图 4-4 所示的二自由度振动系统，其作用力方程为

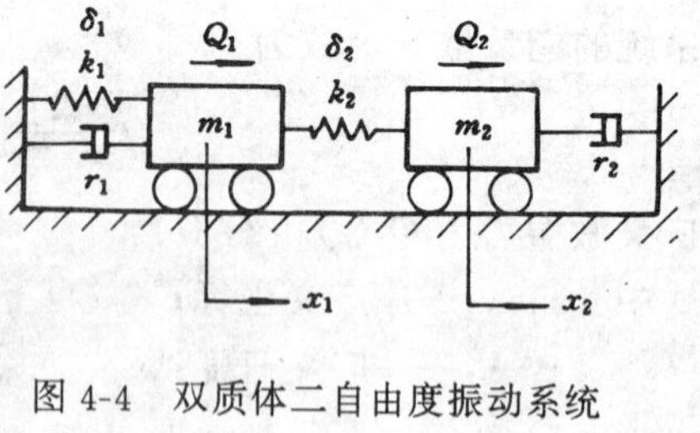

图 4-4 双质体二自由度振动系统

$$m_1\ddot{x}_1+r_1\dot{x}_1+K_{11}x_1+K_{12}x_2=Q_1 \tag{a}$$

$$m_2\ddot{x}_2+r_2\dot{x}_2+K_{21}x_1+K_{22}x_2=Q_2 \tag{b}$$

将(a)式乘以 K_{22}减去(b)式乘以 K_{12}，再将(a)式乘以 K_{21}减去(b)式乘以 K_{11}，得

$$\begin{aligned}&x_1=F_{11}(Q_1-m_1\ddot{x}_1-r_1\dot{x}_1)+F_{12}(Q_2-m_2\ddot{x}_2-r_2\dot{x}_2)\\&x_2=F_{21}(Q_1-m_1\ddot{x}_1-r_1\dot{x}_1)+F_{22}(Q_2-m_2\ddot{x}_2-r_2\dot{x}_2)\end{aligned} \tag{4-21}$$

其中
$$F_{11}=\frac{K_{22}}{K_{11}K_{22}-K_{12}K_{21}},F_{12}=\frac{-K_{12}}{K_{11}K_{22}-K_{12}K_{21}} \tag{c}$$

$$F_{21}=\frac{-K_{21}}{K_{11}K_{22}-K_{12}K_{21}},F_{22}=\frac{K_{11}}{K_{11}K_{22}-K_{12}K_{21}} \tag{d}$$

称式(4-21)为位移方程，式中 F_{11}、F_{12}、F_{21}、F_{22} 称为弹簧的柔度影响系数(柔度意为弹簧受单位作用力而产生的变形)。

位移方程的矩阵形式为

$$\boldsymbol{X}=\boldsymbol{F}(\boldsymbol{Q}-\boldsymbol{M}\ddot{\boldsymbol{X}}-\boldsymbol{R}\dot{\boldsymbol{X}}) \tag{4-22}$$

式中质量矩阵 $\boldsymbol{M}$ 和阻尼矩阵 $\boldsymbol{R}$ 分别为

$$\boldsymbol{M}=\begin{bmatrix} m_1 & 0 \\ 0 & m_2 \end{bmatrix},\boldsymbol{R}=\begin{bmatrix} r_1 & 0 \\ 0 & r_2 \end{bmatrix}$$

位移列阵 $\boldsymbol{X}$、速度列阵 $\dot{\boldsymbol{X}}$ 和加速度列阵 $\ddot{\boldsymbol{X}}$ 分别为

$$\boldsymbol{X}=\begin{Bmatrix} x_1 \\ x_2 \end{Bmatrix},\dot{\boldsymbol{X}}=\begin{Bmatrix} \dot{x}_1 \\ \dot{x}_2 \end{Bmatrix},\ddot{\boldsymbol{X}}=\begin{Bmatrix} \ddot{x}_1 \\ \ddot{x}_2 \end{Bmatrix}$$

激振力列阵 $\boldsymbol{Q}$ 为

$$\boldsymbol{Q}=\begin{Bmatrix} Q_1 \\ Q_2 \end{Bmatrix}$$

因为弹簧刚度与弹簧柔度具有互为倒数的关系，引进符号 δ 表示**弹簧柔度**，则有

$$k_1=\frac{1}{\delta_1},k_2=\frac{1}{\delta_2}$$

将其代入式(c)和式(d)，可求得

$$F_{11}=\delta_1,F_{12}=\delta_1,F_{21}=\delta_1,F_{22}=\delta_1+\delta_2$$

则柔度矩阵 $\boldsymbol{F}$ 为

$$\boldsymbol{F}=\begin{bmatrix} F_{11} & F_{12} \\ F_{21} & F_{22} \end{bmatrix}=\begin{bmatrix} \delta_1 & \delta_1 \\ \delta_1 & \delta_1+\delta_2 \end{bmatrix}$$

矩阵方程(4-22)表明，动力位移等于系统的柔度矩阵与作用力的乘积。

由
$$\boldsymbol{FK}=\begin{bmatrix} F_{11} & F_{12} \\ F_{21} & F_{22} \end{bmatrix}\begin{bmatrix} K_{11} & K_{12} \\ K_{21} & K_{22} \end{bmatrix}=\begin{bmatrix} \delta_1 & \delta_1 \\ \delta_1 & \delta_1+\delta_2 \end{bmatrix}\begin{bmatrix} k_1+k_2 & -k_2 \\ -k_2 & k_2 \end{bmatrix}$$
$$=\begin{bmatrix} 1 & 0 \\ 0 & 1 \end{bmatrix}=\boldsymbol{I}$$

所以有
$$\boldsymbol{F}=\boldsymbol{K}^{-1} \tag{4-23}$$

由此可知，柔度矩阵 $\boldsymbol{F}$ 和刚度矩阵 $\boldsymbol{K}$ 是互为逆矩阵，作用力方程和位移方程可以互相转换。因此，对于那些直接确定刚度矩阵比确定柔度矩阵困难得多的系统，当必须求出刚度矩阵时，可以借助求柔度矩阵的逆阵来得到。

4.3 耦联与质量矩阵

4.3.1 弹性耦联和惯性耦联

在图 4-4 所示系统的振动方程中，第一式中的 $K_{12}x_2$ 和第二式中的 $K_{21}x_1$ 使得两方程成为联立方程，因此，这两项称为耦联项。又因为是通过弹性项的耦联，故称方程组为弹性耦联。同理，通过惯性项的耦联，称为惯性耦联。耦联使方程组求解复杂化。下面举例讨论耦

联的性质。

如图 4-5a 所示的系统，质量为 m 的刚性杆，由弹簧刚度为 k_1 和 k_2 的弹簧分别支于 A 点和 D 点。A 点支座的约束，只允许刚性杆在 $x-y$ 平面内运动，而限制沿 x 方向的平动。C 点为刚性杆的质量中心，I_c 表示绕通过 C 点的 z 轴(垂直于纸面，未示出)的转动惯量。图中 B 点是满足 $k_1l_4=k_2l_5$ 的特殊点，如果在 B 点作用有沿 y 方向的力，系统产生平动而无转动。如果在 B 点作用有力矩，系统只产生转动而无平动。

为了说明耦联的性质，以下选择三种不同的位移坐标进行讨论。

第一，以 A 点的平动 y_A 和刚体绕 A 点的转动 θ_A 为系统的位移坐标。图 4-5b 中给出在刚杆 A 处作用的力 Q_A 与力矩 M_A，以及 A 点和 D 点的弹性力与 C 处的惯性力。如果将惯性力加在刚性杆自由体上，可以认为该自由体处于动平衡状态。于是我们应用达伦培尔原理，得出二平衡方程并加以整理，则得

$$\begin{aligned} &m\ddot{y}_A+ml_1\ddot{\theta}_A+(k_1+k_2)y_A+k_2l\theta_A=Q_A \\ &ml_1\ddot{y}_A+(ml_1^2+I_C)\ddot{\theta}_A+k_2ly_A+k_2l^2\theta_A=M_A \end{aligned} \tag{4-24}$$

其矩阵形式为

$$\begin{bmatrix} m & ml_1 \\ ml_1 & ml_1^2+I_C \end{bmatrix}\begin{Bmatrix} \ddot{y}_A \\ \ddot{\theta}_A \end{Bmatrix}+\begin{bmatrix} k_1+k_2 & k_2l \\ k_2l & k_2l^2 \end{bmatrix}\begin{Bmatrix} y_A \\ \theta_A \end{Bmatrix}=\begin{Bmatrix} Q_A \\ M_A \end{Bmatrix} \tag{4-25}$$

在方程(4-25)中，质量矩阵和刚度矩阵的非对角元素都不为零，既出现惯性耦联又出现弹性耦联，前者表明两个加速度彼此并非独立，就是说系统在动力上或质量上是耦联的。后者则说明一个位移不仅引起对应于自身的反力，而且引起其他位移对应的力，在静力上或刚度上是耦联的。

第二，以 B 点的平动 y_B 和刚性杆绕 B 点的转动 θ_B 为系统的位移只引起对应于自身的力，而不引起对应于其他位移的力。根据图 4-5c 可类似地写出下列方程，同时把关系 $k_1l_4=k_2l_5$ 代入，整理后，则得

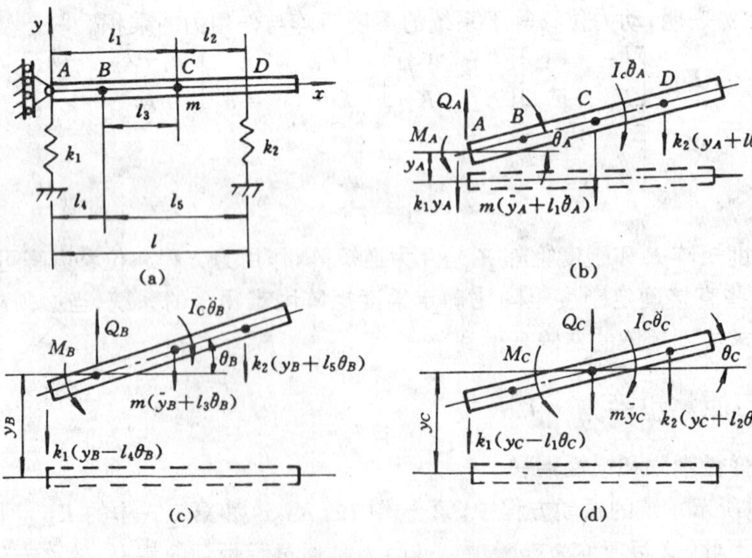

图 4-5　无阻尼二自由度系统

$$m\ddot{y}_B+ml_3\ddot{\theta}_B+(k_1+k_2)y_B=Q_B$$
$$ml_3\ddot{y}_B+(ml_3^2+I_C)\ddot{\theta}_B+(k_1l_4^2+k_2l_5^2)\theta_B=M_B \tag{4-26}$$

其矩阵形式为
$$\begin{bmatrix} m & ml_3 \\ ml_3 & ml_3^2+I_C \end{bmatrix}\begin{Bmatrix} \ddot{y}_B \\ \ddot{\theta}_B \end{Bmatrix}+\begin{bmatrix} k_1+k_2 & 0 \\ 0 & k_1l_4^2+k_2l_5^2 \end{bmatrix}\begin{Bmatrix} y_B \\ \theta_B \end{Bmatrix}=\begin{Bmatrix} Q_B \\ M_B \end{Bmatrix} \tag{4-27}$$

方程(4-27)中，$\boldsymbol{K}$ 为对角阵，而 $\boldsymbol{M}$ 为对称阵。式中只有惯性耦联而无弹性耦联。

第三，以刚性杆质心 C 点的平动 y_C 和刚性杆绕 C 点的转动 θ_C 为系统的位移坐标，由图4-5d 可得系统的振动方程

$$m\ddot{y}_C+(k_1+k_2)y_C+(k_2l_2-k_1l_1)\theta_C=Q_C$$
$$I_C\ddot{\theta}_C+(k_2l_2-k_1l_1)y_C+(k_1l_1^2+k_2l_2^2)\theta_C=M_C \tag{4-28}$$

其矩阵形式为
$$\begin{bmatrix} m & 0 \\ 0 & I_C \end{bmatrix}\begin{Bmatrix} \ddot{y}_C \\ \ddot{\theta}_C \end{Bmatrix}+\begin{bmatrix} k_1+k_2 & k_2l_2-k_1l_1 \\ k_2l_2-k_1l_1 & k_1l_1^2+k_2l_2^2 \end{bmatrix}\begin{Bmatrix} y_C \\ \theta_C \end{Bmatrix}=\begin{Bmatrix} Q_C \\ M_C \end{Bmatrix} \tag{4-29}$$

方程(4-29)中，$\boldsymbol{M}$ 为对角阵，而 $\boldsymbol{K}$ 为对称阵。式中只有弹性耦联而无惯性耦联。

由上述三种情况可以清楚地看到，方程组的耦联决定于所选用的坐标，而不是决定于系统本身的特性。由此推论，只要位移坐标选取得适当，总可以使系统既无惯性耦联又无弹性耦联，这样使振动方程彼此独立，给求解多自由度系统振动带来很大的方便。这样的坐标称为固有坐标或主坐标。

4.3.2 质量矩阵和惯性影响系数

前面对图 4-5a 所示的系统写出了方程(4-25)，方程中的质量矩阵可写成如下一般式

$$\boldsymbol{M}=\begin{bmatrix} M_{11} & M_{12} \\ M_{21} & M_{22} \end{bmatrix}=\begin{bmatrix} m & ml_1 \\ ml_1 & ml_1{}^2+I_C \end{bmatrix} \tag{4-30}$$

这里的 M_{ij} 为质量矩阵的第 i 行第 j 列元素，称为惯性影响系数(质量影响系数)。它表示质体沿第 j 个坐标方向产生单位加速度(其它坐标方向上均不产生加速度)时，在第 i 个坐标方向上需施加的力。图 4-6 表示将图 4-5 中的 A 点当作刚性杆运动的参考点，为了更直观些，将加速度如同位移那样画出，A 点处箭头上的双斜线，表示单位加速度所需要的作用力。如图 4-6a 所示，当 $\ddot{y}_A=1$ 而 $\ddot{\theta}_A=0$ 时，由动力平衡条件得出惯性影响系数 $M_{11}=m$，$M_{21}=ml_1$。根据图 4-6b 可求出，当 $\ddot{\theta}_A=1$ 而 $\ddot{y}_A=0$ 时，$M_{12}=ml_1$ 和 $M_{22}=ml_1{}^2+I_C$。于是可得系统的质量矩阵 $\boldsymbol{M}$

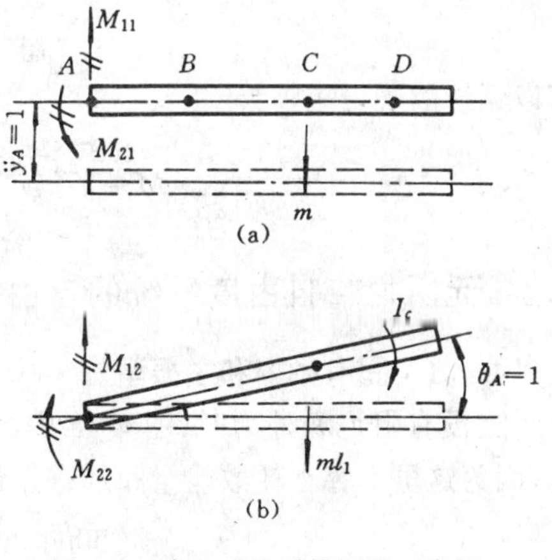

图 4-6 建立系统质量矩阵示意图

$$\boldsymbol{M}=\begin{bmatrix} m & ml_1 \\ ml_1 & ml_1^2+I_C \end{bmatrix} \tag{4-31}$$

与前面(4-30)式给出的质量矩阵完全一致。这样，可以直接导出惯性影响系数。这对于直接建立振动系统的运动作用力方程或位移方程是十分有用的。

例 4-1 图 4-7a 为双混合摆，它是用铰链 B 相连而由铰链 A 悬挂的两个刚体组成。此二物体的质量分别为 m_1 和 m_2，质心分别为 C_1 及 C_2 点处，二刚体绕通过质心点 z 轴的转动惯量分别为 I_1 和 I_2。这个系统可以在 $x-y$ 平面内摆动，选取微小转角 θ_1 和 θ_2 为位移坐标，

试求系统的质量矩阵。

解 根据图 4-7b、c 求出惯性影响系数。如图 4-7b 所示，当 $\ddot{\theta}_1=1$ 而 $\ddot{\theta}_2=0$ 时，由动力平衡条件得出质量矩阵中第一列各惯性影响系数

$$
\begin{aligned}
M_{21}&=m_2lh_2\\
M_{11}&=I_1+m_1h_1^{\,2}+m_2l(l+h_2)-M_{21}\\
&=I_1+m_1h_1^{\,2}+m_2l^2
\end{aligned}
$$

如图 4-7c 所示，当 $\ddot{\theta}_2=1$ 而 $\ddot{\theta}_1=0$ 时，由动力平衡条件可得出质量矩阵中第 2 列各影响系数

$$
\begin{aligned}
M_{22}&=I_2+m_2h_2^{\,2}\\
M_{12}&=I_2+m_2h_2(l+h_2)-M_{22}=m_2lh_2
\end{aligned}
$$

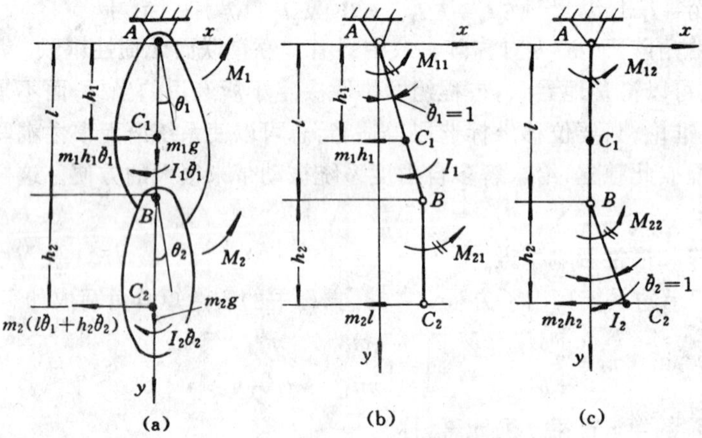

图 4-7 双混合摆系统

所以系统的质量矩阵为

$$
\boldsymbol{M}=\begin{bmatrix} I_1+m_1h_1^{\,2}+m_2l^2 & m_2lh_2 \\ m_2lh_2 & I_2+m_2h_2^{\,2} \end{bmatrix}
$$

4.4 无阻尼二自由度系统的自由振动

4.4.1 固有频率和主振型

当没有阻尼和外力时，图 4-1a 中的系统简化为图 4-8a 所示的情况。这是一个保守系统，因为这里不存在耗散能量和加进能量的机构。该系统的振动微分方程为

$$
\begin{aligned}
m_1\ddot{x}_1+(k_1+k_2)x_1-k_2x_2=0\\
m_2\ddot{x}_2-k_2x_1+(k_2+k_3)x_2=0
\end{aligned}
\tag{4-32a}
$$

方程的一般表达式为

$$
\begin{aligned}
M_{11}\ddot{x}_1+K_{11}x_1+K_{12}x_2=0\\
M_{22}\ddot{x}_2+K_{21}x_1+K_{22}x_2=0
\end{aligned}
\tag{4-32b}
$$

式中 $K_{11}=k_1+k_2$，$K_{12}=K_{21}=-k_2$，$K_{22}=k_2+k_3$，$M_{11}=m_1$，$M_{22}=m_2$。

以上方程为齐次常系数线性微分方程式，位移 x_1 和 x_2 必有形式相同的解。与单自由度系统相类似，假设该方程两个质体的位移均按正弦规律变化，且频率为 ω_n，振幅分别为 A_1 和 A_2，初相位角为 φ_0，即

$$x_1 = A_1\sin(\omega_n t + \varphi_0)$$
$$x_2 = A_2\sin(\omega_n t + \varphi_0) \tag{4-33}$$

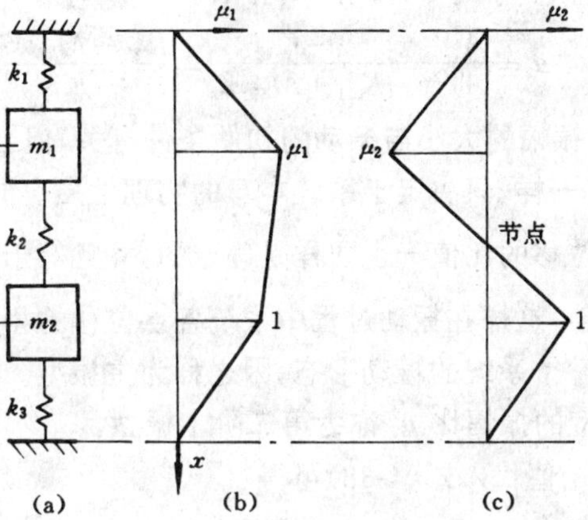

图 4-8　无阻尼二自由度自由振动系统与主振型

(a)振动系统；(b)第一阶主振型；(c)第二阶主振型

两个质体的加速度可由上式对时间 t 的二次导数得出

$$\dot{x}_1 = -A_1\omega_n^2\sin(\omega_n t + \varphi_0)$$
$$\ddot{x}_2 = -A_2\omega_n^2\sin(\omega_n t + \varphi_0) \tag{4-34}$$

将式(4-33)和式(4-34)代入方程(4-32b)中，经化简整理得

$$(K_{11} - M_{11}\omega_n^2)A_1 + K_{12}A_2 = 0$$
$$K_{21}A_1 + (K_{22} - M_{22}\omega_n^2)A_2 = 0 \tag{4-35}$$

方程(4-35)是关于 A_1 和 A_2 的线性齐次代数方程组。显然，$A_1 = A_2 = 0$ 是它的一组解，这相当于系统的平衡位置，而且没有出现振动。这组解叫平凡解，不是我们所需要的解，我们所需要的是非零解。根据线性代数可知，对于 A_1 和 A_2，具有非零解的条件是方程(4-35)的系数行列式必须等于零，即

$$\begin{vmatrix} K_{11} - M_{11}\omega_n^2 & K_{12} \\ K_{21} & K_{22} - M_{22}\omega_n^2 \end{vmatrix} = 0$$

展开整理后得

$$a\omega_n^4 - b\omega_n^2 + c = 0 \tag{4-36}$$

式中

$$a = M_{11}M_{22}, b = -(M_{11}K_{22} + M_{22}K_{11})$$
$$c = K_{11}K_{22} - K_{12}{}^2$$

方程(4-36)惟一确定了频率 ω_n 所需满足的条件，称为系统的频率方程式或特征方程式。它是 ω_n^2 的二次代数方程，它有两个根，称为特征值，即

$$\omega_{n1}^2, \omega_{n2}^2 = \frac{-b \mp \sqrt{b^2 - 4ac}}{2a} \tag{4-37}$$

由于弹簧刚度 k_1、k_2、k_3 和质量 m_1、m_2 恒为正数，所以 ω_{n1}^2 与 ω_{n2}^2 是两个正实根。它们仅决定于系统本身的物理性质(质量和弹簧刚度)，因此称为振动系统的固有频率。较低的一个称为第一阶固有频率，或称基频。较高的一个称为第二阶固有频率。

将特征值 ω_{n1}^2 和 ω_{n2}^2 代入方程组(4-35)中任一式，尚不能求得 A_1 和 A_2 的确定值，而只能

求出与 ω_{n1}^2 和 ω_{n2}^2 相对应的两个质体振幅的比值 μ_1 和 μ_2

$$\begin{aligned}\mu_1&=\frac{A_1^{(1)}}{A_2^{(1)}}=\frac{-K_{12}}{K_{11}-M_{11}\omega_{n1}^2}=\frac{K_{22}-M_{22}\omega_{n1}^2}{-K_{12}}\\ \mu_2&=\frac{A_1^{(2)}}{A_2^{(2)}}=\frac{-K_{12}}{K_{11}-M_{11}\omega_{n2}^2}=\frac{K_{22}-M_{22}\omega_{n2}^2}{-K_{12}}\end{aligned}\tag{4-38}$$

式(4-38)说明，虽然振幅的大小与振动的初始条件有关，但当系统按某一固有频率振动时，振幅比却和固有频率一样，只决定于系统本身的物理性质。同时，联系到式(4-33)，不难看到两个质体任一瞬时位移的比值 $\frac{x_1}{x_2}$ 也同样是确定的，并且等于振幅比。其他各点的位移也都可以由 x_1 和 x_2 所决定。这样在振动过程中系统各点位移的相对比值都可由振幅比确定，也就是说振幅比决定了整个系统的振动形态，因之称为主振型。与 ω_{n1} 对应的振幅比 μ_1 称为第一阶主振型，与 ω_{n2} 对应的振幅比 μ_2 称为第二阶主振型。

将求得的 ω_{n1}^2、ω_{n2}^2 两个值代入式(4-38)可得

$$\begin{aligned}\mu_1&>0\\ \mu_2&<0\end{aligned}\tag{4-39}$$

根据求得的 μ_1 和 μ_2 的正值或负值，可以判定二自由度振动系统两种主振型，也就是当以一阶固有频率 ω_{n1} 振动时，$\mu_1>0$，该系统具有一种振动形态；而当以二阶固有频率 ω_{n2} 振动时，$\mu_2<0$，则得另一种振动形态。由式(4-38)看出，当系统按 ω_{n1} 振动时，质体 m_1 和 m_2 的位移在零线的同侧，它们作同相振动，如图 4-8b 所示。当系统以 ω_{n2} 振动时，质体 m_1 和 m_2 的位移在零线的异侧，它们作异相振动，如图 4-8c 所示。

系统以某一固有频率按其相应的主振型作振动，称为系统的主振动。第一阶主振动为

$$\begin{aligned}x_1^{(1)}&=A_1^{(1)}\sin(\omega_{n1}t+\varphi_1)=\mu_1A_2^{(1)}\sin(\omega_{n1}t+\varphi_1)\\ x_2^{(1)}&=A_2^{(1)}\sin(\omega_{n1}t+\varphi_1)\end{aligned}\tag{4-40}$$

第二阶主振动为

$$\begin{aligned}x_1^{(2)}&=A_1^{(2)}\sin(\omega_{n2}t+\varphi_2)=\mu_2A_2^{(2)}\sin(\omega_{n2}t+\varphi_2)\\ x_2^{(2)}&=A_2^{(2)}\sin(\omega_{n2}t+\varphi_2)\end{aligned}\tag{4-41}$$

微分方程组(4-32b)的通解是式(4-40)和式(4-41)两种主振动的叠加。即

$$\begin{aligned}x_1&=x_1^{(1)}+x_1^{(2)}=\mu_1A_2^{(1)}\sin(\omega_{n1}t+\varphi_1)+\mu_2A_2^{(2)}\sin(\omega_{n2}t+\varphi_2)\\ x_2&=x_2^{(1)}+x_2^{(2)}=A_2^{(1)}\sin(\omega_{n1}t+\varphi_1)+A_2^{(2)}\sin(\omega_{n2}t+\varphi_2)\end{aligned}\tag{4-42}$$

所以，在一般情况下，二自由度系统的自由振动是两个不同频率的主振动的合成，合成的结果不一定是简谐振动(特殊情况下系统按某一个固有频率作主振动)。

例 4-2 图 4-8a 所示振动系统，设已知 $m_1=m, m_2=2m, k_1=k_2=k, k_3=2k$，求固有频率和主振型。

解 由已知：$a=2m^2, b=-7mk, c=5k^2$

则
$$\omega_{n1}^2,\omega_{n2}^2=\frac{-b\mp\sqrt{b^2-4ac}}{2a}$$

$$=\frac{7mk\mp\sqrt{49m^2k^2-4\times2m^2\times5k^2}}{2\times2m^2}$$

$$\omega_{n1}=\sqrt{\frac{k}{m}}\;;\;\omega_{n2}=\sqrt{\frac{5k}{2m}}$$

将 ω_{n1}、ω_{n2}代入式(4-38)可得

$$\mu_1=1$$

$$\mu_2=-2$$

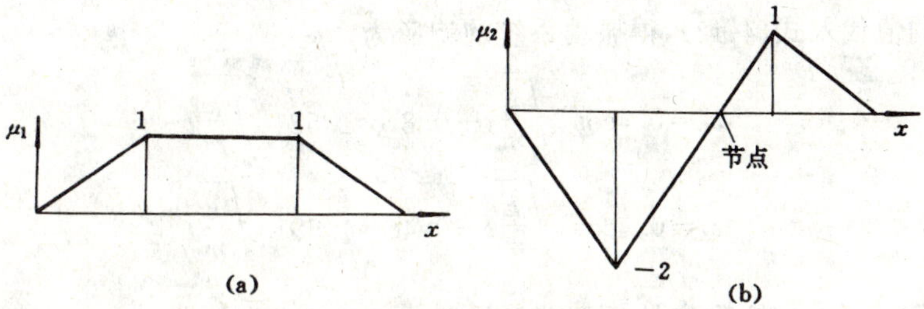

图 4-9　一阶振型与二阶振型的振幅比

(a)第一阶主振型;(b)第二阶主振型

以横坐标表示系统各点的静平衡位置,纵坐标表示各点振幅比,可作出如图 4-9 所示的主振型图,图 4-9a 为第一阶主振型;b 为第二阶主振型。第二阶主振型中在弹簧 k_2 上有一个始终保持不动的点,称为节点。

4.4.2　初始条件的响应

在式(4-42)中,有振幅 $A_2^{(1)}$、$A_2^{(2)}$和相位角 φ_1、φ_2 四个未知数,需要由振动的四个初始条件来决定。

设初始条件为:$t=0$ 时,$x_1=x_{10}$,$x_2=x_{20}$,$\dot{x}_1=\dot{x}_{10}$,$\dot{x}_2=\dot{x}_{20}$,代入式(4-42)得

$$\begin{aligned} x_{10}&=\mu_1A_2^{(1)}\sin\varphi_1+\mu_2A_2^{(2)}\sin\varphi_2\\ x_{20}&=A_2^{(1)}\sin\varphi_1+A_2^{(2)}\sin\varphi_2\\ \dot{x}_{10}&=\mu_1A_2^{(1)}\omega_{n1}\cos\varphi_1+\mu_2A_2^{(2)}\omega_{n2}\cos\varphi_2\\ \dot{x}_{20}&=A_2^{(1)}\omega_{n1}\cos\varphi_1+A_2^{(2)}\omega_{n2}\cos\varphi_2 \end{aligned} \tag{4-43}$$

解四元一次代数方程组可得

$$\begin{aligned} A_2^{(1)}&=\frac{1}{\mu_1-\mu_2}\sqrt{(x_{10}-\mu_2x_{20})^2+\frac{(\dot{x}_{10}-\mu_2\dot{x}_{20})^2}{\omega_{n1}^2}}\\ A_2^{(2)}&=\frac{1}{\mu_2-\mu_1}\sqrt{(x_{10}-\mu_1x_{20})^2+\frac{(\dot{x}_{10}-\mu_1\dot{x}_{20})^2}{\omega_{n2}^2}}\\ \varphi_1&=\arctan\frac{(x_{10}-\mu_2x_{20})\omega_{n1}}{\dot{x}_{10}-\mu_2\dot{x}_{20}}\\ \varphi_2&=\arctan\frac{(x_{10}-\mu_1x_{20})\omega_{n2}}{\dot{x}_{10}-\mu_1\dot{x}_{20}} \end{aligned} \tag{4-44}$$

将式(4-44)代入式(4-42)就得到图 4-8a 所示系统在上述初始条件下的响应。

例 4-3　已知初始条件为 $x_{10}=1.2$,$x_{20}=\dot{x}_{10}=\dot{x}_{20}=0$,试求图 4-8a 所示系统的响应。

解　由上例中已知 $\omega_{n1}=\sqrt{\frac{k}{m}}$,$\omega_{n2}=1.581\sqrt{\frac{k}{m}}$,$\mu_1=1$,$\mu_2=-2$

将给定的初始条件 $x_{10}=1.2$,$x_{20}=\dot{x}_{10}=\dot{x}_{20}=0$,代入式(4-44),得

$$A_2^{(1)}=\frac{1}{1-(-2)}\sqrt{1.2^2}=\frac{1.2}{3}=0.4$$

$$A_2^{(2)}=\frac{1}{-2-1}\sqrt{1.2^2}=-\frac{1.2}{3}=-0.4$$

$$\varphi_1=\frac{\pi}{2},\varphi_2=\frac{\pi}{2}$$

将上面的值代入式(4-42)，得振动系统的响应为

$$x_1=0.4\cos\sqrt{\frac{k}{m}}t+0.8\cos1.581\sqrt{\frac{k}{m}}t$$

$$x_2=0.4\cos\sqrt{\frac{k}{m}}t-0.4\cos1.581\sqrt{\frac{k}{m}}t$$

4.5 无阻尼二自由度系统的受迫振动

图 4-10a 为无阻尼二自由度受迫振动系统，在质体 m_1 与 m_2 上分别作用简谐激振力 $Q_1\sin\omega t$ 和 $Q_2\sin\omega t$，则该系统的振动微分方程为

$$\begin{aligned}m_1\ddot{x}_1+(k_1+k_2)x_1-k_2x_2=Q_1\sin\omega t\\ m_2\ddot{x}_2-k_2x_1+(k_2+k_3)x_2=Q_2\sin\omega t\end{aligned}\tag{4-45}$$

引进符号

$$K_{11}=k_1+k_2,K_{12}=K_{21}=-k_2,K_{22}=k_2+k_3$$
$$M_{11}=m_1,M_{22}=m_2$$

则式(4-45)可写成

$$\begin{aligned}M_{11}\ddot{x}_1+K_{11}x_1+K_{12}x_2=Q_1\sin\omega t\\ M_{22}\ddot{x}_2+K_{21}x_1+K_{22}x_2=Q_2\sin\omega t\end{aligned}\tag{4-46}$$

方程(4-46)是二阶线性常系数非齐次微分方程组。它的解应由齐次方程的通解(自由振动见式(4-42))与非齐次方程的特解(受迫振动)叠加而成。由于阻尼的存在，频率为 ω_{n1} 和 ω_{n2} 的自由振动经过一段时间后就逐渐衰减掉。非齐次方程的特解则为稳定阶段的等幅振动。系统按与激振力相同的频率 ω 作受迫振动。设其特解为

$$\begin{aligned}x_1=B_1\sin\omega t\\ x_2=B_2\sin\omega t\end{aligned}\tag{4-47}$$

求上式对时间的二次导数，即得加速度

$$\begin{aligned}\ddot{x}_1=-B_1\omega^2\sin\omega t\\ \ddot{x}_2=-B_2\omega^2\sin\omega t\end{aligned}\tag{4-48}$$

将式(4-47)和式(4-48)代入方程(4-46)中，经化简整理得

$$\begin{aligned}(K_{11}-M_{11}\omega^2)B_1+K_{12}B_2=Q_1\\ K_{21}B_1+(K_{22}-M_{22}\omega^2)B_2=Q_2\end{aligned}\tag{4-49}$$

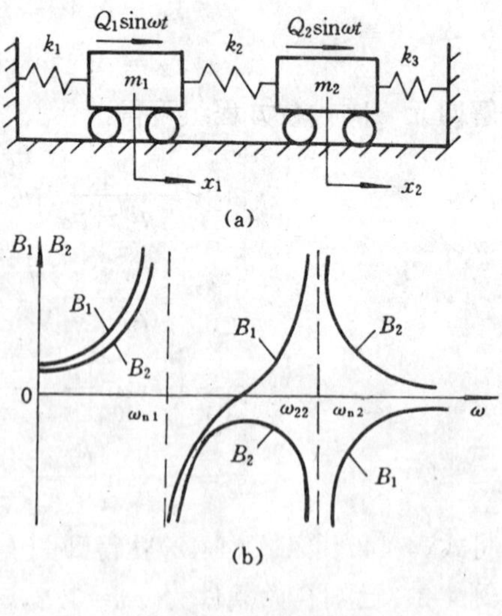

图 4-10 双质体受迫振动系统及其幅频曲线

(a)振动系统；(b)幅频曲线

解此代数联立方程组，可求出如下 B_1 和 B_2 的表达式

$$B_1=\frac{\begin{vmatrix} Q_1 & K_{12} \\ Q_2 & K_{22}-M_{22}\omega^2 \end{vmatrix}}{\begin{vmatrix} K_{11}-M_{11}\omega^2 & K_{12} \\ K_{21} & K_{22}-M_{22}\omega^2 \end{vmatrix}}=\frac{Q_1(K_{22}-M_{22}\omega^2)-Q_2K_{12}}{(K_{11}-M_{11}\omega^2)(K_{22}-M_{22}\omega^2)-K_{12}^2}$$

$$B_2=\frac{\begin{vmatrix} K_{11}-M_{11}\omega^2 & Q_1 \\ K_{21} & Q_2 \end{vmatrix}}{\begin{vmatrix} K_{11}-M_{11}\omega^2 & K_{12} \\ K_{21} & K_{22}-M_{22}\omega^2 \end{vmatrix}}=\frac{Q_2(K_{11}-M_{11}\omega^2)-Q_1K_{21}}{(K_{11}-M_{11}\omega^2)(K_{22}-M_{22}\omega^2)-K_{12}^2} \quad (4\text{-}50)$$

将式(4-50)代回式(4-47)即为系统在激振力作用下的响应。

上述结果表明，系统作与激振力同频率的简谐振动，其振幅不仅决定于激振力的幅值 Q_1 与 Q_2，还与系统的固有频率和激振频率有很大关系。当激振频率 ω 等于 ω_{n1} 或 ω_{n2}（ω_{n1}、ω_{n2} 为系统的第一、二阶固有频率）时，系统振幅无限增大，即为**共振**。二自由度系统的受迫振动有两个共振频率。

同时由式(4-50)可知，两质体的振幅比为

$$\frac{B_1}{B_2}=\frac{Q_1(K_{22}-M_{22}\omega^2)-Q_2K_{12}}{Q_2(K_{11}-M_{11}\omega^2)-Q_1K_{21}} \quad (4\text{-}51)$$

这说明在一定的激振力的幅值和频率下，振幅比同样是确定值，也就是说系统有确定的振型。

分别令式(4-51)中的 $\omega=\omega_{n1}$ 和 $\omega=\omega_{n2}$，若分子与分母同时除以 $-K_{12}$，则得共振时的振幅比为

$$\frac{B_1}{B_2}=\frac{Q_1\mu_i+Q_2}{Q_1+Q_2/\mu_i}=\mu_i \qquad i=1,2 \quad (4\text{-}52)$$

式(4-52)说明系统在任何一个共振频率下的振型就是相应的主振型。在实际中，经常用共振法测定系统的固有频率，并根据测出的振型来判定固有频率的阶次，就是利用这个规律。

根据式(4-42)和式(4-47)可写出方程(4-46)的全解

$$\begin{aligned} x_1&=\mu_1A_2^{(1)}\sin(\omega_{n1}t+\varphi_1)+\mu_2A_2^{(2)}\sin(\omega_{n2}t+\varphi_2)+B_1\sin\omega t \\ x_2&=A_2^{(1)}\sin(\omega_{n1}t+\varphi_1)+A_2^{(2)}\sin(\omega_{n2}t+\varphi_2)+B_2\sin\omega t \end{aligned} \quad (4\text{-}53)$$

按照所给定的初始条件，由上式可求出常数 $A_2^{(1)}$、$A_2^{(2)}$、φ_1 和 φ_2。由上式看出，无阻尼受迫振动系统包括有三个振动频率 ω_{n1}、ω_{n2} 和 ω 的谐振动，前两种谐振动的频率 ω_{n1} 和 ω_{n2} 是由振动系统的基本要素（质量和弹簧刚度）决定的，它的振幅决定于初始条件，后一种谐振动的频率即受迫振动频率（激振力的频率），它的振幅与激振力及系统的参数有关，这三种谐振动组成了一种复合的振动。由于振动系统往往存在着阻尼，即使是很小的阻尼，频率为 ω_{n1} 和 ω_{n2} 的自由振动经过一段时间之后终将消失，但频率为 ω 的受迫振动虽然与阻尼有一定的关系，但它将始终保持一定大小的数值。

下面进一步分析图 4-10a 质体 m_1 和质体 m_2 受迫振动的振幅 B_1 和 B_2 与激振频率 ω 的关系。若 $Q_2=0$，则受迫振动振幅 B_1 和 B_2 可表示为

$$\begin{aligned} B_1&=\frac{Q_1(K_{22}-M_{22}\omega^2)}{(K_{11}-M_{11}\omega^2)(K_{22}-M_{22}\omega^2)-K_{12}{}^2}=\frac{-q_1(\omega^2-\omega_{22}^2)}{(\omega^2-\omega_{n1}^2)(\omega^2-\omega_{n2}^2)} \\ B_2&=\frac{-Q_1K_{12}}{(K_{11}-M_{11}\omega^2)(K_{22}-M_{22}\omega^2)-K_{12}{}^2}=\frac{-q_1\omega_{12}^2}{(\omega^2-\omega_{n1}^2)(\omega^2-\omega_{n2}^2)} \end{aligned} \quad (4\text{-}54)$$

其中 $q_1=\dfrac{Q_1}{M_{11}}, \omega_{22}^2=\dfrac{K_{22}}{M_{22}}, \omega_{12}^2=\dfrac{K_{12}}{M_{22}}$；式中 ω_{n1} 和 ω_{n2} 可按式(4-37)计算。

根据上式可作出该系统的幅频曲线，如图 4-10b 所示。由图看出，当激振频率 $\omega<\omega_{n1}$ 时，B_1 和 B_2 均为正值，质体 1 和质体 2 作同相振动，B_1 和 B_2 随 ω 增大而增大。当 $\omega>\omega_{n1}$ 及 $\omega<\omega_{22}$ 时，B_1 和 B_2 均为负值。当 $\omega>\omega_{22}$ 及 $\omega<\omega_{n2}$ 时，B_1 变为正值，而 B_2 仍为负值，这时质体 1 与质体 2 作异相振动。当 $\omega>\omega_{n2}$ 时，B_1 变为负值而 B_2 变为正值，质体 1 与质体 2 仍作异相振动。$\omega=\omega_{22}$ 是第一阶主振型与第二阶主振型的界线。

例 4-4 图 4-10a 所示的系统，已知 $m_1=m, m_2=2m, k_1=k_2=k, k_3=2k, Q_2=0$。(1)试求系统的响应；(2)计算共振时振幅比；(3)作振幅频率响应曲线。

解 (1)由已知

$$K_{11}=2k, K_{12}=K_{21}=-k, K_{22}=3k$$

$$M_{11}=m, M_{22}=2m, \omega_{n1}^2=\frac{k}{m}, \omega_{n2}^2=\frac{5k}{2m}$$

将其代入式(4-50)，得

$$B_1=\frac{(3k-2m\omega^2)Q_1}{(2k-m\omega^2)(3k-2m\omega^2)-k^2}=\frac{(3k-2m\omega^2)Q_1}{(k-m\omega^2)(5k-2m\omega^2)}$$

$$B_2=\frac{kQ_1}{(2k-m\omega^2)(3k-2m\omega^2)-k^2}=\frac{kQ_1}{(k-m\omega^2)(5k-2m\omega^2)}$$

故系统的响应为

$$x_1=\frac{(3k-2m\omega^2)Q_1}{(k-m\omega^2)(5k-2m\omega^2)}\sin\omega t$$

$$x_2=\frac{kQ_1}{(k-m\omega^2)(5k-2m\omega^2)}\sin\omega t$$

(2)按式(4-51)得

$$\frac{B_1}{B_2}=\frac{3k-2m\omega^2}{k}$$

当

$$\omega^2=\omega_{n1}^2=\frac{k}{m}\text{时}, \mu_1=\frac{B_1}{B_2}=1$$

$$\omega^2=\omega_{n2}^2=\frac{5k}{2m}\text{时}, \mu_2=\frac{B_1}{B_2}=-2$$

(3)将振幅改写成

$$B_1=\frac{2Q_1}{5k}\cdot\frac{\dfrac{3}{2}-\left(\dfrac{\omega}{\omega_{n1}}\right)^2}{\left[1-\left(\dfrac{\omega}{\omega_{n1}}\right)^2\right]\left[1-\left(\dfrac{\omega}{\omega_{n2}}\right)^2\right]}$$

$$B_2=\frac{Q_1}{5k}\cdot\frac{1}{\left[1-\left(\dfrac{\omega}{\omega_{n1}}\right)^2\right]\left[1-\left(\dfrac{\omega}{\omega_{n2}}\right)^2\right]}$$

以 $\dfrac{\omega}{\omega_{n1}}$ 为横坐标，B_1 与 B_2 为纵坐标，画出该系统的振幅频率响应曲线，如图 4-11 所示。

由图 4-11 可见，和单自由度一样，二自由度系统每个质体的振幅和频率比有类似的复杂关系。有两次共振。每次共振时，两个质体的振幅同时达到最大值。在激振频率 $\omega=\sqrt{\dfrac{3k}{2m}}$

时，m_1 的振幅为零，这种现象通常称为反共振，当 $\omega<\sqrt{\frac{3k}{2m}}$ 时，两个质体运动方向是相同的，而在 $\omega>\sqrt{\frac{3k}{2m}}$ 时，两质体运动方向是相反的，在 $\omega\gg\omega_{n2}$ 时，两质体的振幅都非常小而趋于零。

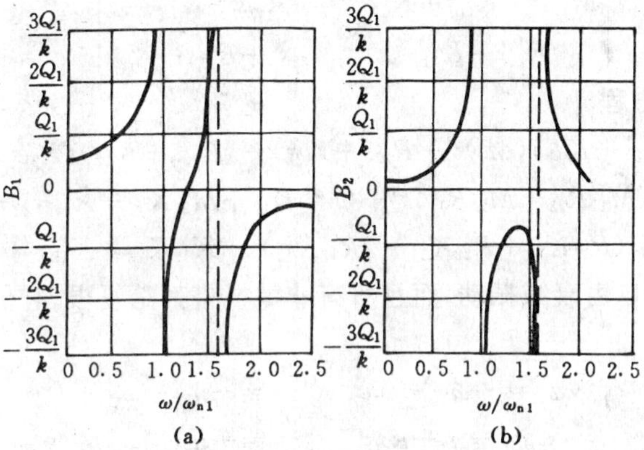

图 4-11　双质体系统的振幅频率响应曲线

(a)质体 1 的振幅频率响应曲线；(b)质体 2 的振幅频率响应曲线

4.6　具有粘性阻尼二自由度系统的自由振动

图 4-12 为具有粘性阻尼的二自由度自由振动系统，其粘性阻尼系数为 r_1、r_2 和 r_3，则该系统的振动微分方程为

$$\begin{aligned}&m_1\ddot{x}_1+(r_1+r_2)\dot{x}_1-r_2\dot{x}_2+(k_1+k_2)x_1-k_2x_2=0\\&m_2\ddot{x}_2-r_2\dot{x}_1+(r_2+r_3)\dot{x}_2-k_2x_1+(k_2+k_3)x_2=0\end{aligned}\tag{4-55}$$

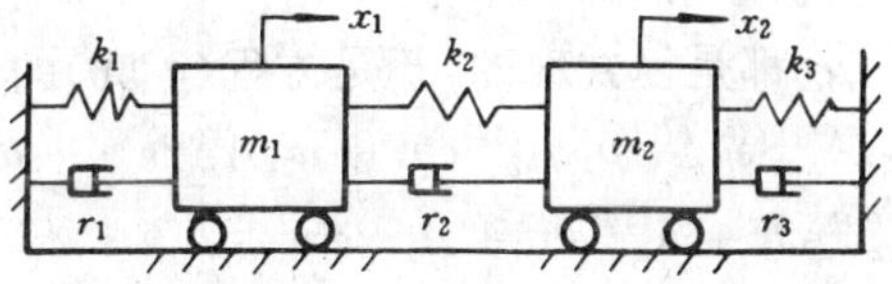

图 4-12　有粘性阻尼的二自由度自由振动系统

引进符号　$M_{11}=m_1, M_{22}=m_2, R_{11}=r_1+r_2, R_{12}=R_{21}=-r_2$

$R_{22}=r_2+r_3, K_{11}=k_1+k_2, K_{12}=K_{21}=-k_2, K_{22}=k_2+k_3$

则方程(4-55)可写成

$$\begin{aligned}&M_{11}\ddot{x}_1+R_{11}\dot{x}_1+R_{12}\dot{x}_2+K_{11}x_1+K_{12}x_2=0\\&M_{22}\ddot{x}_2+R_{21}\dot{x}_1+R_{22}\dot{x}_2+K_{21}x_1+K_{22}x_2=0\end{aligned}\tag{4-56}$$

因为以上方程中出现速度项，所以该齐次方程的解，较前面所述的无阻尼情况要复杂一些，方程的解应有以下形式

$$\begin{aligned}x_1&=A_1e^{st}\\x_2&=A_2e^{st}\end{aligned}\tag{4-57}$$

将位移 x_1、x_2 及它们的导数代入方程(4-56)中，经化简整理得以下代数方程

$$\begin{aligned}(M_{11}s^2+R_{11}s+K_{11})A_1+(R_{12}s+K_{12})A_2=0\\(R_{21}s+K_{21})A_1+(M_{22}s^2+R_{22}s+K_{22})A_2=0\end{aligned}\tag{4-58}$$

对于非零解，方程(4-58)中的系数行列式必等于零，即

$$\begin{vmatrix}M_{11}s^2+R_{11}s+K_{11} & R_{12}s+K_{12}\\ R_{21}s+K_{21} & M_{22}s^2+R_{22}s+K_{22}\end{vmatrix}=0$$

展开可得到以下特征方程

$$(M_{11}s^2+R_{11}s+K_{11})(M_{22}s^2+R_{22}s+K_{22})-(R_{12}s+K_{12})(R_{21}s+K_{21})=0$$

或

$$M_{11}M_{22}s^4+(M_{11}R_{22}+M_{22}R_{11})s^3+(M_{11}K_{22}+M_{22}K_{11}+R_{11}R_{22}-R_{12}R_{21})s^2+(R_{11}K_{22}+R_{22}K_{11}-2R_{12}K_{12})s+K_{11}K_{22}-K_{12}^2=0\tag{4-59}$$

当阻尼很小时，系统作自由衰减振动，而且所有非零根将都是复根。它们按共轭对出现，其形式为

$$\begin{aligned}s_{11}=-n_1+i\omega_{r1}\qquad s_{12}=-n_1-i\omega_{r1}\\s_{21}=-n_2+i\omega_{r2}\qquad s_{22}=-n_2-i\omega_{r2}\end{aligned}\tag{4-60}$$

式中 n_1、n_2——衰减系数；

ω_{r1}、ω_{r2}——有阻尼时的固有频率。

将式(4-60)代入式(4-58)中，可得相应的振幅比

$$\begin{aligned}\mu_{11}=\frac{A_1^{(11)}}{A_2^{(11)}}=\frac{-R_{12}s_{11}-K_{12}}{M_{11}s_{11}^2+R_{11}s_{11}+K_{11}}=\frac{M_{22}s_{11}^2+R_{22}s_{11}+K_{22}}{-R_{21}s_{11}-K_{21}}\\\mu_{12}=\frac{A_1^{(12)}}{A_2^{(12)}}=\frac{-R_{12}s_{12}-K_{12}}{M_{11}s_{12}^2+R_{11}s_{12}+K_{11}}=\frac{M_{22}s_{12}^2+R_{22}s_{12}+K_{22}}{-R_{21}s_{12}-K_{21}}\\\mu_{21}=\frac{A_1^{(21)}}{A_2^{(21)}}=\frac{-R_{12}s_{21}-K_{12}}{M_{11}s_{21}^2+R_{11}s_{21}+K_{11}}=\frac{M_{22}s_{21}^2+R_{22}s_{21}+K_{22}}{-R_{21}s_{21}-K_{21}}\\\mu_{22}=\frac{A_1^{(22)}}{A_2^{(22)}}=\frac{-R_{12}s_{22}-K_{12}}{M_{11}s_{22}^2+R_{11}s_{22}+K_{11}}=\frac{M_{22}s_{22}^2+R_{22}s_{22}+K_{22}}{-R_{21}s_{22}-K_{21}}\end{aligned}\tag{4-61}$$

所得的振幅比 μ_{11}、μ_{12}、μ_{21}、μ_{22}都是复共轭的，于是方程(4-56)的解可以写为

$$\begin{aligned}x_1=\mu_{11}A_2^{(11)}e^{s_{11}t}+\mu_{12}A_2^{(12)}e^{s_{12}t}+\mu_{21}A_2^{(21)}e^{s_{21}t}+\mu_{22}A_2^{(22)}e^{s_{22}t}\\x_2=A_2^{(11)}e^{s_{11}t}+A_2^{(12)}e^{s_{12}t}+A_2^{(21)}e^{s_{21}t}+A_2^{(22)}e^{s_{22}t}\end{aligned}\tag{4-62}$$

将式(4-60)代入式(4-62)中，并利用以下数学关系式

$$\begin{aligned}e^{i\omega_{r1}t}=\cos\omega_{r1}t+i\sin\omega_{r1}t,\qquad e^{-i\omega_{r1}t}=\cos\omega_{r1}t-i\sin\omega_{r1}t\\e^{i\omega_{r2}t}=\cos\omega_{r2}t+i\sin\omega_{r2}t,\qquad e^{-i\omega_{r2}t}=\cos\omega_{r2}t-i\sin\omega_{r2}t\end{aligned}\tag{4-63}$$

方程的解可改写成

$$\begin{aligned}x_1=e^{-n_1t}(\mu_1D_1\cos\omega_{r1}t+\mu'_1D_2\sin\omega_{r1}t)+e^{-n_2t}(\mu_2D_3\cos\omega_{r2}t+\mu'_2D_4\sin\omega_{r2}t)\\x_2=e^{-n_1t}(D_1\cos\omega_{r1}t+D_2\sin\omega_{r1}t)+e^{-n_2t}(D_3\cos\omega_{r2}t+D_4\sin\omega_{r2}t)\end{aligned}\tag{4-64}$$

其中

$$D_1=A_2^{(11)}+A_2^{(12)},\quad D_2=i(A_2^{(11)}-A_2^{(12)})$$

$$D_3=A_2^{(21)}+A_2^{(22)},\quad D_4=i(A_2^{(21)}-A_2^{(22)})$$

$$\mu_1=\frac{\mu_{11}A_2^{(11)}+\mu_{12}A_2^{(12)}}{A_2^{(11)}+A_2^{(12)}},\quad \mu'_1=\frac{\mu_{11}A_2^{(11)}-\mu_{12}A_2^{(12)}}{A_2^{(11)}+A_2^{(12)}}$$

$$\mu_2=\frac{\mu_{21}A_2^{(21)}+\mu_{22}A_2^{(22)}}{A_2^{(21)}+A_2^{(22)}},\quad \mu'_2=\frac{\mu_{21}A_2^{(21)}-\mu_{22}A_2^{(22)}}{A_2^{(21)}+A_2^{(22)}}$$

利用相角形式，方程的解还可写成

$$x_1=C_1^{(1)}e^{-n_1t}\sin(\omega_{r1}t+\theta'_1)+C_1^{(2)}e^{-n_2t}\sin(\omega_{r2}t+\theta'_2)$$
$$x_2=C_2^{(1)}e^{-n_1t}\sin(\omega_{r1}t+\theta_1)+C_2^{(2)}e^{-n_2t}\sin(\omega_{r2}t+\theta_2) \tag{4-65}$$

其中
$$C_1^{(1)}=\sqrt{(\mu_1D_1)^2+(\mu'_1D_2)^2},\quad C_1^{(2)}=\sqrt{(\mu_2D_3)^2+(\mu'_2D_4)^2}$$
$$C_2^{(1)}=\sqrt{D_1^2+D_2^2},\quad C_2^{(2)}=\sqrt{D_3^2+D_4^2}$$
$$\theta'_1=\arctan\frac{\mu_1D_1}{\mu'_1D_2},\quad \theta'_2=\arctan\frac{\mu_2D_3}{\mu'_2D_4}$$
$$\theta_1=\arctan\frac{D_1}{D_2},\quad \theta_2=\arctan\frac{D_3}{D_4}$$

比较式(4-65)及式(4-42)可以看出，具有粘性阻尼自由振动的解与无阻尼自由振动的解在形式上很相似，但二者又有区别，如：

(1)在有阻尼情况下，质体振幅随 e^{-n_1t}和 e^{-n_2t}而减小，直至最后完全消失；

(2)有阻尼的固有频率 ω_{r1}和 ω_{r2}与无阻尼情况下也不同；

(3)x_1、x_2 表达式中相对应部分有不同的相角。

如果粘性阻尼系数很小，有阻尼固有频率 ω_{r1}和 ω_{r2}与无阻尼的固有频率 ω_{n1}、ω_{n2}近似相等，振幅比 μ'_1 与 μ_1 及 μ'_2 与 μ_2 也近似相等，即

$$\omega_{r1}=\omega_{n1},\quad \omega_{r2}=\omega_{n2}$$
$$\mu'_1=\mu_1,\mu'_2=\mu_2$$

因此，方程的解可近似为

$$x_1\approx\mu_1e^{-n_1t}(D_1\cos\omega_{n1}t+D_2\sin\omega_{n1}t)+\mu_2e^{-n_2t}(D_3\cos\omega_{n2}t+D_4\sin\omega_{n2}t)$$
$$x_2\approx e^{-n1t}(D_1\cos\omega_{n_1}t+D_2\sin\omega_{n1}t)+e^{-n_2t}(D_3\cos\omega_{n2}t+D_4\sin\omega_{n2}t) \tag{4-66}$$

常数 D_1、D_2、D_3 和 D_4 可根据当 $t=0$ 时的初始条件 x_{10}、x_{20}、$\dot{x}_{10}$和 $\dot{x}_{20}$求出。

如果阻尼非常大，那么特征方程的所有根都是实的，而且是负值，方程的解不是周期性的，经过一定时间就衰减为零。

4.7 具有粘性阻尼二自由度系统的受迫振动

4.7.1 受迫振动方程及其通解

图 4-13 为具有粘性阻尼的二自由度受迫振动系统。该系统的受迫振动方程有以下形式

$$M_{11}\ddot{x}+R_{11}\dot{x}_1+R_{12}\dot{x}_2+K_{11}x_1+K_{12}x_2=Q_1\sin\omega t$$
$$M_{22}\ddot{x}_2+R_{21}\dot{x}_1+R_{22}\dot{x}_2+K_{21}x_1+K_{22}x_2=0 \tag{4-67}$$

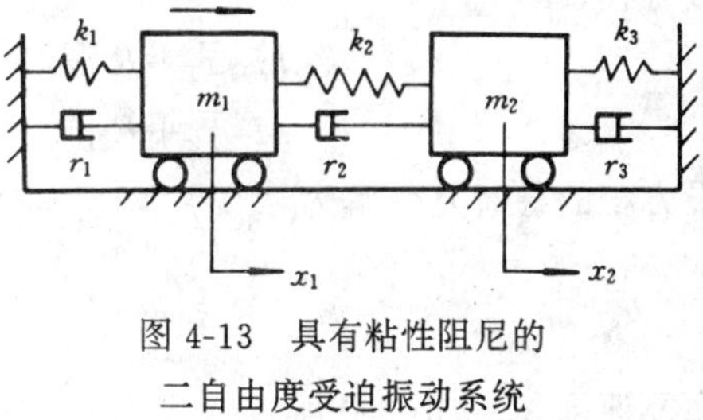

图 4-13 具有粘性阻尼的二自由度受迫振动系统

上述非齐次振动方程的解应包括两部分，即齐次方程的通解与非齐次方程的特解。通解即自由振动部分，它的表达式与前一节相同，见式(4-64)；特解即受迫振动部分，它的频率等于激振力的频率。当阻尼很小时，受迫振动方程的全解可表示为

$$x_1=\mu_1e^{-n_1t}(D_1\cos\omega_{r1}t+D_2\sin\omega_{r1}t)+\mu_2e^{-n_2t}(D_3\cos\omega_{r2}t+D_4\sin\omega_{r2}t)+B_{1c}\cos\omega t+B_{1s}\sin\omega t$$

$$x_2=e^{-n_1 t}(D_1\cos\omega_{r1}t+D_2\sin\omega_{r1}t)+e^{-n_2 t}(D_3\cos\omega_{r2}t+D_4\sin\omega_{r2}t)+B_{2c}\cos\omega t+B_{2s}\sin\omega t \quad (4\text{-}68)$$

4.7.2 求受迫振动方程稳态解的一般方法

前已叙及，有阻尼的自由振动，由于 $e^{-n_1 t}$ 和 $e^{-n_2 t}$ 存在，经过一定时间后，将全部消失，而仅存在受迫振动，所以受迫振动方程的稳态解为

$$\begin{aligned}x_1&=B_{1c}\cos\omega t+B_{1s}\sin\omega t\\x_2&=B_{2c}\cos\omega t+B_{2s}\sin\omega t\end{aligned} \quad (4\text{-}69)$$

将位移 x_1、x_2 及它们的一阶、二阶导数代入方程(4-67)中，经化简整理得

$$\begin{aligned}&[(K_{11}-M_{11}\omega^2)B_{1c}+K_{12}B_{2c}+R_{11}\omega B_{1s}+R_{12}\omega B_{2s}]\cos\omega t\\&+[(K_{11}-M_{11}\omega^2)B_{1s}+K_{12}B_{2s}-R_{11}\omega B_{1c}-R_{12}\omega B_{2c}-Q_1]\sin\omega t=0\\&[(K_{22}-M_{22}\omega^2)B_{2c}+K_{12}B_{1c}+R_{12}\omega B_{1s}+R_{22}\omega B_{2s}]\cos\omega t\\&+[(K_{22}-M_{22}\omega^2)B_{2s}+K_{12}B_{1s}-R_{12}\omega B_{1c}-R_{22}\omega B_{2c}]\sin\omega t=0\end{aligned} \quad (4\text{-}70)$$

为使上式恒等，$\sin\omega t$ 和 $\cos\omega t$ 的系数必为零，即

$$\begin{aligned}&(K_{11}-M_{11}\omega^2)B_{1c}+K_{12}B_{2c}+R_{11}\omega B_{1s}+R_{12}\omega B_{2s}=0\\&(K_{11}-M_{11}\omega^2)B_{1s}+K_{12}B_{2s}-R_{11}\omega B_{1c}-R_{12}\omega B_{2c}=Q_1\\&(K_{22}-M_{22}\omega^2)B_{2c}+K_{12}B_{1c}+R_{12}\omega B_{1s}+R_{22}\omega B_{2s}=0\\&(K_{22}-M_{22}\omega^2)B_{2s}+K_{12}B_{1s}-R_{12}\omega B_{1c}-R_{22}\omega B_{2c}=0\end{aligned} \quad (4\text{-}71)$$

根据以上四个代数方程，可以求得四个未知数 B_{1c}、B_{2c}、B_{1s} 和 B_{2s}。这时位移可表示为

$$\begin{aligned}x_1&=B_1\sin(\omega t-\psi_1)\\x_2&=B_2\sin(\omega t-\psi_2)\end{aligned} \quad (4\text{-}72)$$

其中

$$B_1=\sqrt{B_{1c}^2+B_{1s}^2},\quad B_2=\sqrt{B_{2c}^2+B_{2s}^2}$$

$$\psi_1=\arctan\frac{-B_{1c}}{B_{1s}},\quad \psi_2=\arctan\frac{-B_{2c}}{B_{2s}}$$

利用前面的代数方程组求 B_{1c}、B_{2c}、B_{1s} 和 B_{2s}，这虽然是可能办到的，但比较复杂，下面介绍一种求受迫振动方程稳态解较简便的方法——复数法。

4.7.3 求受迫振动方程稳态解的复数法

复数法的基本步骤是先将实数方程式变换为复数方程式，然后用复数运算规则求复数方程的复数解，再将复数解变换为实数解。

用 $Q_1e^{i\omega t}$ 代替 $Q_1\sin\omega t$；用复位移 $\bar{x}_1$ 和 $\bar{x}_2$ 代替实位移 x_1 和 x_2；用复速度 $\dot{\bar{x}}_1$ 和 $\dot{\bar{x}}_2$ 来代替实速度 $\dot{x}_1$ 和 $\dot{x}_2$；用复加速度 $\ddot{\bar{x}}_1$ 和 $\ddot{\bar{x}}_2$ 来代替实加速度 $\ddot{x}_1$ 和 $\ddot{x}_2$。这时，方程(4-67)可变换为复数方程，即

$$\begin{aligned}M_{11}\ddot{\bar{x}}_1+R_{11}\dot{\bar{x}}_1+R_{12}\dot{\bar{x}}_2+K_{11}\bar{x}_1+K_{12}\bar{x}_2&=Q_1e^{i\omega t}\\M_{22}\ddot{\bar{x}}_2+R_{21}\dot{\bar{x}}_1+R_{22}\dot{\bar{x}}_2+K_{21}\bar{x}_1+K_{22}\bar{x}_2&=0\end{aligned} \quad (4\text{-}73)$$

设方程的稳态复数解为

$$\begin{aligned}\bar{x}_1&=\bar{B}_1e^{i\omega t}\\\bar{x}_2&=\bar{B}_2e^{i\omega t}\end{aligned} \quad (4\text{-}74)$$

而复速度和复加速度为

$$\begin{aligned}&\dot{\bar{x}}_1=i\omega\bar{B}_1e^{i\omega t},\quad \dot{\bar{x}}_2=i\omega\bar{B}_2e^{i\omega t}\\&\ddot{\bar{x}}_1=-\omega^2\bar{B}_1e^{i\omega t},\ddot{\bar{x}}_2=-\omega^2\bar{B}_2e^{i\omega t}\end{aligned} \quad (4\text{-}75)$$

将式(4-74)和式(4-75)代入方程(4-73)中，经化简可得以下复数形式的代数方程

$$\begin{aligned}(K_{11}-M_{11}\omega^2+\mathrm{i}\omega R_{11})\overline{B}_1+(K_{12}+\mathrm{i}\omega R_{12})\overline{B}_2=Q_1\\(K_{12}+\mathrm{i}\omega R_{12})\overline{B}_1+(K_{22}-M_{22}\omega^2+\mathrm{i}\omega R_{22})\overline{B}_2=0\end{aligned}\tag{4-76}$$

由此，振幅的复数值 $\overline{B}_1$ 和 $\overline{B}_2$ 可按行列式方法求出

$$\begin{aligned}\overline{B}_1&=\frac{\begin{vmatrix}Q_1 & K_{12}+\mathrm{i}\omega R_{12}\\0 & K_{22}-M_{22}\omega^2+\mathrm{i}\omega R_{22}\end{vmatrix}}{\begin{vmatrix}K_{11}-M_{11}\omega^2+\mathrm{i}\omega R_{11} & K_{12}+\mathrm{i}\omega R_{12}\\K_{12}+\mathrm{i}\omega R_{12} & K_{22}-M_{22}\omega^2+\mathrm{i}\omega R_{22}\end{vmatrix}}=Q_1\frac{c+\mathrm{i}d}{a+\mathrm{i}b}\\&=Q_1\frac{(c+\mathrm{i}d)(a-\mathrm{i}b)}{(a+\mathrm{i}b)(a-\mathrm{i}b)}=Q_1\frac{(ac+bd)+\mathrm{i}(ad-bc)}{a^2+b^2}\\&=Q_1\sqrt{\frac{c^2+d^2}{a^2+b^2}}\mathrm{e}^{-\mathrm{i}\psi_1}=B_1\mathrm{e}^{-\mathrm{i}\psi_1}\end{aligned}$$

$$\begin{aligned}\overline{B}_2&=\frac{\begin{vmatrix}K_{11}-M_{11}\omega^2+\mathrm{i}\omega R_{11} & Q_1\\K_{12}+\mathrm{i}\omega R_{12} & 0\end{vmatrix}}{\begin{vmatrix}K_{11}-M_{11}\omega^2+\mathrm{i}\omega R_{11} & K_{12}+\mathrm{i}\omega R_{12}\\K_{12}+\mathrm{i}\omega R_{12} & K_{22}-M_{22}\omega^2+\mathrm{i}\omega R_{22}\end{vmatrix}}=Q_1\frac{l+\mathrm{i}f}{a+\mathrm{i}b}\\&=Q_1\frac{(l+\mathrm{i}f)(a-\mathrm{i}b)}{(a+\mathrm{i}b)(a-\mathrm{i}b)}=Q_1\frac{(la+fb)+\mathrm{i}(af-lb)}{a^2+b^2}\\&=Q_1\sqrt{\frac{l^2+f^2}{a^2+b^2}}\mathrm{e}^{-\mathrm{i}\psi_2}=B_2\mathrm{e}^{-\mathrm{i}\psi_2}\end{aligned}$$

式中的 a、b、c、d、l、f 各值为

$$\begin{aligned}a&=(K_{11}-M_{11}\omega^2)(K_{22}-M_{22}\omega^2)-K_{12}^2-R_{11}R_{22}\omega^2+R_{12}^2\omega^2\\b&=(K_{11}-M_{11}\omega^2)R_{22}\omega+(K_{22}-M_{22}\omega^2)R_{11}\omega-2K_{12}\omega R_{12}\\c&=K_{22}-M_{22}\omega^2\\d&=R_{22}\omega\\l&=-K_{12}\\f&=-R_{12}\omega\end{aligned}$$

因而，振幅 B_1 和 B_2 的实际数值为

$$B_1=Q_1\sqrt{\frac{c^2+d^2}{a^2+b^2}},\quad B_2=Q_1\sqrt{\frac{l^2+f^2}{a^2+b^2}}$$

而激振力超前于位移的相位角为

$$\psi_1=\arctan\frac{bc-ad}{ac+bd},\quad \psi_2=\arctan\frac{lb-af}{la+fb}$$

把上面求出的 $\overline{B}_1$ 和 $\overline{B}_2$ 代入式(4-74)中，可得

$$\begin{aligned}\overline{x}_1&=B_1\mathrm{e}^{-\mathrm{i}\psi_1}\mathrm{e}^{\mathrm{i}\omega t}=B_1\mathrm{e}^{\mathrm{i}(\omega t-\psi_1)}\\&=B_1[\cos(\omega t-\psi_1)+\mathrm{i}\sin(\omega t-\psi_1)]\end{aligned}\tag{4-77a}$$

$$\begin{aligned}\overline{x}_2&=B_2\mathrm{e}^{-\mathrm{i}\psi_2}\mathrm{e}^{\mathrm{i}\omega t}=B_2\mathrm{e}^{\mathrm{i}(\omega t-\psi_2)}\\&=B_2[\cos(\omega t-\psi_2)+\mathrm{i}\sin(\omega t-\psi_2)]\end{aligned}\tag{4-77b}$$

方程的实数解即为上式的虚部，(这是因为转换后的复数方程的虚部与原实数方程相同)，所以

$$x_1 = B_1\sin(\omega t - \psi_1)$$
$$x_2 = B_2\sin(\omega t - \psi_2) \tag{4-78}$$

这一结果与式(4-72)所得结果是一致的。

若图 4-13 中质体 m_1、m_2 上各受有简谐激振力幅值为 $Q_1\sin\omega t$ 和 $Q_2\sin\omega t$，则受迫振动方程的矩阵形式为

$$\boldsymbol{M}\ddot{\overline{\boldsymbol{X}}} + \boldsymbol{R}\dot{\overline{\boldsymbol{X}}} + \boldsymbol{K}\overline{\boldsymbol{X}} = \boldsymbol{Q}\mathrm{e}^{\mathrm{i}\omega t} \tag{4-79}$$

仅考虑受迫振动，设其稳态复数解为

$$\overline{\boldsymbol{X}} = \overline{\boldsymbol{B}}\mathrm{e}^{\mathrm{i}\omega t} \tag{4-80}$$

将上式及其一阶、二阶导数代入方程(4-79)中，得到以下代数方程

$$(\boldsymbol{K} - \boldsymbol{M}\omega^2 + \mathrm{i}\omega\boldsymbol{R})\overline{\boldsymbol{B}} = \boldsymbol{Q} \tag{4-81}$$

对方程中的 $\overline{\boldsymbol{B}}$ 求解，可得

$$\overline{\boldsymbol{B}} = (\boldsymbol{K} - \boldsymbol{M}\omega^2 + \mathrm{i}\omega\boldsymbol{R})^{-1}\boldsymbol{Q} \tag{4-82}$$

所以式(4-80)中的位移为

$$\overline{\boldsymbol{X}} = (\boldsymbol{K} - \boldsymbol{M}\omega^2 + \mathrm{i}\omega\boldsymbol{R})^{-1}\boldsymbol{Q}\mathrm{e}^{\mathrm{i}\omega t} \tag{4-83}$$

因为刚度矩阵 $\boldsymbol{K}$、质量矩阵 $\boldsymbol{M}$ 和阻尼矩阵 $\boldsymbol{R}$ 分别为

$$\boldsymbol{K} = \begin{bmatrix} K_{11} & K_{12} \\ K_{21} & K_{22} \end{bmatrix},\quad \boldsymbol{M} = \begin{bmatrix} M_{11} & 0 \\ 0 & M_{22} \end{bmatrix},\quad \boldsymbol{R} = \begin{bmatrix} R_{11} & R_{12} \\ R_{21} & R_{22} \end{bmatrix}$$

所以，按照矩阵的运算，则

$$\begin{aligned}
\begin{Bmatrix} \overline{x}_1 \\ \overline{x}_2 \end{Bmatrix} &= (\boldsymbol{K} - \boldsymbol{M}\omega^2 + \mathrm{i}\omega\boldsymbol{R})^{-1}\begin{Bmatrix} Q_1 \\ Q_2 \end{Bmatrix}\mathrm{e}^{\mathrm{i}\omega t} \\
&= \frac{\begin{bmatrix} K_{22} - M_{22}\omega^2 + \mathrm{i}\omega R_{22} & -(K_{21} + \mathrm{i}\omega R_{21}) \\ -(K_{12} + \mathrm{i}\omega R_{12}) & K_{11} - M_{11}\omega^2 + \mathrm{i}\omega R_{11} \end{bmatrix}}{|\boldsymbol{K} - \boldsymbol{M}\omega^2 + \mathrm{i}\omega\boldsymbol{R}|}\begin{Bmatrix} Q_1 \\ Q_2 \end{Bmatrix}\mathrm{e}^{\mathrm{i}\omega t} \\
&= \begin{Bmatrix} \overline{B}_1 \\ \overline{B}_2 \end{Bmatrix}\mathrm{e}^{\mathrm{i}\omega t}
\end{aligned} \tag{4-84}$$

其中

$$\begin{aligned}
&|\boldsymbol{K} - \boldsymbol{M}\omega^2 + \mathrm{i}\omega\boldsymbol{R}| \\
&= (K_{11} - M_{11}\omega^2 + \mathrm{i}\omega R_{11})(K_{22} - M_{22}\omega^2 + \mathrm{i}\omega R_{22}) - (K_{12} + \mathrm{i}\omega R_{12})^2
\end{aligned}$$

引进以下符号

$$\begin{aligned}
a &= (K_{11} - M_{11}\omega^2)(K_{22} - M_{22}\omega^2) - K_{12}^2 - R_{11}R_{22}\omega^2 + R_{12}^2\omega^2 \\
b &= (K_{11} - M_{11}\omega^2)R_{22}\omega + (K_{22} - M_{22}\omega^2)R_{11}\omega - 2K_{12}R_{12}\omega \\
c &= K_{22} - M_{22}\omega^2 \\
d &= R_{22}\omega \\
l &= -K_{12} \\
f &= -R_{12}\omega \\
g &= K_{11} - M_{11}\omega^2 \\
h &= R_{11}\omega
\end{aligned}$$

于是可求出振幅的复数表示式

$$\overline{B}_1 = \frac{c + \mathrm{i}d}{a + \mathrm{i}b}Q_1 + \frac{l + \mathrm{i}f}{a + \mathrm{i}b}Q_2$$

$$=Q_1\sqrt{\frac{c^2+d^2}{a^2+b^2}}e^{-i\psi_{11}}+Q_2\sqrt{\frac{l^2+f^2}{a^2+b^2}}e^{-i\psi_{12}}$$

$$\overline{B_2}=\frac{l+if}{a+ib}Q_1+\frac{g+ih}{a+ib}Q_2$$

$$=Q_1\sqrt{\frac{l^2+f^2}{a^2+b^2}}e^{-i\psi_{21}}+Q_2\sqrt{\frac{g^2+h^2}{a^2+b^2}}e^{-i\psi_{22}} \tag{4-85}$$

其中

$$\psi_{11}=\arctan\frac{bc-ad}{ac+bd},\psi_{12}=\arctan\frac{bl-af}{al+bf}$$

$$\psi_{21}=\arctan\frac{bl-af}{al+bf},\psi_{22}=\arctan\frac{bg-ah}{ag+bh}$$

因此,复位移可以表示为

$$\begin{aligned}\overline{x}_1&=Q_1\sqrt{\frac{c^2+d^2}{a^2+b^2}}e^{i(\omega t-\psi_{11})}+Q_2\sqrt{\frac{l^2+f^2}{a^2+b^2}}e^{i(\omega t-\psi_{12})}\\ \overline{x}_2&=Q_1\sqrt{\frac{l^2+f^2}{a^2+b^2}}e^{i(\omega t-\psi_{21})}+Q_2\sqrt{\frac{g^2+h^2}{a^2+b^2}}e^{i(\omega t-\psi_{22})}\end{aligned} \tag{4-86}$$

根据式(4-85),振幅的复数形式还可表示为

$$\begin{aligned}\overline{B_1}&=\frac{Q_1c+Q_2l+i(Q_1d+Q_2f)}{a+ib}=\sqrt{\frac{(Q_1c+Q_2l)^2+(Q_1d+Q_2f)^2}{a^2+b^2}}e^{-i\psi_1}\\ \overline{B_2}&=\frac{Q_1l+Q_2g+i(Q_1f+Q_2h)}{a+ib}=\sqrt{\frac{(Q_1l+Q_2g)^2+(Q_1f+Q_2h)^2}{a^2+b^2}}e^{-i\psi_2}\end{aligned} \tag{4-87}$$

其中

$$\begin{aligned}\psi_1&=\arctan\frac{b(Q_1c+Q_2l)-a(Q_1d+Q_2f)}{a(Q_1c+Q_2l)+b(Q_1d+Q_2f)}\\ \psi_2&=\arctan\frac{b(Q_1l+Q_2g)-a(Q_1f+Q_2h)}{a(Q_1l+Q_2g)+b(Q_1f+Q_2h)}\end{aligned} \tag{4-88}$$

由此得复位移为

$$\begin{aligned}\overline{x}_1&=\sqrt{\frac{(Q_1c+Q_2l)^2+(Q_1d+Q_2f)^2}{a^2+b^2}}e^{i(\omega t-\psi_1)}\\ &=\sqrt{\frac{(Q_1c+Q_2l)^2+(Q_1d+Q_2f)^2}{a^2+b^2}}[\cos(\omega t-\psi_1)+i\sin(\omega t-\psi_1)]\\ \overline{x}_2&=\sqrt{\frac{(Q_1l+Q_2g)^2+(Q_1f+Q_2h)^2}{a^2+b^2}}e^{i(\omega t-\psi_2)}\\ &=\sqrt{\frac{(Q_1l+Q_2g)^2+(Q_1f+Q_2h)^2}{a^2+b^2}}[\cos(\omega t-\psi_2)+i\sin(\omega t-\psi_2)]\end{aligned} \tag{4-89}$$

振幅 B_1 和 B_2 分别为

$$B_1=\sqrt{\frac{(Q_1c+Q_2l)^2+(Q_1d+Q_2f)^2}{a^2+b^2}} \tag{4-90a}$$

$$B_2=\sqrt{\frac{(Q_1l+Q_2g)^2+(Q_1f+Q_2h)^2}{a^2+b^2}} \tag{4-90b}$$

因此,只要确定出 a、b、c、d、l、f、g、h 各值,便可按式(4-90)和式(4-88)计算出振幅与相位差角。再代入式(4-78)中,便可求得方程的稳态解。

* 4.8　动力消振器

在工程中有许多机体或杆件由于在某激振力的作用下会产生振动，为了减小这种振动，可以采用无阻尼的动力消振器或有阻尼的动力消振器。

4.8.1　无阻尼动力消振器

在第五节讨论图 4-11 的幅频响应曲线时，注意到当激振频率 $\omega=\sqrt{\dfrac{3k}{2m}}$ 时，质体 m_1 的振幅 $B_1=0$。若 $k_3=0$，这时 $\omega=\sqrt{\dfrac{k}{2m}}=\sqrt{\dfrac{k_2}{m_2}}$，$B_1=0$。这意味着适当地选择参数 k_2 和 m_2，可使二自由度系统的受迫振动只反应在一个质体上，另一个质体可保持不动。无阻尼动力消振器就是根据这个原理设计的。

图 4-14a 所示梁上有一固定转速的马达，运转时由于偏心而产生受迫振动。这可简化为质量为 m_1、弹簧刚度为 k_1 的单自由度系统，受到激振力 $Q_1\sin\omega t$ 而引起的受迫振动。当 ω 接近系统固有频率 $\sqrt{\dfrac{k_1}{m_1}}$ 时，将产生强烈振动。现在梁上附加一质量为 m_2、刚度为 k_2 的弹簧质量系统，就成为二自由度系统。若使选择的附加质量 m_2 和弹簧刚度 k_2 满足条件 $\sqrt{\dfrac{k_2}{m_2}}=\omega$，则主系统（梁和马达）的振动急剧减小，而附加系统则振动不止，犹如把主系统振动吸收过来由它代替一样。这种附加的弹簧质量系统就是动力消振器。在生产实践中，消除频率范围变化较小的机器（如马达）的过大振动，可采用这一方法。

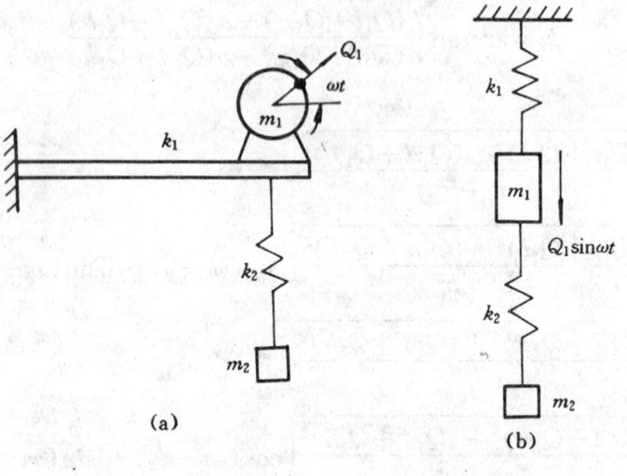

图 4-14　无阻尼动力消振器系统

(a)实际系统；(b)力学模型

图 4-14b 力学模型的振动微分方程为

$$
\begin{aligned}
m_1\ddot{x}_1+(k_1+k_2)x_1-k_2x_2&=Q_1\sin\omega t\\
m_2\ddot{x}_2-k_2x_1+k_2x_2&=0
\end{aligned}
\tag{4-91}
$$

其受迫振动的振幅为

$$B_1=\frac{Q_1(k_2-m_2\omega^2)}{(k_1+k_2-m_1\omega^2)(k_2-m_2\omega^2)-k_2^2}$$
$$B_2=\frac{Q_1k_2}{(k_1+k_2-m_1\omega^2)(k_2-m_2\omega^2)-k_2^2} \tag{4-92}$$

当 $\omega^2=\frac{k_2}{m_2}$ 时，得

$$B_1=0$$
$$B_2=-\frac{Q_1}{k_2} \tag{4-93}$$

可见选择动力消振器的固有频率 $\sqrt{\frac{k_2}{m_2}}=\omega$ 时，主系统即保持不动，而动力消振器则以频率 ω 作

$$x_2=B_2\sin\omega t=-\frac{Q_1}{k_2}\sin\omega t$$

的受迫振动。消振器弹簧在下端受到的作用力

$$k_2x_2=-Q_1\sin\omega t \tag{4-94}$$

在任何瞬时恰好与上端的激振力 $Q_1\sin\omega t$ 相平衡，因此使主系统的振动转移到消振器上来。

图 4-15 作出了主系统的幅频响应曲线。曲线是在比值 $a=\frac{k_2/m_2}{k_1/m_1}=1$、质量比 $\mu=m_2/m_1=0.2$ 的条件下作出的。由曲线可以看到，当 $\frac{\omega}{\sqrt{k_2/m_2}}=1$ 时，$B_1k_1/Q_1=0$。这是在无阻尼条件下的结论，在有阻尼的情况下，主系统不是完全不动的，而是以较小的振幅振动。随着阻尼的增加，振幅将会增大，因此采用动力消振器时应注意减小阻尼，这和以往增加阻尼可以减小共振区附近的振幅情况不同。

由图 4-15 还可以看到，$\omega=\sqrt{\frac{k_2}{m_2}}$ 附近有两个共振峰，如果选择 m_2 和 k_2 不当，或激振频率有较大变化时，就可能引起新的共振。为此必须控制附加动力消振器后的二自由度系统的固有频率。对于 $a=1\left(\frac{k_1}{m_1}-\frac{k_2}{m_2}\right)$，质量比为 μ 的系统，两个固有频率为

$$\omega_{n1}^2 和 \omega_{n2}^2=\frac{k_1}{m_1}\left[\left(1+\frac{\mu}{2}\right)\mp\sqrt{\mu+\frac{\mu^2}{4}}\right] \tag{4-95}$$

由式(4-95)作出 $z_0=\frac{\omega_{n1},\omega_{n2}}{\sqrt{k_1/m_1}}$ 与 μ 的关系曲线，如图 4-16 所示。由图可以看出，对于一定的 μ 值，有两个对应的 z_0 值 z_{01} 和 z_{02}。它们表示系统的两个固有频率 ω_{n1} 和 ω_{n2} 相隔的范围。而且 μ 值越小，ω_{n1} 和 ω_{n2} 将越接近，动力消振器的使用频带也就越窄。例如在本例中，当 $m_2/m_1=0.2$ 时，$\omega_{n1}=0.8\sqrt{k_1/m_1}$，$\omega_{n2}=1.25\sqrt{k_1/m_1}$；当 $m_2/m_1=0.1$ 时，$\omega_{n1}=0.85\sqrt{k_1/m_1}$，$\omega_{n2}=1.17\sqrt{k_1/m_1}$。所以，必须保持一定的质量比，即消振器的质量不能过小，才不致发生新的共振。一般要求 $\mu>0.1$。此外为了使消振器能安全工作，还应根据式(4-93)的振幅 B_2 进行强度校核。

由以上分析可见，使用无阻尼动力消振器时要特别慎重，应用不当会带来新的问题。所

以，这种消振器主要用于激振频率变化不大的情况。

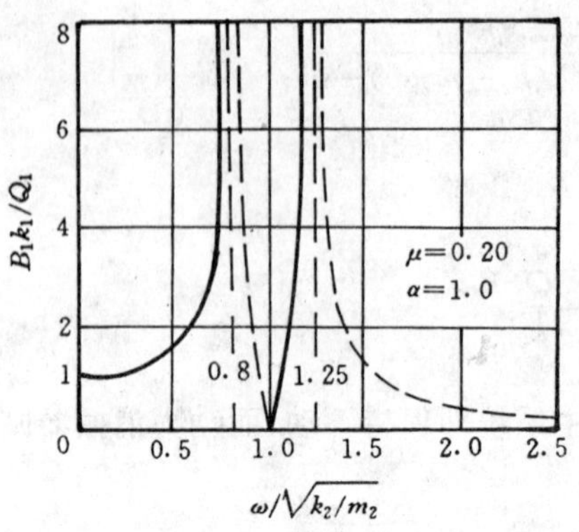

图 4-15 主系统的幅频响应曲线

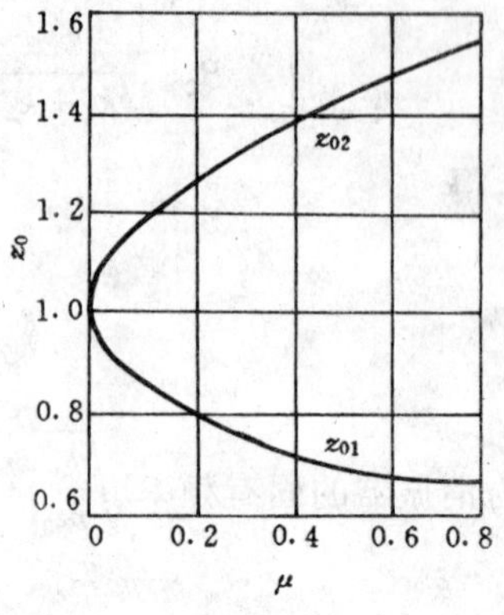

图 4-16 z_0 与 μ 的关系曲线

例 4-5 某设备重 $W_1=8000\text{N}$，系统的固有频率 $\omega_{01}=628\text{rad/s}$，作用于该系统的激振频率 $\omega=628\text{rad/s}$，因此产生水平方向的共振。试设计一无阻尼动力消振器，要求新共振点的频率比 $z_{01}<0.95$，$z_{02}>1.05$。

解 (1)确定消振器质量

选质量比

$$\mu=\frac{1}{50}$$

则

$$z_{01}=\frac{\omega_{n1}}{\sqrt{k_1/m_1}}=\sqrt{1+\frac{\mu}{2}-\sqrt{\mu+\frac{\mu^2}{4}}}$$

$$=\sqrt{1+\frac{1}{100}-\sqrt{\frac{1}{50}+\frac{1}{10000}}}=0.932<0.95$$

$$z_{02}=\frac{\omega_{n2}}{\sqrt{k_1/m_1}}=\sqrt{1+\frac{\mu}{2}+\sqrt{\mu+\frac{\mu^2}{4}}}$$

$$=\sqrt{1+\frac{1}{100}+\sqrt{\frac{1}{50}+\frac{1}{10000}}}=1.072>1.05$$

上述数据能满足设计要求，所以消振器重量为

$$W_2=\mu W_1=\frac{1}{50}\times 8000=160(\text{N})$$

(2)计算消振器的弹簧刚度 主系统水平方向的固有频率 $\omega_{01}=628\text{rad/s}$，为了消除共振，应选取消振器的固有频率 $\omega_{02}=\omega_{01}$，因此可计算出消振器弹簧的刚度

$$k_2=m_2\omega_{02}^2=\frac{W_2}{g}\omega_{02}^2=\frac{160}{981}\times 628^2=64324(\text{N/cm})$$

4.8.2 有阻尼动力消振器

为了使问题简化，并突出二自由度系统振动的基本特性，在前面的讨论中，我们没有把阻尼考虑在系统之内。实际上系统总是有阻尼的。在质体 m_1 和质体 m_2 之间加上一个阻尼器，就构成了有阻尼动力消振器，如图 4-17 所示。粘性阻尼系数用 r_2 表示，主系统的振幅可

按下式求出

$$B_1=Q_1\sqrt{\frac{c^2+d^2}{a^2+b^2}} \tag{4-96}$$

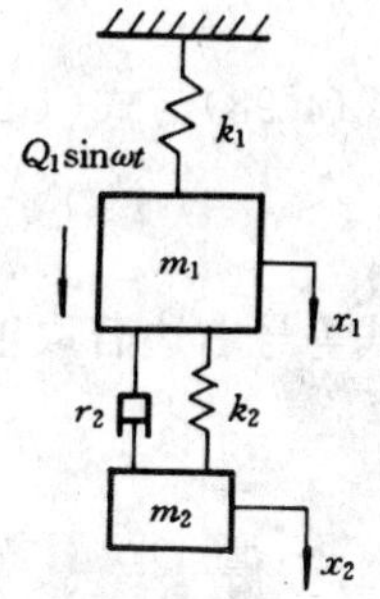

图 4-17 有阻尼动力消振器系统力学模型

其中

$$\begin{aligned} a&=(k_1+k_2-m_1\omega^2)(k_2-m_2\omega^2)-k_2^2 \\ &=[(1-z^2)(\alpha^2-z^2)-z^2\alpha^2\mu]m_1m_2\omega_{01}^4 \\ b&=(k_1-m_1\omega^2-m_2\omega^2)r_2\omega \\ &=(2\zeta\alpha z)(1-z^2-z^2\mu)m_1m_2\omega_{01}^4 \\ c&=k_2-m_2\omega^2=(\alpha^2-z^2)m_2\omega_{01}^2 \\ d&=r_2\omega=(2\zeta\alpha z)m_2\omega_{01}^2 \end{aligned}$$

引进符号

$$\mu=\frac{m_2}{m_1},\quad \omega_{01}^2=\frac{k_1}{m_1},\quad \omega_{02}^2=\frac{k_2}{m_2},\quad \alpha=\frac{\omega_{02}}{\omega_{01}}$$

$$z=\frac{\omega}{\omega_{01}},\quad \delta_{st}=\frac{Q_1}{k_1},\quad \zeta=\frac{r_2}{2m_2\omega_{02}}$$

式(4-96)可改写成无量纲形式

$$\frac{B_1}{\delta_{st}}=\sqrt{\frac{(z^2-\alpha^2)^2+(2\zeta\alpha z)^2}{[\mu z^2\alpha^2-(1-z^2)(\alpha^2-z^2)]^2+(2\zeta z\alpha)^2(1-z^2-\mu z^2)^2}} \tag{4-97}$$

根据上式,以 ζ 为参变量,令 $\alpha=1$,$\mu=\frac{1}{20}$所作出的 B_1/δ_{st}与 z 的关系曲线如图 4-18 所示。

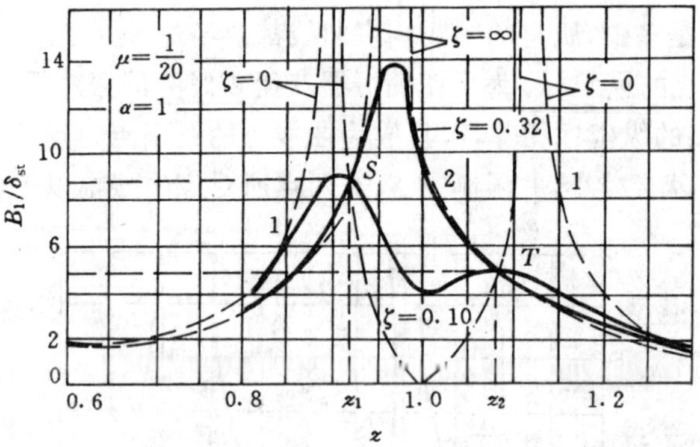

图 4-18 B_1/δ_{st}与 z 的关系曲线

从图 4-18 可以看出:

(1)无论阻尼 ζ 为何值,幅频响应曲线均经过 S、T 两点,也就是说,当频率比位于 S 点和 T 点相应的频率比 z_1 和 z_2 值时,主系统的受迫振动的振幅与阻尼比 ζ 的大小无关。这一物理现象是设计有阻尼动力消振器的重要依据。

(2)若令 $\zeta=0$ 时,B_1/δ_{st}值与 $\zeta=\infty$时的 B_1/δ_{st}值相等,就可求得 S 点和 T 点横坐标值 z_1 和 z_2。

当 $\zeta=\infty$时,从式(4-97)得

$$\frac{B_1}{\delta_{st}}=\frac{\pm 1}{1-z^2-\mu z^2} \tag{4-98}$$

当 $\zeta=0$ 时,从式(4-97)得

$$\frac{B_1}{\delta_{st}}=\frac{\alpha^2-z^2}{(1-z^2)(\alpha^2-z^2)-\mu z^2\alpha^2} \tag{4-99}$$

令式(4-98)与式(4-99)相等,得

$$\frac{\alpha^2-z^2}{(1-z^2)(\alpha^2-z^2)-\mu z^2\alpha^2}=\pm\frac{1}{1-z^2-\mu z^2}$$

上式等号右边若取正号,则解出 $z=0$,这对消振没有意义。故取负号,则上式展开得

$$z^4-\frac{2z^2(1+\alpha^2+\mu\alpha^2)}{2+\mu}+\frac{2\alpha^2}{2+\mu}=0 \tag{4-100}$$

解上式,得

$$z_1^2 和 z_2^2=\frac{1+\alpha^2+\mu\alpha^2}{2+\mu}\pm\sqrt{\left(\frac{1+\alpha^2+\mu\alpha^2}{2+\mu}\right)^2-\frac{2\alpha^2}{2+\mu}} \tag{4-101}$$

将求得的 z_1 和 z_2 值代入式(4-98)或式(4-99),即可得 S、T 两点的纵坐标值

$$\left(\frac{B_1}{\delta_{st}}\right)_1=\frac{1}{1-z_1^2-\mu z_1^2}$$
$$\left(\frac{B_1}{\delta_{st}}\right)_2=\frac{-1}{1-z_2^2-\mu z_2^2} \tag{4-102}$$

这里需要说明一点,即 T 点的纵坐标值之所以为负值,是因为 S、T 两点在共振点($z=1$)的两侧,两者的相位是相反的,所以这两点振幅的符号也相反。因此图 4-18 中,在 $z=1$ 右边的曲线,实际上应该画在横坐标轴的下方,但为了直观起见,我们一般把它画在横坐标轴的上方。

(3)既然无论 ζ 值是多少,所有的幅频响应曲线都要经过 S、T 两点。因此,B_1/δ_{st}的最高点都不会低于 S、T 两点的纵坐标。为了使消振器获得较好的消振效果。就应该设法降低 S、T 两点,并使 S、T 两点的纵坐标相等,而且成为曲线上的最高点。这样,消振后主系统振幅 B_1 与静变位 δ_{st}的比值就会减小,并限制在 S、T 两点所对应的振幅以下(见图 4-19)。

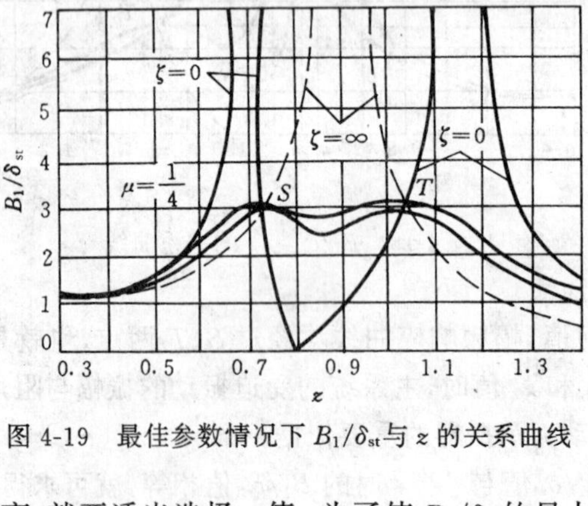

图 4-19 最佳参数情况下 B_1/δ_{st}与 z 的关系曲线

为了使 S、T 两点等高,就要适当选择 α 值。为了使 B_1/δ_{st}的最大值在 S、T 两点上,就要适当选择 ζ 值。所选择的 α 和 ζ 值,分别称为最佳频率比 α_{op}和最佳阻尼比 ζ_{op}。下面分别介绍它们的确定方法。

(1)最佳频率比 α_{op}的确定　为了使 S、T 两点等高,即 S、T 两点的纵坐标相等,应使式(4-102)所示的$(B_1/\delta_{st})_1$ 与$(B_1/\delta_{st})_2$ 相等,即

$$\frac{1}{1-z_1^2-\mu z_1^2}=\frac{-1}{1-z_2^2-\mu z_2^2}$$

解之得

$$z_1^2+z_2^2=\frac{2}{1+\mu} \tag{4-103}$$

根据代数方程理论，由式(4-101)得知

$$z_1^2+z_2^2=\frac{2(1+\alpha^2+\mu\alpha^2)}{2+\mu} \tag{4-104}$$

将式(4-104)代入式(4-103)得

$$\frac{2}{1+\mu}=\frac{2(1+\alpha^2+\mu\alpha^2)}{2+\mu}$$

所以

$$\alpha_{op}=\frac{1}{1+\mu} \tag{4-105}$$

将 α_{op}代入式(4-101)，即得到与 S、T 两点相应的横坐标值

$$\begin{aligned} z_S^2&=\frac{1}{1+\mu}\left(1-\sqrt{\frac{\mu}{2+\mu}}\right)\\ z_T^2&=\frac{1}{1+\mu}\left(1+\sqrt{\frac{\mu}{2+\mu}}\right)\end{aligned} \tag{4-106}$$

将式(4-106)代入式(4-98)或式(4-99)，即得到在选取最佳频率比 α_{op}情况下 S、T 两点的纵坐标值

$$\left(\frac{B_1}{\delta_{st}}\right)_S=\left(\frac{B_1}{\delta_{st}}\right)_T=\pm\sqrt{1+\frac{2}{\mu}} \tag{4-107}$$

可见，要降低 S、T 两点的纵坐标，应使质量比 μ 增大，即增加 m_2，m_2 越大，消振效果越好。但质量 m_2 的大小，还要根据消振器的安装空间、激振力的大小、主系统质量大小等因素来综合考虑决定。

(2)最佳阻尼比 ζ_{op}的确定　根据式(4-97)，使$\frac{\partial B_1}{\partial z}=0$，求出相应的 ζ 值。并将 α_{op}值代入其中，可分别求出使 S 点或 T 点成为曲线最高点时的阻尼比

$$\begin{aligned} \zeta_S^2&=\frac{\mu}{8(1+\mu)^3}\left(3-\sqrt{\frac{\mu}{2+\mu}}\right)\\ \zeta_T^2&=\frac{\mu}{8(1+\mu)^3}\left(3+\sqrt{\frac{\mu}{2+\mu}}\right)\end{aligned} \tag{4-108}$$

上式表明，在适当选择 ζ 值时(或为 ζ_S，或为 ζ_T)，只能使曲线在 S 点(或 T 点)为极大值，而在 T 点(或 S 点)则不是极大值。图 4-19 中就分别表示出以 S 点为最大值，以及以 T 点为最大值的两条曲线，但它们彼此相差不多。所以，可取 ζ_S^2 与 ζ_T^2 的平均值为最佳阻尼比 ζ_{op}^2，则

$$\zeta_{op}=\sqrt{\frac{3\mu}{8(1+\mu)^3}} \tag{4-109}$$

例 4-6　试设计一阻尼消振器，已知主系统的质量 $m_1=100$kg，其静刚度 $k_1=196\times10^3$N/m，受到一简谐激振力 $Q_1\sin\omega t$ 的作用，激振力幅值 $Q_1=98$N。要求安装阻尼消振器后，主系统最大振幅 $B_1\leqslant 2.3$mm。

解　主系统的静变位为

$$\delta_{st}=\frac{Q_1}{k_1}=\frac{98}{196\times10^3}=0.0005(\mathrm{m})=0.5(\mathrm{mm})$$

根据消振要求，质量比 μ 为

$$\mu=\frac{2}{\left(\frac{B_1}{\delta_{st}}\right)^2-1}=\frac{2}{\left(\frac{2.3}{0.5}\right)^2-1}=0.099\approx\frac{1}{10}$$

故消振器的质量 m_2 为

$$m_2=\mu m_1=100\times\frac{1}{10}=10(\mathrm{kg})$$

最佳频率比 α_{op} 为 $$\alpha_{op}=\frac{1}{1+\mu}=\frac{10}{11}$$

所以，消振器的弹簧刚度 k_2 为

$$k_2=\alpha_{op}^2\frac{k_1m_2}{m_1}=\left(\frac{10}{11}\right)^2\times\frac{196\times10^3\times10}{100}=16200(\mathrm{N/m})$$

消振器的最佳阻尼比 ζ_{op} 为

$$\zeta_{op}=\sqrt{\frac{3\mu}{8(1+\mu)^3}}=\sqrt{\frac{\frac{3}{10}}{8\left(\frac{11}{10}\right)^3}}=0.168$$

消振器的固有频率 ω_{02} 为

$$\omega_{02}=\sqrt{\frac{k_2}{m_2}}=\sqrt{\frac{16200}{10}}=40.25(\mathrm{rad/s})$$

消振器的最佳阻尼系数 r_{op} 为

$$r_{op}=2m_2\zeta_{op}\omega_{02}=2\times10\times0.168\times40.25=135(\mathrm{N\cdot s/m})$$

最后，验算一下主系统安装阻尼消振器后的最大振幅

$$B_1=\frac{Q_1}{k_1}\sqrt{\frac{2+\mu}{\mu}}=\frac{98}{196\times10^3}\sqrt{\frac{2+\frac{1}{10}}{\frac{1}{10}}}=2.29(\mathrm{mm})<2.3(\mathrm{mm})$$

*4.9 二自由度振动系统工程实例

在工程实际中，可以指出一系列二自由度振动的机械，它们通过振动有效地完成许多工艺过程。最近二十多年来，这类振动机械已被广泛应用于冶金、矿山、建材、建筑、煤炭、筑路、轻工、化工、电力和食品等工业部门。例如，振动筛、双轴惯性成型机、垂直振动输送机、振动压路机、振动采油机、振动干燥机、振动冷却机、旋振筛和电磁振动给料机等。为了使这些振动机能有效地工作，必须在分析其振动的基础上，合理的选择它们的动力学参数。

4.9.1 双轴惯性式旋振机的振动

铸造车间输送造型砂的垂直振动输送机和味精厂干燥味精的螺旋式振动干燥机，都是双轴惯性式旋振机。其力学模型如图 4-20 所示。该振动机为单质体系统，质体上装有交叉轴式惯性激振器，当激振器的两根轴作等速反向回转时，轴上的偏心块便产生垂直方向的激振力和绕垂直方向的激振力矩，使机体产生垂直与扭转复合振动。

在满足同步条件下，即 $\Delta\alpha=0$ 时，该类振动机可简化为二自由度的振动系统，即机体产生 z 轴方向的垂直振动和绕 z 轴的扭转振动。沿 z 轴方向的激振力为 $2m_0e\omega^2\cos\gamma\sin\omega t$，绕 z 轴的激振力矩为 $2m_0ea\omega^2\sin\gamma\sin\omega t$。

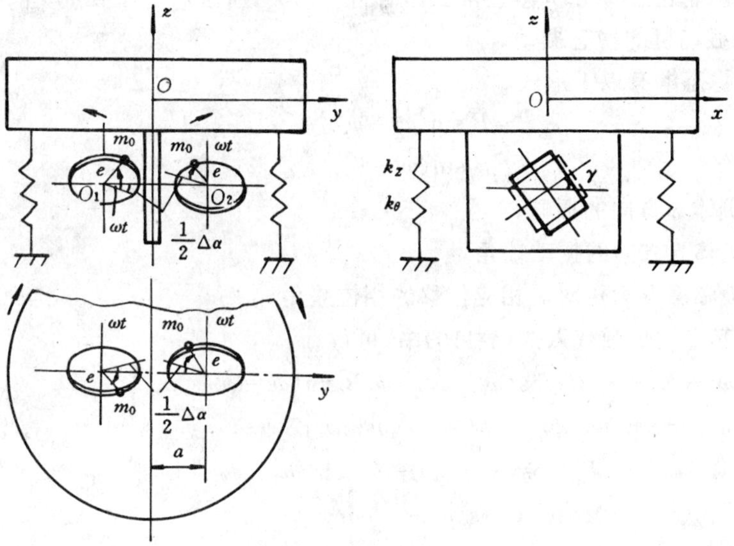

图 4-20　双轴惯性式旋振机力学模型

则双轴惯性式旋振机的振动方程为

$$
\begin{aligned}
m\ddot{z}+r_z\dot{z}+k_z z&=2m_0e\omega^2\cos\gamma\sin\omega t\\
I_z\ddot{\theta}+r_\theta\dot{\theta}+k_\theta\theta&=2m_0ea\omega^2\sin\gamma\sin\omega t
\end{aligned}
\tag{4-110}
$$

式中 m——振动机体的质量(包括偏心块质量)；

I_z——振动机体(包括偏心块质量)对 z 轴的转动惯量；

r_z,r_θ——振动机体沿 z 方向和沿 θ 方向的当量阻尼系数；

k_z,k_θ——z 方向的弹簧刚度及 θ 方向的弹簧刚度；

$z,\dot{z},\ddot{z}$——振动机体在 z 方向的位移、速度和加速度；

$\theta,\dot{\theta},\ddot{\theta}$——振动机体绕 z 轴转动的角位移、角速度和角加速度；

e——偏心块质心到回转轴的距离；

γ——激振器轴线与水平面的夹角；

a——激振器轴心距离之半；

ω——激振器转动角速度。

由式(4-36)，无阻尼情况下振动系统的固有频率 ω_{n1} 和 ω_{n2} 由下式确定

$$
\begin{vmatrix} k_z-m\omega_n^2 & 0 \\ 0 & k_\theta-I_z\omega_n^2 \end{vmatrix}=0
$$

展开整理得

$$
mI_z\omega_n^4-(k_zI_z+k_\theta m)\omega_n^2+k_zk_\theta=0 \tag{4-111}
$$

该振动系统的固有圆频率为

$$\omega_{n1},\omega_{n2}=\sqrt{\frac{-b\mp\sqrt{b^2-4ac}}{2a}} \tag{4-112}$$

其中　$a=mI_z, b=-(k_zI_z+k_\theta m), c=k_zk_\theta$。

由于阻尼的存在，自由振动在机器正常工作时将会消失，所以对工作有意义的是受迫振动，因此下面只考虑振动机的稳态振动。

方程(4-110)的稳态解有以下形式

$$\begin{aligned} z&=B_z\sin(\omega t-\psi_z)\\ \theta&=B_\theta\sin(\omega t-\psi_\theta)\end{aligned} \tag{4-113}$$

式中　B_z——振动机体 z 方向的振幅；

B_θ——振动机体 θ 方向的振动幅角；

ψ_z,ψ_θ——激振力和激振力矩对其相应位移的相位差角。

将式(4-113)及其二次导数代入式(4-110)中，可得

$$\begin{aligned} &-mB_z\omega^2\sin(\omega t-\psi_z)+r_zB_z\omega\cos(\omega t-\psi_z)+k_zB_z\sin(\omega t-\psi_z)\\ &=2m_0e\omega^2\cos\gamma[\sin(\omega t-\psi_z)\cos\psi_z+\cos(\omega t-\psi_z)\sin\psi_z]\\ &-I_zB_\theta\omega^2\sin(\omega t-\psi_\theta)+r_\theta B_\theta\omega\cos(\omega t-\psi_\theta)+k_\theta B_\theta\sin(\omega t-\psi_\theta)\\ &=2m_0ea\omega^2\sin\gamma[\sin(\omega t-\psi_\theta)\cos\psi_\theta+\cos(\omega t-\psi_\theta)\sin\psi_\theta]\end{aligned} \tag{4-114}$$

为使上式恒等，$\sin(\omega t-\psi_z)$、$\cos(\omega t-\psi_z)$、$\sin(\omega t-\psi_\theta)$和 $\cos(\omega t-\psi_\theta)$的系数必须满足以下条件

$$\begin{aligned} &-mB_z\omega^2+k_zB_z=2m_0e\omega^2\cos\gamma\cos\psi_z\\ &r_zB_z\omega=2m_0e\omega^2\cos\gamma\sin\psi_z\\ &-I_zB_\theta\omega^2+k_\theta B_\theta=2m_0ea\omega^2\sin\gamma\cos\psi_\theta\\ &r_\theta\omega B_\theta=2m_0ea\omega^2\sin\gamma\sin\psi_\theta\end{aligned} \tag{4-115}$$

由式(4-115)，可求出振幅 B_z、振动幅角 B_θ、相位差角 ψ_z 和 ψ_θ

$$\begin{aligned} B_z&=\frac{2m_0e\omega^2\cos\gamma\cos\psi_z}{k_z-m\omega^2}, \psi_z=\arctan\frac{r_z\omega}{k_z-m\omega^2}\\ B_\theta&=\frac{2m_0ea\omega^2\sin\gamma\cos\psi_\theta}{k_\theta-m\omega^2}, \psi_\theta=\arctan\frac{r_\theta\omega}{k_\theta-m\omega^2}\end{aligned} \tag{4-116}$$

把垂直振动与扭转振动合成，可得复合振动的振幅 B 为

$$B=\sqrt{B_z^2+R_\theta^2B_\theta^2} \tag{4-117}$$

式中　R_θ——工作面的平均半径。

其他符号同前。

4.9.2　双质体弹性连杆式振动机的振动

图 4-21 是双质体弹性连杆式振动机的力学模型。这种振动机的两个质体上下布置，它们之间有导向杆、主振弹簧及弹性连杆式激振器。为了消除或减小传给地基的动载荷，在下质体下方装有隔振弹簧。

假设该机的隔振弹簧在垂直方向与水平方向的刚度是相等的，而且等效阻尼与相对速度近似成正比。应用达伦培尔原理，可分别写出振动质体 1 和振动质体 2 沿振动方向的振动方程，即为

$$m_1\ddot{x}_1+r_1\dot{x}_1+r\dot{x}+(k+k_0)x=k_0 e\sin\omega t$$
$$m_2\ddot{x}_2+r_2\dot{x}_2-r\dot{x}-(k+k_0)x+k_2x_2=-k_0 e\sin\omega t \tag{4-118}$$

式中 x_1、x_2、$\dot{x}_1$、$\dot{x}_2$、$\ddot{x}_1$、$\ddot{x}_2$——质体 1 和质体 2 的位移、速度和加速度；

x、$\dot{x}$、$\ddot{x}$——质体 1 对质体 2 的相对位移、相对速度和相对加速度；

r——质体 1 对质体 2 的相对阻尼系数；

r_1、r_2——质体 1 与质体 2 的绝对阻尼系数；

m_1、m_2——质体 1 和质体 2 的质量；

k、k_0、k_2——主振弹簧刚度、连杆弹簧刚度和隔振弹簧刚度；

e——轴的偏心距。

因为振动机在正常工作的情况下仅存在受迫振动，隔振弹簧的弹性力 $-k_2x_2$ 通常比质体 2 的惯性力 $-m_2\ddot{x}_2$ 小得多，并且，在简谐激振力作用下的线性振动系统中，弹性力可表示为加速度的函数，即

$$k_2x_2=-\frac{k_2}{\omega^2}\ddot{x}_2 \tag{4-119}$$

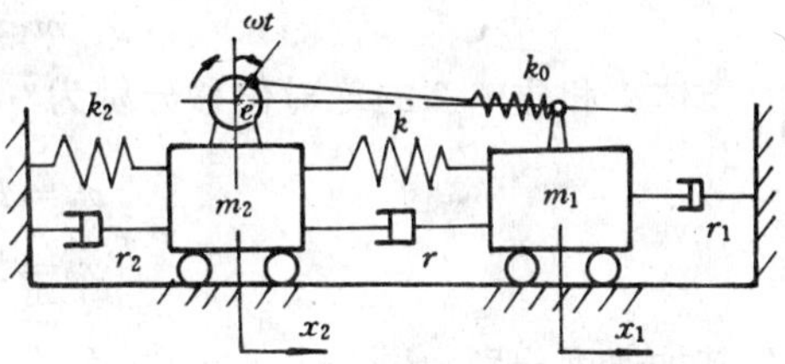

图 4-21 双质体弹性连杆式振动机力学模型

为了计算方便，将隔振弹簧的弹性力归化到式中质体 2 的计算惯性力之中，则式(4-118)可写为以下形式

$$m_1\ddot{x}_1+r_1\dot{x}_1+r\dot{x}+(k+k_0)x=k_0 e\sin\omega t$$
$$m_2'\ddot{x}_2+r_2\dot{x}_2-r\dot{x}-(k+k_0)x=-k_0 e\sin\omega t \tag{4-120}$$

式中 $m_2'=m_2-\dfrac{k_2}{\omega^2}$。

将方程(4-120)的第一式乘以$\dfrac{m_2'}{m_1+m_2'}$，第二式乘以$\dfrac{m_1}{m_1+m_2'}$，然后相减，则得用相对位移 $x=x_1-x_2$、相对速度 $\dot{x}=\dot{x}_1-\dot{x}_2$ 和相对加速度 $\ddot{x}=\ddot{x}_1-\ddot{x}_2$ 表示的振动方程，即

$$m\ddot{x}+(r_{1m}+r)\dot{x}+(k+k_0)x=k_0 e\sin\omega t \tag{4-121}$$

其中 $r_{1m}\approx\dfrac{m_2'r_1}{m_1+m_2'}\approx\dfrac{m_1r_2}{m_1+m_2'}$

因为 r_1 和 r_2 很小，计算时可以忽略，则式(4-121)可写为以下形式

$$m\ddot{x}+r\dot{x}+(k+k_0)x=k_0 e\sin\omega t \tag{4-122}$$

式中 m——诱导质量，$m=\dfrac{m_1m_2'}{m_1+m_2'}$；

$k+k_0$——等效刚度。

设式(4-122)的稳态解为

$$x=B\sin(\omega t-\psi) \tag{4-123}$$

代入式(4-122)，可求得相对振幅和相位差角

$$B=\frac{k_0e}{\sqrt{[(k+k_0)-m\omega^2]^2+(r\omega)^2}} \tag{4-124}$$

或

$$B=\frac{k_0e}{(k+k_0)\sqrt{(1-z_0^2)^2+(2\zeta z_0)^2}}$$

$$\psi=\arctan\frac{r\omega}{k+k_0-m\omega^2}=\arctan\frac{2\zeta z_0}{1-z_0^2} \tag{4-125}$$

式中 z_0——频率比，$z_0=\frac{\omega}{\omega_n}$；

ω_n——固有频率，$\omega_n=\sqrt{\frac{k+k_0}{m}}=\sqrt{\frac{(k+k_0)(m_1+m_2')}{m_1m_2'}}$；

ζ——相对阻尼比，$\zeta=\frac{r}{2m\omega_n}$。

根据求得的相对振幅 B 去求质体 1 和质体 2 的绝对振幅 B_1 和 B_2。式(4-120)的第一式与第二式相加，可得

$$m_1\ddot{x}_1=-m_2'\ddot{x}_2 \tag{4-126}$$

质体 1 和质体 2 的绝对位移分别为

$$\begin{aligned}x_1&=B_1\sin(\omega t-\psi)\\x_2&=B_2\sin(\omega t-\psi)\end{aligned} \tag{4-127}$$

其加速度分别为

$$\begin{aligned}\ddot{x}_1&=-B_1\omega^2\sin(\omega t-\psi)\\\ddot{x}_2&=-B_2\omega^2\sin(\omega t-\psi)\end{aligned} \tag{4-128}$$

代入式(4-126)，可得

$$m_1B_1=-m_2'B_2 \text{ 或 } \frac{B_1}{-B_2}=\frac{m_2'}{m_1} \tag{4-129}$$

根据合比定理，可求得质体 1 和质体 2 的绝对振幅 B_1 和 B_2 分别为

$$\begin{aligned}B_1&=\frac{m_2'}{m_1+m_2'}(B_1-B_2)=\frac{m_2'}{m_1+m_2'}B=\frac{m_2'}{m_1+m_2'}\frac{k_0e}{\sqrt{(k+k_0-m\omega^2)^2+(r\omega)^2}}\\B_2&=\frac{-m_1}{m_1+m_2'}(B_1-B_2)=-\frac{m_1}{m_1+m_2'}B=-\frac{m_1}{m_1+m_2'}\frac{k_0e}{\sqrt{(k+k_0-m\omega^2)^2+(r\omega)^2}}\end{aligned} \tag{4-130}$$

将 $m_2'=m_2-\frac{k_2}{\omega^2}$ 代入上式，则无阻尼情况下的相对振幅 B 和绝对振幅 B_1 及 B_2 可表示为

$$\begin{aligned}B&=\frac{k_0e[k_2-(m_1+m_2)\omega^2]}{(k+k_0)[k_2-(m_1+m_2)\omega^2]-(k_2-m_2\omega^2)m_1\omega^2}\\B_1&=\frac{k_0e(k_2-m_2\omega^2)}{(k+k_0)[k_2-(m_1+m_2)\omega^2]-(k_2-m_2\omega^2)m_1\omega^2}\\B_2&=\frac{-k_0em_1\omega^2}{(k+k_0)[k_2-(m_1+m_2)\omega^2]-(k_2-m^2\omega^2)m_1\omega^2}\end{aligned} \tag{4-131}$$

根据上式分母等于零的条件，可求出系统的两个固有频率

$$\omega_{n1},\omega_{n2}=\sqrt{\frac{-b\mp\sqrt{b^2-4ac}}{2a}} \tag{4-132}$$

其中 $a=m_1m_2$，$b=-(m_1+m_2)(k+k_0)-k_2m_1$，$c=k_2(k+k_0)$

于是式(4-131)可表示为

$$B=\frac{k_0e[k_2-(m_1+m_2)\omega^2]}{m_1m_2(\omega^2-\omega_{n1}^2)(\omega^2-\omega_{n2}^2)}$$

$$B_1=\frac{k_0e(k_2-m_2\omega^2)}{m_1m_2(\omega^2-\omega_{n1}^2)(\omega^2-\omega_{n2}^2)} \quad (4\text{-}133)$$

$$B_2=\frac{-k_0em_1\omega^2}{m_1m_2(\omega^2-\omega_{n1}^2)(\omega^2-\omega_{n2}^2)}$$

根据式(4-133)可作出如图 4-22 所示的曲线，当 $\omega<\sqrt{\frac{k_2}{m_2}}=\omega_{22}$时，$B_1$ 和 B_2 是同相的，当 $\omega>\sqrt{\frac{k_2}{m_2}}=\omega_{22}$时，$B_1$ 与 B_2 是异相的。当 $\omega=\omega_{n1}$和 $\omega=\omega_{n2}$时，系统出现共振，第一共振区为低频共振区，第二共振区为高频共振区，如图 4-22 所示。这类振动机的工作频率 ω 通常选取稍小于二阶固有频率 ω_{n2}，机器在近共振状态下工作。

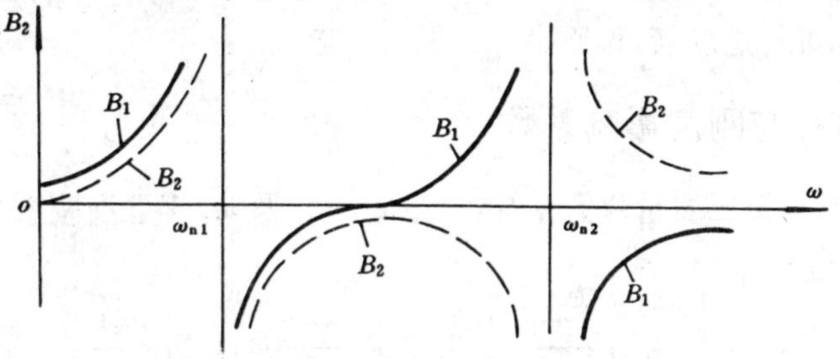

图 4-22　双质体弹性连杆式振动机幅频曲线

5 多自由度系统振动的理论基础及工程实例

多自由度系统的振动分析与上章讨论的二自由度系统在原理上没有本质的差别，只是由于自由度数目的增加，使振动求解的计算工作量急剧增加，变得十分庞杂，特别是激振力函数为任意情况时，振动分析就甚为困难，且当阻尼存在时更是如此。所以在电子计算机被用于工程计算之前，解决多自由度系统的振动问题只是理论上的。而当计算机成为强有力的计算工具之后，工程上实际的多自由度振动的求解才成为现实。

本章首先根据振动系统力学模型，建立刚度矩阵或柔度矩阵，进而得出描述系统运动的作用力方程或位移方程，并求解固有频率与固有振型（主振型），得振型矩阵。接着进行坐标变换，消除方程组的耦联，使多自由度系统振动响应的求解如同单自由度系统一样进行计算，最后再将坐标进行逆变换，得原坐标的振动响应。

5.1 作用力方程与刚度影响系数

图 5-1 所示为一个三质量弹簧系统，质量 m_1、m_2 及 m_3 串联在刚度分别为 k_1、k_2 及 k_3 的

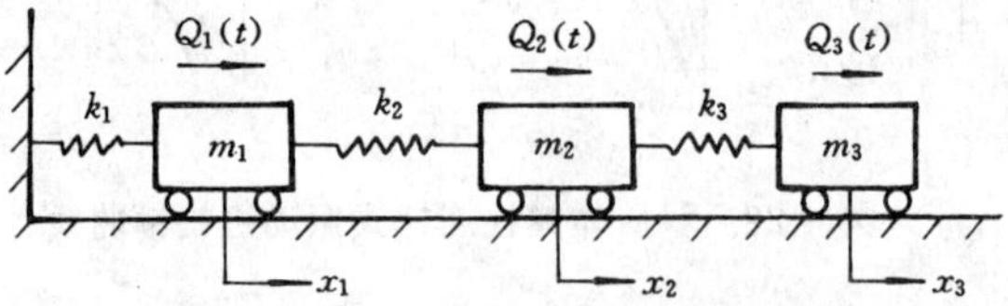

图 5-1 三质体三自由度振动系统

三个弹簧上并与基础相连，在质量 m_1、m_2 及 m_3 上分别作用有激振力 $Q_1(t)$、$Q_2(t)$及 $Q_3(t)$。当不计摩擦和其他形式的阻尼时，系统的作用力方程一般表达式为

$$\begin{aligned}M_{11}\ddot{x}_1+K_{11}x_1+K_{12}x_2+K_{13}x_3=Q_1(t)\\M_{22}\ddot{x}_2+K_{21}x_1+K_{22}x_2+K_{23}x_3=Q_2(t)\\M_{33}\ddot{x}_3+K_{31}x_1+K_{32}x_2+K_{33}x_3=Q_3(t)\end{aligned}\tag{5-1}$$

式中

$$K_{11}=k_1+k_2,K_{12}=-k_2,K_{13}=0$$
$$K_{21}=-k_2,K_{22}=k_2+k_3,K_{23}=-k_3$$
$$K_{31}=0,K_{32}=-k_3,K_{33}=k_3$$

方程(5-1)的矩阵形式为

$$\begin{bmatrix}M_{11}&0&0\\0&M_{22}&0\\0&0&M_{33}\end{bmatrix}\begin{Bmatrix}\ddot{x}_1\\\ddot{x}_2\\\ddot{x}_3\end{Bmatrix}+\begin{bmatrix}K_{11}&K_{12}&K_{13}\\K_{21}&K_{22}&K_{23}\\K_{31}&K_{32}&K_{33}\end{bmatrix}\begin{Bmatrix}x_1\\x_2\\x_3\end{Bmatrix}=\begin{Bmatrix}Q_1(t)\\Q_2(t)\\Q_3(t)\end{Bmatrix}\tag{5-2}$$

式(5-2)还可写成更简单的形式

$$\boldsymbol{M}\ddot{\boldsymbol{X}}+\boldsymbol{KX}=\boldsymbol{Q}(t)\tag{5-3}$$

式中 $\ddot{\boldsymbol{X}}$、$\boldsymbol{X}$ 及 $\boldsymbol{Q}(t)$分别表示加速度列阵、位移列阵和激振力列阵

$$\ddot{X}=\begin{Bmatrix}\ddot{x}_1\\ \ddot{x}_2\\ \ddot{x}_3\end{Bmatrix},X=\begin{Bmatrix}x_1\\ x_2\\ x_3\end{Bmatrix},\quad Q(t)=\begin{Bmatrix}Q_1(t)\\ Q_2(t)\\ Q_3(t)\end{Bmatrix}$$

系数矩阵 M 称为质量矩阵，K 称为刚度矩阵，即

$$M=\begin{bmatrix}M_{11} & 0 & 0\\ 0 & M_{22} & 0\\ 0 & 0 & M_{33}\end{bmatrix}\qquad K=\begin{bmatrix}K_{11} & K_{12} & K_{13}\\ K_{21} & K_{22} & K_{23}\\ K_{31} & K_{32} & K_{33}\end{bmatrix}$$

组成刚度矩阵 K 的系数 K_{ij}称为第 i 行第 j 列的刚度影响系数或简称刚度系数。方程(5-3)是用矩阵形式表示的振动方程，其中激振力函数 $Q(t)$代表的激振力，其单位可以是力也可以是力矩，统称之为作用力，因而相应的方程(5-3)就称做振动系统的作用力方程。

振动方程(5-3)只是方程(5-1)的一个矩阵形式的表达，由此完全可以不用前章建立振动方程的各种方法，而只要设法求出系统的质量矩阵 M 和刚度矩阵 K，就可直接按式(5-3)写出系统的作用力方程。为此，先讨论确定刚度矩阵 K 的影响系数 K_{ij}的原则。在矩阵 K 中的元素 K_{ij}代表一个力，它相当于 j 点具有单位移而作用在 i 点的力，即对每一位移坐标分别给以单位位移，系统保持该状态(给予一个位移坐标以单位位移而其余坐标位移为零的状态)所需加的静作用力。

以图 5-1 所示的三质体三自由度振动系统为例说明刚度影响系数的确定方法，如图 5-2。在图 5-2a 中，给 m_1 以单位位移，m_2 与 m_3 保持不动，即 $x_1=1$，而 $x_2=x_3=0$。要保持这种

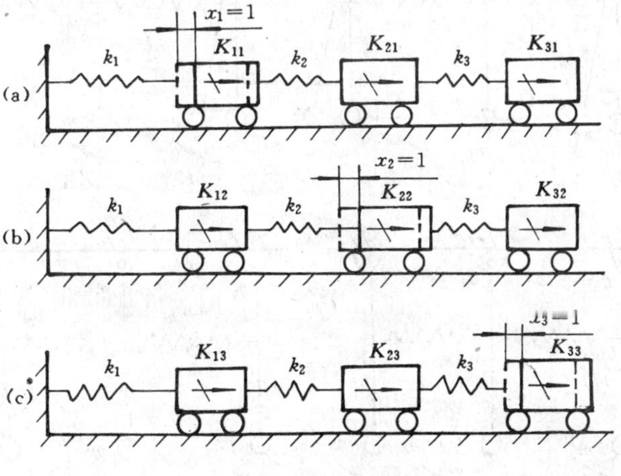

图 5-2 建立系统刚度矩阵的示意图

(a)建立 K_{i1}的示意图；(b)建立 K_{i2}的示意图；(c)建立 K_{i3}的示意图

位移状态，各点所需加的静作用力就是 K_{11}、K_{21}及 K_{31}(在作用力矢量上划有斜线，表示它们是作为保持位置的作用力)，K_{11}只代表在第 1 点有单位位移而在第 1 点为保持位移状态所需加的作用力；K_{21}代表只在第 1 点有单位位移而在第 2 点为保持位移状态所需加的作用力。同样，K_{31}则是只在第 1 点有单位位移而在第 3 点为保持位移状态所需加的作用力。它们的值分别为 $K_{11}=k_1+k_2$，$K_{21}=-k_2$，$K_{31}=0$，组成刚度矩阵的第 1 列 K_{i1}。方程(5-2)刚度矩阵的第 2 列各影响系数 K_{i2}，可根据图 5-2b 求出。给出 $x_2=1$ 而 $x_1=x_3=0$ 的位移状态，显

然，为保持这种位移状态而在 1、2、3 各点需加的力分别为 $K_{12}=-k_2$，$K_{22}=k_2+k_3$，$K_{32}=-k_3$。同样根据图 5-2c，当 $x_3=1$ 而 $x_1=x_2=0$ 时，保持位移状态所需加的作用力分别为 K_{13}、K_{23}及 K_{33}，其值各为 $K_{13}=0$，$K_{23}=-k_3$，$K_{33}=k_3$，此 K_{i3}各值是刚度矩阵 $\boldsymbol{K}$ 的第 3 列影响系数，最后，根据上述规则将得出的各刚度影响系数代入矩阵 $\boldsymbol{K}$ 中，可得

$$\boldsymbol{K}=\begin{bmatrix}K_{11} & K_{12} & K_{13}\\ K_{21} & K_{22} & K_{23}\\ K_{31} & K_{32} & K_{33}\end{bmatrix}=\begin{bmatrix}k_1+k_2 & -k_2 & 0\\ -k_2 & k_2+k_3 & -k_3\\ 0 & -k_3 & k_3\end{bmatrix}$$

从刚度矩阵 $\boldsymbol{K}$ 各影响系数的数值上看，有 $K_{12}=K_{21}$，$K_{13}=K_{31}$，$K_{23}=K_{32}$，这种对称性并不是偶然的。对于具有微小位移的线性弹性系统，刚度矩阵总是对称的，即 $K_{ij}=K_{ji}$。如果将 $\boldsymbol{K}$ 代入方程(5-3)，并考虑到质量矩阵为对角线矩阵，则得振动作用力方程

$$\begin{bmatrix}m_1 & 0 & 0\\ 0 & m_2 & 0\\ 0 & 0 & m_3\end{bmatrix}\begin{Bmatrix}\ddot{x}_1\\ \ddot{x}_2\\ \ddot{x}_3\end{Bmatrix}+\begin{bmatrix}k_1+k_2 & -k_2 & 0\\ -k_2 & k_2+k_3 & -k_3\\ 0 & -k_3 & k_3\end{bmatrix}\begin{Bmatrix}x_1\\ x_2\\ x_3\end{Bmatrix}=\begin{Bmatrix}Q_1(t)\\ Q_2(t)\\ Q_3(t)\end{Bmatrix}\tag{5-4}$$

此式与方程(5-1)完全一致。

例 5-1 图 5-3 给出用弹簧刚度为 k_1 与 k_2 的二只弹簧联接的三个单摆的系统。当该系统在 $Q_{\theta1}$、$Q_{\theta2}$及 $Q_{\theta3}$作用下作微幅振动时，试求其刚度矩阵。

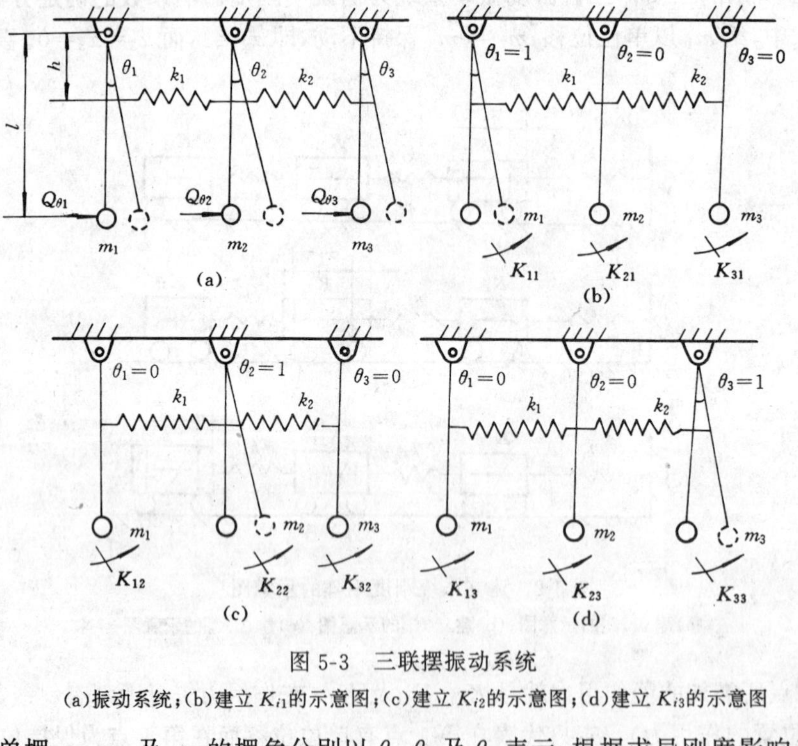

图 5-3　三联摆振动系统

(a)振动系统；(b)建立 K_{i1}的示意图；(c)建立 K_{i2}的示意图；(d)建立 K_{i3}的示意图

解　单摆 m_1、m_2 及 m_3 的摆角分别以 θ_1、θ_2 及 θ_3 表示，根据求导刚度影响系数的规则，当 $\theta_1=1$，而 $\theta_2=\theta_3=0$ 时，如图 5-3b 所示，系统保持这种位置状态所需加的力矩 K_{11}、K_{21}及 K_{31}的值分别为

$$K_{11}=k_1h^2+m_1gl$$

$$K_{21}=-k_1h^2$$
$$K_{31}=0$$

当 $\theta_2=1$，而 $\theta_1=\theta_3=0$ 时，如图 5-3c 所示，系统保持这种位置状态所需加的力矩 K_{12}、K_{22} 及 K_{32} 的值分别为

$$K_{12}=-k_1h^2$$
$$K_{22}=(k_1+k_2)h^2+m_2gl$$
$$K_{32}=-k_2h^2$$

以此类推，当 $\theta_3=1$，而 $\theta_1=\theta_2=0$ 时，如图 5-3d 所示，相应地求出 K_{13}、K_{23} 及 K_{33} 的值分别为

$$K_{13}=0$$
$$K_{23}=-k_2h^2$$
$$K_{33}=k_2h^2+m_3gl$$

显然，所求刚度矩阵 $\boldsymbol{K_g}$ 为

$$\boldsymbol{K_g}=\begin{bmatrix} K_{11} & K_{12} & K_{13} \\ K_{21} & K_{22} & K_{23} \\ K_{31} & K_{32} & K_{33} \end{bmatrix}=\begin{bmatrix} k_1h^2+m_1gl & -k_1h^2 & 0 \\ -k_1h^2 & (k_1+k_2)h^2+m_2gl & -k_2h^2 \\ 0 & -k_2h^2 & k_2h^2+m_3gl \end{bmatrix}$$

可见，使单摆恢复原位的弹簧弹性恢复力与单摆重力恢复力耦联在一起。将这两种恢复力的影响系数分成分开的阵列，我们得到

$$\boldsymbol{K_g}=\boldsymbol{K}+\boldsymbol{G} \tag{5-5}$$

其中

$$\boldsymbol{K}=\begin{bmatrix} k_1h^2 & -k_1h^2 & 0 \\ -k_1h^2 & (k_1+k_2)h^2 & -k_2h^2 \\ 0 & -k_2h^2 & k_2h^2 \end{bmatrix}$$

$$\boldsymbol{G}=\begin{bmatrix} m_1gl & 0 & 0 \\ 0 & m_2gl & 0 \\ 0 & 0 & m_3gl \end{bmatrix}$$

前一种阵列和通常的由刚度影响系数组成的刚度矩阵一致，而后一种阵列仅包括重力影响系数，称为重力矩阵。它表示在重力出现时，各单摆分别具有单位位移时，为保持位移形态所需加的作用力。在没有重力时，重力矩阵 $\boldsymbol{G}$ 中诸项均为零。

5.2 位移方程与柔度影响系数

对于静定系统，有时采用系统运动的位移方程则更为简便且易于求解。

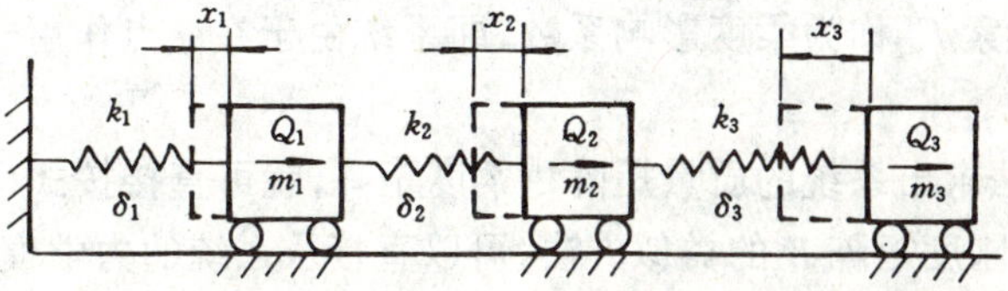

图 5-4 无阻尼三自由度系统

通常所说的弹簧刚度，是指在弹簧某点沿指定方向产生单位位移而在该点沿该方向所

须加的力；而弹簧柔度则是指在弹簧某点沿指定方向作用单位力而在该点沿该方向所产生的位移，称该位移为系统沿指定方向的柔度，用 δ 来表示，所以有如下关系

$$\delta=1/k \tag{5-6}$$

如图 5-4 所示的系统中，三个弹簧的轴向柔度系数各为 $\delta_1=1/k_1$，$\delta_2=1/k_2$，$\delta_3=1/k_3$。假设作用在各质量上的力 Q_1、Q_2、Q_3 是静止作用上去的，则系统各质量的位移可表示为

$$\begin{aligned}(x_1)_{st}&=\delta_1(Q_1+Q_2+Q_3)\\(x_2)_{st}&=\delta_1(Q_1+Q_2+Q_3)+\delta_2(Q_2+Q_3)\\(x_3)_{st}&=\delta_1(Q_1+Q_2+Q_3)+\delta_2(Q_2+Q_3)+\delta_3Q_3\end{aligned} \tag{5-7}$$

式中　$(x_1)_{st}$、$(x_2)_{st}$、$(x_3)_{st}$——质量 m_1、m_2、m_3 的静位移。

式(5-7)可按矩阵形式写成

$$\begin{Bmatrix}x_1\\x_2\\x_3\end{Bmatrix}_{st}=\begin{bmatrix}\delta_1&\delta_1&\delta_1\\\delta_1&\delta_1+\delta_2&\delta_1+\delta_2\\\delta_1&\delta_1+\delta_2&\delta_1+\delta_2+\delta_3\end{bmatrix}\begin{Bmatrix}Q_1\\Q_2\\Q_3\end{Bmatrix} \tag{5-8}$$

上式还可以简写成如下形式

$$\boldsymbol{X}_{st}=\boldsymbol{FQ} \tag{5-9}$$

式(5-9)称为静力作用下系统的位移方程。我们所要讨论的是动态系统问题，要把上面讨论的问题推广到动态系统中，则必须把惯性力考虑进去，这样方程(5-9)应改写为

$$\boldsymbol{X}=\boldsymbol{F}(\boldsymbol{Q}-\boldsymbol{M}\ddot{\boldsymbol{X}}) \tag{5-10}$$

式(5-10)为动力作用下系统的运动位移方程。式中 $\boldsymbol{X}$、$\ddot{\boldsymbol{X}}$、$\boldsymbol{Q}$ 分别为位移、加速度和激振力列阵

$$\boldsymbol{X}=\begin{Bmatrix}x_1\\x_2\\x_3\end{Bmatrix},\ddot{\boldsymbol{X}}=\begin{Bmatrix}\ddot{x}_1\\\ddot{x}_2\\\ddot{x}_3\end{Bmatrix},\boldsymbol{Q}=\begin{Bmatrix}Q_1\\Q_2\\Q_3\end{Bmatrix}$$

系数矩阵 $\boldsymbol{M}$ 为质量矩阵

$$\boldsymbol{M}=\begin{bmatrix}M_{11}&M_{12}&M_{13}\\M_{21}&M_{22}&M_{23}\\M_{31}&M_{32}&M_{33}\end{bmatrix}=\begin{bmatrix}m_1&0&0\\0&m_2&0\\0&0&m_3\end{bmatrix}$$

$\boldsymbol{F}$ 称为柔度矩阵

$$\boldsymbol{F}=\begin{bmatrix}F_{11}&F_{12}&F_{13}\\F_{21}&F_{22}&F_{23}\\F_{31}&F_{32}&F_{33}\end{bmatrix}=\begin{bmatrix}\delta_1&\delta_1&\delta_1\\\delta_1&\delta_1+\delta_2&\delta_1+\delta_2\\\delta_1&\delta_1+\delta_2&\delta_1+\delta_2+\delta_3\end{bmatrix}$$

柔度矩阵中的各元素 F_{ij} 称为柔度影响系数，即系统由于在 j 点作用一单位力而在 i 点产生的位移。

显然，只要设法求出系统的质量矩阵和柔度矩阵，就可直接按式(5-10)写出振动系统的位移方程。应用求刚度矩阵 $\boldsymbol{K}$ 的类似方法，可以直接从系统的力学模型中求出柔度矩阵 $\boldsymbol{F}$。

如图 5-5a，在质量 m_1 上作用一单位力 $Q_1=1$，而在质量 m_2 及 m_3 上作用力为零。在这种静力作用下各质量的静位移分别用 F_{11}、F_{21}、F_{31} 表示。F_{11} 表示作用于点 1 的单位力在点 1 引起的位移，F_{21} 代表作用在点 1 的单位力在点 2 产生的位移，而 F_{31} 是作用在点 1 的单位力在

点 3 产生的位移。由此得出 $F_{11}=F_{21}=F_{31}=\delta_1$，这些柔度影响系数组成柔度矩阵的第 1 列。

如图 5-5b，在质量 m_2 上作用一单位力 $Q_2=1$，而在质量 m_1 及 m_3 上作用力为零。这时在 1、2、3 各点产生的位移分别为 $F_{12}=\delta_1$，$F_{22}=\delta_1+\delta_2$，$F_{32}=\delta_1+\delta_2$。这些柔度影响系数组成柔度矩阵的第 2 列。

如图 5-5c，只在质量 m_3 上作用一单位力，而在 1、2、3 各点产生的位移 $F_{13}=\delta_1$，$F_{23}=\delta_1+\delta_2$，$F_{33}=\delta_1+\delta_2+\delta_3$。这些柔度影响系数组成柔度矩阵的第 3 列。

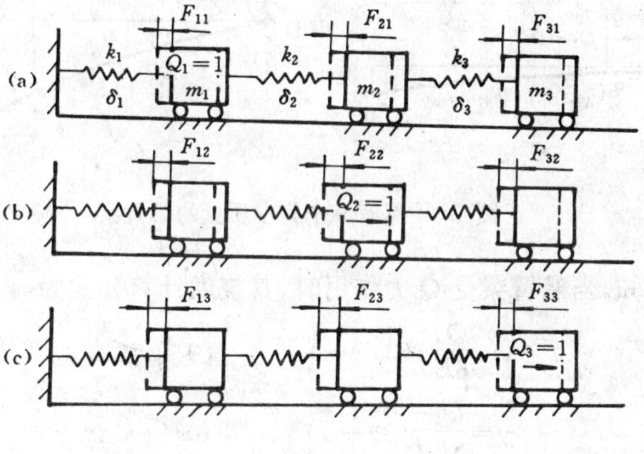

图 5-5　建立系统柔度矩阵的示意图

(a)建立 F_{i1}的示意图；(b)建立 F_{i2}的示意图；(c)建立 F_{i3}的示意图

将以上求得的全部柔度影响系数按下标写成矩阵形式，就得到与式(5-8)中完全一致的如下柔度矩阵

$$\boldsymbol{F}=\begin{bmatrix} F_{11} & F_{12} & F_{13} \\ F_{21} & F_{22} & F_{23} \\ F_{31} & F_{32} & F_{33} \end{bmatrix}=\begin{bmatrix} \delta_1 & \delta_1 & \delta_1 \\ \delta_1 & \delta_1+\delta_2 & \delta_1+\delta_2 \\ \delta_1 & \delta_1+\delta_2 & \delta_1+\delta_2+\delta_3 \end{bmatrix}$$

柔度影响系数 $F_{ij}=F_{ji}$，这种对称性如同刚度矩阵一样，对于线性弹性系统，柔度矩阵也总是对称的。

在方程(5-8)中，假如 Q_1、Q_2、Q_3 不是静力，而是动力作用的力，则系统的惯性力 $-m_1\ddot{x}_1$、$-m_2\ddot{x}_2$ 和 $-m_3\ddot{x}_3$ 就必须计入，这样方程(5-8)可重新写成

$$\begin{Bmatrix} x_1 \\ x_2 \\ x_3 \end{Bmatrix}=\begin{bmatrix} \delta_1 & \delta_1 & \delta_1 \\ \delta_1 & \delta_1+\delta_2 & \delta_1+\delta_2 \\ \delta_1 & \delta_1+\delta_2 & \delta_1+\delta_2+\delta_3 \end{bmatrix}\begin{Bmatrix} Q_1-m_1\ddot{x}_1 \\ Q_2-m_2\ddot{x}_2 \\ Q_3-m_3\ddot{x}_3 \end{Bmatrix} \tag{5-11}$$

或简写成

$$\boldsymbol{X}=\boldsymbol{F}(\boldsymbol{Q}-\boldsymbol{M}\ddot{\boldsymbol{X}}) \tag{5-12}$$

方程(5-12)表明，动力位移等于系统的柔度矩阵与作用力的乘积。它也可写成

$$\boldsymbol{F}\boldsymbol{M}\ddot{\boldsymbol{X}}+\boldsymbol{X}=\boldsymbol{F}\boldsymbol{Q} \tag{5-13}$$

例 5-2　图 5-6 所示为一等截面悬臂梁，梁上等距离分布有集中质量 $\boldsymbol{m}_1$、$\boldsymbol{m}_2$、$\boldsymbol{m}_3$，已知梁的弯曲刚度为 EJ，试求系统的柔度矩阵。

解　首先以三个集中质量 m_1、m_2、m_3 离开其静平衡位置的垂直位移 y_1、y_2、y_3 为系统的

广义坐标(见图 5-6a)。

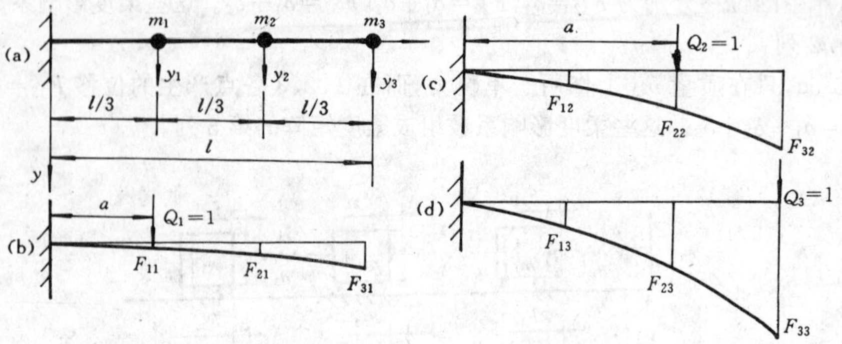

图 5-6　具有三个集中质量的悬臂梁

由材料力学得知,当悬臂梁受 Q 力作用时,其挠度计算公式为

$$y=\frac{Qx^2}{6EJ}(3a-x) \qquad (0\leqslant x\leqslant a) \tag{5-14a}$$

$$y=\frac{Qa^2}{6EJ}(3x-a) \qquad (a\leqslant x\leqslant l) \tag{5-14b}$$

根据柔度影响系数的定义,在坐标 y_1 处作用一单位力,则在坐标 y_1、y_2、y_3 处所产生的挠度分别为 F_{11}、F_{21}、F_{31}(见图 5-6b)。

再在坐标 y_2 处作用一单位力,则在坐标 y_1、y_2、y_3 处所产生的挠度分别为 F_{12}、F_{22}、F_{32}(见图 5-6c)。

最后,在坐标 y_3 处作用一单位力,则在坐标 y_1、y_2、y_3 处所产生的挠度分别为 F_{13}、F_{23}、F_{33}(见图 5-6d)。

根据式(5-14)可计算出各柔度影响系数的值为

$$F_{11}=\frac{l^3}{81EJ} \qquad F_{22}=\frac{8l^3}{81EJ}$$

$$F_{21}=F_{12}=\frac{2.5l^3}{81EJ} \qquad F_{23}=F_{32}=\frac{14l^3}{81EJ}$$

$$F_{31}=F_{13}=\frac{4l^3}{81EJ} \qquad F_{33}=\frac{27l^3}{81EJ}$$

故系统的柔度矩阵为

$$\boldsymbol{F}=\begin{bmatrix}F_{11} & F_{12} & F_{13}\\ F_{21} & F_{22} & F_{23}\\ F_{31} & F_{32} & F_{33}\end{bmatrix}=\frac{l^3}{81EJ}\begin{bmatrix}1 & 2.5 & 4\\ 2.5 & 8 & 14\\ 4 & 14 & 27\end{bmatrix}$$

如果用柔度矩阵的逆矩阵 $\boldsymbol{F}^{-1}$左乘方程(5-13),则得

$$\boldsymbol{M}\ddot{\boldsymbol{X}}+\boldsymbol{F}^{-1}\boldsymbol{X}=\boldsymbol{Q} \tag{5-15}$$

与用刚度矩阵表达的作用力方程相比较,则得

$$\boldsymbol{F}^{-1}=\boldsymbol{K} \tag{5-16}$$

如果用刚度矩阵的逆矩阵 $\boldsymbol{K}^{-1}$左乘方程(5-3),则得

$$\boldsymbol{K}^{-1}\boldsymbol{M}\ddot{\boldsymbol{X}}+\boldsymbol{X}=\boldsymbol{K}^{-1}\boldsymbol{Q} \tag{5-17}$$

上式可改写成

$$\boldsymbol{X}=\boldsymbol{K}^{-1}(\boldsymbol{Q}-\boldsymbol{M}\ddot{\boldsymbol{X}}) \tag{5-18}$$

与用柔度矩阵表达的位移方程(5-12)相比较，则有

$$\boldsymbol{K}^{-1}=\boldsymbol{F} \tag{5-19}$$

这就是说，对于同一个系统，若选取相同的广义坐标，则系统的刚度矩阵和柔度矩阵互为逆矩阵。这是一个很重要的性质，对于那些直接确定刚度矩阵比确定柔度矩阵困难得多的系统，就可以借助求柔度矩阵的逆矩阵的办法来得到系统的刚度矩阵。

例 5-3 试求图 5-4 所示无阻尼三自由度系统的柔度矩阵与刚度矩阵，并验算二者的互逆关系。各弹簧的弹簧刚度为 $k_1=k,k_2=2k,k_3=3k$。

解 (1)将单位作用力分别作用于质量 m_1、m_2、m_3 上，求柔度影响系数。

当单位力作用于 1 点时

$$F_{11}=F_{21}=F_{31}=\frac{1}{k_1}=\frac{1}{k}$$

当单位力作用于 2 点时

$$F_{12}=\frac{1}{k_1}=\frac{1}{k}$$

$$F_{22}=\frac{1}{k_1}+\frac{1}{k_2}=\frac{3}{2k}$$

$$F_{32}=\frac{1}{k_1}+\frac{1}{k_2}=\frac{3}{2k}$$

当单位力作用于 3 点时

$$F_{13}=\frac{1}{k_1}=\frac{1}{k}$$

$$F_{23}=\frac{1}{k_1}+\frac{1}{k_2}=\frac{3}{2k}$$

$$F_{33}=\frac{1}{k_1}+\frac{1}{k_2}+\frac{1}{k_3}=\frac{11}{6k}$$

则柔度矩阵为

$$\boldsymbol{F}=\begin{bmatrix}F_{11} & F_{12} & F_{13}\\ F_{21} & F_{22} & F_{23}\\ F_{31} & F_{32} & F_{33}\end{bmatrix}=\frac{1}{6k}\begin{bmatrix}6 & 6 & 6\\ 6 & 9 & 9\\ 6 & 9 & 11\end{bmatrix}$$

(2)求刚度矩阵。

当位移 $x_1=1,x_2=x_3=0$ 时，在 1、2、3 点所需加的力为

$$K_{11}=k_1+k_2=3k,K_{21}=-k_2=-2k,K_{31}=0$$

当位移 $x_2=1,x_1=x_3=0$ 时，各点所需加的力为

$$K_{12}=-k_2=-2k,K_{22}=k_2+k_3=5k,K_{32}=-k_3=-3k$$

当位移 $x_3=1,x_1=x_2=0$ 时，各点所需加的力为

$$K_{13}=0,K_{23}=-k_3=-3k,K_{33}=k_3=3k$$

则刚度矩阵为

$$\boldsymbol{K}=\begin{bmatrix}K_{11} & K_{12} & K_{13}\\ K_{21} & K_{22} & K_{23}\\ K_{31} & K_{32} & K_{33}\end{bmatrix}=k\begin{bmatrix}3 & -2 & 0\\ -2 & 5 & -3\\ 0 & -3 & 3\end{bmatrix}$$

(3)根据式(5-16)或式(5-19)校核刚度矩阵与柔度矩阵的互逆关系

$$\boldsymbol{FK}=\frac{1}{6k}\begin{bmatrix}6 & 6 & 6\\ 6 & 9 & 9\\ 6 & 9 & 11\end{bmatrix}k\begin{bmatrix}3 & -2 & 0\\ -2 & 5 & -3\\ 0 & -3 & 3\end{bmatrix}=\frac{1}{6}\begin{bmatrix}6 & 0 & 0\\ 0 & 6 & 0\\ 0 & 0 & 6\end{bmatrix}$$

$$=\begin{bmatrix}1 & 0 & 0\\ 0 & 1 & 0\\ 0 & 0 & 1\end{bmatrix}=\boldsymbol{I}$$

可见 $\boldsymbol{F}^{-1}=\boldsymbol{K}$

5.3 固有频率与主振型

5.3.1 固有频率

对于 n 个自由度系统，无阻尼自由振动作用力方程的一般形式为

$$\begin{bmatrix}M_{11} & M_{12} & \cdots & M_{1n}\\ M_{21} & M_{22} & \cdots & M_{2n}\\ \vdots & \vdots & & \vdots\\ M_{n1} & M_{n2} & \cdots & M_{nn}\end{bmatrix}\begin{Bmatrix}\ddot{x}_1\\ \ddot{x}_2\\ \vdots\\ \ddot{x}_n\end{Bmatrix}+\begin{bmatrix}K_{11} & K_{12} & \cdots & K_{1n}\\ K_{21} & K_{22} & \cdots & K_{2n}\\ \vdots & \vdots & & \vdots\\ K_{n1} & K_{n2} & \cdots & K_{nn}\end{bmatrix}\begin{Bmatrix}x_1\\ x_2\\ \vdots\\ x_n\end{Bmatrix}=\begin{Bmatrix}0\\ 0\\ \vdots\\ 0\end{Bmatrix} \quad (5\text{-}20)$$

其中 $M_{ij}=M_{ji}$，$K_{ij}=K_{ji}$。上式可简写为

$$\boldsymbol{M}\ddot{\boldsymbol{X}}+\boldsymbol{KX}=\boldsymbol{0} \quad (5\text{-}21)$$

在系统自由振动中，假设所有质量均作简谐运动，即

$$\boldsymbol{X}_i=\boldsymbol{A}^{(i)}\sin(\omega_{ni}t+\varphi_i) \quad (5\text{-}22)$$

式中 ω_{ni}^2、φ_i——第 i 个振型的固有频率和相角；

$\boldsymbol{X}_i$——第 i 个振型的诸位移的列阵；

$\boldsymbol{A}^{(i)}$——第 i 个振型的位移最大值或振幅向量。

$\boldsymbol{X}_i$ 和 $\boldsymbol{A}^{(i)}$可表示为

$$\boldsymbol{X}_i=\begin{Bmatrix}x_1\\ x_2\\ \vdots\\ x_n\end{Bmatrix}_i,\boldsymbol{A}^{(i)}=\begin{Bmatrix}A_1^{(i)}\\ A_2^{(i)}\\ \vdots\\ A_n^{(i)}\end{Bmatrix} \quad (5\text{-}23)$$

将式(5-22)代入方程(5-21)，得代数方程组如下

$$(\boldsymbol{K}-\omega_{ni}^2\boldsymbol{M})\boldsymbol{A}^{(i)}=\boldsymbol{0} \quad (5\text{-}24)$$

令

$$\boldsymbol{K}-\omega_{ni}^2\boldsymbol{M}=\boldsymbol{H}^{(i)} \quad (5\text{-}25)$$

称 $\boldsymbol{H}^{(i)}$为特征矩阵。

对于振动系统，振幅不应全部为零，即 $\boldsymbol{A}^{(i)}\neq\boldsymbol{0}$，因而必有

$$|\boldsymbol{K}-\omega_{ni}^2\boldsymbol{M}|=0 \quad (5\text{-}26)$$

式(5-26)称系统的特征方程。其一般形式为

$$|\boldsymbol{H}^{(i)}|=\begin{vmatrix} K_{11}-\omega_{ni}^2M_{11} & K_{12}-\omega_{ni}^2M_{12} & \cdots & K_{1n}-\omega_{ni}^2M_{1n} \\ K_{21}-\omega_{ni}^2M_{21} & K_{22}-\omega_{ni}^2M_{22} & \cdots & K_{2n}-\omega_{ni}^2M_{2n} \\ \vdots & \vdots & & \vdots \\ K_{n1}-\omega_{ni}^2M_{n1} & K_{n2}-\omega_{ni}^2M_{n2} & \cdots & K_{nn}-\omega_{ni}^2M_{nn} \end{vmatrix}=0 \tag{5-27}$$

展开此行列式得最高阶为$(\omega_{ni}^2)^n$的代数多项式。由此代数多项式可解出不相等的ω_{n1}^2，ω_{n2}^2，…ω_{nn}^2，共n个根。称此根为特征根或特征值，开方后即得固有频率ω_{ni}值。自由度数低的可用因式分解法求解，否则必须用数值方法求解。

如果$\boldsymbol{M}$是正定的(即系统的动能除全部速度都为零外，总是大于零的)，$\boldsymbol{K}$是正定的或半正定的，特征值ω_{ni}^2全部是正实根，特殊情况下，其中有零根或重根。将这n个固有频率由小到大按次序排列，分别称之为一阶固有频率(基频)、二阶固有频率、…、n阶固有频率，即

$$0<\omega_{n1}^2<\omega_{n2}^2<\cdots<\omega_{nn}^2 \tag{5-28}$$

5.3.2 主振型

如果特征值ω_{ni}^2已经求得，将ω_{ni}^2代入方程式(5-24)中，即可求出对应于ω_{ni}^2的n个振幅值$A_1^{(i)}$、$A_2^{(i)}$…$A_n^{(i)}$间的比例关系，称为振幅比。这说明当系统按第i阶固有频率ω_{ni}作简谐振动时，各振幅$A_1^{(i)}$、$A_2^{(i)}$…$A_n^{(i)}$间具有确定的相对比值，或者说系统有一定的振动形态。对应于每一个特征值ω_{ni}^2的振幅向量$\boldsymbol{A}^{(i)}$称之为特征向量。由于$\boldsymbol{A}^{(i)}$各元素比值完全确定了系统振动的形态，故又称为第i阶主振型或固有振型，即

$$\boldsymbol{A}^{(i)}=\begin{Bmatrix} A_1^{(i)} \\ A_2^{(i)} \\ \vdots \\ A_n^{(i)} \end{Bmatrix} \tag{5-29}$$

若将系统的各阶固有频率依次代入式(5-24)中，即可得到系统的第一阶、第二阶、…、第n阶主振型

$$\boldsymbol{A}^{(1)}=\begin{Bmatrix} A_1^{(1)} \\ A_2^{(1)} \\ \vdots \\ A_n^{(1)} \end{Bmatrix},\boldsymbol{A}^{(2)}=\begin{Bmatrix} A_1^{(2)} \\ A_2^{(2)} \\ \vdots \\ A_n^{(2)} \end{Bmatrix},\cdots,\boldsymbol{A}^{(n)}=\begin{Bmatrix} A_1^{(n)} \\ A_2^{(n)} \\ \vdots \\ A_n^{(n)} \end{Bmatrix} \tag{5-30}$$

可见n个自由度系统就有n个固有频率和n个相应的主振型。

特征向量亦可由系统的特征矩阵$\boldsymbol{H}^{(i)}$的伴随矩阵求得。根据定义，$\boldsymbol{H}^{(i)}$的逆矩阵有如下形式

$$(\boldsymbol{H}^{(i)})^{-1}=\frac{(\boldsymbol{H}^{(i)})^a}{|\boldsymbol{H}^{(i)}|} \tag{5-31}$$

或写成

$$|\boldsymbol{H}^{(i)}|(\boldsymbol{H}^{(i)})^{-1}=(\boldsymbol{H}^{(i)})^a \tag{5-32}$$

用$\boldsymbol{H}^{(i)}$左乘式(5-32)，见式(5-27)，因$|\boldsymbol{H}^{(i)}|=0$，则

$$|\boldsymbol{H}^{(i)}|\boldsymbol{I}=\boldsymbol{H}^{(i)}(\boldsymbol{H}^{(i)})^a=\boldsymbol{0} \tag{5-33}$$

式中，$(\boldsymbol{H}^{(i)})^a$表示$\boldsymbol{H}^{(i)}$的伴随矩阵，将式(5-25)代入式(5-33)，得

$$(\boldsymbol{K}-\omega_{ni}^2\boldsymbol{M})(\boldsymbol{H}^{(i)})^a=\boldsymbol{0} \tag{5-34}$$

将方程(5-34)与方程(5-24)比较，显然，伴随矩阵的任一列就是特征向量。

在二自由度系统振动中已经知道，当系统在某些特殊的初始条件下，可以使系统每一坐标均以同一频率 ω_{ni} 及同一相位角 φ_i 作简谐振动，这样的振动称做第 i 阶主振动。显然，各坐标幅值的绝对值取决于系统的初始条件。但是由于各坐标间振幅相对比值只取决于系统的物理性质，因此，我们不局限于求出具体绝对值，而可以一般地描述系统第 i 阶主振型的形式，可任意规定某一坐标的幅值，例如 $A_n^{(i)}\neq 0$，则可规定 $A_n^{(i)}=1$，或规定主振型中最大的一个坐标幅值为 1，以确定其它各坐标幅值，此过程称为**归一化**。归一化了的特征向量又称为振型向量。

对于 n 个自由度系统，如果将所有振型向量依序排成各列，可得如下形式的 $n\times n$ 阶振型矩阵或称模态矩阵

$$\boldsymbol{A}_p=[\boldsymbol{A}^{(1)}\boldsymbol{A}^{(2)}\cdots\boldsymbol{A}^{(n)}]=\begin{bmatrix}A_1^{(1)} & A_1^{(2)} & \cdots & A_1^{(n)}\\ A_2^{(1)} & A_2^{(2)} & \cdots & A_2^{(n)}\\ \vdots & \vdots & & \vdots\\ A_n^{(1)} & A_n^{(2)} & \cdots & A_n^{(n)}\end{bmatrix} \tag{5-35}$$

例 5-4 图 5-7 所示的三自由度系统，已知 $m_1=2m$，$m_2=1.5m$，$m_3=m$；$k_1=3k$，$k_2=2k$，$k_3=k$，求系统的固有频率及主振型。

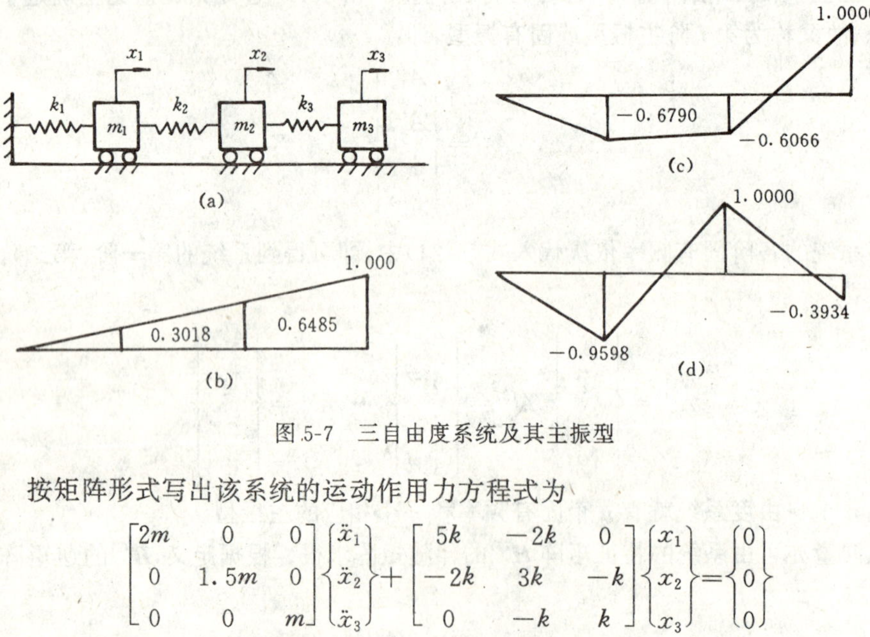

图 5-7 三自由度系统及其主振型

解 按矩阵形式写出该系统的运动作用力方程式为

$$\begin{bmatrix}2m & 0 & 0\\ 0 & 1.5m & 0\\ 0 & 0 & m\end{bmatrix}\begin{Bmatrix}\ddot{x}_1\\ \ddot{x}_2\\ \ddot{x}_3\end{Bmatrix}+\begin{bmatrix}5k & -2k & 0\\ -2k & 3k & -k\\ 0 & -k & k\end{bmatrix}\begin{Bmatrix}x_1\\ x_2\\ x_3\end{Bmatrix}=\begin{Bmatrix}0\\ 0\\ 0\end{Bmatrix}$$

根据式(5-27)写出系统的特征方程式为

$$|\boldsymbol{H}^{(i)}|=\begin{vmatrix}5k-2m\omega_{ni}^2 & -2k & 0\\ -2k & 3k-1.5m\omega_{ni}^2 & -k\\ 0 & -k & k-m\omega_{ni}^2\end{vmatrix}=0$$

展开化简后得

$$(\omega_{ni}^2)^3-5.5\frac{k}{m}(\omega_{ni}^2)^2+7.5\left(\frac{k}{m}\right)^2\omega_{ni}^2-2\left(\frac{k}{m}\right)^3=0$$

此三次方程不可能分解因式，可用数值法求得三个根为

$$\omega_{n1}^2=0.3515\frac{k}{m},\omega_{n2}^2=1.6066\frac{k}{m},\omega_{n3}^2=3.5419\frac{k}{m}$$

即

$$\omega_{n1}=0.5928\sqrt{\frac{k}{m}},\omega_{n2}=1.2675\sqrt{\frac{k}{m}},\omega_{n3}=1.8820\sqrt{\frac{k}{m}}$$

将 $\omega_{n1}^2=0.3515\frac{k}{m}$ 代入方程(5-24)得出

$$\begin{bmatrix}5k-2m\omega_{n1}^2 & -2k & 0\\ -2k & 3k-1.5m\omega_{n1}^2 & -k\\ 0 & -k & k-m\omega_{n1}^2\end{bmatrix}\begin{Bmatrix}A_1^{(1)}\\ A_2^{(1)}\\ A_3^{(1)}\end{Bmatrix}=\begin{Bmatrix}0\\0\\0\end{Bmatrix}$$

即

$$k\begin{bmatrix}5-0.703 & -2 & 0\\ -2 & 3-0.5272 & -1\\ 0 & -1 & 1-0.3515\end{bmatrix}\begin{Bmatrix}A_1^{(1)}\\ A_2^{(1)}\\ A_3^{(1)}\end{Bmatrix}=\begin{Bmatrix}0\\0\\0\end{Bmatrix}$$

令 $A_3^{(1)}=1$，解之得对应于一阶固有频率的特征向量

$$\boldsymbol{A}^{(1)}=\begin{Bmatrix}0.3018\\0.6485\\1.0000\end{Bmatrix}$$

同理，将 $\omega_{n2}^2=1.6066\frac{k}{m}$ 代入方程(5-24)，令 $A_3^{(2)}=1$ 可解得对应于二阶固有频率的特征向量

$$\boldsymbol{A}^{(2)}=\begin{Bmatrix}-0.6790\\-0.6066\\1.0000\end{Bmatrix}$$

同样，再将 $\omega_{n3}^2=3.5419\frac{k}{m}$ 代入方程(5-24)，令 $A_2^{(3)}=1$ 可解出对应于三阶固有频率的特征向量

$$\boldsymbol{A}^{(3)}=\begin{Bmatrix}-0.9598\\1.0000\\-0.3934\end{Bmatrix}$$

下面再用伴随矩阵求解特征向量，由式(5-25)得系统的特征矩阵为

$$\boldsymbol{H}^{(i)}=\begin{bmatrix}5k-2m\omega_{ni}^2 & -2k & 0\\ -2k & 3k-1.5m\omega_{ni}^2 & -k\\ 0 & -k & k-m\omega_{ni}^2\end{bmatrix}$$

其伴随矩阵如下：

$$(\boldsymbol{H}^{(i)})^a=\begin{bmatrix}(3k-1.5m\omega_{ni}^2)(k-m\omega_{ni}^2)-k^2 & 2k(k-m\omega_{ni}^2) & 2k^2\\ 2k(k-m\omega_{ni}^2) & (5k-2m\omega_{ni}^2)(k-m\omega_{ni}^2) & k(5k-2m\omega_{ni}^2)\\ 2k^2 & k(5k-2m\omega_{ni}^2) & (5k-2m\omega_{ni}^2)(3k-1.5m\omega_{ni}^2)-4k^2\end{bmatrix} \tag{5-36}$$

将 $\omega_{n1}^2=0.3515\frac{k}{m}$ 代入式(5-36)整理得

$$(\boldsymbol{H}^{(1)})^a=k^2\begin{bmatrix}0.6036 & 1.297 & 2\\ 1.297 & 2.7866 & 4.297\\ 2 & 4.297 & 6.625\end{bmatrix}$$

每列各元素均以该列最大值除之，得

$$(\boldsymbol{H}^{(1)})^{a}=\begin{bmatrix}0.3018 & 0.3018 & 0.3018\\0.6485 & 0.6485 & 0.6485\\1.0000 & 1.0000 & 1.0000\end{bmatrix}$$

求出归一化于第三个质量的第一阶特征向量 $\boldsymbol{A}^{(1)}$，即

$$\boldsymbol{A}^{(1)}=\begin{Bmatrix}0.3018\\0.6485\\1.0000\end{Bmatrix}$$

同理，将 $\omega_{n2}^2=1.6066\dfrac{k}{m}$ 和 $\omega_{n3}^2=3.5419\dfrac{k}{m}$ 分别代入式(5-36)，并经归一化得

$$\boldsymbol{A}^{(2)}=\begin{Bmatrix}-0.6790\\-0.6066\\1.0000\end{Bmatrix}$$

$$\boldsymbol{A}^{(3)}=\begin{Bmatrix}-0.9598\\1.0000\\-0.3934\end{Bmatrix}$$

两种方法所得结果是相同的。

将求得的归一化特征向量代入式(5-35)得振型矩阵(模态矩阵)

$$\boldsymbol{A}_p=[\boldsymbol{A}^{(1)}\quad \boldsymbol{A}^{(2)}\quad \boldsymbol{A}^{(3)}]=\begin{bmatrix}0.3018 & -0.6790 & -0.9598\\0.6485 & -0.6066 & 1.0000\\1.0000 & 1.0000 & -0.3934\end{bmatrix}$$

根据特征向量绘出如图 5-7b、c、d 所示的第一、二、三阶主振型。

例 5-5 图 5-8a 表示一半正定的扭振系统，三个圆盘的转动惯量均为 I，其间两段轴的扭转刚度均为 k，求系统的固有频率及主振型。

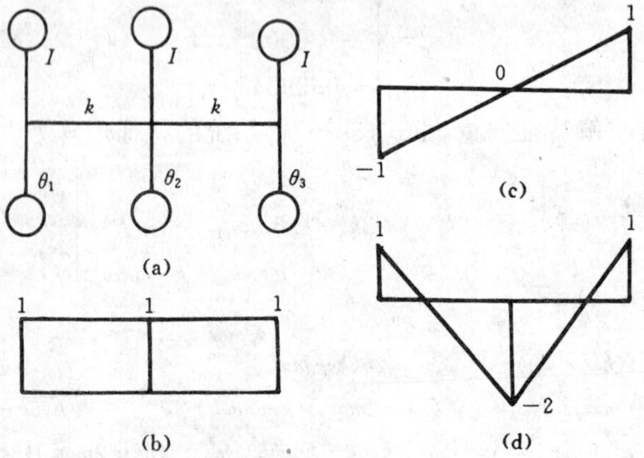

图 5-8 扭转振动系统及主振型

解 此系统的质量矩阵为对角线矩阵

$$\boldsymbol{M}=\begin{bmatrix}I & 0 & 0\\0 & I & 0\\0 & 0 & I\end{bmatrix}$$

刚度矩阵为

$$\boldsymbol{K}=\begin{bmatrix} k & -k & 0 \\ -k & 2k & -k \\ 0 & -k & k \end{bmatrix}$$

由式(5-25)得出特征矩阵

$$\boldsymbol{H}^{(i)}=\begin{bmatrix} k-I\omega_{ni}^2 & -k & 0 \\ -k & 2k-I\omega_{ni}^2 & -k \\ 0 & -k & k-I\omega_{ni}^2 \end{bmatrix}$$

令特征矩阵的行列式等于零,得如下特征方程

$$\omega_{ni}^2[I^3(\omega_{ni}^2)^2-4I^2k\omega_{ni}^2+3Ik^2]=0$$

即

$$\omega_{ni}^2\left(\omega_{ni}^2-\frac{k}{I}\right)\left(\omega_{ni}^2-\frac{3k}{I}\right)=0$$

解此方程得

$$\omega_{n1}^2=0 \text{ 或 } \omega_{n1}=0$$

$$\omega_{n2}^2=\frac{k}{I} \text{ 或 } \omega_{n2}=\sqrt{\frac{k}{I}}$$

$$\omega_{n3}^2=\frac{3k}{I} \text{ 或 } \omega_{n3}=\sqrt{\frac{3k}{I}}$$

将 $\omega_{n1}^2=0$ 代入方程(5-24),得

$$(\boldsymbol{K}-\omega_{n1}^2\boldsymbol{M})\boldsymbol{A}^{(1)}=\begin{bmatrix} k-I\omega_{n1}^2 & -k & 0 \\ -k & 2k-I\omega_{n1}^2 & -k \\ 0 & -k & k-I\omega_{n1}^2 \end{bmatrix}\begin{Bmatrix} A_1^{(1)} \\ A_2^{(1)} \\ A_3^{(1)} \end{Bmatrix}=\begin{Bmatrix} 0 \\ 0 \\ 0 \end{Bmatrix}$$

即

$$k\begin{bmatrix} 1 & -1 & 0 \\ -1 & 2 & -1 \\ 0 & -1 & 1 \end{bmatrix}\begin{Bmatrix} A_1^{(1)} \\ A_2^{(1)} \\ A_3^{(1)} \end{Bmatrix}=\begin{Bmatrix} 0 \\ 0 \\ 0 \end{Bmatrix}$$

令 $A_3^{(1)}=1$,则 $A_1^{(1)}=A_2^{(1)}=1$ 是满足上式的解,故得对应于一阶固有频率的振型向量

$$\boldsymbol{A}^{(1)}=\begin{Bmatrix} 1 \\ 1 \\ 1 \end{Bmatrix}$$

故一阶振型为刚体振型(半正定),如图 5-8b。

将 $\omega_{n2}^2=\dfrac{k}{I}$ 代入方程(5-24),得

$$k\begin{bmatrix} 0 & -1 & 0 \\ -1 & 1 & -1 \\ 0 & -1 & 0 \end{bmatrix}\begin{Bmatrix} A_1^{(2)} \\ A_2^{(2)} \\ A_3^{(2)} \end{Bmatrix}=\begin{Bmatrix} 0 \\ 0 \\ 0 \end{Bmatrix}$$

令 $A_3^{(2)}=1$,则解得

$$A_1^{(2)}=-1, A_2^{(2)}=0$$

故得对应于第二阶固有频率的振型向量

$$A^{(2)}=\begin{Bmatrix}-1\\0\\1\end{Bmatrix}$$

将 $\omega_{n3}^2=\dfrac{3k}{I}$ 代入方程(5-24),则得

$$-k\begin{bmatrix}2&1&0\\1&1&1\\0&1&2\end{bmatrix}\begin{Bmatrix}A_1^{(3)}\\A_2^{(3)}\\A_3^{(3)}\end{Bmatrix}=\begin{Bmatrix}0\\0\\0\end{Bmatrix}$$

令 $A_3^{(3)}=1$,解上式则得

$$A_1^{(3)}=1,A_2^{(3)}=-2$$

故得出对应于第三阶固有频率的振型向量

$$A^{(3)}=\begin{Bmatrix}1\\-2\\1\end{Bmatrix}$$

相应的各主振型如图 5-8b、c、d 所示。

有的半正定系统可能不只一个零值固有频率,说明系统具有不只一个独立的刚体运动,未加任何约束的带有若干集中质量的梁,计算平面弯曲振动时,就出现两个零值固有频率,即系统在平面内具有上下平移的刚体运动及转动的刚体运动。

此外,对于半正定系统只能用刚度矩阵建立作用力方程,而不能用柔度矩阵建立位移方程。由物理意义上来说,半正定系统在某质点上施加一单位力后,系统将无法维持平衡而产生刚体运动,所以柔度影响系数及柔度矩阵无法建立。另由系统平衡方程组可知,某系统矩阵即为刚度矩阵 $\boldsymbol{K}$,由于半正定系统除了坐标值为零的中性平衡位置外,还存在着坐标值并不为零的平衡位置,故此刚度矩阵的行列式应为零。不可能用求刚度矩阵 $\boldsymbol{K}$ 的逆来得到柔度矩阵。只有在正定系统才能利用柔度矩阵建立位移方程。

下面介绍用位移方程表示的系统的固有频率及主振型的计算。系统的无阻尼自由振动的位移方程为

$$\begin{bmatrix}F_{11}&F_{12}&\cdots&F_{1n}\\F_{21}&F_{22}&\cdots&F_{2n}\\\cdots&\cdots&\cdots&\cdots\\F_{n1}&F_{n2}&\cdots&F_{nn}\end{bmatrix}\begin{bmatrix}M_{11}&M_{12}&\cdots&M_{1n}\\M_{21}&M_{22}&\cdots&M_{2n}\\\cdots&\cdots&\cdots&\cdots\\M_{n1}&M_{n2}&\cdots&M_{nn}\end{bmatrix}\begin{Bmatrix}\ddot{x}_1\\\ddot{x}_2\\\vdots\\\ddot{x}_n\end{Bmatrix}+\begin{Bmatrix}x_1\\x_2\\\vdots\\x_n\end{Bmatrix}=\begin{Bmatrix}0\\0\\\vdots\\0\end{Bmatrix}\tag{5-37}$$

将式(5-22)代入式(5-37)得

$$-\omega_{ni}^2\begin{bmatrix}F_{11}&F_{12}&\cdots&F_{1n}\\F_{21}&F_{22}&\cdots&F_{2n}\\\cdots&\cdots&\cdots&\cdots\\F_{n1}&F_{n2}&\cdots&F_{nn}\end{bmatrix}\begin{bmatrix}M_{11}&M_{12}&\cdots&M_{1n}\\M_{21}&M_{22}&\cdots&M_{2n}\\\cdots&\cdots&\cdots&\cdots\\M_{n1}&M_{n2}&\cdots&M_{nn}\end{bmatrix}\begin{Bmatrix}A_1^{(i)}\\A_2^{(i)}\\\vdots\\A_n^{(i)}\end{Bmatrix}+\begin{Bmatrix}A_1^{(i)}\\A_2^{(i)}\\\vdots\\A_n^{(i)}\end{Bmatrix}=\begin{Bmatrix}0\\0\\\vdots\\0\end{Bmatrix}$$

令 $\lambda_i=1/\omega_{ni}^2$,上式乘以 $-\lambda_i$ 得

$$\left(\begin{bmatrix}F_{11}&F_{12}&\cdots&F_{1n}\\F_{21}&F_{22}&\cdots&F_{2n}\\\cdots&\cdots&\cdots&\cdots\\F_{n1}&F_{n2}&\cdots&F_{nn}\end{bmatrix}\begin{bmatrix}M_{11}&M_{12}&\cdots&M_{1n}\\M_{21}&M_{22}&\cdots&M_{2n}\\\cdots&\cdots&\cdots&\cdots\\M_{n1}&M_{n2}&\cdots&M_{nn}\end{bmatrix}-\lambda_i\begin{bmatrix}1&0&\cdots&0\\0&1&\cdots&0\\\cdots&\cdots&\cdots&\cdots\\0&0&\cdots&1\end{bmatrix}\right)\begin{Bmatrix}A_1^{(i)}\\A_2^{(i)}\\\vdots\\A_n^{(i)}\end{Bmatrix}=\begin{Bmatrix}0\\0\\\vdots\\0\end{Bmatrix}$$

或写成简式

$$(\boldsymbol{FM}-\lambda_i\boldsymbol{I})\boldsymbol{A}^{(i)}=\boldsymbol{0} \tag{5-38}$$

再引入符号 $\boldsymbol{B}^{(i)}=\boldsymbol{FM}-\lambda_i\boldsymbol{I}$ 称为特征矩阵。则得

$$\boldsymbol{B}^{(i)}\boldsymbol{A}^{(i)}=\boldsymbol{0} \tag{5-39}$$

对于振动系统来说，振幅不应全部为零，亦即 $\boldsymbol{A}^{(i)}\neq\boldsymbol{0}$，因此必有特征矩阵的行列式 $|\boldsymbol{B}^{(i)}|=0$，即

$$|\boldsymbol{FM}-\lambda_i\boldsymbol{I}|=0 \tag{5-40}$$

行列式(5-40)展开后得出一个关于 λ_i 的 n 阶多项式，多项式的根 λ_1、$\lambda_2\cdots\lambda_n$ 就是特征值，从而解得各阶固有频率。

系统的特征向量，亦可借助伴随矩阵求得。根据定义，$\boldsymbol{B}^{(i)}$ 的逆矩阵有如下形式

$$(\boldsymbol{B}^{(i)})^{-1}=(\boldsymbol{B}^{(i)})^{a}/|\boldsymbol{B}^{(i)}|$$

或

$$|\boldsymbol{B}^{(i)}|(\boldsymbol{B}^{(i)})^{-1}=(\boldsymbol{B}^{(i)})^{a} \tag{5-41}$$

用 $\boldsymbol{B}^{(i)}$ 左乘式(5-41)得

$$|\boldsymbol{B}^{(i)}|\boldsymbol{I}=\boldsymbol{B}^{(i)}(\boldsymbol{B}^{(i)})^{a} \tag{5-42}$$

依据 $\boldsymbol{B}^{(i)}$ 的原始关系，上式变成

$$|\boldsymbol{FM}-\lambda_i\boldsymbol{I}|\boldsymbol{I}=(\boldsymbol{FM}-\lambda_i\boldsymbol{I})(\boldsymbol{FM}-\lambda_i\boldsymbol{I})^{a} \tag{5-43}$$

对于任何一个特征值 λ_i，上式左端均为零。因而有

$$(\boldsymbol{FM}-\lambda_i\boldsymbol{I})(\boldsymbol{FM}-\lambda_i\boldsymbol{I})^{a}=\boldsymbol{0} \tag{5-44}$$

比较式(5-38)与式(5-44)，可以看到特征向量就是伴随矩阵 $(\boldsymbol{B}^{(i)})^{a}$ 的任意一列。

例 5-6 求图 5-9a 的梁作弯曲振动时的固有频率、主振型及振型矩阵（梁的抗弯刚度为 EJ，自重不计）。

解 该系统的质量矩阵 $\boldsymbol{M}$ 和柔度矩阵 $\boldsymbol{F}$ 分别为

$$\boldsymbol{M}=\begin{bmatrix} m & 0 & 0 \\ 0 & m & 0 \\ 0 & 0 & m \end{bmatrix},\boldsymbol{F}=\frac{l^3}{768EJ}\begin{bmatrix} 9 & 11 & 7 \\ 11 & 16 & 11 \\ 7 & 11 & 9 \end{bmatrix}$$

将 $\boldsymbol{M}$ 和 $\boldsymbol{F}$ 代入特征矩阵得

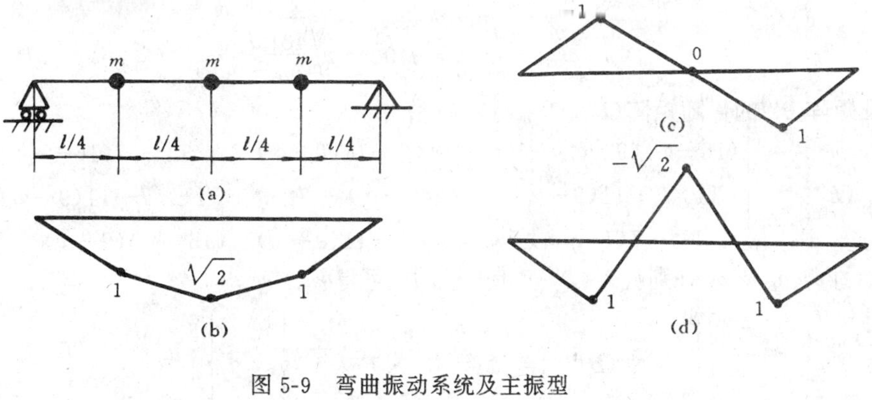

图 5-9 弯曲振动系统及主振型

$$\boldsymbol{FM}-\lambda_i\boldsymbol{I}=\frac{ml^3}{768EJ}\begin{bmatrix} 9 & 11 & 7 \\ 11 & 16 & 11 \\ 7 & 11 & 9 \end{bmatrix}\begin{bmatrix} 1 & 0 & 0 \\ 0 & 1 & 0 \\ 0 & 0 & 1 \end{bmatrix}-\begin{bmatrix} \lambda_i & 0 & 0 \\ 0 & \lambda_i & 0 \\ 0 & 0 & \lambda_i \end{bmatrix}$$

$$=\frac{ml^3}{768EJ}\begin{bmatrix}9 & 11 & 7\\ 11 & 16 & 11\\ 7 & 11 & 9\end{bmatrix}-\begin{bmatrix}\lambda_i & 0 & 0\\ 0 & \lambda_i & 0\\ 0 & 0 & \lambda_i\end{bmatrix}$$

$$=\begin{bmatrix}9\delta-\lambda_i & 11\delta & 7\delta\\ 11\delta & 16\delta-\lambda_i & 11\delta\\ 7\delta & 11\delta & 9\delta-\lambda_i\end{bmatrix}$$

式中　$\delta=\frac{ml^3}{768EJ}$,令 $\alpha_i=\lambda_i/\delta$,则特征矩阵成为

$$\boldsymbol{B}^{(i)}=\delta\begin{bmatrix}9-\alpha_i & 11 & 7\\ 11 & 16-\alpha_i & 11\\ 7 & 11 & 9-\alpha_i\end{bmatrix}$$

将特征矩阵代入式(5-39),得

$$\begin{bmatrix}9-\alpha_i & 11 & 7\\ 11 & 16-\alpha_i & 11\\ 7 & 11 & 9-\alpha_i\end{bmatrix}\begin{Bmatrix}A_1^{(i)}\\ A_2^{(i)}\\ A_3^{(i)}\end{Bmatrix}=\begin{Bmatrix}0\\ 0\\ 0\end{Bmatrix}$$

由于

$$|\boldsymbol{B}^{(i)}|=\begin{vmatrix}9-\alpha_i & 11 & 7\\ 11 & 16-\alpha_i & 11\\ 7 & 11 & 9-\alpha_i\end{vmatrix}=0$$

展开后得

$$\alpha_i^3-34\alpha_i^2+78\alpha_i-28=0$$

解得三个正根为

$$\alpha_1=31.5562,\alpha_2=2.0000,\alpha_3=0.4438$$

则系统的三个固有频率分别为

$$\omega_{n1}=\sqrt{\frac{1}{\alpha_1\delta}}=0.7121\sqrt{\frac{48EJ}{ml^3}}$$

$$\omega_{n2}=\sqrt{\frac{1}{\alpha_2\delta}}=2.8284\sqrt{\frac{48EJ}{ml^3}}$$

$$\omega_{n3}=\sqrt{\frac{1}{\alpha_3\delta}}=6.0044\sqrt{\frac{48EJ}{ml^3}}$$

用特征矩阵 $\boldsymbol{B}^{(i)}$ 的伴随矩阵 $(\boldsymbol{B}^{(i)})^a$ 求特征向量

$$(\boldsymbol{B}^{(i)})^a=\begin{bmatrix}(16-\alpha_i)(9-\alpha_i)-11^2 & 11\times7-11(9-\alpha_i) & 11^2-7(16-\alpha_i)\\ 11\times7-11(9-\alpha_i) & (9-\alpha_i)^2-7^2 & 11\times7-11(9-\alpha_i)\\ 11^2-7(16-\alpha_i) & 11\times7-11(9-\alpha_i) & (16-\alpha_i)(9-\alpha_i)-11^2\end{bmatrix}$$

将求得的 α_1、α_2 及 α_3 分别代入 $(\boldsymbol{B}^{(i)})^a$ 任一列中,可得

$$(\boldsymbol{B}^{(1)})^a=(11^2+11\times7\sqrt{2})\begin{Bmatrix}1\\ \sqrt{2}\\ 1\end{Bmatrix}$$

$$(\boldsymbol{B}^{(2)})^a=(11^2-2\times7\times7)\begin{Bmatrix}-1\\ 0\\ 1\end{Bmatrix}$$

$$(\boldsymbol{B}^{(3)})^{a}=(11^{2}-11\times 7\sqrt{2})\begin{Bmatrix}1\\-\sqrt{2}\\1\end{Bmatrix}$$

由此得三个特征向量为

$$\boldsymbol{A}^{(1)}=\begin{Bmatrix}1\\\sqrt{2}\\1\end{Bmatrix}$$

$$\boldsymbol{A}^{(2)}=\begin{Bmatrix}-1\\0\\1\end{Bmatrix}$$

$$\boldsymbol{A}^{(3)}=\begin{Bmatrix}1\\-\sqrt{2}\\1\end{Bmatrix}$$

梁的三个主振型如图 5-9b、c、d 所示。振型矩阵 $\boldsymbol{A}_p$ 为

$$\boldsymbol{A}_p=[\boldsymbol{A}^{(1)}\quad\boldsymbol{A}^{(2)}\quad\boldsymbol{A}^{(3)}]=\begin{bmatrix}1&-1&1\\\sqrt{2}&0&-\sqrt{2}\\1&1&1\end{bmatrix}$$

5.3.3 主振型的正交性

上面分析指出：一个 n 自由度系统具有 n 个固有频率 ω_{ni} 及 n 组主振型 $\boldsymbol{A}^{(i)}$，现在来进一步研究主振型之间的关系。由代数方程组(5-24)可得对应于固有频率 ω_{ni} 和 ω_{nj} 的主振型 $\boldsymbol{A}^{(i)}$ 和 $\boldsymbol{A}^{(j)}$，分别得出下述两个方程式

$$\boldsymbol{KA}^{(i)}=\omega_{ni}^{2}\boldsymbol{MA}^{(i)}\tag{5-45}$$

$$\boldsymbol{KA}^{(j)}=\omega_{nj}^{2}\boldsymbol{MA}^{(j)}\tag{5-46}$$

用第 j 阶主振型 $\boldsymbol{A}^{(j)}$ 的转置矩阵 $(\boldsymbol{A}^{(j)})^{\mathrm{T}}$ 左乘式(5-45)，得

$$(\boldsymbol{A}^{(j)})^{\mathrm{T}}\boldsymbol{KA}^{(i)}=\omega_{ni}^{2}(\boldsymbol{A}^{(j)})^{\mathrm{T}}\boldsymbol{MA}^{(i)}\tag{5-47}$$

先将式(5-46)两边转置，而后用第 i 阶主振型 $\boldsymbol{A}^{(i)}$ 右乘，由于质量矩阵与刚度矩阵均是对称矩阵，故得

$$(\boldsymbol{A}^{(j)})^{\mathrm{T}}\boldsymbol{KA}^{(i)}=\omega_{nj}^{2}(\boldsymbol{A}^{(j)})^{\mathrm{T}}\boldsymbol{MA}^{(i)}\tag{5-48}$$

式(5-47)减去式(5-48)得

$$(\omega_{ni}^{2}-\omega_{nj}^{2})(\boldsymbol{A}^{(j)})^{\mathrm{T}}\boldsymbol{MA}^{(i)}=0\tag{5-49}$$

式(5-47)的两边除以 ω_{ni}^{2} 减去式(5-48)的两边除以 ω_{nj}^{2}，则得

$$\left(\frac{1}{\omega_{ni}^{2}}-\frac{1}{\omega_{nj}^{2}}\right)(\boldsymbol{A}^{(j)})^{\mathrm{T}}\boldsymbol{KA}^{(i)}=0\tag{5-50}$$

当 $i\neq j$，且特征值 $\omega_{ni}\neq\omega_{nj}$ 时，要满足式(5-49)和式(5-50)，则必然有如下关系

$$(\boldsymbol{A}^{(j)})^{\mathrm{T}}\boldsymbol{MA}^{(i)}=(\boldsymbol{A}^{(i)})^{\mathrm{T}}\boldsymbol{MA}^{(j)}=0\tag{5-51}$$

$$(\boldsymbol{A}^{(j)})^{\mathrm{T}}\boldsymbol{KA}^{(i)}=(\boldsymbol{A}^{(i)})^{\mathrm{T}}\boldsymbol{KA}^{(j)}=0\tag{5-52}$$

式(5-51)与式(5-52)表明不相等的固有频率的两个主振型之间，存在着关于质量矩阵 $\boldsymbol{M}$ 的正交性及关于刚度矩阵 $\boldsymbol{K}$ 的正交性，统称为主振型的正交性。式(5-51)和式(5-52)就是主振型的正交性条件。

当 $i=j$ 时，式(5-49)和式(5-50)对于任何值都能成立，令

$$(\boldsymbol{A}^{(i)})^{\mathrm{T}}\boldsymbol{M}\boldsymbol{A}^{(i)}=M_{pi} \tag{5-53}$$

$$(\boldsymbol{A}^{(i)})^{\mathrm{T}}\boldsymbol{K}\boldsymbol{A}^{(i)}=K_{pi} \tag{5-54}$$

式中　M_{pi}和 K_{pi}均为常数，并称 M_{pi}为第 i 阶主质量，K_{pi}为第 i 阶主刚度，它们取决于特征向量 $\boldsymbol{A}^{(i)}$是如何归一化的。

从式(5-51)至式(5-54)表示的主振型正交关系中可以看出，在矩阵运算中，经常要用到式(5-53)的转置矩阵的各种表达形式

$$\boldsymbol{A}_P^{\mathrm{T}}=[\boldsymbol{A}^{(1)}\quad \boldsymbol{A}^{(2)}\cdots\boldsymbol{A}^{(n)}]^{\mathrm{T}}=\begin{bmatrix} A_1^{(1)} & A_2^{(1)} & \cdots & A_n^{(1)} \\ A_1^{(2)} & A_2^{(2)} & \cdots & A_n^{(2)} \\ \cdots & \cdots & \cdots & \cdots \\ A_1^{(n)} & A_2^{(n)} & \cdots & A_n^{(n)} \end{bmatrix}=\begin{bmatrix} (\boldsymbol{A}^{(1)})^{\mathrm{T}} \\ (\boldsymbol{A}^{(2)})^{\mathrm{T}} \\ \cdots \\ (\boldsymbol{A}^{(n)})^{\mathrm{T}} \end{bmatrix} \tag{5-55}$$

由式(5-51)与式(5-53)组集在一起表述为

$$\boldsymbol{A}_P^{\mathrm{T}}\boldsymbol{M}\boldsymbol{A}_P=\boldsymbol{M}_P \tag{5-56}$$

式中 $\boldsymbol{M}_P$ 为对角矩阵，称为主质量矩阵。同样可以类似地将式(5-52)与式(5-54)组集在一起表述为

$$\boldsymbol{A}_P^{\mathrm{T}}\boldsymbol{K}\boldsymbol{A}_P=\boldsymbol{K}_P \tag{5-57}$$

式中 $\boldsymbol{K}_P$ 为对角矩阵，称为主刚度矩阵。这样，利用式(5-56)、(5-57)就把矩阵 $\boldsymbol{M}$ 与 $\boldsymbol{K}$ 变换为对角矩阵。为了说明这一点，以三自由度系统为例对主振型进行上述运算。假设质量矩阵与刚度矩阵都是填满的而不是对角线的，根据式(5-56)有

$$\begin{aligned}\boldsymbol{A}_P^{\mathrm{T}}\boldsymbol{M}\boldsymbol{A}_P &= \begin{bmatrix} (\boldsymbol{A}^{(1)})^{\mathrm{T}} \\ (\boldsymbol{A}^{(2)})^{\mathrm{T}} \\ (\boldsymbol{A}^{(3)})^{\mathrm{T}} \end{bmatrix}\boldsymbol{M}[\boldsymbol{A}^{(1)}\quad \boldsymbol{A}^{(2)}\quad \boldsymbol{A}^{(3)}] \\ &= \begin{bmatrix} (\boldsymbol{A}^{(1)})^{\mathrm{T}}\boldsymbol{M}\boldsymbol{A}^{(1)} & (\boldsymbol{A}^{(1)})^{\mathrm{T}}\boldsymbol{M}\boldsymbol{A}^{(2)} & (\boldsymbol{A}^{(1)})^{\mathrm{T}}\boldsymbol{M}\boldsymbol{A}^{(3)} \\ (\boldsymbol{A}^{(2)})^{\mathrm{T}}\boldsymbol{M}\boldsymbol{A}^{(1)} & (\boldsymbol{A}^{(2)})^{\mathrm{T}}\boldsymbol{M}\boldsymbol{A}^{(2)} & (\boldsymbol{A}^{(2)})^{\mathrm{T}}\boldsymbol{M}\boldsymbol{A}^{(3)} \\ (\boldsymbol{A}^{(3)})^{\mathrm{T}}\boldsymbol{M}\boldsymbol{A}^{(1)} & (\boldsymbol{A}^{(3)})^{\mathrm{T}}\boldsymbol{M}\boldsymbol{A}^{(2)} & (\boldsymbol{A}^{(3)})^{\mathrm{T}}\boldsymbol{M}\boldsymbol{A}^{(3)} \end{bmatrix} \\ &= \begin{bmatrix} M_{p1} & 0 & 0 \\ 0 & M_{p2} & 0 \\ 0 & 0 & M_{p3} \end{bmatrix}=\boldsymbol{M}_P \end{aligned} \tag{5-58}$$

这里非对角线各项由于主振型的正交性而等于零。位于主质量矩阵 $\boldsymbol{M}_P$对角线上各项就是相应于各固有频率的主质量。

对于刚度矩阵 $\boldsymbol{K}$，进行类似于上述运算后得出

$$\boldsymbol{A}_P^{\mathrm{T}}\boldsymbol{K}\boldsymbol{A}_P=\begin{bmatrix} K_{p1} & 0 & 0 \\ 0 & K_{p2} & 0 \\ 0 & 0 & K_{p3} \end{bmatrix}=\boldsymbol{K}_P \tag{5-59}$$

这里的对角线元素就是第 i 阶振型的主刚度 K_{pi}。

主振型关于质量矩阵和关于刚度矩阵正交性的物理意义可以从能量观点来说明：对每一个主振动来说，它的动能与势能之和永远是常数。就是说，在系统运动过程中，每一个主振动内部的动能与势能可以互相转化，就象一个独立的单自由度系统振动时的情况一样，各阶主振动之间不会发生能量的传递，因此从能量观点可以看出，各阶主振动之间相互是独立

的。

例 5-7 对于图 5-7 所示三自由度系统，验证其主振型的正交性，并计算相应于各阶振型的主质量与主刚度。

解 前面已求得该系统的振型矩阵

$$\boldsymbol{A}_P=[\boldsymbol{A}^{(1)}\quad \boldsymbol{A}^{(2)}\quad \boldsymbol{A}^{(3)}]=\begin{bmatrix}0.3018 & -0.6790 & -0.9598\\ 0.6485 & -0.6066 & 1.0000\\ 1.0000 & 1.0000 & -0.3934\end{bmatrix}$$

(1)校验主振型的正交性。由正交条件当 $i=1, j=2$ 时，由式(5-56)有

$$(\boldsymbol{A}^{(1)})^{\mathrm{T}}\boldsymbol{M}\boldsymbol{A}^{(2)}=[A_1^{(1)}\quad A_2^{(1)}\quad A_3^{(1)}]\begin{bmatrix}2m & 0 & 0\\ 0 & 1.5m & 0\\ 0 & 0 & m\end{bmatrix}\begin{Bmatrix}A_1^{(2)}\\ A_2^{(2)}\\ A_3^{(2)}\end{Bmatrix}$$

$$=[0.3018\quad 0.6485\quad 1.0000]m\begin{bmatrix}2 & 0 & 0\\ 0 & 1.5 & 0\\ 0 & 0 & 1\end{bmatrix}\begin{Bmatrix}-0.6790\\ -0.6066\\ 1.0000\end{Bmatrix}$$

$$=m(1.0000-0.9999)=0$$

当 $i=1, j=3$ 时，由式(5-57)有

$$(\boldsymbol{A}^{(1)})^{\mathrm{T}}\boldsymbol{K}\boldsymbol{A}^{(3)}=[A_1^{(1)}\quad A_2^{(1)}\quad A_3^{(1)}]\begin{bmatrix}5k & -2k & 0\\ -2k & 3k & -k\\ 0 & -k & k\end{bmatrix}\begin{Bmatrix}A_1^{(3)}\\ A_2^{(3)}\\ A_3^{(3)}\end{Bmatrix}$$

$$=[0.3018\quad 0.6485\quad 1.0000]k\begin{bmatrix}5 & -2 & 0\\ -2 & 3 & -1\\ 0 & -1 & 1\end{bmatrix}\begin{Bmatrix}-0.9598\\ 1.0000\\ -0.3934\end{Bmatrix}$$

$$=k(0.3419-0.3418)=0$$

其他 $i\neq j$ 的所有情形，均可进行验证。

(2)计算各振型的主质量及主刚度。

对于一阶振型有

$$M_{p1}=(\boldsymbol{A}^{(1)})^{\mathrm{T}}\boldsymbol{M}\boldsymbol{A}^{(1)}=[0.3018\quad 0.6485\quad 1.0000]m\begin{bmatrix}2 & 0 & 0\\ 0 & 1.5 & 0\\ 0 & 0 & 1\end{bmatrix}\begin{Bmatrix}0.3018\\ 0.6485\\ 1.0000\end{Bmatrix}$$

$$=1.8130m$$

$$K_{p1}=(\boldsymbol{A}^{(1)})^{\mathrm{T}}\boldsymbol{K}\boldsymbol{A}^{(1)}=[0.3018\quad 0.6485\quad 1.0000]k\begin{bmatrix}5 & -2 & 0\\ -2 & 3 & -1\\ 0 & -1 & 1\end{bmatrix}\begin{Bmatrix}0.3018\\ 0.6485\\ 1.0000\end{Bmatrix}$$

$$=0.6372k$$

对于二阶振型有

$$M_{p2}=(\boldsymbol{A}^{(2)})^{\mathrm{T}}\boldsymbol{M}\boldsymbol{A}^{(2)}=[-0.6790\quad -0.6066\quad 1.0000]m\begin{bmatrix}2 & 0 & 0\\ 0 & 1.5 & 0\\ 0 & 0 & 1\end{bmatrix}\begin{Bmatrix}-0.6790\\ -0.6066\\ 1.0000\end{Bmatrix}$$

$$=2.4740m$$

$$K_{p2}=(\boldsymbol{A}^{(2)})^{\mathrm{T}}\boldsymbol{K}\boldsymbol{A}^{(2)}=[-0.6790\quad -0.6066\quad 1.0000]k\begin{bmatrix}5 & -2 & 0\\ -2 & 3 & -1\\ 0 & -1 & 1\end{bmatrix}\begin{Bmatrix}-0.6790\\ -0.6066\\ 1.0000\end{Bmatrix}$$

$$=3.9748k$$

同理，对于三阶振型有

$$M_{p3}=(\boldsymbol{A}^{(3)})^{\mathrm{T}}\boldsymbol{M}\boldsymbol{A}^{(3)}=3.4972m$$

$$K_{p3}=(\boldsymbol{A}^{(3)})^{\mathrm{T}}\boldsymbol{K}\boldsymbol{A}^{(3)}=12.3868k$$

这样，求得主质量矩阵与主刚度矩阵分别为

$$\boldsymbol{M}_P=\begin{bmatrix}1.8130m & 0 & 0\\ 0 & 2.4740m & 0\\ 0 & 0 & 3.4972m\end{bmatrix}$$

$$\boldsymbol{K}_P=\begin{bmatrix}0.6372k & 0 & 0\\ 0 & 3.9748k & 0\\ 0 & 0 & 12.3868k\end{bmatrix}$$

下面进一步说明主质量矩阵 $\boldsymbol{M}_P$ 与主刚度矩阵 $\boldsymbol{K}_P$ 之间的关系。

根据方程(5-45)，并考虑到关系式(5-35)，可以将 $1\leqslant i\leqslant n$ 各阶的式(5-45)与式(5-35)的关系概括地表达为

$$\boldsymbol{K}\boldsymbol{A}_P=\boldsymbol{M}\boldsymbol{A}_P\boldsymbol{\omega}_n^2 \tag{5-60}$$

这里 $\boldsymbol{\omega}_n^2$ 为一对角线矩阵，称为特征值矩阵。上式可写成

$$\boldsymbol{K}[\boldsymbol{A}^{(1)}\quad \boldsymbol{A}^{(2)}\cdots\boldsymbol{A}^{(n)}]=\boldsymbol{M}[\boldsymbol{A}^{(1)}\quad \boldsymbol{A}^{(2)}\cdots\boldsymbol{A}^{(n)}]\begin{bmatrix}\omega_{n1}^2 & 0 & \cdots & 0\\ 0 & \omega_{n2}^2 & \cdots & 0\\ \cdots & \cdots & \cdots & \cdots\\ 0 & 0 & \cdots & \omega_{nn}^2\end{bmatrix}$$

或

$$\boldsymbol{K}[\boldsymbol{A}^{(1)}\boldsymbol{A}^{(2)}\cdots\boldsymbol{A}^{(n)}]=[\boldsymbol{M}\boldsymbol{A}^{(1)}\omega_{n1}^2\quad \boldsymbol{M}\boldsymbol{A}^{(2)}\omega_{n2}^2\cdots\boldsymbol{M}\boldsymbol{A}^{(n)}\omega_{nn}^2]$$

可见式(5-60)表达了式(5-45)当 $1\leqslant i\leqslant n$ 的各阶情形。

用 $\boldsymbol{A}_P^{\mathrm{T}}$ 左乘式(5-60)得

$$\boldsymbol{A}_P^{\mathrm{T}}\boldsymbol{K}\boldsymbol{A}_P=\boldsymbol{A}_P^{\mathrm{T}}\boldsymbol{M}\boldsymbol{A}_P\boldsymbol{\omega}_n^2 \tag{5-61}$$

即

$$\boldsymbol{K}_P=\boldsymbol{M}_P\boldsymbol{\omega}_n^2 \tag{5-62}$$

对于第 i 阶而言有

$$K_{pi}=M_{pi}\omega_{ni}^2$$

$$\omega_{ni}^2=\frac{K_{pi}}{M_{pi}} \tag{5-63}$$

可见第 i 阶固有频率的平方，等于第 i 阶主刚度除以第 i 阶主质量。

5.4 主坐标与正则坐标

5.4.1 主坐标

上节利用振型矩阵 $\boldsymbol{A}_P$，通过式(5-56)和式(5-57)的运算，可使系统的质量矩阵 $\boldsymbol{M}$ 及刚度矩阵 $\boldsymbol{K}$ 都变换成对角矩阵形式的主质量矩阵 $\boldsymbol{M}_P$ 及主刚度矩阵 $\boldsymbol{K}_P$。与此类似，也可以利

用振型矩阵 $\boldsymbol{A}_P$ 将相互耦联的振动微分方程组变换为彼此独立的方程。这样,每个方程都可以按单自由度系统的运动方程来处理,这给多自由度系统的振动分析带来极大的方便。

多自由度系统自由振动的作用力方程

$$\boldsymbol{M}\ddot{\boldsymbol{X}}+\boldsymbol{K}\boldsymbol{X}=\boldsymbol{0} \tag{5-64}$$

由于 $\boldsymbol{M}$ 与 $\boldsymbol{K}$ 一般不是对角矩阵,因此上式为一组相互耦联的微分方程组,其求解是不太方便的。因为耦联方程的性质取决于所选用的广义坐标,而不取决于系统的固有特性。为此,希望能找到这样的坐标 $\boldsymbol{X}_P$,用它来描述振动方程时,即不存在惯性耦联,也不存在弹性耦联,即运动微分方程之间彼此独立。这种坐标 $\boldsymbol{X}_P$ 确实存在,下面介绍寻找这种坐标的线性变换方法。

用 $\boldsymbol{A}_P^{\mathrm{T}}$ 左乘方程(5-64),并在 $\ddot{\boldsymbol{X}}$ 和 $\boldsymbol{X}$ 前面插进 $\boldsymbol{I}=\boldsymbol{A}_P\boldsymbol{A}_P^{-1}$,则有

$$\boldsymbol{A}_P^{\mathrm{T}}\boldsymbol{M}\boldsymbol{A}_P\boldsymbol{A}_P^{-1}\ddot{\boldsymbol{X}}+\boldsymbol{A}_P^{\mathrm{T}}\boldsymbol{K}\boldsymbol{A}_P\boldsymbol{A}_P^{-1}\boldsymbol{X}=\boldsymbol{0} \tag{5-65}$$

由式(5-56)及式(5-57)知

$$\boldsymbol{M}_P=\boldsymbol{A}_P^{\mathrm{T}}\boldsymbol{M}\boldsymbol{A}_P,\ \boldsymbol{K}_P=\boldsymbol{A}_P^{\mathrm{T}}\boldsymbol{K}\boldsymbol{A}_P$$

引用正交性关系,式(5-65)可写成

$$\boldsymbol{M}_P\ddot{\boldsymbol{X}}_P+\boldsymbol{K}_P\boldsymbol{X}_P=\boldsymbol{0} \tag{5-66}$$

此方程中的新位移坐标 $\boldsymbol{X}_P$ 称为主坐标,定义为

$$\boldsymbol{X}_P=\boldsymbol{A}_P^{-1}\boldsymbol{X} \tag{5-67}$$

相应地

$$\ddot{\boldsymbol{X}}_P=\boldsymbol{A}_P^{-1}\ddot{\boldsymbol{X}} \tag{5-68}$$

由于主质量矩阵 $\boldsymbol{M}_P$ 及主刚度矩阵 $\boldsymbol{K}_P$ 都是对角矩阵,所以用主坐标描述的系统运动方程式(5-66)中,各方程式之间互不耦联,其展开后的形式为

$$\left.\begin{aligned}M_{p1}\ddot{x}_{p1}+K_{p1}x_{p1}=0\\M_{p2}\ddot{x}_{p2}+K_{p2}x_{p2}=0\\\cdots\cdots\cdots\cdots\cdots\cdots\\M_{pn}\ddot{x}_{pn}+K_{pn}x_{pn}=0\end{aligned}\right\} \tag{5-69}$$

显然,使用主坐标 $\boldsymbol{X}_P$ 来描述系统的运动方程是很方便的,其求解也是很容易的。因为它把一个 n 自由度系统转化为 n 个单自由度系统了,以上运算称为解耦。

由式(5-67)可知原坐标 $\boldsymbol{X}$ 与主坐标 $\boldsymbol{X}_P$ 的关系是

$$\boldsymbol{X}=\boldsymbol{A}_P\boldsymbol{X}_P \tag{5-70}$$

相应地

$$\ddot{\boldsymbol{X}}=\boldsymbol{A}_P\ddot{\boldsymbol{X}}_P \tag{5-71}$$

为了理解这个坐标变换的意义,可将式(5-70)写成下述展开的形式

$$\begin{Bmatrix}x_1\\x_2\\\vdots\\x_n\end{Bmatrix}=\begin{bmatrix}A_1^{(1)} & A_1^{(2)} & \cdots & A_1^{(n)}\\A_2^{(1)} & A_2^{(2)} & \cdots & A_2^{(n)}\\\cdots & \cdots & \cdots & \cdots\\A_n^{(1)} & A_n^{(2)} & \cdots & A_n^{(n)}\end{bmatrix}\begin{Bmatrix}x_{p1}\\x_{p2}\\\vdots\\x_{pn}\end{Bmatrix}=\begin{Bmatrix}A_1^{(1)}x_{p1}+A_1^{(2)}x_{p2}+\cdots+A_1^{(n)}x_{pn}\\A_2^{(1)}x_{p1}+A_2^{(2)}x_{p2}+\cdots+A_2^{(n)}x_{pn}\\\cdots\cdots\cdots\cdots\cdots\cdots\\A_n^{(1)}x_{p1}+A_n^{(2)}x_{p2}+\cdots+A_n^{(n)}x_{pn}\end{Bmatrix}$$

$$=x_{p1}\begin{Bmatrix}A_1^{(1)}\\A_2^{(1)}\\\vdots\\A_n^{(1)}\end{Bmatrix}+x_{p2}\begin{Bmatrix}A_1^{(2)}\\A_2^{(2)}\\\vdots\\A_n^{(2)}\end{Bmatrix}+\cdots+x_{pn}\begin{Bmatrix}A_1^{(n)}\\A_2^{(n)}\\\vdots\\A_n^{(n)}\end{Bmatrix} \tag{5-72}$$

即 $$X=x_{p1}A^{(1)}+x_{p2}A^{(2)}+\cdots+x_{pn}A^{(n)} \tag{5-73}$$
可以看出：原先各坐标 x_1、x_2、$\cdots x_n$ 任意一组位移值，都可以看成是由 n 组主振型按一定的比例组合而成的，这 n 个比例因子就是 n 个主坐标 x_{p1}、x_{p2}、$\cdots x_{pn}$的值。如果 $x_{p1}=1$，而其他各 x_{pi}值都为零，则由式(5-73)得

$$X=1\times A^{(1)}+0\times A^{(2)}+\cdots+0\times A^{(n)}=A^{(1)}$$

即这时系统各坐标值 X 正好与第一阶主振型值 $A^{(1)}$相等，这就是第一个主坐标 x_{p1}取单位值的几何意义。其他各主坐标值的意义也类似。总之，每一个主坐标的值等于各阶主振型分量在系统原坐标值中占有成分的大小。

将式(5-70)两边左乘以 $A_P^{\mathrm{T}}M$ 后，可得

$$A_P^{\mathrm{T}}MX=A_P^{\mathrm{T}}MA_PX_P=M_PX_P$$

所以 $$X_P=M_P^{-1}A_P^{\mathrm{T}}MX \tag{5-74}$$
由原坐标 X 按上式很容易地计算出 X_P，因其中 M_P^{-1} 只要将 M_P 对角线元素取倒数后即可求得。式(5-74)可看成(5-70)的求逆。因此得到

$$A_P^{-1}=M_P^{-1}A_P^{\mathrm{T}}M \tag{5-75}$$

5.4.2 正则振型矩阵及正则坐标

由于主振型列阵只表示系统作主振动时各坐标间幅值的相对大小，因此，由这样的主振型列阵构成的振型矩阵 A_P，再按式(5-56)运算求得主质量矩阵 M_P，通常它的对角线元素 M_{pi}值各不相等，因为主振型可以任意改变比值，所以主坐标不是惟一的。为了运算方便起见，我们可将各主振型进行正则化处理，即取一组特定的主振型，称为正则振型，用列阵 $A_N^{(i)}$表示，它满足条件

$$(A_N^{(i)})^{\mathrm{T}}MA_N^{(i)}=1 \tag{5-76}$$

正则振型 $A_N^{(i)}$ 可以用原主振型 $A^{(i)}$求出，令

$$A_N^{(i)}=\frac{1}{\mu_i}A^{(i)} \tag{5-77}$$

其中 μ_i 是待定常数，称为正则化因子，将式(5-77)代入式(5-76)，得

$$\frac{1}{\mu_i^2}(A^{(i)})^{\mathrm{T}}MA^{(i)}=\frac{1}{\mu_i^2}M_{pi}=1$$

所以 $$\mu_i=\sqrt{M_{pi}}=\sqrt{(A^{(i)})^{\mathrm{T}}MA^{(i)}} \tag{5-78}$$
求出 μ_i 后利用式(5-77)，就可求得对应 n 阶主振动的 n 阶正则振型 $A_N^{(i)}(i=1,2,\cdots,n)$，即求得 $n\times n$ 阶的正则振型矩阵 A_N

$$A_N=[A^{(1)}A^{(2)}\cdots A^{(n)}]\begin{bmatrix}\frac{1}{\mu_1} & & & 0\\ & \frac{1}{\mu_2} & & \\ & & \ddots & \\ 0 & & & \frac{1}{\mu_n}\end{bmatrix}=\begin{bmatrix}A_{N1}^{(1)} & A_{N1}^{(2)} & \cdots & A_{N1}^{(n)}\\ A_{N2}^{(1)} & A_{N2}^{(2)} & \cdots & A_{N2}^{(n)}\\ \vdots & \vdots & & \vdots\\ A_{Nn}^{(1)} & A_{Nn}^{(2)} & \cdots & A_{Nn}^{(n)}\end{bmatrix} \tag{5-79}$$

由于正则振型只是主振型中特定的一组，所以，对一般主振型所满足的正交性关系式(5-51)和(5-52)，正则振型当然也满足。只是由于条件式(5-76)，使得用正则振型矩阵 A_N 按

照式(5-56)计算得到的正则质量矩阵 $\boldsymbol{M}_N$ 是一个单位矩阵 $\boldsymbol{I}$，即

$$\boldsymbol{A}_N^{\mathrm{T}}\boldsymbol{M}\boldsymbol{A}_N=\boldsymbol{M}_N=\boldsymbol{I} \tag{5-80}$$

或

$$\boldsymbol{M}_N=\begin{bmatrix}1 & 0 & \cdots & 0\\ 0 & 1 & \cdots & 0\\ \cdots & \cdots & \cdots & \cdots\\ 0 & 0 & \cdots & 1\end{bmatrix}=\boldsymbol{I} \tag{5-81}$$

将正则振型列阵 $\boldsymbol{A}_N^{(i)}$ 代入式(5-61)，再根据式(5-76)，可得

$$\omega_{ni}^2=\frac{(\boldsymbol{A}_N^{(i)})^{\mathrm{T}}\boldsymbol{K}\boldsymbol{A}_N^{(i)}}{(\boldsymbol{A}_N^{(i)})^{\mathrm{T}}\boldsymbol{M}\boldsymbol{A}_N^{(i)}}=\frac{K_{Ni}}{1}=K_{Ni}(i=1,2,\cdots,n) \tag{5-82}$$

正则刚度 K_{Ni} 等于固有频率的平方值 ω_{ni}^2。因此，用正则振型矩阵 $\boldsymbol{A}_N$ 按式(5-57)算出的正则刚度矩阵 $\boldsymbol{K}_N$，它的对角线元素分别是各阶固有频率的平方值，即

$$\boldsymbol{A}_N^{\mathrm{T}}\boldsymbol{K}\boldsymbol{A}_N=\boldsymbol{K}_N \tag{5-83}$$

$$\boldsymbol{K}_N=\begin{bmatrix}K_{N1} & 0 & \cdots & 0\\ 0 & K_{N2} & \cdots & 0\\ \cdots & \cdots & \cdots & \cdots\\ 0 & 0 & \cdots & K_{Nn}\end{bmatrix}=\begin{bmatrix}\omega_{n1}^2 & 0 & \cdots & 0\\ 0 & \omega_{n2}^2 & \cdots & 0\\ \cdots & \cdots & \cdots & \cdots\\ 0 & 0 & \cdots & \omega_{nn}^2\end{bmatrix}=\boldsymbol{\omega}_n^2 \tag{5-84}$$

由于正则振型只是一组特定的主振型，所以也可以用正则振型矩阵 $\boldsymbol{A}_N$ 对原坐标进行线性变换，即令

$$\boldsymbol{X}=\boldsymbol{A}_N\boldsymbol{X}_N \tag{5-85}$$

新的坐标列阵 $\boldsymbol{X}_N$ 中各元素 x_{N1}、x_{N2}、$\cdots$、x_{Nn} 称为正则坐标。这时，系统的运动微分方程式呈下述形式

$$\left.\begin{array}{l}\ddot{x}_{N1}+\omega_{n1}^2x_{N1}=0\\ \ddot{x}_{N2}+\omega_{n2}^2x_{N2}=0\\ \cdots\cdots\cdots\cdots\cdots\cdots\\ \ddot{x}_{Nn}+\omega_{nn}^2x_{Nn}=0\end{array}\right\} \tag{5-86}$$

即

$$\ddot{\boldsymbol{X}}_N+\boldsymbol{\omega}_n^2\boldsymbol{X}_N=\boldsymbol{0} \tag{5-87}$$

这样，采用正则坐标来描述系统的自由振动，可以得到最简单的运动方程式的形式。此外，由于与正则振型对应的正则质量矩阵是一个单位阵，$\boldsymbol{M}_N=\boldsymbol{I}$，故 $\boldsymbol{M}_N^{-1}=\boldsymbol{I}^{-1}=\boldsymbol{I}$，利用式(5-74)，可以得到由原坐标 $\boldsymbol{X}$ 求得正则坐标 $\boldsymbol{X}_N$ 的表达式

$$\boldsymbol{X}_N=\boldsymbol{M}_N^{-1}\boldsymbol{A}_N^{\mathrm{T}}\boldsymbol{M}\boldsymbol{X}=\boldsymbol{I}\boldsymbol{A}_N^{\mathrm{T}}\boldsymbol{M}\boldsymbol{X}$$

即

$$\boldsymbol{X}_N=\boldsymbol{A}_N^{\mathrm{T}}\boldsymbol{M}\boldsymbol{X} \tag{5-88}$$

上式也可看成是式(5-85)的求逆，故有

$$\boldsymbol{A}_N^{-1}=\boldsymbol{A}_N^{\mathrm{T}}\boldsymbol{M} \tag{5-89}$$

用式(5-89)求正则振型矩阵的逆矩阵是方便的。

例 5-8 图 5-7 所示的弹簧质量系统中，$k_1=3k$，$k_2=2k$，$k_3=k$；$m_1=2m$，$m_2=1.5m$，$m_3=m$。求系统的振型矩阵 $\boldsymbol{A}_P$，主质量矩阵 $\boldsymbol{M}_P$，主刚度矩阵 $\boldsymbol{K}_P$，以及正则振型矩阵 $\boldsymbol{A}_N$。并验证正则质量矩阵 $\boldsymbol{M}_N$ 和正则刚度矩阵 $\boldsymbol{K}_N$。

解 系统的自由振动微分方程以作用力方程的形式表达

$$\boldsymbol{M}\ddot{\boldsymbol{X}}+\boldsymbol{K}\boldsymbol{X}=\boldsymbol{0}$$

其中 $$\boldsymbol{M}=\begin{bmatrix}2m & 0 & 0\\ 0 & 1.5m & 0\\ 0 & 0 & m\end{bmatrix},\quad \boldsymbol{K}=\begin{bmatrix}5k & -2k & 0\\ -2k & 3k & -k\\ 0 & -k & k\end{bmatrix}$$

特征方程为

$$\begin{vmatrix}5k-2m\omega_{ni}^2 & -2k & 0\\ -2k & 3k-1.5m\omega_{ni}^2 & -k\\ 0 & -k & k-m\omega_{ni}^2\end{vmatrix}=0$$

展开并化简，得

$$(\omega_{ni}^2)^3-5.5\frac{k}{m}(\omega_{ni}^2)^2+7.5\left(\frac{k}{m}\right)^2\omega_{ni}^2-2\left(\frac{k}{m}\right)^3=0$$

用数值方法求得特征值 ω_{ni}^2 为

$$\omega_{n1}^2=0.3515\frac{k}{m},\omega_{n2}^2=1.6066\frac{k}{m},\omega_{n3}^2=3.5419\frac{k}{m}$$

或 $$\omega_{n1}=0.5928\sqrt{\frac{k}{m}},\omega_{n2}=1.2675\sqrt{\frac{k}{m}},\omega_{n3}=1.8820\sqrt{\frac{k}{m}}$$

伴随矩阵 $(\boldsymbol{H}^{(i)})^a$ 的第一列为

$$(\boldsymbol{H}^{(i)})_1^a=\begin{Bmatrix}(3k-1.5m\omega_{ni}^2)(k-m\omega_{ni}^2)-k^2\\ 2k(k-m\omega_{ni}^2)\\ 2k^2\end{Bmatrix}$$

将 $\omega_{n1}=0.5928\sqrt{\frac{k}{m}}$，$\omega_{n2}=1.2675\sqrt{\frac{k}{m}}$ 及 $\omega_{n3}=1.8820\sqrt{\frac{k}{m}}$ 代入上式，得

$$(\boldsymbol{H}^{(1)})_1^a=k^2\begin{Bmatrix}0.6036\\ 1.2970\\ 2\end{Bmatrix},(\boldsymbol{H}^{(2)})_1^a=k^2\begin{Bmatrix}-1.3580\\ -1.2132\\ 2\end{Bmatrix},(\boldsymbol{H}^{(3)})_1^a=k^2\begin{Bmatrix}-4.8793\\ -5.0838\\ 2\end{Bmatrix}$$

归一化后得主振型及振型矩阵 $\boldsymbol{A}_P$

$$\boldsymbol{A}^{(1)}=\begin{Bmatrix}0.3018\\ 0.6485\\ 1.0000\end{Bmatrix},\boldsymbol{A}^{(2)}=\begin{Bmatrix}-0.6790\\ -0.6066\\ 1.0000\end{Bmatrix},\boldsymbol{A}^{(3)}=\begin{Bmatrix}-0.9598\\ 1.0000\\ -0.3934\end{Bmatrix}$$

$$\boldsymbol{A}_P=\begin{bmatrix}0.3018 & -0.6790 & -0.9598\\ 0.6485 & -0.6066 & 1.0000\\ 1.0000 & 1.0000 & -0.3934\end{bmatrix}$$

主质量矩阵

$$\boldsymbol{M}_P=\boldsymbol{A}_P^{\mathrm{T}}\boldsymbol{M}\boldsymbol{A}_P=\begin{bmatrix}0.3018 & 0.6485 & 1.0000\\ -0.6790 & -0.6066 & 1.0000\\ -0.9598 & 1.0000 & -0.3934\end{bmatrix}\begin{bmatrix}2m & 0 & 0\\ 0 & 1.5m & 0\\ 0 & 0 & m\end{bmatrix}$$

$$\times\begin{bmatrix}0.3018 & -0.6790 & -0.9598\\ 0.6485 & -0.6066 & 1.0000\\ 1.0000 & 1.0000 & -0.3934\end{bmatrix}$$

$$=\begin{bmatrix}1.8130m & 0 & 0\\ 0 & 2.4740m & 0\\ 0 & 0 & 3.4972m\end{bmatrix}$$

主刚度矩阵

$$
\boldsymbol{K}_P=\boldsymbol{A}_P^{\mathrm{T}}\boldsymbol{K}\boldsymbol{A}_P=\begin{bmatrix}0.3018 & 0.6485 & 1.0000\\ -0.6790 & -0.6066 & 1.0000\\ -0.9598 & 1.0000 & -0.3934\end{bmatrix}\begin{bmatrix}5k & -2k & 0\\ -2k & 3k & -k\\ 0 & -k & k\end{bmatrix}
$$

$$
\times\begin{bmatrix}0.3018 & -0.6790 & -0.9598\\ 0.6485 & -0.6066 & 1.0000\\ 1.0000 & 1.0000 & -0.3934\end{bmatrix}
$$

$$
=\begin{bmatrix}0.6372k & 0 & 0\\ 0 & 3.9748k & 0\\ 0 & 0 & 12.3868k\end{bmatrix}
$$

求正则振型时，先求正则化因子 μ_i

$$
\mu_1=\sqrt{(\boldsymbol{A}^{(1)})^{\mathrm{T}}\boldsymbol{M}\boldsymbol{A}^{(1)}}=\sqrt{1.8130m}
$$

$$
\mu_2=\sqrt{(\boldsymbol{A}^{(2)})^{\mathrm{T}}\boldsymbol{M}\boldsymbol{A}^{(2)}}=\sqrt{2.4740m}
$$

$$
\mu_3=\sqrt{(\boldsymbol{A}^{(3)})^{\mathrm{T}}\boldsymbol{M}\boldsymbol{A}^{(3)}}=\sqrt{3.4972m}
$$

故得正则振型矩阵

$$
\boldsymbol{A}_N=\boldsymbol{A}_P\begin{bmatrix}\frac{1}{\mu_1} & 0 & 0\\ 0 & \frac{1}{\mu_2} & 0\\ 0 & 0 & \frac{1}{\mu_3}\end{bmatrix}=\begin{bmatrix}0.3018 & -0.6790 & -0.9598\\ 0.6485 & -0.6066 & 1.0000\\ 1.0000 & 1.0000 & -0.3934\end{bmatrix}
$$

$$
\times\begin{bmatrix}\frac{1}{\sqrt{1.8130m}} & 0 & 0\\ 0 & \frac{1}{\sqrt{2.4740m}} & 0\\ 0 & 0 & \frac{1}{\sqrt{3.4972m}}\end{bmatrix}=\frac{1}{\sqrt{m}}\begin{bmatrix}0.2242 & -0.4317 & -0.5132\\ 0.4816 & -0.3857 & 0.5348\\ 0.7427 & 0.6358 & -0.2104\end{bmatrix}
$$

验证正则质量矩阵为单位矩阵

$$
\boldsymbol{M}_N=\boldsymbol{A}_N^{\mathrm{T}}\boldsymbol{M}\boldsymbol{A}_N
$$

$$
=\frac{1}{\sqrt{m}}\begin{bmatrix}0.2242 & 0.4816 & 0.7427\\ -0.4317 & -0.3857 & 0.6358\\ -0.5132 & 0.5348 & -0.2104\end{bmatrix}\begin{bmatrix}2m & 0 & 0\\ 0 & 1.5m & 0\\ 0 & 0 & m\end{bmatrix}
$$

$$
\times\frac{1}{\sqrt{m}}\begin{bmatrix}0.2242 & -0.4317 & -0.5132\\ 0.4816 & -0.3857 & 0.5348\\ 0.7427 & 0.6358 & -0.2104\end{bmatrix}=\begin{bmatrix}1 & 0 & 0\\ 0 & 1 & 0\\ 0 & 0 & 1\end{bmatrix}
$$

验证正则刚度矩阵为以特征值为元素的对角阵

$$
\boldsymbol{K}_N=\boldsymbol{A}_N^{\mathrm{T}}\boldsymbol{K}\boldsymbol{A}_N
$$

$$
=\frac{1}{\sqrt{m}}\begin{bmatrix}0.2242 & 0.4816 & 0.7427\\ -0.4317 & -0.3857 & 0.6358\\ -0.5132 & 0.5348 & -0.2104\end{bmatrix}\begin{bmatrix}5k & -2k & 0\\ -2k & 3k & -k\\ 0 & -k & k\end{bmatrix}
$$

$$\times\frac{1}{\sqrt{m}}\begin{bmatrix}0.2242 & -0.4317 & -0.5132\\ 0.4816 & -0.3857 & 0.5348\\ 0.7427 & 0.6358 & -0.2104\end{bmatrix}$$

$$=\begin{bmatrix}0.3515\,\frac{k}{m} & 0 & 0\\ 0 & 1.6066\,\frac{k}{m} & 0\\ 0 & 0 & 3.5419\,\frac{k}{m}\end{bmatrix}=\begin{bmatrix}\omega_{n1}^2 & 0 & 0\\ 0 & \omega_{n2}^2 & 0\\ 0 & 0 & \omega_{n3}^2\end{bmatrix}$$

5.4.3 正则坐标下的位移方程

多自由度系统自由振动位移方程为

$$\boldsymbol{FM\ddot{X}}+\boldsymbol{X}=\boldsymbol{0} \tag{5-90}$$

将式(5-70)及式(5-71)代入上式，并左乘 $\boldsymbol{A}_P^{-1}$，再在 $\boldsymbol{M}$ 前面加进 $\boldsymbol{I}=(\boldsymbol{A}_P^{-1})^{\mathrm{T}}\boldsymbol{A}_P^{\mathrm{T}}$，得出

$$\boldsymbol{A}_P^{-1}\boldsymbol{F}(\boldsymbol{A}_P^{-1})^{\mathrm{T}}\boldsymbol{A}_P^{\mathrm{T}}\boldsymbol{M}\boldsymbol{A}_P\ddot{\boldsymbol{X}}_P+\boldsymbol{A}_P^{-1}\boldsymbol{A}_P\boldsymbol{X}_P=\boldsymbol{0} \tag{5-91}$$

令

$$\boldsymbol{A}_P^{-1}\boldsymbol{F}(\boldsymbol{A}_P^{-1})^{\mathrm{T}}=\boldsymbol{F}_P \tag{5-92}$$

于是，式(5-91)变成

$$\boldsymbol{F}_P\boldsymbol{M}_P\ddot{\boldsymbol{X}}_P+\boldsymbol{X}_P=\boldsymbol{0} \tag{5-93}$$

式中 $\boldsymbol{F}_P$ 称为主柔度矩阵。

方程(5-93)是主坐标表示的自由振动位移方程。我们从式(5-38)知道

$$\boldsymbol{FMA}^{(i)}=\lambda_i\boldsymbol{A}^{(i)} \tag{5-94}$$

将特征向量 $\boldsymbol{A}^{(i)}$ 按列置放构成振型矩阵，则式(5-94)变成

$$\boldsymbol{FMA}_P=\boldsymbol{A}_P\boldsymbol{\lambda} \tag{5-95}$$

用 $\boldsymbol{A}_P^{-1}$ 左乘式(5-95)，再在 $\boldsymbol{F}$ 与 $\boldsymbol{M}$ 之间插入单位矩阵 $\boldsymbol{I}=(\boldsymbol{A}_P^{-1})^{\mathrm{T}}\boldsymbol{A}_P^{\mathrm{T}}$，得

$$\boldsymbol{A}_P^{-1}\boldsymbol{F}(\boldsymbol{A}_P^{-1})^{\mathrm{T}}\boldsymbol{A}_P^{\mathrm{T}}\boldsymbol{M}\boldsymbol{A}_P=\boldsymbol{\lambda} \tag{5-96a}$$

即

$$\boldsymbol{F}_P\boldsymbol{M}_P=\boldsymbol{\lambda} \tag{5-96b}$$

式(5-95)和式(5-96)中的 λ 为特征值 λ_i 组成的对角阵

$$\boldsymbol{\lambda}=(\omega_n^2)^{-1}=\begin{bmatrix}\lambda_1 & 0 & \cdots & 0\\ 0 & \lambda_2 & \cdots & 0\\ \cdots & \cdots & \cdots & \cdots\\ 0 & 0 & \cdots & \lambda_n\end{bmatrix}=\begin{bmatrix}\frac{1}{\omega_{n1}^2} & 0 & \cdots & 0\\ 0 & \frac{1}{\omega_{n2}^2} & \cdots & 0\\ \cdots & \cdots & \cdots & \cdots\\ 0 & 0 & \cdots & \frac{1}{\omega_{nn}^2}\end{bmatrix} \tag{5-97}$$

如果用正则坐标，式(5-96b)则为

$$\boldsymbol{F}_N\boldsymbol{M}_N=\boldsymbol{\lambda} \tag{5-98}$$

式(5-92)则成为

$$\boldsymbol{A}_N^{-1}\boldsymbol{F}(\boldsymbol{A}_N^{-1})^{\mathrm{T}}=\boldsymbol{F}_N \tag{5-99}$$

$\boldsymbol{F}_N$ 为正则柔度矩阵。式(5-98)中的 $\boldsymbol{M}_N$ 意义同前，即 $\boldsymbol{M}_N=\boldsymbol{I}$，所以

$$\boldsymbol{F}_N=\boldsymbol{A}_N^{-1}\boldsymbol{F}(\boldsymbol{A}_N^{-1})^{\mathrm{T}}=\boldsymbol{\lambda}=(\omega_n^2)^{-1} \tag{5-100}$$

比较式(5-84)和式(5-100)，可知正则刚度矩阵 $\boldsymbol{K}_N$ 与正则柔度矩阵 $\boldsymbol{F}_N$ 是互逆的关系。

如果用正则坐标，方程(5-93)则变成

$$F_N M_N \ddot{X}_N + X_N = 0 \tag{5-101}$$

由式(5-100)，得正则坐标下的位移方程为

$$\lambda \ddot{X}_N + X_N = 0 \tag{5-102a}$$

或

$$(\omega_n^2)^{-1} \ddot{X}_N + X_N = 0 \tag{5-102b}$$

上式中 λ 称为特征值矩阵。从式(5-100)看到，正则柔度矩阵 F_N 成为特征值矩阵，同时也等于 $(\omega_n^2)^{-1}$，可见方程(5-102)与方程(5-87)是一致的，说明按正则坐标的运动方程与按原坐标列方程的方法无关。

例 5-9 根据图 5-9a 所示系统的计算结果，验证其正则柔度矩阵是否与特征值矩阵相符。

解 已知振型矩阵 A_P、质量矩阵 M 和柔度矩阵 F 分别为

$$A_P = \begin{bmatrix} 1 & -1 & 1 \\ \sqrt{2} & 0 & -\sqrt{2} \\ 1 & 1 & 1 \end{bmatrix}, M = \begin{bmatrix} m & 0 & 0 \\ 0 & m & 0 \\ 0 & 0 & m \end{bmatrix}, F = \frac{l^3}{768EJ} \begin{bmatrix} 9 & 11 & 7 \\ 11 & 16 & 11 \\ 7 & 11 & 9 \end{bmatrix}$$

于是正则化因子 μ_i 为

$$\mu_1 = \sqrt{(A^{(1)})^T M A^{(1)}} = \sqrt{m + (\sqrt{2})^2 m + m} = 2\sqrt{m}$$

$$\mu_2 = \sqrt{(A^{(2)})^T M A^{(2)}} = \sqrt{(-1)^2 m + 0 + m} = \sqrt{2m}$$

$$\mu_3 = \sqrt{(A^{(3)})^T M A^{(3)}} = \sqrt{m + (-\sqrt{2})^2 m + m} = 2\sqrt{m}$$

所以

$$A_N = \begin{bmatrix} \frac{1}{2\sqrt{m}} & -\frac{1}{\sqrt{2m}} & \frac{1}{2\sqrt{m}} \\ \frac{\sqrt{2}}{2\sqrt{m}} & 0 & -\frac{\sqrt{2}}{2\sqrt{m}} \\ \frac{1}{2\sqrt{m}} & \frac{1}{\sqrt{2m}} & \frac{1}{2\sqrt{m}} \end{bmatrix} = \frac{1}{\sqrt{m}} \begin{bmatrix} \frac{1}{2} & -\frac{\sqrt{2}}{2} & \frac{1}{2} \\ \frac{\sqrt{2}}{2} & 0 & -\frac{\sqrt{2}}{2} \\ \frac{1}{2} & \frac{\sqrt{2}}{2} & \frac{1}{2} \end{bmatrix}$$

$$A_N^{-1} = A_N^T M = \sqrt{m} \begin{bmatrix} \frac{1}{2} & \frac{\sqrt{2}}{2} & \frac{1}{2} \\ -\frac{\sqrt{2}}{2} & 0 & \frac{\sqrt{2}}{2} \\ \frac{1}{2} & -\frac{\sqrt{2}}{2} & \frac{1}{2} \end{bmatrix}$$

$$F_N = A_N^{-1} F (A_N^{-1})^T = \frac{ml^3}{768EJ} \begin{bmatrix} \frac{1}{2} & \frac{\sqrt{2}}{2} & \frac{1}{2} \\ -\frac{\sqrt{2}}{2} & 0 & \frac{\sqrt{2}}{2} \\ \frac{1}{2} & -\frac{\sqrt{2}}{2} & \frac{1}{2} \end{bmatrix} \begin{bmatrix} 9 & 11 & 7 \\ 11 & 16 & 11 \\ 7 & 11 & 9 \end{bmatrix}$$

$$\times\begin{bmatrix}\frac{1}{2} & -\frac{\sqrt{2}}{2} & \frac{1}{2}\\ \frac{\sqrt{2}}{2} & 0 & -\frac{\sqrt{2}}{2}\\ \frac{1}{2} & \frac{\sqrt{2}}{2} & \frac{1}{2}\end{bmatrix}=\frac{ml^3}{768EJ}\begin{bmatrix}16+11\sqrt{2} & 0 & 0\\ 0 & 2 & 0\\ 0 & 0 & 16-11\sqrt{2}\end{bmatrix}$$

$$=\frac{ml^3}{768EJ}\begin{bmatrix}31.5562 & 0 & 0\\ 0 & 2 & 0\\ 0 & 0 & 0.4438\end{bmatrix}=\begin{bmatrix}\lambda_1 & 0 & 0\\ 0 & \lambda_2 & 0\\ 0 & 0 & \lambda_3\end{bmatrix}=\begin{bmatrix}\frac{1}{\omega_{n1}^2} & 0 & 0\\ 0 & \frac{1}{\omega_{n2}^2} & 0\\ 0 & 0 & \frac{1}{\omega_{n3}^2}\end{bmatrix}$$

再根据式(5-100)可知，正则柔度矩阵对角线各项表示各阶固有频率平方的倒数，即

$$\omega_{n1}=\sqrt{\frac{1}{\lambda_1}}=0.7121\sqrt{\frac{48EJ}{ml^3}},\omega_{n2}=\sqrt{\frac{1}{\lambda_2}}=2.8284\sqrt{\frac{48EJ}{ml^3}},\omega_{n3}=\sqrt{\frac{1}{\lambda_3}}=6.0044\sqrt{\frac{48EJ}{ml^3}}$$

所以 $\boldsymbol{F}_N=\boldsymbol{\lambda}=(\boldsymbol{\omega}_n^2)^{-1}$，与第 5.3 节例 5-6 中计算相符。

5.5 无阻尼多自由度系统对初始条件的响应

前面讨论了 n 个自由度无阻尼自由振动的运动方程。其正则坐标的作用力方程为

$$\ddot{\boldsymbol{X}}_N+\boldsymbol{\omega}_n^2\boldsymbol{X}_N=\boldsymbol{0}$$

它代表了一组典型的运动方程，即

$$\ddot{x}_{Ni}+\omega_{ni}^2x_{Ni}=0\quad(i=1,2,3,\cdots,n)\tag{5-103}$$

因这样一些方程相互之间已无耦联，每一个方程就可按单自由度系统的方法来求解。如果对式(5-103)中每一正则坐标方程提供两个初始条件，即 $t=0$ 时，初始位移为 x_{Ni0}，初始速度为 $\dot{x}_{Ni0}$，则方程式(5-103)的一般解为

$$x_{Ni}=x_{Ni0}\cos\omega_{ni}t+\frac{\dot{x}_{Ni0}}{\omega_{ni}}\sin\omega_{ni}t\qquad(i=1,2,\cdots,n)\tag{5-104}$$

n 个方程的一组解，就是系统对初始条件的响应。

式(5-104)是按单自由度系统的公式直接写出的，但这里应采用正则坐标，因此，在具体计算时，应将原坐标进行线性变换

$$(\boldsymbol{X}_N)_{t=0}=\boldsymbol{A}_N^{\mathrm{T}}\boldsymbol{M}\boldsymbol{X}_{t=0}\tag{5-105}$$

即

$$\begin{Bmatrix}x_{N10}\\ x_{N20}\\ \vdots\\ x_{Nn0}\end{Bmatrix}=\begin{bmatrix}A_{N1}^{(1)} & A_{N2}^{(1)} & \cdots & A_{Nn}^{(1)}\\ A_{N1}^{(2)} & A_{N2}^{(2)} & \cdots & A_{Nn}^{(2)}\\ \cdots & \cdots & \cdots & \cdots\\ A_{N1}^{(n)} & A_{N2}^{(n)} & \cdots & A_{Nn}^{(n)}\end{bmatrix}\begin{bmatrix}M_{11} & M_{12} & \cdots & M_{1n}\\ M_{21} & M_{22} & \cdots & M_{2n}\\ \cdots & \cdots & \cdots & \cdots\\ M_{n1} & M_{n2} & \cdots & M_{nn}\end{bmatrix}\begin{Bmatrix}x_{10}\\ x_{20}\\ \vdots\\ x_{n0}\end{Bmatrix}\tag{5-106}$$

将式(5-88)两边对时间求导数，得

$$\dot{\boldsymbol{X}}_N=\boldsymbol{A}_N^{\mathrm{T}}\boldsymbol{M}\dot{\boldsymbol{X}}\tag{5-107}$$

在初始时刻 $t=0$ 时，有

$$(\dot{X}_N)_{t=0}=A_N^{\mathrm{T}}M\dot{X}_{t=0} \tag{5-108}$$

即

$$\begin{Bmatrix}\dot{x}_{N10}\\ \dot{x}_{N20}\\ \vdots\\ \dot{x}_{Nn0}\end{Bmatrix}=\begin{bmatrix}A_{N1}^{(1)} & A_{N2}^{(1)} & \cdots & A_{Nn}^{(1)}\\ A_{N1}^{(2)} & A_{N2}^{(2)} & \cdots & A_{Nn}^{(2)}\\ \cdots & \cdots & \cdots & \cdots\\ A_{N1}^{(n)} & A_{N2}^{(n)} & \cdots & A_{Nn}^{(n)}\end{bmatrix}\begin{bmatrix}M_{11} & M_{12} & \cdots & M_{1n}\\ M_{21} & M_{22} & \cdots & M_{2n}\\ \cdots & \cdots & \cdots & \cdots\\ M_{n1} & M_{n2} & \cdots & M_{nn}\end{bmatrix}\begin{Bmatrix}\dot{x}_{10}\\ \dot{x}_{20}\\ \vdots\\ \dot{x}_{n0}\end{Bmatrix} \tag{5-109}$$

将式(5-106)和式(5-109)的计算结果代入式(5-104)，再由式(5-85)就可求得系统用原坐标 x_1、x_2、…、x_n 表示的响应，即

$$X=A_NX_N$$

或

$$\begin{Bmatrix}x_1\\ x_2\\ \vdots\\ x_n\end{Bmatrix}=\begin{bmatrix}A_{N1}^{(1)} & A_{N1}^{(2)} & \cdots & A_{N1}^{(n)}\\ A_{N2}^{(1)} & A_{N2}^{(2)} & \cdots & A_{N2}^{(n)}\\ \cdots & \cdots & \cdots & \cdots\\ A_{Nn}^{(1)} & A_{Nn}^{(2)} & \cdots & A_{Nn}^{(n)}\end{bmatrix}\begin{Bmatrix}x_{N10}\cos\omega_{n1}t+\dfrac{\dot{x}_{N10}}{\omega_{n1}}\sin\omega_{n1}t\\ x_{N20}\cos\omega_{n2}t+\dfrac{\dot{x}_{N20}}{\omega_{n2}}\sin\omega_{n2}t\\ x_{Nn0}\cos\omega_{nn}t+\dfrac{\dot{x}_{Nn0}}{\omega_{nn}}\sin\omega_{nn}t\end{Bmatrix} \tag{5-110}$$

应该指出，对于半正定系统，其相当于刚体型的特征值 $\omega_{ni}^2=0$，使方程式(5-103)成为

$$\ddot{x}_{Ni}=0 \tag{5-111}$$

式(5-111)对时间积分两次，得

$$x_{Ni}=x_{Ni0}+\dot{x}_{Ni0}t \tag{5-112}$$

在计算正则坐标的刚体型的响应时，要用式(5-112)代替式(5-104)。

例 5-10 求图 5-7 所示的系统对初始条件：$t=0$，$x_{10}=1$，$x_{20}=x_{30}=0$，$\dot{x}_{30}=1$，$\dot{x}_{10}=\dot{x}_{20}=0$ 的响应。

解 已求得系统的固有频率为

$$\omega_{n1}=0.5928\sqrt{\frac{k}{m}},\omega_{n2}=1.2675\sqrt{\frac{k}{m}},\omega_{n3}=1.8820\sqrt{\frac{k}{m}}$$

正则振型矩阵 $\boldsymbol{A}_N$ 为

$$A_N=\frac{1}{\sqrt{m}}\begin{bmatrix}0.2242 & -0.4317 & -0.5132\\ 0.4816 & -0.3857 & 0.5348\\ 0.7427 & 0.6358 & -0.2104\end{bmatrix}$$

质量矩阵 $\boldsymbol{M}$ 为

$$M=\begin{bmatrix}2m & 0 & 0\\ 0 & 1.5m & 0\\ 0 & 0 & m\end{bmatrix}$$

故可由式(5-106)、式(5-109)求得各正则坐标及速度的初始值为

$$\begin{Bmatrix}x_{N10}\\ x_{N20}\\ x_{N30}\end{Bmatrix}=\frac{1}{\sqrt{m}}\begin{bmatrix}0.2242 & 0.4816 & 0.7427\\ -0.4317 & -0.3857 & 0.6358\\ -0.5132 & 0.5348 & -0.2104\end{bmatrix}\begin{bmatrix}2m & 0 & 0\\ 0 & 1.5m & 0\\ 0 & 0 & m\end{bmatrix}\begin{Bmatrix}1\\ 0\\ 0\end{Bmatrix}$$

$$=\sqrt{m}\begin{Bmatrix}0.4484\\ -0.8634\\ -1.0264\end{Bmatrix}$$

$$\begin{Bmatrix}\dot{x}_{N10}\\ \dot{x}_{N20}\\ \dot{x}_{N30}\end{Bmatrix}=\frac{1}{\sqrt{m}}\begin{bmatrix}0.2242 & 0.4816 & 0.7427\\ -0.4317 & -0.3857 & 0.6358\\ -0.5132 & 0.5348 & -0.2104\end{bmatrix}\begin{bmatrix}2m & 0 & 0\\ 0 & 1.5m & 0\\ 0 & 0 & m\end{bmatrix}\begin{Bmatrix}0\\ 0\\ 1\end{Bmatrix}$$

$$=\sqrt{m}\begin{Bmatrix}0.7427\\0.6358\\-0.2104\end{Bmatrix}$$

代入式(5-110)即得系统以原坐标表示的响应

$$\begin{Bmatrix}x_1\\x_2\\x_3\end{Bmatrix}=\frac{1}{\sqrt{m}}\begin{bmatrix}0.2242&-0.4317&-0.5132\\0.4816&-0.3857&0.5348\\0.7427&0.6358&-0.2104\end{bmatrix}$$

$$\times\begin{Bmatrix}0.4484\sqrt{m}\cos\omega_{n1}t+\dfrac{0.7427}{\omega_{n1}}\sqrt{m}\sin\omega_{n1}t\\-0.8634\sqrt{m}\cos\omega_{n2}t+\dfrac{0.6358}{\omega_{n2}}\sqrt{m}\sin\omega_{n2}t\\-1.0264\sqrt{m}\cos\omega_{n3}t-\dfrac{0.2104}{\omega_{n3}}\sqrt{m}\sin\omega_{n3}t\end{Bmatrix}$$

所以

$$x_1=0.1005\cos\omega_{n1}t+\frac{0.1665}{\omega_{n1}}\sin\omega_{n1}t+0.3727\cos\omega_{n2}t-\frac{0.2745}{\omega_{n2}}\sin\omega_{n2}t$$
$$+0.5267\cos\omega_{n3}t+\frac{0.1080}{\omega_{n3}}\sin\omega_{n3}t$$

$$x_2=0.2159\cos\omega_{n1}t+\frac{0.3577}{\omega_{n1}}\sin\omega_{n1}t+0.3330\cos\omega_{n2}t-\frac{0.2452}{\omega_{n2}}\sin\omega_{n2}t$$
$$-0.5489\cos\omega_{n3}t-\frac{0.1125}{\omega_{n3}}\sin\omega_{n3}t$$

$$x_3=0.3330\cos\omega_{n1}t+\frac{0.5516}{\omega_{n1}}\sin\omega_{n1}t-0.5489\cos\omega_{n2}t+\frac{0.4042}{\omega_{n2}}\sin\omega_{n2}t$$
$$+0.2160\cos\omega_{n3}t+\frac{0.0443}{\omega_{n3}}\sin\omega_{n3}t$$

计算结果表明,对于本例中给出的初始条件,系统的自由振动包含三种主振动的分量。

例 5-11 图 5-8 所示的半正定系统,如各圆盘在初始时刻 $t=0$ 时,$\theta_{10}=\theta_{20}=\theta_{30}=0$,$\dot{\theta}_{10}=\omega$,$\dot{\theta}_{20}=\dot{\theta}_{30}=0$,求系统的响应。

解 前面已求得此系统的固有频率为 $\omega_{n1}=0$,$\omega_{n2}=\sqrt{\dfrac{k}{I}}$,$\omega_{n3}=\sqrt{\dfrac{3k}{I}}$

振型矩阵 $\boldsymbol{A}_P$ 为
$$\boldsymbol{A}_P=\begin{bmatrix}1&-1&1\\1&0&-2\\1&1&1\end{bmatrix}$$

质量矩阵 $\boldsymbol{M}$ 为

$$\boldsymbol{M}=\begin{bmatrix}I&0&0\\0&I&0\\0&0&I\end{bmatrix}=I\begin{bmatrix}1&0&0\\0&1&0\\0&0&1\end{bmatrix}$$

则正则振型矩阵 $\boldsymbol{A}_N$ 为

$$\boldsymbol{A}_N=\frac{1}{\sqrt{6I}}\begin{bmatrix}\sqrt{2}&-\sqrt{3}&1\\\sqrt{2}&0&-2\\\sqrt{2}&\sqrt{3}&1\end{bmatrix}$$

因此可求出各正则坐标及速度的初始值为

$$\begin{Bmatrix}\theta_{N10}\\ \theta_{N20}\\ \theta_{N30}\end{Bmatrix}=\frac{I}{\sqrt{6I}}\begin{bmatrix}\sqrt{2} & \sqrt{2} & \sqrt{2}\\ -\sqrt{3} & 0 & \sqrt{3}\\ 1 & -2 & 1\end{bmatrix}\begin{bmatrix}1 & 0 & 0\\ 0 & 1 & 0\\ 0 & 0 & 1\end{bmatrix}\begin{Bmatrix}0\\ 0\\ 0\end{Bmatrix}=\begin{Bmatrix}0\\ 0\\ 0\end{Bmatrix}$$

$$\begin{Bmatrix}\dot{\theta}_{N10}\\ \dot{\theta}_{N20}\\ \dot{\theta}_{N30}\end{Bmatrix}=\frac{I}{\sqrt{6I}}\begin{bmatrix}\sqrt{2} & \sqrt{2} & \sqrt{2}\\ -\sqrt{3} & 0 & \sqrt{3}\\ 1 & -2 & 1\end{bmatrix}\begin{bmatrix}1 & 0 & 0\\ 0 & 1 & 0\\ 0 & 0 & 1\end{bmatrix}\begin{Bmatrix}\omega\\ 0\\ 0\end{Bmatrix}=\sqrt{\frac{I}{6}}\omega\begin{Bmatrix}\sqrt{2}\\ -\sqrt{3}\\ 1\end{Bmatrix}$$

因而

$$\theta_{N1}=\sqrt{\frac{I}{6}}\omega\times\sqrt{2}\,t$$

$$\theta_{N2}=-\sqrt{\frac{I}{6}}\omega\times\sqrt{3}\frac{\sin\omega_{n2}t}{\omega_{n2}}$$

$$\theta_{N3}=\sqrt{\frac{I}{6}}\omega\times\frac{1}{\omega_{n3}}\sin\omega_{n3}t$$

所以

$$\begin{Bmatrix}\theta_1\\ \theta_2\\ \theta_3\end{Bmatrix}=\frac{1}{\sqrt{6I}}\begin{bmatrix}\sqrt{2} & -\sqrt{3} & 1\\ \sqrt{2} & 0 & -2\\ \sqrt{2} & \sqrt{3} & 1\end{bmatrix}\sqrt{\frac{I}{6}}\omega\begin{Bmatrix}\sqrt{2}\,t\\ -\frac{\sqrt{3}}{\omega_{n2}}\sin\omega_{n2}t\\ \frac{1}{\omega_{n3}}\sin\omega_{n3}t\end{Bmatrix}$$

$$=\frac{\omega}{6}\begin{Bmatrix}2t+\frac{3}{\omega_{n2}}\sin\omega_{n2}t+\frac{1}{\omega_{n3}}\sin\omega_{n3}t\\ 2t-\frac{2}{\omega_{n3}}\sin\omega_{n3}t\\ 2t-\frac{3}{\omega_{n2}}\sin\omega_{n2}t+\frac{1}{\omega_{n3}}\sin\omega_{n3}t\end{Bmatrix}$$

此结果说明，在这里给出的初始条件下，各圆盘的响应是整个系统的刚体转动与简谐振动形式的主振动的叠加。

5.6　矩阵迭代法求固有频率与主振型

求解振动系统的固有频率与主振型，是工程中研究振动问题的重要内容。随着系统自由度数的增加，固有频率的计算量也惊人地增多，所以在电子计算机未被用于工程计算之前，多自由度一般理论尚无法在工程实践中应用，只有电子计算机普遍应用于工程计算之后，多自由度理论在工程实践中应用才成为可能。对于多自由度系统，特别是当解决非周期性激振引起的受迫振动问题时，通常要用振型叠加法来求解。这样，振动系统的固有频率与主振型的计算，就成为解决多自由度系统振动问题的基础。目前求解系统的固有频率与主振型的计算方法很多，有的已有标准的计算程序可供选用。常用的方法有矩阵迭代法、瑞利法、李兹法、邓柯莱法，子空间迭代法等等。本节仅介绍常用的矩阵迭代法。

在第 5.3 节中我们已经知道，无阻尼多自由度系统的自由振动，其固有频率与主振型可由下式求出

$$(\boldsymbol{K}-\omega_{ni}^2\boldsymbol{M})\boldsymbol{A}^{(i)}=\boldsymbol{0} \tag{5-113}$$

或写成

$$\boldsymbol{K}\boldsymbol{A}^{(i)}=\omega_{ni}^2\boldsymbol{M}\boldsymbol{A}^{(i)} \tag{5-114}$$

用 $\boldsymbol{M}^{-1}$左乘上式，得

$$\boldsymbol{M}^{-1}\boldsymbol{K}\boldsymbol{A}^{(i)}=\omega_{ni}^2\boldsymbol{A}^{(i)} \tag{5-115}$$

对于正定系统，还可以用下面的公式求固有频率与主振型

$$(\boldsymbol{F}\boldsymbol{M}-\frac{1}{\omega_{ni}^2}\boldsymbol{I})\boldsymbol{A}^{(i)}=\boldsymbol{0} \tag{5-116}$$

或写成

$$\boldsymbol{F}\boldsymbol{M}\boldsymbol{A}^{(i)}=\frac{1}{\omega_{ni}^2}\boldsymbol{A}^{(i)} \tag{5-117}$$

方程(5-115)与方程(5-117)可以写成同一形式

$$\boldsymbol{D}\boldsymbol{A}^{(i)}=\lambda_i\boldsymbol{A}^{(i)} \tag{5-118}$$

式(5-118)为特征值问题的标准形式。式中 $\boldsymbol{D}$ 称为动力矩阵，λ_i 则是矩阵 $\boldsymbol{D}$ 的特征值。当 $\boldsymbol{D}=\boldsymbol{M}^{-1}\boldsymbol{K}$ 时，$\lambda_i=\omega_{ni}^2$；当 $\boldsymbol{D}=\boldsymbol{F}\boldsymbol{M}$ 时，$\lambda_i=\frac{1}{\omega_{ni}^2}$。

先进行一阶固有频率(基频)及主振型的迭代计算。第一步任意给定一数列作为初始特征向量，记作$(\boldsymbol{A})^0$，将其代入式(5-118)进行 $\boldsymbol{D}(\boldsymbol{A})^0$ 相乘的运算，得出一个新的列阵$(\boldsymbol{A})_1=\boldsymbol{D}(\boldsymbol{A})^0$，为了便于运算，将列阵$(\boldsymbol{A})_1$ 进行归一化处理，即用列阵中最大的元素统除各元素，这样并不改变问题的性质。归一化处理后，$(\boldsymbol{A})_1=(\lambda_1)^1(\boldsymbol{A})^1$，将$(\boldsymbol{A})^1$ 与$(\boldsymbol{A})^0$ 进行比较，如近似相等，则结束计算，否则进行第二步迭代，即将第一次迭代求出并进行归一化处理的特征向量$(\boldsymbol{A})^1$ 作为第二次迭代的给定值进行迭代运算，得出另一个新列阵$(\boldsymbol{A})_2=\boldsymbol{D}(\boldsymbol{A})^1$，再进行归一化处理$(\boldsymbol{A})_2=(\lambda_1)^2(\boldsymbol{A})^2$，并比较$(\boldsymbol{A})^2$ 与$(\boldsymbol{A})^1$ 是否近似相等，如不等再继续进行迭代运算。重复上述过程，直到第 m 次迭代$(\boldsymbol{A})_m=(\lambda_1)^m(\boldsymbol{A})^m$，当$(\boldsymbol{A})^m$ 与$(\boldsymbol{A})^{m-1}$近似相等时为止，由此时得出的$(\lambda_1)^m$ 即为求出的一阶固有频率，而$(\boldsymbol{A})^m$ 为相应的一阶主振型 $\boldsymbol{A}^{(1)}$。

例 5-12 用矩阵迭代法求图 5-7 所示弹簧质量系统的一阶固有频率及主振型。

解 已知系统的质量矩阵 $\boldsymbol{M}$ 为

$$\boldsymbol{M}=\begin{bmatrix}2m & 0 & 0\\ 0 & 1.5m & 0\\ 0 & 0 & m\end{bmatrix}$$

而系统的柔度矩阵 $\boldsymbol{F}$ 为

$$\boldsymbol{F}=\boldsymbol{K}^{-1}=\begin{bmatrix}5k & -2k & 0\\ -2k & 3k & -k\\ 0 & -k & k\end{bmatrix}^{-1}=\frac{1}{6k}\begin{bmatrix}2 & 2 & 2\\ 2 & 5 & 5\\ 2 & 5 & 11\end{bmatrix}$$

动力矩阵 $\boldsymbol{D}$ 为

$$\boldsymbol{D}=\boldsymbol{F}\boldsymbol{M}=\frac{m}{6k}\begin{bmatrix}2 & 2 & 2\\ 2 & 5 & 5\\ 2 & 5 & 11\end{bmatrix}\begin{bmatrix}2 & 0 & 0\\ 0 & 1.5 & 0\\ 0 & 0 & 1\end{bmatrix}=\frac{m}{6k}\begin{bmatrix}4 & 3 & 2\\ 4 & 7.5 & 5\\ 4 & 7.5 & 11\end{bmatrix}$$

任意给定的初始向量$(\boldsymbol{A})^0=\begin{Bmatrix}1\\1\\1\end{Bmatrix}$,进行第一次迭代计算,求得$(\boldsymbol{A})_1$值为

$$(\boldsymbol{A})_1=\boldsymbol{D}(\boldsymbol{A})^0=\frac{m}{6k}\begin{bmatrix}4 & 3 & 2\\4 & 7.5 & 5\\4 & 7.5 & 11\end{bmatrix}\begin{Bmatrix}1\\1\\1\end{Bmatrix}=\frac{m}{6k}\begin{Bmatrix}9\\16.5\\22.5\end{Bmatrix}$$

对$(\boldsymbol{A})_1$进行归一化处理,则有

$$(\boldsymbol{A})_1=(\lambda_1)^1(\boldsymbol{A})^1=\frac{22.5m}{6k}\begin{Bmatrix}0.400000\\0.733333\\1.000000\end{Bmatrix}$$

因$(\boldsymbol{A})^1$与$(\boldsymbol{A})^0$比较相差较大,需继续进行迭代计算。把$(\boldsymbol{A})^1$作为第二次迭代向量,进行第二次迭代计算,则得

$$(\boldsymbol{A})_2=\boldsymbol{D}(\boldsymbol{A})^1=\frac{m}{6k}\begin{bmatrix}4 & 3 & 2\\4 & 7.5 & 5\\4 & 7.5 & 11\end{bmatrix}\begin{Bmatrix}0.400000\\0.733333\\1.000000\end{Bmatrix}=\frac{m}{6k}\begin{Bmatrix}5.799999\\12.099998\\18.099998\end{Bmatrix}$$

对$(\boldsymbol{A})_2$进行归一化处理,则有

$$(\boldsymbol{A})_2=(\lambda_1)^2(\boldsymbol{A})^2=\frac{18.099998m}{6k}\begin{Bmatrix}0.320442\\0.668508\\1.000000\end{Bmatrix}$$

$(\boldsymbol{A})^2$与$(\boldsymbol{A})^1$比较仍然相差较大,仍需继续进行迭代计算。把$(\boldsymbol{A})^2$作为第三次迭代向量,进行第三次迭代计算,则得

$$(\boldsymbol{A})_3=\boldsymbol{D}(\boldsymbol{A})^2=\frac{m}{6k}\begin{bmatrix}4 & 3 & 2\\4 & 7.5 & 5\\4 & 7.5 & 11\end{bmatrix}\begin{Bmatrix}0.320442\\0.668508\\1.000000\end{Bmatrix}=\frac{m}{6k}\begin{Bmatrix}5.287292\\11.295578\\17.295578\end{Bmatrix}$$

对$(\boldsymbol{A})_3$进行归一化处理,则有

$$(\boldsymbol{A})_3=(\lambda_1)^3(\boldsymbol{A})^3=\frac{17.295578m}{6k}\begin{Bmatrix}0.305702\\0.653091\\1.000000\end{Bmatrix}$$

……………………………

对$(\boldsymbol{A})_{10}$进行归一化处理,则有

$$(\boldsymbol{A})_{10}=(\lambda_1)^{10}(\boldsymbol{A})^{10}=\frac{17.0714m}{6k}\begin{Bmatrix}0.301850\\0.648535\\1.000000\end{Bmatrix}$$

把$(\boldsymbol{A})^{10}$作为第十一次迭代向量,进行第十一次迭代计算,则得

$$(\boldsymbol{A})_{11}=\boldsymbol{D}(\boldsymbol{A})^{10}=\frac{m}{6k}\begin{bmatrix}4 & 3 & 2\\4 & 7.5 & 5\\4 & 7.5 & 11\end{bmatrix}\begin{Bmatrix}0.301850\\0.648535\\1.000000\end{Bmatrix}=\frac{m}{6k}\begin{Bmatrix}5.15301\\11.0714\\17.0714\end{Bmatrix}$$

对$(\boldsymbol{A})_{11}$进行归一化处理,则有

$$(\boldsymbol{A})_{11}=(\lambda_1)^{11}(\boldsymbol{A})^{11}=\frac{17.0714m}{6k}\begin{Bmatrix}0.301850\\0.648535\\1.000000\end{Bmatrix}$$

比较$(\boldsymbol{A})^{11}$与$(\boldsymbol{A})^{10}$，二者相同，故$(\boldsymbol{A})^{11}$为所求的一阶特征向量，即一阶主振型

$$\boldsymbol{A}^{(1)}=(\boldsymbol{A})^{11}=\begin{Bmatrix}0.301850\\0.648535\\1.000000\end{Bmatrix}$$

由$(\lambda_1)^{11}=\dfrac{17.0714m}{6k}$，可得一阶固有频率$\omega_{n1}^2=0.351465\dfrac{k}{m}$。

按柔度法建立的运动方程，其迭代计算必然收敛于一阶固有频率与一阶主振型，而按刚度法建立的运动方程，迭代计算却收敛于最高阶固有频率及最高阶主振型，论证如下。

在大多数情况下，n个自由度系统对应于式(5-118)的特征值互不相同，可按次序由大到小排列为$\lambda_1>\lambda_2>\lambda_3>\cdots>\lambda_n$，共$n$个值，相应地也有$n$个主振型$\boldsymbol{A}^{(1)}$、$\boldsymbol{A}^{(2)}$、$\cdots$、$\boldsymbol{A}^{(n)}$，这些值都满足方程(5-118)。给定的初始迭代向量$(\boldsymbol{A})^0$是一个任意数列，当然也可以用各阶主振型的线性组合来表示，即

$$(\boldsymbol{A})^0=c_1\boldsymbol{A}^{(1)}+c_2\boldsymbol{A}^{(2)}+\cdots+c_n\boldsymbol{A}^{(n)} \tag{5-119}$$

式中的比例系数c_1、c_2、$\cdots$、c_n，分别表示各阶主振型在$(\boldsymbol{A})^0$中所占的比值。用动力矩阵$\boldsymbol{D}$左乘式(5-119)，得相当于第一次迭代计算的结果

$$(\boldsymbol{A})_1=\boldsymbol{D}(\boldsymbol{A})^0=c_1\boldsymbol{D}\boldsymbol{A}^{(1)}+c_2\boldsymbol{D}\boldsymbol{A}^{(2)}+\cdots+c_n\boldsymbol{D}\boldsymbol{A}^{(n)} \tag{5-120}$$

根据式(5-118)，上式可写成

$$\begin{aligned}(\boldsymbol{A})_1&=c_1\lambda_1\boldsymbol{A}^{(1)}+c_2\lambda_2\boldsymbol{A}^{(2)}+\cdots+c_n\lambda_n\boldsymbol{A}^{(n)}\\&=\lambda_1(c_1\boldsymbol{A}^{(1)}+c_2\frac{\lambda_2}{\lambda_1}\boldsymbol{A}^{(2)}+\cdots+c_n\frac{\lambda_n}{\lambda_1}\boldsymbol{A}^{(n)})\approx\lambda_1(\boldsymbol{A})^1\end{aligned} \tag{5-121}$$

如果特征值λ_1不是特征方程的重根，那么上式中的$\dfrac{\lambda_2}{\lambda_1}$、$\dfrac{\lambda_3}{\lambda_1}$、$\cdots\dfrac{\lambda_n}{\lambda_1}$都小于1，可见第一次迭代后的特征向量$(\boldsymbol{A})^1$的计算式中，除第一阶特征向量$\boldsymbol{A}^{(1)}$之外，其他阶特征向量均已相对地缩小了，因而向量$(\boldsymbol{A})^1$比向量$(\boldsymbol{A})^0$更加接近于一阶特征向量$\boldsymbol{A}^{(1)}$。同样，当进行第二次迭代后则有

$$(\boldsymbol{A})_2=\boldsymbol{D}(\boldsymbol{A})_1=\lambda_1^2[c_1\boldsymbol{A}^{(1)}+c_2(\frac{\lambda_2}{\lambda_1})^2\boldsymbol{A}^{(2)}+\cdots+c_n(\frac{\lambda_n}{\lambda_1})^2\boldsymbol{A}^{(n)}] \tag{5-122}$$

与式(5-121)相比，$(\boldsymbol{A})^2$中除一阶特征向量外，其他阶特征向量所占的分量更为缩小了。因此，当迭代次数足够大时，近似振型$(\boldsymbol{A})^m$中二阶以上各振型成分由于$(\dfrac{\lambda_i}{\lambda_1})^m\ll1(i=1,2,\cdots,n)$而减小很多，从而使一阶主振型占了绝对优势，故有

$$\begin{aligned}(\boldsymbol{A})_m&=\boldsymbol{D}(\boldsymbol{A})_{m-1}\\&=\lambda_1^m[c_1\boldsymbol{A}^{(1)}+c_2(\frac{\lambda_2}{\lambda_1})^m\boldsymbol{A}^{(2)}+\cdots+c_n(\frac{\lambda_n}{\lambda_1})^m\boldsymbol{A}^{(n)}]\approx\lambda_1^m c_1\boldsymbol{A}^{(1)}\end{aligned} \tag{5-123}$$

同样有

$$|(\boldsymbol{A})_{m+1}=\boldsymbol{D}(\boldsymbol{A})_m=\lambda_1^{m+1}c_1\boldsymbol{A}^{(1)}| \tag{5-124}$$

用式(5-124)除以式(5-123)，可得出特征值λ_1

$$\lambda_1=\frac{(\boldsymbol{A})_{m+1}}{(\boldsymbol{A})_m} \tag{5-125}$$

上述证明过程中，每次迭代向量$(\boldsymbol{A})_i$均未进行归一化，因此λ_1有式(5-125)的形式，这并不改变问题的实质。式(5-123)与式(5-124)说明，迭代计算总是收敛于最大特征值λ_1以及λ_1所对应的特征向量$\boldsymbol{A}^{(1)}$，当动力矩阵$\boldsymbol{D}$是按柔度矩阵形成时，因$\lambda_1=1/\omega_{n1}^2$，由最大特征值$\lambda_1$求得的$\omega_{n1}$是最小值，即基频，就是说迭代计算收敛于一阶固有频率和一阶主振型。当动力矩阵$\boldsymbol{D}$是按刚度矩阵形成时，特征值等于频率的平方，即$\lambda_1=\omega_{n1}^2$，这时最大特征值λ_1就对应于最高阶固有频率ω_{nn}，因而迭代计算就逼近于最高阶频率和相应的最高阶主振型。假如所要计算的是前几阶的固有频率和相应的主振型，那就不能用刚度矩阵来形成动力矩阵$\boldsymbol{D}$，这时可以先建立刚度矩阵之逆而得出柔度矩阵，用柔度矩阵形成的动力矩阵来进行迭代计算。

在一阶固有频率和一阶主振型求出后，仍可以用矩阵迭代法进一步计算二阶及二阶以上各固有频率和主振型。但是若使迭代计算收敛于第二阶固有频率和二阶主振型，则必须使已求出的一阶振型不包含在迭代向量之中。从方程(5-121)可以看出，若使$c_1=0$，便可满足这一条件。如果$c_1=c_2=0$，则迭代计算就将收敛于第三阶固有频率和主振型。由此可见，利用矩阵迭代法求解高阶固有频率和主振型的关键在于如何使迭代向量中不包含已求出的各低阶主振型的成分。为此下面仍将迭代向量$(\boldsymbol{A})$用各阶主振型的$\boldsymbol{A}^{(i)}$的线性组合来表示

$$(\boldsymbol{A})=c_1\boldsymbol{A}^{(1)}+c_2\boldsymbol{A}^{(2)}+\cdots+c_n\boldsymbol{A}^{(n)} \tag{5-126}$$

而

$$(\boldsymbol{A})=\begin{Bmatrix}A_1\\A_2\\\vdots\\A_n\end{Bmatrix},\boldsymbol{A}^{(i)}=\begin{Bmatrix}A_1^{(i)}\\A_2^{(i)}\\\vdots\\A_n^{(i)}\end{Bmatrix} \tag{5-127}$$

为了从迭代向量$(\boldsymbol{A})$中清除第一阶主振型$\boldsymbol{A}^{(1)}$，用$(\boldsymbol{A}^{(1)})^{\mathrm{T}}\boldsymbol{M}$左乘式(5-126)的两边，并运用正交条件，则有

$$(\boldsymbol{A}^{(1)})^{\mathrm{T}}\boldsymbol{M}(\boldsymbol{A})=c_1(\boldsymbol{A}^{(1)})^{\mathrm{T}}\boldsymbol{M}\boldsymbol{A}^{(1)}+c_2(\boldsymbol{A}^{(1)})^{\mathrm{T}}\boldsymbol{M}\boldsymbol{A}^{(2)}+\cdots+c_n(\boldsymbol{A}^{(1)})^{\mathrm{T}}\boldsymbol{M}\boldsymbol{A}^{(n)}=c_1(\boldsymbol{A}^{(1)})^{\mathrm{T}}\boldsymbol{M}\boldsymbol{A}^{(1)} \tag{5-128}$$

令$c_1=0$，则上式变成如下方程

$$(\boldsymbol{A}^{(1)})^{\mathrm{T}}\boldsymbol{M}(\boldsymbol{A})=[A_1^{(1)}\quad A_2^{(1)}\cdots A_n^{(1)}]\begin{bmatrix}M_{11}&0&\cdots&0\\0&M_{22}&\cdots&0\\\cdots&\cdots&\cdots&\cdots\\0&0&\cdots&M_{nn}\end{bmatrix}\begin{Bmatrix}A_1\\A_2\\\vdots\\A_n\end{Bmatrix}=\begin{Bmatrix}0\\0\\\vdots\\0\end{Bmatrix} \tag{5-129}$$

即

$$A_1^{(1)}M_{11}A_1+A_2^{(1)}M_{22}A_2+\cdots+A_n^{(1)}M_{nn}A_n=0$$

或写成

$$\sum_{i=1}^{n}A_i^{(1)}M_{ii}A_i=0$$

式(5-129)中，为了计算简单些，假设质量矩阵为对角线矩阵，由此式解出A_1为

$$A_1=\alpha_{12}A_2+\alpha_{13}A_3+\cdots+\alpha_{1n}A_n \tag{5-130}$$

其中

$$\alpha_{12}=-\frac{M_{22}A_2^{(1)}}{M_{11}A_1^{(1)}},\alpha_{13}=-\frac{M_{33}A_3^{(1)}}{M_{11}A_1^{(1)}},\cdots,\alpha_{1n}=-\frac{M_{nn}A_n^{(1)}}{M_{11}A_1^{(1)}}$$

为了将迭代向量写成$n\times n$阶矩阵形式，则引进$A_2=A_2,A_3=A_3,\cdots,A_n=A_n$等$n-1$个恒等式。

这样，连同式(5-130)便得出如下矩阵

$$\begin{Bmatrix} A_1 \\ A_2 \\ A_3 \\ \vdots \\ A_n \end{Bmatrix} = \begin{bmatrix} 0 & \alpha_{12} & \alpha_{13} & \cdots & \alpha_{1n} \\ 0 & 1 & 0 & \cdots & 0 \\ 0 & 0 & 1 & \cdots & 0 \\ \cdots & \cdots & \cdots & \cdots & \cdots \\ 0 & 0 & 0 & \cdots & 1 \end{bmatrix} \begin{Bmatrix} A'_1 \\ A_2 \\ A_3 \\ \vdots \\ A_n \end{Bmatrix} \tag{5-131}$$

式(5-131)右边向量第一个元素 A可看作是虚位移，它总是被零去乘。式(5-131)可简写成如下形式

$$(\boldsymbol{A})=\boldsymbol{T}_{s1}(\boldsymbol{A}') \tag{5-132}$$

式中 $\boldsymbol{T}_{s1}$称为一阶清除矩阵。它可以从所给的任意迭代向量中清除掉一阶主振型。

利用式(5-132)的关系，则式(5-118)可写成

$$\boldsymbol{DT}_{s1}\boldsymbol{A}'^{(i)}=\lambda_i\boldsymbol{A}^{(i)} \tag{5-133a}$$

或

$$\boldsymbol{D}_1\boldsymbol{A}'^{(i)}=\lambda_i\boldsymbol{A}^{(i)} \tag{5-133b}$$

式中 $\boldsymbol{D}_1$ 为清除了第一阶主振型的动力矩阵

$$\boldsymbol{D}_1=\boldsymbol{DT}_{s1}$$

式(5-133)的右边仍保留原系统完整的性质，又可以用式(5-133b)的左边进行迭代运算，来求出第二阶固有频率和第二阶主振型。

欲求第三阶固有频率和主振型，则必须从迭代向量中同时消除第一阶与第二阶主振型，即在式(5-126)中，令 $c_1=c_2=0$，用 A_3、A_4、…、A_n 表达 A_2。分别用$(\boldsymbol{A}^{(1)})^{\mathrm{T}}\boldsymbol{M}$ 与$(\boldsymbol{A}^{(2)})^{\mathrm{T}}\boldsymbol{M}$ 左乘式(5-126)的两边得

$$\begin{aligned} (\boldsymbol{A}^{(1)})^{\mathrm{T}}\boldsymbol{M}(\boldsymbol{A}) &= c_1(\boldsymbol{A}^{(1)})^{\mathrm{T}}\boldsymbol{MA}^{(1)}=0 \\ (\boldsymbol{A}^{(2)})^{\mathrm{T}}\boldsymbol{M}(\boldsymbol{A}) &= c_2(\boldsymbol{A}^{(2)})^{\mathrm{T}}\boldsymbol{MA}^{(2)}=0 \end{aligned} \tag{5-134}$$

上式联立求解得

$$A_2=\beta_{23}A_3+\beta_{24}A_4+\cdots+\beta_{2n}A_n \tag{5-135}$$

式中系数 β_{2i}为

$$\left.\begin{aligned} \beta_{23} &= -\frac{M_{33}(A_3^{(2)}A_1^{(1)}-A_3^{(1)}A_1^{(2)})}{M_{22}(A_1^{(1)}A_2^{(2)}-A_1^{(2)}A_2^{(1)})} \\ \beta_{24} &= -\frac{M_{44}(A_4^{(2)}A_1^{(1)}-A_4^{(1)}A_1^{(2)})}{M_{22}(A_1^{(1)}A_2^{(2)}-A_1^{(2)}A_2^{(1)})} \\ &\cdots\cdots \\ \beta_{2n} &= -\frac{M_{nn}(A_n^{(2)}A_1^{(1)}-A_n^{(1)}A_1^{(2)})}{M_{22}(A_1^{(1)}A_2^{(2)}-A_1^{(2)}A_2^{(1)})} \end{aligned}\right\} \tag{5-136}$$

为了将迭代向量写成 $n\times n$ 阶的矩阵形式，引进 $A'_1=A'_1$，$A_3=A_3$，…，$A_n=A_n$ 的恒等式，连同式(5-135)得出

$$\begin{Bmatrix} A'_1 \\ A_2 \\ A_3 \\ \vdots \\ A_n \end{Bmatrix} = \begin{bmatrix} 1 & 0 & 0 & \cdots & 0 \\ 0 & 0 & \beta_{23} & \cdots & \beta_{2n} \\ 0 & 0 & 1 & \cdots & 0 \\ \cdots & \cdots & \cdots & \cdots & \cdots \\ 0 & 0 & 0 & \cdots & 1 \end{bmatrix} \begin{Bmatrix} A'_1 \\ A'_2 \\ A_3 \\ \vdots \\ A_n \end{Bmatrix} \tag{5-137}$$

或简写成

$$(\boldsymbol{A}')=\boldsymbol{T}_{s2}(\boldsymbol{A}'') \tag{5-138}$$

式(5-137)中 A'_2 是一个虚位移，$\boldsymbol{T}_{s2}$称为二阶清除矩阵，它表示已求出的第一、第二阶振型已被清除，第三阶振型将成为支配者，将式(5-138)代入式(5-133)得

$$\boldsymbol{D}\boldsymbol{T}_{s1}\boldsymbol{T}_{s2}\boldsymbol{A}''^{(i)}=\lambda_i\boldsymbol{A}^{(i)}$$

或

$$\boldsymbol{D}_2\boldsymbol{A}''^{(i)}=\lambda_i\boldsymbol{A}^{(i)} \tag{5-139}$$

其中

$$\boldsymbol{D}_2=\boldsymbol{D}_1\boldsymbol{T}_{s2} \tag{5-140}$$

应用式(5-139)进行迭代计算，即可收敛于第三阶主振型。更高阶的清除矩阵的建立，均可按 $c_1=c_2=c_3=0$ 等条件用类似的方法求得。

必须指出，上述清除矩阵，是按质量矩阵为对角线的情况建立的，如果质量矩阵为非对角线矩阵，应按类似上述计算过程重新建立。还要注意，假如低阶的主振型计算的不够精确，利用主振型正交条件引出的清除矩阵 $\boldsymbol{T}_{si}$就不可能将已求出的主振型从迭代向量中清除干净，致使高阶主振型的迭代收敛性变得越来越差。

例 5-13 在例 5-12 计算结果的基础上，求图 5-7 所示系统的第二阶、第三阶固有频率及相应的主振型。

解 首先根据已知条件建立一阶清除矩阵 $\boldsymbol{T}_{s1}=\begin{bmatrix}0 & \alpha_{12} & \alpha_{13}\\ 0 & 1 & 0\\ 0 & 0 & 1\end{bmatrix}$，其中

$$\alpha_{12}=-\frac{M_{22}A_2^{(1)}}{M_{11}A_1^{(1)}}=-\frac{1.5m\times 0.648535}{2m\times 0.301850}=-1.611401$$

$$\alpha_{13}=-\frac{M_{33}A_3^{(1)}}{M_{11}A_1^{(1)}}=-\frac{m\times 1.000000}{2m\times 0.301850}=-1.656452$$

所以一阶清除矩阵 $\boldsymbol{T}_{s1}$为

$$\boldsymbol{T}_{s1}=\begin{bmatrix}0 & -1.611401 & -1.656452\\ 0 & 1 & 0\\ 0 & 0 & 1\end{bmatrix}$$

则

$$\begin{aligned}\boldsymbol{D}_1&=\boldsymbol{D}\boldsymbol{T}_{s1}\\ &=\frac{m}{6k}\begin{bmatrix}4 & 3 & 2\\ 4 & 7.5 & 5\\ 4 & 7.5 & 11\end{bmatrix}\begin{bmatrix}0 & -1.611401 & -1.656452\\ 0 & 1 & 0\\ 0 & 0 & 1\end{bmatrix}\\ &=\frac{m}{6k}\begin{bmatrix}0 & -3.445604 & -4.625808\\ 0 & 1.054396 & -1.625808\\ 0 & 1.054396 & 4.374192\end{bmatrix}\end{aligned}$$

$\boldsymbol{D}_1$ 求出后，可按式(5-133b)进行迭代计算。假设任意给定的初始迭代向量为$(\boldsymbol{A})^0=\begin{Bmatrix}1\\1\\1\end{Bmatrix}$，进行第一次迭代计算，得

$$\begin{aligned}(\boldsymbol{A})_1&=\boldsymbol{D}_1(\boldsymbol{A})^0=\frac{m}{6k}\begin{bmatrix}0 & -3.445604 & -4.625808\\ 0 & 1.054396 & -1.625808\\ 0 & 1.054396 & 4.374192\end{bmatrix}\begin{Bmatrix}1\\1\\1\end{Bmatrix}\\ &=\frac{m}{6k}\begin{Bmatrix}-8.071412\\ -0.571412\\ 5.428588\end{Bmatrix}\end{aligned}$$

对$(\boldsymbol{A})_1$进行归一化，得

$$(\boldsymbol{A})_1=(\lambda_2)^1(\boldsymbol{A})^1=\frac{-8.071412m}{6k}\begin{Bmatrix}1.000000\\0.070795\\-0.672570\end{Bmatrix}$$

用$(\boldsymbol{A})^1$作为第二次迭代向量，进行第二次迭代计算，得

$$(\boldsymbol{A})_2=\boldsymbol{D}_1(\boldsymbol{A})^1=\frac{m}{6k}\begin{bmatrix}0&-3.445604&-4.625808\\0&1.054396&-1.625808\\0&1.054396&4.374192\end{bmatrix}\begin{Bmatrix}1.000000\\0.070795\\-0.672570\end{Bmatrix}$$

$$=\frac{m}{6k}\begin{Bmatrix}2.867248\\1.168116\\-2.867304\end{Bmatrix}$$

对$(\boldsymbol{A})_2$进行归一化，得

$$(\boldsymbol{A})_2=(\lambda_2)^2(\boldsymbol{A})^2=\frac{-2.867304m}{6k}\begin{Bmatrix}-0.999980\\-0.407392\\1.000000\end{Bmatrix}$$

……………………

依次进行迭代计算，用$(\boldsymbol{A})^{13}$作为第十四次迭代向量，进行第十四次迭代计算，得

$$(\boldsymbol{A})_{14}=\boldsymbol{D}_1(\boldsymbol{A})^{13}=\frac{m}{6k}\begin{bmatrix}0&-3.445604&-4.625808\\0&1.054396&-1.625808\\0&1.054396&4.374192\end{bmatrix}\begin{Bmatrix}-0.6790\\-0.6066\\1.0000\end{Bmatrix}$$

$$=\frac{m}{6k}\begin{Bmatrix}-2.5357\\-2.2654\\3.7346\end{Bmatrix}$$

对$(\boldsymbol{A})_{14}$进行归一化，得

$$(\boldsymbol{A})_{14}=(\lambda_2)^{14}(\boldsymbol{A})^{14}=\frac{3.7346m}{6k}\begin{Bmatrix}-0.6790\\-0.6066\\1.0000\end{Bmatrix}$$

由迭代结果可知，$(\boldsymbol{A})^{14}$与$(\boldsymbol{A})^{13}$相同，故取$(\boldsymbol{A})^{14}$作为第二阶主振型，即

$$\boldsymbol{A}^{(2)}=\begin{Bmatrix}-0.6790\\-0.6066\\1.0000\end{Bmatrix}$$

由$(\lambda_2)^{14}$可求得第二阶固有频率ω_{n2}^2的值，即

$$\omega_{n2}^2=\frac{1}{\lambda_2}=1.606598\,\frac{k}{m}$$

求第三阶固有频率及主振型时，首先建立二阶清除矩阵$\boldsymbol{T}_{s2}$，即

$$\boldsymbol{T}_{s2}=\begin{bmatrix}1&0&0\\0&0&\beta_{23}\\0&0&1\end{bmatrix}$$

其中 $$\beta_{23}=-\frac{M_{33}(A_3^{(2)}A_1^{(1)}-A_3^{(1)}A_1^{(2)})}{M_{22}(A_1^{(1)}A_2^{(2)}-A_1^{(2)}A_2^{(1)})}$$

$$=-\frac{m[1\times0.30185-(-0.6790)\times1]}{1.5m[0.30185\times(-0.6066)-(-0.6790)\times0.648535]}$$
$$=-2.5419$$

所以二阶清除矩阵 $\boldsymbol{T}_{s2}$ 为

$$\boldsymbol{T}_{s2}=\begin{bmatrix}1&0&0\\0&0&-2.5419\\0&0&1\end{bmatrix}$$

所以 $$\boldsymbol{D}_2=\boldsymbol{D}_1\boldsymbol{T}_{s2}=\frac{m}{6k}\begin{bmatrix}0&-3.445604&-4.625808\\0&1.054396&-1.625808\\0&1.054396&4.374192\end{bmatrix}\begin{bmatrix}1&0&0\\0&0&-2.5419\\0&0&1\end{bmatrix}$$
$$=\frac{m}{6k}\begin{bmatrix}0&0&4.133\\0&0&-4.306\\0&0&1.694\end{bmatrix}$$

$\boldsymbol{D}_2$ 求出后可按式(5-139)进行迭代计算，可求得

$$\boldsymbol{A}^{(3)}=\begin{Bmatrix}-0.9598\\1.0000\\-0.3934\end{Bmatrix}$$

$$\omega_{n3}^2=\frac{1}{\lambda_3}=3.5419\,\frac{k}{m}$$

5.7 无阻尼多自由度系统对激振的响应

图 5-10 所示为无阻尼多自由度受迫振动系统。假如在系统各位移坐标 x_1、x_2、…、x_n 上均作用有激振力，则无阻尼受迫振动系统的作用力方程为

$$\boldsymbol{M}\ddot{\boldsymbol{X}}+\boldsymbol{K}\boldsymbol{X}=\boldsymbol{Q} \tag{5-141}$$

式中 $\boldsymbol{Q}$ 为激振力列阵，它可以是简谐的、周期的和任意的激振函数。

这一节讨论系统在激振力作用下的响应，也就是求方程(5-141)的解。以下分别讨论简谐激振和非周期激振两种情况。

5.7.1 简谐激振的响应

假定图 5-10 各位移坐标上作用的激振力为同频率同相位的简谐力，这时方程(5-141)可写成

$$\boldsymbol{M}\ddot{\boldsymbol{X}}+\boldsymbol{K}\boldsymbol{X}=\boldsymbol{Q}\sin\omega t \tag{5-142}$$

式中 $\boldsymbol{Q}$ 为激振力幅值列阵 $\boldsymbol{Q}=[Q_1\quad Q_2\quad\cdots\quad Q_n]^{\mathrm{T}}$

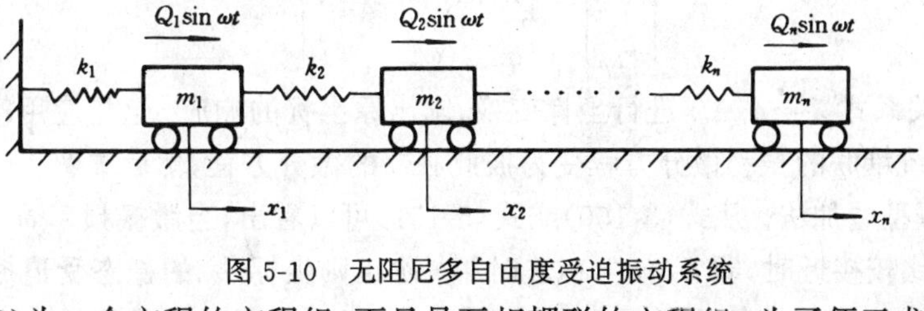

图 5-10　无阻尼多自由度受迫振动系统

式(5-142)为 n 个方程的方程组，而且是互相耦联的方程组。为了便于求解，解除方程组的耦联，需将方程(5-142)变换为主坐标。用振型矩阵的转置矩阵 $\boldsymbol{A}_P^{\mathrm{T}}$ 左乘方程两边，并将 $\boldsymbol{X}$

$=\boldsymbol{A}_p\boldsymbol{X}_P$ 及 $\ddot{\boldsymbol{X}}=\boldsymbol{A}_P\ddot{\boldsymbol{X}}_P$ 代入，得

$$\boldsymbol{A}_P^{\mathrm{T}}\boldsymbol{M}\boldsymbol{A}_P\ddot{\boldsymbol{X}}_P+\boldsymbol{A}_P^{\mathrm{T}}\boldsymbol{K}\boldsymbol{A}_P\boldsymbol{X}_P=\boldsymbol{A}_P^{\mathrm{T}}\boldsymbol{Q}\sin\omega t$$

或写成

$$\boldsymbol{M}_P\ddot{\boldsymbol{X}}_P+\boldsymbol{K}_P\boldsymbol{X}_P=\boldsymbol{Q}_P\sin\omega t \tag{5-143}$$

式中 $\boldsymbol{M}_P$ 与 $\boldsymbol{K}_P$ 分别为主质量矩阵和主刚度矩阵，而 $\boldsymbol{Q}_P$ 是用主坐标表示的激振力幅值列阵，其值可由下式确定

$$\boldsymbol{Q}_P=\boldsymbol{A}_P^{\mathrm{T}}\boldsymbol{Q} \tag{5-144}$$

写成展开的形式

$$\begin{Bmatrix}Q_{p1}\\Q_{p2}\\\vdots\\Q_{pn}\end{Bmatrix}=\begin{bmatrix}A_1^{(1)} & A_2^{(1)} & \cdots & A_n^{(1)}\\A_1^{(2)} & A_2^{(2)} & \cdots & A_n^{(2)}\\\cdots & \cdots & \cdots & \cdots\\A_1^{(n)} & A_2^{(n)} & \cdots & A_n^{(n)}\end{bmatrix}\begin{Bmatrix}Q_1\\Q_2\\\vdots\\Q_n\end{Bmatrix}=\begin{Bmatrix}A_1^{(1)}Q_1+A_2^{(1)}Q_2+\cdots+A_n^{(1)}Q_n\\A_1^{(2)}Q_1+A_2^{(2)}Q_2+\cdots+A_n^{(2)}Q_n\\\cdots\cdots\cdots\\A_1^{(n)}Q_1+A_2^{(n)}Q_2+\cdots+A_n^{(n)}Q_n\end{Bmatrix} \tag{5-145}$$

如果用正则振型矩阵 $\boldsymbol{A}_N$ 代替 $\boldsymbol{A}_P$，则式(5-144)变为

$$\boldsymbol{Q}_N=\boldsymbol{A}_N^{\mathrm{T}}\boldsymbol{Q} \tag{5-146}$$

进而按正则坐标，方程(5-143)有下面形式

$$\boldsymbol{I}\ddot{\boldsymbol{X}}_N+\boldsymbol{\omega}_{\mathrm{n}}^2\boldsymbol{X}_N=\boldsymbol{Q}_N\sin\omega t \tag{5-147}$$

式(5-147)还可以写成

$$\ddot{x}_{Ni}+\omega_{\mathrm{n}i}^2x_{Ni}=q_{Ni}\sin\omega t \qquad (i=1,2,3,\cdots,n) \tag{5-148}$$

这里第 i 个激振力幅值为

$$q_{Ni}=A_{N1}^{(i)}Q_1+A_{N2}^{(i)}Q_2+\cdots+A_{Nn}^{(i)}Q_n \tag{5-149}$$

式(5-148)表示 n 个独立方程，具有与单自由度系统相同的形式，因而可以用单自由度系统受迫振动的结果求出每个正则坐标的响应

$$x_{Ni}=\frac{q_{Ni}}{\omega_{\mathrm{n}i}^2}\times\frac{1}{1-\left(\dfrac{\omega}{\omega_{\mathrm{n}i}}\right)^2}\sin\omega t \qquad (i=1,2,3,\cdots,n) \tag{5-150}$$

或写成

$$\boldsymbol{X}_N=\begin{Bmatrix}x_{N1}\\x_{N2}\\\vdots\\x_{Nn}\end{Bmatrix}=\begin{Bmatrix}q_{N1}/(\omega_{\mathrm{n}1}^2-\omega^2)\\q_{N2}/(\omega_{\mathrm{n}2}^2-\omega^2)\\\cdots\cdots\\q_{Nn}/(\omega_{\mathrm{nn}}^2-\omega^2)\end{Bmatrix}\sin\omega t \tag{5-151}$$

求出 $\boldsymbol{X}_N$ 后，按关系式 $\boldsymbol{X}=\boldsymbol{A}_N\boldsymbol{X}_N$ 进行坐标变换，求出原坐标的响应。这是应用模态矩阵进行线性变换，使系统耦联的振动微分方程变为彼此独立的微分方程，然后求解。这种求系统响应的方法称为振型叠加法。从式(5-150)或式(5-151)可以看出，当激振频率 ω 与系统第 i 阶固有频率 ω_{ni} 值比较接近时，即 $\omega/\omega_{\mathrm{n}i}=1$，这时第 i 阶正则坐标 x_{Ni} 的稳态受迫振动的振幅值变得很大，与单自由度系统的共振现象类似，因此，对于 n 个自由度系统的 n 个不同的固有频率，可以出现 n 个频率不同的共振现象。

例 5-14 假定图 5-7 系统的中间质量上作用有简谐激振力 $Q_2\sin\omega t$，试计算系统的响应。

解 为了简化计算，给出固有频率与正则振型矩阵

$$\omega_{n1}^2=0.3515\frac{k}{m},\omega_{n2}^2=1.6066\frac{k}{m},\omega_{n3}^2=3.5419\frac{k}{m}$$

$$\boldsymbol{A}_N=\frac{1}{\sqrt{m}}\begin{bmatrix}0.2242 & -0.4317 & -0.5132\\0.4816 & -0.3857 & 0.5348\\0.7427 & 0.6358 & -0.2104\end{bmatrix}$$

正则坐标表示的激振力幅值 $\boldsymbol{Q}_N$ 为

$$\boldsymbol{Q}_N=\boldsymbol{A}_N^{\mathrm{T}}\boldsymbol{Q}=\frac{1}{\sqrt{m}}\begin{bmatrix}0.2242 & 0.4816 & 0.7427\\-0.4317 & -0.3857 & 0.6358\\-0.5132 & 0.5348 & -0.2104\end{bmatrix}\begin{Bmatrix}0\\Q_2\\0\end{Bmatrix}$$

$$=\frac{Q_2}{\sqrt{m}}\begin{Bmatrix}0.4816\\-0.3857\\0.5348\end{Bmatrix}$$

由式(5-151)得正则坐标的响应

$$\boldsymbol{X}_N=\begin{Bmatrix}x_{N1}\\x_{N2}\\x_{N3}\end{Bmatrix}=\begin{Bmatrix}q_{N1}/(\omega_{n1}^2-\omega^2)\\q_{N2}/(\omega_{n2}^2-\omega^2)\\q_{N3}/(\omega_{n3}^2-\omega^2)\end{Bmatrix}\sin\omega t$$

式中 $q_{N1}=0.4816\dfrac{Q_2}{\sqrt{m}},q_{N2}=-0.3857\dfrac{Q_2}{\sqrt{m}},q_{N3}=0.5348\dfrac{Q_2}{\sqrt{m}}$

变换回到原坐标

$$\boldsymbol{X}=\boldsymbol{A}_N\boldsymbol{X}_N=\frac{1}{\sqrt{m}}\begin{bmatrix}0.2242 & -0.4317 & -0.5132\\0.4816 & -0.3857 & 0.5348\\0.7427 & 0.6358 & -0.2104\end{bmatrix}$$

$$\times\frac{Q_2}{\sqrt{m}}\begin{Bmatrix}0.4816/(\omega_{n1}^2-\omega^2)\\-0.3857/(\omega_{n2}^2-\omega^2)\\0.5348/(\omega_{n3}^2-\omega^2)\end{Bmatrix}\sin\omega t$$

$$=\frac{Q_2}{m}\begin{Bmatrix}0.1080/(\omega_{n1}^2-\omega^2)+0.1665/(\omega_{n2}^2-\omega^2)-0.2745/(\omega_{n3}^2-\omega^2)\\0.2319/(\omega_{n1}^2-\omega^2)+0.1488/(\omega_{n2}^2-\omega^2)+0.2860/(\omega_{n3}^2-\omega^2)\\0.3577/(\omega_{n1}^2-\omega^2)-0.2452/(\omega_{n2}^2-\omega^2)-0.1125/(\omega_{n3}^2-\omega^2)\end{Bmatrix}\sin\omega t$$

若激振力为非简谐周期激振函数时，应将激振函数展成富氏级数，之后仍可按振型叠加法如同上述步骤进行求解。

5.7.2 非周期激振的响应

当激振力函数为随时间非周期变化时，方程(5-141)将成为

$$\boldsymbol{M}\ddot{\boldsymbol{X}}+\boldsymbol{K}\boldsymbol{X}=\boldsymbol{Q}(t) \tag{5-152}$$

用正则坐标表示时，方程(5-152)变为

$$\ddot{\boldsymbol{X}}_N+\boldsymbol{\omega}_n^2\boldsymbol{X}_N=\boldsymbol{Q}_N(t) \tag{5-153}$$

写成展开形式为

$$\ddot{x}_{Ni}+\omega_{ni}^2x_{Ni}=q_{Ni}(t)\ (i=1,2,\cdots,n) \tag{5-154}$$

式(5-153)中,$\boldsymbol{Q}_N(t)$为对应于正则坐标的非周期激振力列阵

$$\boldsymbol{Q}_N(t)=\begin{Bmatrix} q_{N1}(t) \\ q_{N2}(t) \\ \vdots \\ q_{Nn}(t) \end{Bmatrix}$$

方程(5-154)表示 n 个独立方程,具有与单自由度系统相同的形式,因而可以用**杜哈梅积分**进行求解。对于第 i 个正则坐标的响应,则为

$$x_{Ni}(t)=\frac{1}{\omega_{ni}}\int_0^t q_{Ni}(t)\sin\omega_{ni}(t-\tau)\mathrm{d}\tau \quad (i=1,2,\cdots,n) \tag{5-155}$$

式(5-155)表示一个初始时处于静止的无阻尼单自由度系统的位移响应。重复应用该式,即可计算出按正则坐标的位移向量 $\boldsymbol{X}_N$,然后再根据 $\boldsymbol{X}=\boldsymbol{A}_N\boldsymbol{X}_N$ 变换回原坐标。

例 5-15 在图 5-7 所示的系统中,假定在第一个质量上作用有阶跃函数激振力,即 $\boldsymbol{Q}_N(t)=[Q_1 \quad 0 \quad 0]^{\mathrm{T}}$,系统初始时处于静止状态。求系统对该施力函数的响应。

解 为了简化计算,给出固有频率与正则振型矩阵

$$\omega_{n1}=0.5928\sqrt{\frac{k}{m}},\omega_{n2}=1.2675\sqrt{\frac{k}{m}},\omega_{n3}=1.8820\sqrt{\frac{k}{m}}$$

$$\boldsymbol{A}_N=\frac{1}{\sqrt{m}}\begin{bmatrix} 0.2242 & -0.4317 & -0.5132 \\ 0.4816 & -0.3857 & 0.5348 \\ 0.7427 & 0.6358 & -0.2104 \end{bmatrix}$$

正则坐标下的激振力幅值为

$$\boldsymbol{Q}_N=\boldsymbol{A}_N^{\mathrm{T}}\boldsymbol{Q}(t)=\frac{1}{\sqrt{m}}\begin{bmatrix} 0.2242 & 0.4816 & 0.7427 \\ -0.4317 & -0.3857 & 0.6358 \\ -0.5132 & 0.5348 & -0.2104 \end{bmatrix}\begin{Bmatrix} Q_1 \\ 0 \\ 0 \end{Bmatrix}$$

$$=\frac{Q_1}{\sqrt{m}}\begin{Bmatrix} 0.2242 \\ -0.4317 \\ -0.5132 \end{Bmatrix}=\begin{Bmatrix} q_{N1} \\ q_{N2} \\ q_{N3} \end{Bmatrix}$$

由式(5-155)杜哈梅积分求阶跃函数的响应为

$$x_{Ni}=\frac{q_{Ni}}{\omega_{ni}^2}(1-\cos\omega_{ni}t)$$

进而得正则坐标的响应列阵为

$$\boldsymbol{X}_N=\begin{Bmatrix} x_{N1} \\ x_{N2} \\ x_{N3} \end{Bmatrix}=\frac{Q_1}{\sqrt{m}}\begin{Bmatrix} 0.2242(1-\cos\omega_{n1}t)/\omega_{n1}^2 \\ -0.4317(1-\cos\omega_{n2}t)/\omega_{n2}^2 \\ -0.5132(1-\cos\omega_{n3}t)/\omega_{n3}^2 \end{Bmatrix}$$

将 $\omega_{n1}^2=0.3515\frac{k}{m},\omega_{n2}^2=1.6066\frac{k}{m},\omega_{n3}^2=3.5419\frac{k}{m}$代入上式,有

$$\boldsymbol{X}_N=\frac{Q_1\sqrt{m}}{k}\begin{Bmatrix} 0.6378(1-\cos\omega_{n1}t) \\ -0.2687(1-\cos\omega_{n2}t) \\ -0.1449(1-\cos\omega_{n3}t) \end{Bmatrix}$$

将正则坐标变换回原坐标,得所求的响应

$$\boldsymbol{X}=\boldsymbol{A}_N\boldsymbol{X}_N=\frac{1}{\sqrt{m}}\begin{bmatrix}0.2242 & -0.4317 & -0.5132\\ 0.4816 & -0.3857 & 0.5348\\ 0.7427 & 0.6358 & -0.2104\end{bmatrix}$$

$$\times\frac{Q_1\sqrt{m}}{k}\begin{Bmatrix}0.6378(1-\cos\omega_{n1}t)\\ -0.2687(1-\cos\omega_{n2}t)\\ -0.1449(1-\cos\omega_{n3}t)\end{Bmatrix}$$

$$=\frac{Q_1}{k}\begin{Bmatrix}0.3334-0.1430\cos\omega_{n1}t-0.1160\cos\omega_{n2}t-0.0744\cos\omega_{n3}t\\ 0.3333-0.3072\cos\omega_{n1}t-0.1036\cos\omega_{n2}t+0.0775\cos\omega_{n3}t\\ 0.3333-0.4737\cos\omega_{n1}t+0.1708\cos\omega_{n2}t-0.0305\cos\omega_{n3}t\end{Bmatrix}$$

由计算结果看，位移中高频分量所占的比例很小，而低频分量是主要的。

5.8　有阻尼多自由度系统对激振的响应

5.8.1　多自由度系统的阻尼

如果系统具有一定的阻尼且激振频率接近于系统的固有频率时，则阻尼起着非常显著的抑制共振振幅的作用，因此在系统的共振分析中，就必须考虑阻尼的影响。由于阻尼本身的复杂性，人们对它的机理的研究至今还不充分，因此，通常只是对小阻尼的情况作近似的计算。

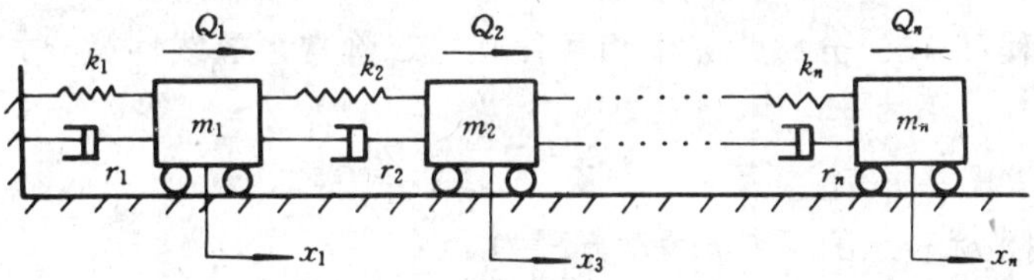

图 5-11　具有粘性阻尼的多自由度受迫振动系统

图 5-11 表示 n 个自由度系统具有粘性阻尼的受迫振动，该系统振动作用力方程可写成

$$\boldsymbol{M}\ddot{\boldsymbol{X}}+\boldsymbol{R}\dot{\boldsymbol{X}}+\boldsymbol{K}\boldsymbol{X}=\boldsymbol{Q} \tag{5-156}$$

其中质量矩阵 $\boldsymbol{M}$、刚度矩阵 $\boldsymbol{K}$ 及激振力列阵 $\boldsymbol{Q}$ 的意义如前所述。而阻尼矩阵 $\boldsymbol{R}$ 的形式为

$$\boldsymbol{R}=\begin{bmatrix}R_{11} & R_{12} & \cdots & R_{1n}\\ R_{21} & R_{22} & \cdots & R_{2n}\\ \cdots & \cdots & \cdots & \cdots\\ R_{n1} & R_{n2} & \cdots & R_{nn}\end{bmatrix} \tag{5-157}$$

其中各元素 R_{ij} 称作阻尼影响系数。在通常情况下，矩阵 $\boldsymbol{R}$ 也是对称阵，而且一般都是正定(或半正定)的。

系统引入了阻尼，使振动分析变得十分复杂。如果引进正则坐标 $\boldsymbol{X}_N$，式(5-156)则变为

$$\boldsymbol{I}\ddot{\boldsymbol{X}}_N+\boldsymbol{R}_N\dot{\boldsymbol{X}}_N+\boldsymbol{K}_N\boldsymbol{X}_N=\boldsymbol{Q}_N \tag{5-158}$$

式中 $\boldsymbol{R}_N$ 是正则坐标下的阻尼矩阵，称为正则阻尼矩阵，即

$$\boldsymbol{R}_N=\boldsymbol{A}_N^{\mathrm{T}}\boldsymbol{R}\boldsymbol{A}_N=\begin{bmatrix}R_{N11} & R_{N12} & \cdots & R_{N1n}\\ R_{N21} & R_{N22} & \cdots & R_{N2n}\\ \cdots & \cdots & \cdots & \cdots\\ R_{Nn1} & R_{Nn2} & \cdots & R_{Nnn}\end{bmatrix} \tag{5-159}$$

一般来说 $\boldsymbol{R}_N$ 不是对角线矩阵，因此式(5-158)仍是一组通过 $\dot{\boldsymbol{X}}_N$ 速度项互相耦联的微分方程式。为了使方程组解耦，工程上常采用比例阻尼和振型阻尼。

(1)比例阻尼　所谓比例阻尼是指阻尼矩阵正比于质量矩阵或刚度矩阵，或者正比于它们二者的线性组合。这样，阻尼矩阵 $\boldsymbol{R}$ 可表示为

$$\boldsymbol{R}=a\boldsymbol{M}+b\boldsymbol{K} \tag{5-160}$$

式中 a 与 b 各为正的比例常数。

引用原坐标变换为正则坐标的关系，并用 $\boldsymbol{A}_N^{\mathrm{T}}$ 左乘式(5-156)，有

$$\boldsymbol{A}_N^{\mathrm{T}}\boldsymbol{M}\boldsymbol{A}_N\ddot{\boldsymbol{X}}_N+\boldsymbol{A}_N^{\mathrm{T}}\boldsymbol{R}\boldsymbol{A}_N\dot{\boldsymbol{X}}_N+\boldsymbol{A}_N^{\mathrm{T}}\boldsymbol{K}\boldsymbol{A}_N\boldsymbol{X}_N=\boldsymbol{A}_N^{\mathrm{T}}\boldsymbol{Q}$$

即

$$\boldsymbol{M}_N\ddot{\boldsymbol{X}}_N+\boldsymbol{R}_N\dot{\boldsymbol{X}}_N+\boldsymbol{K}_N\boldsymbol{X}_N=\boldsymbol{Q}_N \tag{5-161}$$

在比例阻尼情形下，当坐标变换为正则坐标时，则正则坐标下的阻尼矩阵 $\boldsymbol{R}_N$ 是一个对角线矩阵，即有

$$\boldsymbol{R}_N=a\boldsymbol{M}_N+b\boldsymbol{K}_N=a\boldsymbol{I}+b\boldsymbol{\omega}_{\mathrm{n}}^2$$

$$=\begin{bmatrix} a+b\omega_{\mathrm{n1}}^2 & 0 & \cdots & 0 \\ 0 & a+b\omega_{\mathrm{n2}}^2 & \cdots & 0 \\ \cdots & \cdots & \cdots & \cdots \\ 0 & 0 & \cdots & a+b\omega_{\mathrm{nn}}^2 \end{bmatrix} \tag{5-162}$$

这样，就将方程(5-156)分解为 n 个相互独立的二阶常系数线性微分方程式，于是方程(5-161)可写成

$$\ddot{\boldsymbol{X}}_N+\boldsymbol{R}_N\dot{\boldsymbol{X}}_N+\boldsymbol{\omega}_{\mathrm{n}}^2\boldsymbol{X}_N=\boldsymbol{Q}_N \tag{5-163}$$

由式(5-163)，正则坐标表示的第 i 阶运动方程为

$$\ddot{x}_{Ni}+R_{Ni}\dot{x}_{Ni}+\omega_{\mathrm{n}i}^2x_{Ni}=q_{Ni}\quad(i=1,2,\cdots,n) \tag{5-164}$$

由式(5-162)定义，式(5-164)可写成

$$\ddot{x}_{Ni}+(a+b\omega_{\mathrm{n}i}^2)\dot{x}_{Ni}+\omega_{\mathrm{n}i}^2x_{Ni}=q_{Ni}\quad(i=1,2,\cdots,n) \tag{5-165}$$

这里 x_{Ni} 表示第 i 个正则坐标，$\omega_{\mathrm{n}i}$ 表示第 i 阶固有频率，q_{Ni} 表示对应于第 i 个正则坐标的广义激振力。

必须注意，当引入比例阻尼时，方程组得以解耦，但这只是 $\boldsymbol{R}$ 与 $\boldsymbol{M}$ 和 $\boldsymbol{K}$ 的线性组合成比例的一种特殊情况。

(2)振型阻尼　比例阻尼只是使 $\boldsymbol{R}_N$ 成为对角线矩阵的一种特殊情况。工程中的大多数场合，$\boldsymbol{R}_N$ 都不是对角线矩阵，但是工程上大多数振动系统中阻尼都比较小，而且由于各种阻尼比较复杂，精确测定阻尼的大小也还有很多困难。因此，为使正则阻尼矩阵 $\boldsymbol{R}_N$ 对角线化，最简单的办法就是将式(5-159)中非对角线元素的值改为零，保留对角线上各元素的原有数值，这样式(5-159)可写成

$$\boldsymbol{R}_N\approx\overline{\boldsymbol{R}}_N=\begin{bmatrix} R_{N11} & 0 & \cdots & 0 \\ 0 & R_{N22} & \cdots & 0 \\ \cdots & \cdots & \cdots & \cdots \\ 0 & 0 & \cdots & R_{Nnn} \end{bmatrix} \tag{5-166}$$

只要系统中阻尼比较小，且系统的各固有频率值彼此不等又有一定的间隔，按照上述处理，通常可获得很好的近似解。这样，就把振型叠加法有效地推广到有阻尼的多自由度系统的振

动问题的分析求解。

将式(5-166)代入式(5-163)中，得

$$\ddot{\boldsymbol{X}}_N+\overline{\boldsymbol{R}}_N\dot{\boldsymbol{X}}_N+\omega_{\mathrm{n}}^2\boldsymbol{X}_N=\boldsymbol{Q}_N \tag{5-167}$$

或

$$\ddot{x}_{Ni}+R_{Nii}\dot{x}_{Ni}+\omega_{\mathrm{n}i}^2x_{Ni}=q_{Ni}\quad(i=1,2,\cdots,n) \tag{5-168}$$

式中 R_{Nii}称作第 i 阶正则振型的阻尼系数，它等于第 i 阶正则振型的衰减系数 n_{Ni}的 2 倍，即 $R_{Nii}=2n_{Ni}$。在实际进行振动分析时，通常用实验或实测给出各阶振型的阻尼比 ζ_{ii}。实测结果表明，各阶振型的阻尼比 ζ_{ii}数量级相同，高阶振型的数值略大些，这样，式(5-168)可写成

$$\ddot{x}_{Ni}+2n_{Ni}\dot{x}_{Ni}+\omega_{\mathrm{n}i}^2x_{Ni}=q_{Ni} \tag{5-169a}$$

或

$$\ddot{x}_{Ni}+2\zeta_{ii}\omega_{\mathrm{n}i}\dot{x}_{Ni}+\omega_{\mathrm{n}i}^2x_{Ni}=q_{Ni} \tag{5-169b}$$

式中 $\zeta_{ii}=n_{Ni}/\omega_{\mathrm{n}i}$称为第 i 阶正则坐标振型的阻尼比。对于小阻尼系统，通常规定所有振型的阻尼比均应在 $0\leqslant\zeta_{ii}\leqslant0.2$ 范围内。为简单起见，通常还假定各阶振型的阻尼比是相同的，即 $\zeta_{ii}=\zeta$，这时方程(5-169b)可写成下式

$$\ddot{x}_{Ni}+2\zeta\omega_{\mathrm{n}i}\dot{x}_{Ni}+\omega_{\mathrm{n}i}^2x_{Ni}=q_{Ni}\quad(i=1,2,\cdots,n) \tag{5-170}$$

应注意，若实测出第 i 阶正则振型的阻尼比 ζ_{ii}值，则可按式(5-169b)进行计算，若假设各阶振型的阻尼比相等，则可按式(5-170)进行计算。这就省去了对原坐标的阻尼矩阵 $\boldsymbol{R}$ 的计算或实测。假如需要对系统用原坐标表示的运动方程式直接求解，可由已确定的 $\overline{\boldsymbol{R}}_N$ 计算出 $\boldsymbol{R}$，即把$\overline{\boldsymbol{R}}_N$ 看作是 $\boldsymbol{R}_N$，利用式(5-159)则有

$$\overline{\boldsymbol{R}}_N=\boldsymbol{A}_N^{\mathrm{T}}\boldsymbol{R}\boldsymbol{A}_N \tag{5-171}$$

由上式有

$$\boldsymbol{R}=(\boldsymbol{A}_N^{\mathrm{T}})^{-1}\overline{\boldsymbol{R}}_N\boldsymbol{A}_N^{-1} \tag{5-172}$$

再根据 $\boldsymbol{A}_N^{-1}=\boldsymbol{A}_N^{\mathrm{T}}\boldsymbol{M}$，可得

$$\boldsymbol{R}=\boldsymbol{M}\boldsymbol{A}_N\overline{\boldsymbol{R}}_N\boldsymbol{A}_N^{\mathrm{T}}\boldsymbol{M} \tag{5-173}$$

由式(5-166)得

$$\overline{\boldsymbol{R}}_N=\begin{bmatrix}R_{N11} & 0 & \cdots & 0\\ 0 & R_{N22} & \cdots & 0\\ \cdots & \cdots & \cdots & \cdots\\ 0 & 0 & \cdots & R_{Nnn}\end{bmatrix}=\begin{bmatrix}2\zeta_{11}\omega_{\mathrm{n}1} & 0 & \cdots & 0\\ 0 & 2\zeta_{22}\omega_{\mathrm{n}2} & \cdots & 0\\ \cdots & \cdots & \cdots & \cdots\\ 0 & 0 & \cdots & 2\zeta_{nn}\omega_{\mathrm{n}n}\end{bmatrix} \tag{5-174}$$

将上式代入式(5-173)，则得

$$\boldsymbol{R}=\boldsymbol{M}\left(\sum_{i=1}^{n}2\zeta_{ii}\omega_{\mathrm{n}i}\boldsymbol{A}_N^{(i)}(\boldsymbol{A}_N^{(i)})^{\mathrm{T}}\right)\boldsymbol{M} \tag{5-175}$$

从式(5-175)中可以明显地看出各阶振型阻尼对阻尼矩阵 $\boldsymbol{R}$ 的作用。

5.8.2 多自由度有阻尼系统对激振的响应

1. 简谐激振的响应

对于一个小阻尼系统，当各坐标上作用的激振力均与谐函数 $\sin\omega t$ 成比例时，则系统的受迫振动方程式为

$$\boldsymbol{M}\ddot{\boldsymbol{X}}+\boldsymbol{R}\dot{\boldsymbol{X}}+\boldsymbol{K}\boldsymbol{X}=\boldsymbol{Q}\sin\omega t \tag{5-176}$$

根据正则坐标，上式可变换为下列形式

$$\ddot{x}_{Ni}+2n_i\dot{x}_{Ni}+\omega_{\mathrm{n}i}^2x_{Ni}=q_{Ni}\sin\omega t\quad(i=1,2,\cdots,n) \tag{5-177}$$

式中 q_{Ni}为广义激振力幅值，n_i 由下式确定

比例阻尼：$n_i=(a+b\omega_{ni}^2)/2$

振型阻尼：$n_i=\zeta_{ii}\omega_{ni}$

从而，可按单自由度系统的计算方法，求出每个正则坐标的稳态响应

$$x_{Ni}=\frac{q_{Ni}}{\omega_{ni}^2}\beta_i\sin(\omega t-\psi_i) \tag{5-178}$$

其中 β_i 为放大因子，其值为

$$\beta_i=\frac{1}{\sqrt{(1-\omega^2/\omega_{ni}^2)^2+(2\zeta_{ii}\omega/\omega_{ni})^2}} \tag{5-179}$$

ψ_i 为相位角

$$\psi_i=\arctan\frac{2\zeta_{ii}\omega/\omega_{ni}}{1-(\omega/\omega_{ni})^2} \tag{5-180}$$

再利用关系式 $\boldsymbol{X}=\boldsymbol{A}_N\boldsymbol{X}_N$，得系统原坐标的稳态响应为

$$\boldsymbol{X}=\boldsymbol{A}_N^{(1)}x_{N1}+\boldsymbol{A}_N^{(2)}x_{N2}+\cdots+\boldsymbol{A}_N^{(n)}x_{Nn} \tag{5-181}$$

或写成

$$\begin{Bmatrix}x_1\\x_2\\\vdots\\x_n\end{Bmatrix}=x_{N1}\begin{Bmatrix}A_{N1}^{(1)}\\A_{N2}^{(1)}\\\vdots\\A_{Nn}^{(1)}\end{Bmatrix}+x_{N2}\begin{Bmatrix}A_{N1}^{(2)}\\A_{N2}^{(2)}\\\vdots\\A_{Nn}^{(2)}\end{Bmatrix}+\cdots+x_{Nn}\begin{Bmatrix}A_{N1}^{(n)}\\A_{N2}^{(n)}\\\vdots\\A_{Nn}^{(n)}\end{Bmatrix} \tag{5-182}$$

例 5-16 在图 5-11 所示的系统中，当 $n=3$ 时，在质量 m_1、m_2、m_3 上作用的激振力分别为 $Q_1=Q_2=Q_3=Q\sin\omega t$。假定振型阻尼比 $\zeta_i=0.02(i=1,2,3)$，取 $m_1=m_2=m_3=m$ 及 $k_1=k_2=k_3=k$，试求当激振频率 $\omega=1.25\sqrt{k/m}$时各质量的稳态响应。

解 首先求解系统的固有频率和主振型。该系统无阻尼自由振动微分方程为

$$\boldsymbol{M}\ddot{\boldsymbol{X}}+\boldsymbol{K}\boldsymbol{X}=\boldsymbol{0}$$

其中

$$\boldsymbol{M}=\begin{bmatrix}m&0&0\\0&m&0\\0&0&m\end{bmatrix},\quad \boldsymbol{K}=\begin{bmatrix}2k&-k&0\\-k&2k&-k\\0&-k&k\end{bmatrix}$$

则系统的特征方程式为

$$\begin{vmatrix}2k-m\omega_{ni}^2&-k&0\\-k&2k-m\omega_{ni}^2&-k\\0&-k&k-m\omega_{ni}^2\end{vmatrix}=0$$

展开后得

$$(\omega_{ni}^2)^3-5\left(\frac{k}{m}\right)(\omega_{ni}^2)^2+6\left(\frac{k}{m}\right)^2\omega_{ni}^2-\left(\frac{k}{m}\right)^3=0$$

解之求出

$$\omega_{n1}^2=0.198\,\frac{k}{m},\omega_{n2}^2=1.555\,\frac{k}{m},\omega_{n3}^2=3.247\,\frac{k}{m}$$

将求出的 ω_{n1}^2、ω_{n2}^2和 ω_{n3}^2分别代入式(5-24)中，得特征向量为

$$\boldsymbol{A}^{(1)}=\begin{Bmatrix}1.000\\1.802\\2.247\end{Bmatrix},\quad \boldsymbol{A}^{(2)}=\begin{Bmatrix}1.000\\0.445\\-0.802\end{Bmatrix},\quad \boldsymbol{A}^{(3)}=\begin{Bmatrix}1.000\\-1.247\\0.555\end{Bmatrix}$$

则振型矩阵为

$$A_P=[A^{(1)} \quad A^{(2)} \quad A^{(3)}]=\begin{bmatrix}1.000 & 1.000 & 1.000\\ 1.802 & 0.445 & -1.247\\ 2.247 & -0.802 & 0.555\end{bmatrix}$$

用正则化因子除各相应列之后,得正则振型矩阵

$$A_N=\frac{1}{\sqrt{m}}\begin{bmatrix}0.328 & 0.737 & 0.591\\ 0.591 & 0.328 & -0.737\\ 0.737 & -0.591 & 0.328\end{bmatrix}$$

正则坐标下的激振力向量为

$$Q_N=A_N^{\mathrm{T}}Q=\frac{1}{\sqrt{m}}\begin{bmatrix}0.328 & 0.591 & 0.737\\ 0.737 & 0.328 & -0.591\\ 0.591 & -0.737 & 0.328\end{bmatrix}\begin{Bmatrix}Q_1\\ Q_2\\ Q_3\end{Bmatrix}$$

$$=\frac{1}{\sqrt{m}}\begin{Bmatrix}1.656\\ 0.474\\ 0.182\end{Bmatrix}Q\sin\omega t$$

由式(5-179)计算放大因子

$$\beta_1=\frac{1}{\sqrt{(1-1.5625/0.198)^2+(2\times0.02\times1.25/0.445)^2}}=0.145$$

$$\beta_2=\frac{1}{\sqrt{(1-1.5625/1.555)^2+(2\times0.02\times1.25/1.247)^2}}=24.761$$

$$\beta_3=\frac{1}{\sqrt{(1-1.5625/3.247)^2+(2\times0.02\times1.25/1.802)^2}}=1.925$$

由式(5-180)计算相位角

$$\psi_1=\arctan\frac{2\times0.02\times1.25/0.445}{1-(1.25/0.445)^2}=179°4'$$

$$\psi_2=\arctan\frac{2\times0.02\times1.25/1.247}{1-(1.25/1.247)^2}=96°52'$$

$$\psi_3=\arctan\frac{2\times0.02\times1.25/1.802}{1-(1.25/1.802)^2}=3°4'$$

进而求出正则坐标下的稳态响应为

$$x_{N1}=\frac{1.656Q}{0.198\sqrt{m}}\frac{m}{k}\times0.145\sin(\omega t-179°4')=1.213\frac{Q\sqrt{m}}{k}\sin(\omega t-179°4')$$

$$x_{N2}=\frac{0.474Q}{1.555\sqrt{m}}\frac{m}{k}\times24.761\sin(\omega t-96°52')=7.548\frac{Q\sqrt{m}}{k}\sin(\omega t-96°52')$$

$$x_{N3}=\frac{0.182Q}{3.247\sqrt{m}}\frac{m}{k}\times1.925\sin(\omega t-3°4')=0.108\frac{Q\sqrt{m}}{k}\sin(\omega t-3°4')$$

转化为原坐标下的稳态响应为

$$X=\begin{Bmatrix}x_1\\ x_2\\ x_3\end{Bmatrix}=x_{N1}\begin{Bmatrix}A_{N1}^{(1)}\\ A_{N2}^{(1)}\\ A_{N3}^{(1)}\end{Bmatrix}+x_{N2}\begin{Bmatrix}A_{N1}^{(2)}\\ A_{N2}^{(2)}\\ A_{N3}^{(2)}\end{Bmatrix}+x_{N3}\begin{Bmatrix}A_{N1}^{(3)}\\ A_{N2}^{(3)}\\ A_{N3}^{(3)}\end{Bmatrix}$$

$$=\frac{1.213Q}{k}\begin{Bmatrix}0.328\\0.591\\0.737\end{Bmatrix}\sin(\omega t-179°4')+\frac{7.548Q}{k}\begin{Bmatrix}0.737\\0.328\\-0.591\end{Bmatrix}\sin(\omega t-96°52')$$

$$+\frac{0.108Q}{k}\begin{Bmatrix}0.591\\-0.737\\0.328\end{Bmatrix}\sin(\omega t-3°4')$$

整理后得

$$\boldsymbol{X}=\begin{Bmatrix}x_1\\x_2\\x_3\end{Bmatrix}=\frac{Q}{k}\begin{Bmatrix}0.398\sin(\omega t-179°4')+5.563\sin(\omega t-96°52')+0.064\sin(\omega t-3°4')\\0.717\sin(\omega t-179°4')+2.476\sin(\omega t-96°52')-0.080\sin(\omega t-3°4')\\0.894\sin(\omega t-179°4')-4.461\sin(\omega t-96°52')+0.035\sin(\omega t-3°4')\end{Bmatrix}$$

由以上计算结果看出，第二阶主振型的响应占主要部分，而第一、三阶主振型的响应则很小。

2. 一般周期激振的响应

当小阻尼系统各坐标上作用有与周期函数 $f(t)$ 成比例的激振时，激振力向量可写成

$$\boldsymbol{Q}(t)=\begin{Bmatrix}Q_1\\Q_2\\\vdots\\Q_n\end{Bmatrix}f(t) \tag{5-183}$$

周期函数 $f(t)$ 可展成傅立叶级数

$$f(t)=a_0+\sum_{j=1}^{m}(a_j\cos j\omega t+b_j\sin j\omega t)\quad (j=1,2,\cdots,m) \tag{5-184}$$

式中 a_0、a_j、b_j 为傅氏系数，可按第 2 章给出的公式计算。

在一般周期激振力作用下的振动方程，变换为正则坐标后，可得出与(5-177)类似的 n 个独立方程

$$\ddot{x}_{Ni}+2n_i\dot{x}_{Ni}+\omega_{ni}^2x_{Ni}=q_{Ni}f(t)\quad (i=1,2,\cdots,n) \tag{5-185}$$

按正则坐标，其第 i 阶的有阻尼稳态响应为

$$x_{Ni}=\frac{q_{Ni}}{\omega_{ni}^2}\left\{a_0+\sum_{j=1}^{m}\beta_{ij}[a_j\cos(j\omega t-\psi_{ij})+b_j\sin(j\omega t-\psi_{ij})]\right\} \tag{5-186}$$

$$(i=1,2,\cdots,n;j=1,2,\cdots,m)$$

式中放大因子 β_{ij} 为

$$\beta_{ij}=\frac{1}{\sqrt{(1-j^2\omega^2/\omega_{ni}^2)^2+(2\zeta_{ii}j\omega/\omega_{ni})^2}} \tag{5-187}$$

相位角 ψ_{ij} 为

$$\psi_{ij}=\arctan\frac{2\zeta_{ii}j\omega/\omega_{ni}}{1-(j\omega/\omega_{ni})^2} \tag{5-188}$$

从式(5-186)可以看出，对于任意阶(如第 i 阶)正则坐标的响应，是多个具有不同频率的激振力引起的响应的叠加，因而就一般周期性激振函数，产生共振的可能性要比简谐函数大得多。所以很难预料各振型中哪一振型将受到激振力的强烈影响。但是，当激振力函数展成傅立叶级数之后，每个 $j\omega$ 激振频率可以和每个固有频率 ω_{ni} 相比较，从而可以预测出强烈振动的所在。

例 5-17 图 5-12 所示一矩形波的周期性激振力函数，如果该施力函数作用于例 5-16 中的第一个质量上，并已知振型阻尼比 $\zeta_{ii}=\zeta_{11}=\zeta_{22}=\zeta_{33}=\zeta$，求系统的稳态响应。

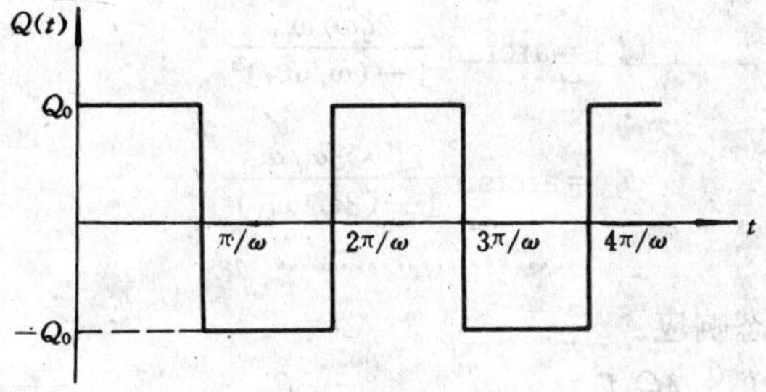

图 5-12　矩形波周期性激振力函数

解　将该矩形波函数展开为傅立叶级数

$$Q(t)=a_0+\sum_{j=1}^{m}(a_j\cos j\omega t+b_j\sin j\omega t)$$

$$a_0=0$$

$$a_j=0$$

$$b_j=\frac{2Q_0}{\pi j}[1-(-1)^j]$$

$$(j=1,2,\cdots,m)$$

得

$$Q_1(t)=\frac{4Q_0}{\pi}\left(\sin\omega t+\frac{1}{3}\sin 3\omega t+\frac{1}{5}\sin 5\omega t+\cdots\right)=\frac{4Q_0}{\pi}f(t)$$

则激振力列阵为

$$\boldsymbol{Q}(t)=\begin{Bmatrix}\dfrac{4Q_0}{\pi}\\0\\0\end{Bmatrix}f(t)$$

按正则坐标的激振力向量为

$$\boldsymbol{Q}_N=\boldsymbol{A}_N^{\mathrm{T}}\boldsymbol{Q}(t)=\frac{1}{\sqrt{m}}\begin{bmatrix}0.328 & 0.591 & 0.737\\0.737 & 0.328 & -0.591\\0.591 & -0.737 & 0.328\end{bmatrix}\begin{Bmatrix}\dfrac{4Q_0}{\pi}\\0\\0\end{Bmatrix}f(t)$$

$$=\frac{4Q_0}{\pi\sqrt{m}}\begin{Bmatrix}0.328\\0.737\\0.591\end{Bmatrix}f(t)$$

由式(5-187)计算放大因子

$$\beta_{11}=\frac{1}{\sqrt{(1-\omega^2/\omega_{n1}^2)^2+(2\zeta\omega/\omega_{n1})^2}}$$

$$\beta_{13}=\frac{1}{\sqrt{(1-9\omega^2/\omega_{n1}^2)^2+(2\zeta)^2(3\omega/\omega_{n1})^2}}$$

……………………………

由式(5-188)计算相位角

$$\psi_{11}=\arctan\frac{2\zeta\omega/\omega_{n1}}{1-(\omega/\omega_{n1})^2}$$

$$\psi_{13}=\arctan\frac{2\zeta\times 3\omega/\omega_{n1}}{1-(3\omega/\omega_{n1})^2}$$

$$\cdots\cdots$$

进而求出正则坐标下的稳态响应

$$x_{N1}=\frac{0.328}{\omega_{n1}^2\sqrt{m}}\times\frac{4Q_0}{\pi}\left[\beta_{11}\sin(\omega t-\psi_{11})+\frac{\beta_{13}}{3}\sin(3\omega t-\psi_{13})+\cdots\right]$$

$$=\frac{0.328}{\omega_{n1}^2\sqrt{m}}\times\frac{4Q_0}{\pi}\varphi_1(t)=\frac{1.657\sqrt{m}}{k}\frac{4Q_0}{\pi}\varphi_1(t)$$

$$x_{N2}=\frac{0.737}{\omega_{n2}^2\sqrt{m}}\times\frac{4Q_0}{\pi}\left[\beta_{21}\sin(\omega t-\psi_{21})+\frac{\beta_{23}}{3}\sin(3\omega t-\psi_{23})+\cdots\right]$$

$$=\frac{0.737}{\omega_{n2}^2\sqrt{m}}\times\frac{4Q_0}{\pi}\varphi_2(t)=\frac{0.474\sqrt{m}}{k}\frac{4Q_0}{\pi}\varphi_2(t)$$

$$x_{N3}=\frac{0.591}{\omega_{n3}^2\sqrt{m}}\times\frac{4Q_0}{\pi}\left[\beta_{31}\sin(\omega t-\psi_{31})+\frac{\beta_{33}}{3}\sin(3\omega t-\psi_{33})+\cdots\right]$$

$$=\frac{0.591}{\omega_{n3}^2\sqrt{m}}\times\frac{4Q_0}{\pi}\varphi_3(t)=\frac{0.182\sqrt{m}}{k}\frac{4Q_0}{\pi}\varphi_3(t)$$

则原坐标下的稳态响应为

$$\boldsymbol{X}=\boldsymbol{A}_N\boldsymbol{X}_N=\frac{1}{\sqrt{m}}\begin{bmatrix}0.328 & 0.737 & 0.591\\ 0.591 & 0.328 & -0.737\\ 0.737 & -0.591 & 0.328\end{bmatrix}\times\frac{4Q_0\sqrt{m}}{\pi k}\begin{Bmatrix}1.657\varphi_1(t)\\ 0.474\varphi_2(t)\\ 0.182\varphi_3(t)\end{Bmatrix}$$

$$=\begin{Bmatrix}0.543\\ 0.979\\ 1.221\end{Bmatrix}\frac{4Q_0}{\pi k}\varphi_1(t)+\begin{Bmatrix}0.349\\ 0.155\\ -0.280\end{Bmatrix}\frac{4Q_0}{\pi k}\varphi_2(t)+\begin{Bmatrix}0.108\\ -0.134\\ 0.060\end{Bmatrix}\frac{4Q_0}{\pi k}\varphi_3(t)$$

当激振力是非周期函数时,可用杜哈梅积分求出正则坐标下的响应,然后进行坐标逆变换,从而求出原坐标下的响应。

*5.9 多自由度振动系统工程实例

最近二十年来,多自由度振动系统的振动机械,在各工业部门已发挥了重要作用。例如,双槽振动输送机、振动破碎机、振动压路机和二次隔振振动机等。为了使这些振动机械能有效地工作和提高其寿命,则必须分析研究振动系统的动力特性。

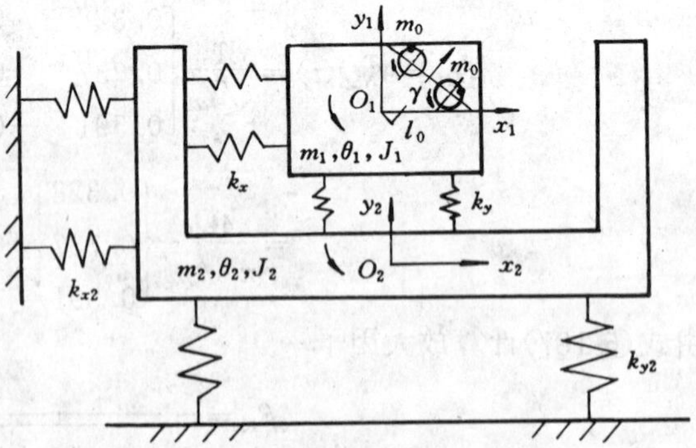

图 5-13 二次隔振振动机的力学模型

5.9.1 二次隔振振动机

某钢铁公司用的大型冷矿振动筛和热矿振动筛,它们都是二次隔振振动机,其力学模型如图 5-13 所示。为了降低整机的高度,该机激振器偏离箱体质心,即激振器的激振力不通过箱体质心,而弹簧对称于箱体质心安装。这时振动质体 1(筛箱)及二次隔振质量 2 沿 y 方向、x 方向及绕其质心摇摆振动的方程为

$$
\begin{aligned}
&(m_1+\sum m_0)\ddot{y}_1+r_y\dot{y}+k_y y=2m_0\omega^2 e\sin\gamma\sin\omega t\\
&m_2\ddot{y}_2-r_y\dot{y}-k_y y+k_{y2}y_2=0\\
&(m_1+\sum m_0)\ddot{x}_1+r_x\dot{x}+k_x x=2m_0\omega^2 e\cos\gamma\sin\omega t\\
&m_2\ddot{x}_2-r_x\dot{x}-k_x x+k_{x2}x_2=0\\
&(J_1+\sum J_0)\ddot{\theta}_1+r_\theta\dot{\theta}+k_\theta\theta=2m_0\omega^2 e l_0\sin\omega t\\
&J_2\ddot{\theta}_2-r_\theta\dot{\theta}-k_\theta\theta+k_{\theta2}\theta_2=0
\end{aligned}
\tag{5-189}
$$

其中 $x=x_1-x_2, y=y_1-y_2, \theta=\theta_1-\theta_2, \dot{x}=\dot{x}_1-\dot{x}_2, \dot{y}=\dot{y}_1-\dot{y}_2, \dot{\theta}=\dot{\theta}_1-\dot{\theta}_2$

式中 m_1、m_2 ——筛箱及二次隔振架的质量；

J_1、J_2——筛箱及二次隔振架对其质心的转动惯量；

$\sum m_0$、$\sum J_0$——偏心块质量的总和及偏心块对筛箱质心的转动惯量总和；

r_y、r_x、r_θ、k_y、k_x、k_θ——y 方向、x 方向和 θ 方向的相对阻尼系数及弹簧刚度；

k_{y2}、k_{x2}、$k_{\theta2}$——y 方向、x 方向和 θ 方向二次隔振弹簧的刚度；

l_0——激振力作用线与筛箱质心之距；

γ——激振力作用线与水平面的夹角。

根据式(5-189)，不难求得稳态情况下筛箱 1 和二次隔振架 2 在 y 方向、x 方向和 θ 方向的位移

$$
\begin{aligned}
&y_1=B_{y1}\sin(\omega t-\psi_{y1}), y_2=B_{y2}\sin(\omega t-\psi_{y2})\\
&x_1=B_{x1}\sin(\omega t-\psi_{x1}), x_2=B_{x2}\sin(\omega t-\psi_{x2})\\
&\theta_1=B_{\theta1}\sin(\omega t-\psi_{\theta1}), \theta_2=B_{\theta2}\sin(\omega t-\psi_{\theta2})
\end{aligned}
\tag{5-190}
$$

振幅与摆动幅角可由下式计算

$$
\begin{aligned}
B_{y1}&=\frac{2m_0 e\sin\gamma}{m_1'+m_{y2}'}\sqrt{\frac{(k_y-m_{y2}'\omega^2)^2+r_y^2\omega^2}{(k_y-m_y\omega^2)^2+r_y^2\omega^2}}\\
B_{y2}&=-\frac{2m_0 e\sin\gamma}{m_1'+m_{y2}'}\sqrt{\frac{k_y^2+r_y^2\omega^2}{(k_y-m_y\omega^2)^2+r_y^2\omega^2}}\\
B_{x1}&=\frac{2m_0 e\cos\gamma}{m_1'+m_{x2}'}\sqrt{\frac{(k_x-m_{x2}'\omega^2)^2+r_x^2\omega^2}{(k_x-m_x\omega^2)^2+r_x^2\omega^2}}\\
B_{x2}&=-\frac{2m_0 e\cos\gamma}{m_1'+m_{x2}'}\sqrt{\frac{k_x^2+r_x^2\omega^2}{(k_x-m_x\omega^2)^2+r_x^2\omega^2}}\\
B_{\theta1}&=\frac{2m_0 e l_0}{J'_1+J'_2}\sqrt{\frac{(k_\theta-J'_2\omega^2)^2+r_\theta^2\omega^2}{(k_\theta-J\omega^2)^2+r_\theta^2\omega^2}}\\
B_{\theta2}&=-\frac{2m_0 e l_0}{J'_1+J'_2}\sqrt{\frac{k_\theta+r_\theta^2\omega^2}{(k_\theta-J\omega^2)^2+r_\theta^2\omega^2}}
\end{aligned}
\tag{5-191}
$$

其中

$$
m_1'=m_1+\sum m_0, m_{y2}'=m_2-\frac{k_{y2}}{\omega^2}, m_{x2}'=m_2-\frac{k_{x2}}{\omega^2}, m_y=\frac{m_1'm_{y2}'}{m_1'+m_{y2}'},
$$

$$
m_x=\frac{m_1'm_{x2}'}{m_1'+m_{x2}'}, J_1'=J_1+\sum J_0, J_2'=J_2-\frac{k_{\theta2}}{\omega^2}, J=\frac{J_1'J_2'}{J_1'+J_2'}
$$

激振力超前位移的相位角为

$$\psi_{i1}=\arctan\frac{c_ib_i-a_id_i}{a_ic_i+b_id_i}$$

$$\psi_{i2}=\arctan\frac{e_ib_i-a_if_i}{e_ia_i+f_ib_i} \tag{5-192}$$

其中

$$a_i=(k_i-m_i\omega^2)(k_i+k_{i2}-m'_i\omega^2)-k_i^2$$

$$b_i=(k_i-m_i\omega^2)r_i\omega+(k_i+k_{i2}-m'_i\omega^2)r_i\omega-2k_ir_i\omega$$

$$c_i=k_i+k_{i2}-m'_i\omega^2$$

$$d_i=r_i\omega$$

$$e_i=k_i$$

$$f_i=r_i\omega$$

$$m_i=m'_1,m'_1,J'_1$$

$$m'_i=m_2,m_2,J_2$$

$$i=y,x,\theta$$

假如振动系统中的阻尼可以忽略，则

$$B_{y1}=\frac{2m_0e\sin\gamma(k_y-m'_{y2}\omega^2)}{(m'_1+m'_{y2})(k_y-m_y\omega^2)}$$

$$B_{y2}=-\frac{2m_0ek_y\sin\gamma}{(m'_1+m'_{y2})(k_y-m_y\omega^2)}$$

$$B_{x1}=\frac{2m_0e\cos\gamma(k_x-m'_{x2}\omega^2)}{(m'_1+m'_{x2})(k_x-m_x\omega^2)} \tag{5-193}$$

$$B_{x2}=-\frac{2m_0ek_x\cos\gamma}{(m'_1+m'_{x2})(k_x-m_x\omega^2)}$$

$$B_{\theta1}=\frac{2m_0el_0(k_\theta-J'_2\omega^2)}{(J'_1+J'_2)(k_\theta-J\omega^2)}$$

$$B_{\theta2}=-\frac{2m_0el_0k_\theta}{(J'_1+J'_2)(k_\theta-J\omega^2)}$$

将 m'_{y2}、m'_{x2}、J'_2 表达式代入式(5-193)，当分母等于零时，可求得系统的 6 个固有频率

$$\omega_{ny1}^2,\omega_{ny2}^2=\frac{(m'_1+m_2)k_y+m'_1k_{y2}\mp\sqrt{[(m'_1+m_2)k_y+m'_1k_{y2}]^2-4m'_1m_2k_yk_{y2}}}{2m'_1m_2}$$

$$\omega_{nx1}^2,\omega_{nx2}^2=\frac{(m'_1+m_2)k_x+m'_1k_{x2}\mp\sqrt{[(m'_1+m_2)k_x+m'_1k_{x2}]^2-4m'_1m_2k_xk_{x2}}}{2m'_1m_2} \tag{5-194}$$

$$\omega_{n\theta1}^2,\omega_{n\theta2}^2=\frac{(J'_1+J_2)k_\theta+J'_1k_{\theta2}\mp\sqrt{[(J'_1+J_2)k_\theta+J'_1k_{\theta2}]^2-4J'_1J_2k_\theta k_{\theta2}}}{2J'_1J_2}$$

通过计算可知，在这 6 个固有频率中，以 y 方向的固有频率为最高。因此在分析二次隔振系统时，只要对 y 方向的隔振参数进行讨论即可。

引进符号

$$\xi=\frac{k_{y2}}{k_y},\mu=\frac{m_2}{m'_1},\Delta=\frac{B_{y2}}{B_{y1}},\omega_n=\sqrt{\frac{k_y}{m'_1}}$$

这时，ω_{ny1}、ω_{ny2} 可写成

$$\omega_{ny1},\omega_{ny2}=\omega_n\sqrt{\frac{1}{2\mu}\left[\xi+\mu+1\mp\sqrt{(\xi+\mu+1)^2-4\xi\mu}\right]} \tag{5-195}$$

为了使二次隔振振动机的振幅受阻尼力的影响较小，建议固有频率 ω_{ny1}、ω_{ny2}与工作频率之比小于 0.7，即

$$\frac{\omega_{ny1}}{\omega}\text{或}\frac{\omega_{ny2}}{\omega}<0.7 \tag{5-196}$$

为了进一步估算二次隔振系统的隔振效果，首先必须求出振幅 B_{y1}和 B_{y2}的值，将式(5-195)代入式(5-193)中，可得

$$\begin{aligned}B_{y1}&=\frac{m_0\omega^2 e\sin\gamma\left[(\xi+1)\omega_n^2-\mu\omega^2\right]\omega_n^2}{(\omega^2-\omega_{ny1}^2)(\omega^2-\omega_{ny2}^2)\mu k_y}\\B_{y2}&=\frac{m_0\omega^2 e\omega_n^4\sin\gamma}{(\omega^2-\omega_{ny1}^2)(\omega^2-\omega_{ny2}^2)\mu k_y}\end{aligned} \tag{5-197}$$

二次隔振与一次隔振传给地基的动载荷之比为

$$K_d=\frac{k_{y2}B_{y2}}{k_yB_{y1}}=\xi|\Delta| \tag{5-198}$$

由上式看出，二次隔振系统具有较好隔振效果的基本措施，是减小二次隔振架的振幅 B_{y2}和比值 Δ，要减小 B_{y2}和 Δ，其主要途径是增大$\frac{\omega}{\omega_{ny1}}$和$\frac{\omega}{\omega_{ny2}}$。实践还指出，当取 $\mu=0.4\sim0.7$ 时，二次隔振系统的隔振效果比一次隔振系统提高 3～5 倍。

5.9.2 弹簧隔振双槽振动输送机

弹簧隔振双槽振动输送机的力学模型如图 5-14 所示。为了使分析过程不过分复杂，采用较简单的方法，并略去一些次要因素。该振动机上下槽体绕中铰链中心 O 点的力矩方程及整个振动系统沿振动方向的作用力方程为

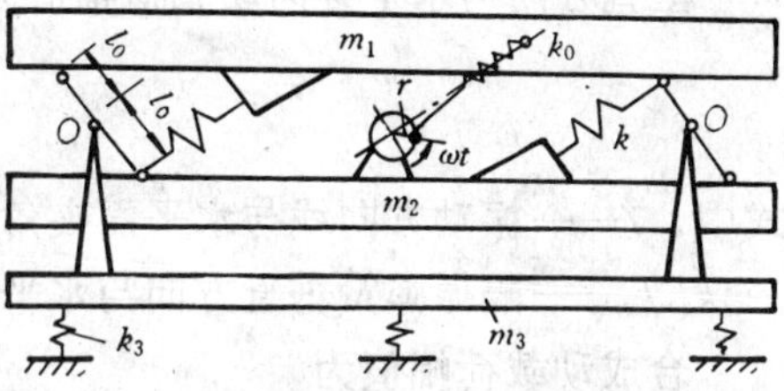

图 5-14 弹簧隔振双槽振动输送机力学模型

$$\begin{aligned}&\left[(m_1\ddot{x}_1-m_2\ddot{x}_2)-2r\dot{x}-2kx-2k_0(x-e\sin\omega t)\right]l_0=0\\&m_1\ddot{x}_1+m_2\ddot{x}_2+m'_3\ddot{x}_3=0\end{aligned} \tag{5-199}$$

式中 m_1、m_2、m'_3——槽体 1、2 和底架的计算质量，其中 $m'_3=m_3-\frac{k_3}{\omega^2}$，$m_3$ 为底架的实际质量，k_3 为隔振弹簧沿振动方向的刚度；

$\ddot{x}_1$、$\ddot{x}_2$、$\ddot{x}_3$——槽体 1、2 和底架沿振动方向的加速度；

r——槽体 1、2 相对运动的等效阻尼系数；

k、k_0——主振弹簧与连杆弹簧刚度；

x、$\dot{x}$——槽体 1、2 相对运动的位移与速度；

e——轴的偏心距；

l_0——中铰链中心 O 点至上下铰链中心之距。

因为槽体 1、2 及底架的位移 x_1、x_2、x_3 与相对位移 x 有以下关系

$$\begin{aligned}x_1&=\frac{1}{2}x+x_3\\x_2&=-\frac{1}{2}x+x_3\end{aligned} \tag{5-200}$$

由式(5-199)和(5-200)可求得槽体1、2和底架的振幅B_1、B_2和B_3为

$$\begin{aligned} B_1&=\frac{(2m_1+m_3')}{2(m_1+m_2+m_3')}B \\ B_2&=\frac{-(2m_2+m_3')}{2(m_1+m_2+m_3')}B \\ B_3&=\frac{(m_1-m_2)}{2(m_1+m_2+m_3')}B \end{aligned} \tag{5-201}$$

相对振幅B可按下式求出

$$B=\frac{k_0e}{\sqrt{(k+k_0-m\omega^2)^2+r^2\omega^2}}=\frac{k_0e}{(k+k_0)\sqrt{(1-z_0^2)^2+4\zeta^2z_0^2}} \tag{5-202}$$

式中　m——诱导质量，$m=\frac{1}{4}\left[m_1+m_2-\frac{(m_1-m_2)^2}{m_1+m_2+m_3'}\right]$；

z_0——主振系统的频率比，$z_0=\frac{\omega}{\omega_n}$，$\omega_n$为固有频率，$\omega_n=\sqrt{\frac{k+k_0}{m}}$；

ζ——阻尼比，$\zeta=\frac{4}{2m\omega_n}$。

弹簧隔振双槽振动输送机传给地基的动载荷，可直接由隔振弹簧的刚度乘底架的振幅求出。

垂直方向与水平方向动载荷幅值为

$$\begin{aligned} Q_c&=k_cB_3\sin\gamma \\ Q_s&=k_sB_3\cos\gamma \end{aligned} \tag{5-203}$$

式中　γ——振动方向线与水平面夹角；

k_c、k_s——隔振弹簧垂直方向与水平方向的刚度。

合成动载荷幅值为

$$Q_d=\sqrt{Q_c^2+Q_s^2} \tag{5-204}$$

实践证明，弹簧隔振双槽振动输送机的隔振性能良好。

6 单自由度非线性系统的振动

6.1 非线性振动系统的分类及实例

前面各章讨论的振动是线性振动，线性振动系统中的弹性力 kx、阻尼力 $r\dot{x}$ 和惯性力 $m\ddot{x}$ 分别是位移 x、速度 $\dot{x}$ 和加速度 $\ddot{x}$ 的线性函数，即它们分别与位移、速度和加速度的一次方成正比，它们所组成的方程是线性方程式，这种系统的运动方程是线性常系数方程，即

$$m\ddot{x}+r\dot{x}+kx=Q(t) \tag{6-1}$$

这个方程能很好地描述许多振动问题，在线性振动理论中起重要作用。但是工程中也有不少实际系统，不能用常系数线性微分方程描述其运动，而需要用非线性微分方程加以说明，例如图 6-1 所示“硬式弹簧”和“软式弹簧”的弹性力是非线性的，具有这种弹簧的系统属于非线性系统。非线性振动系统按其特征可分为：惯性力项为非线性的振动系统、阻尼力项为非线性的振动系统、弹性力项为非线性的振动系统及含两项以上的非线性的振动系统。

6.1.1 惯性力项为非线性的振动系统

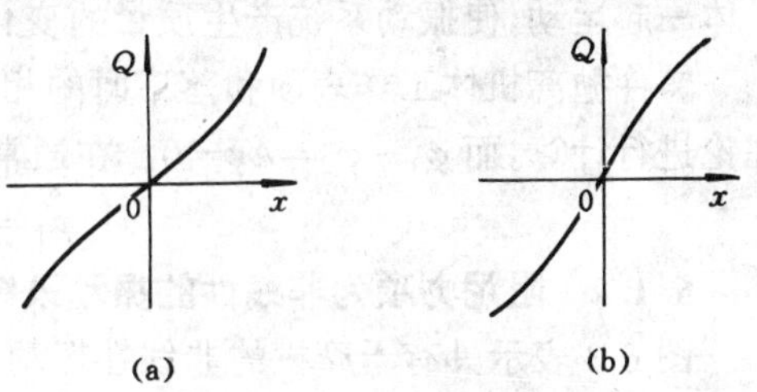

图 6-1 “硬式弹簧”和“软式弹簧”的弹性力曲线

(a)“硬式弹簧”的弹性力；(b)“软式弹簧”的弹性力

振动落砂机是机械工业部门常见的一种振动机械，如图 6-2a 所示，它利用振动原理对铸件进行清砂。假如该落砂机上的铸件处在轻微抛离的情况下工作，即在振动的每一个周期内，铸件有时与振动机体接触，此时铸件与机体一起运动，两者的加速度是相等的，而当机体的加速度大于某一定值时，铸件被抛起，经过一定时间以后，铸件又落到机体上，并与机体产生冲击，然后又与机体一起运动。因此，铸件在机体上的运动可分为三个阶段，如图 6-2b 所示：

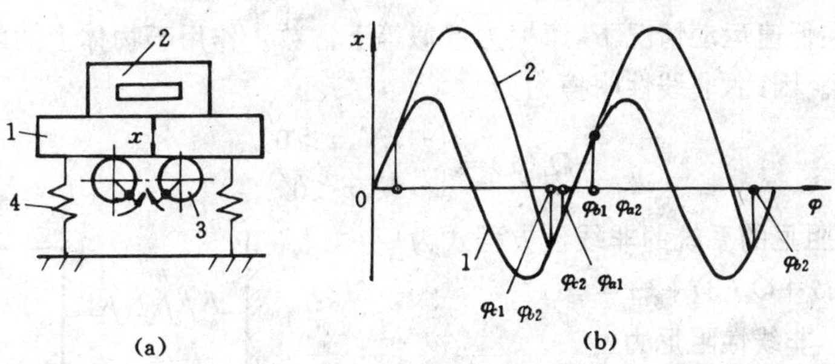

图 6-2 铸件在振动落砂机上运动阶段的相位图

(a)振动落砂机机构图：1—机体；2—铸件；3—激振器；4—弹簧

(b)机体与铸件运动位移图：1—机体运动；2—铸件运动

(1)附合运动阶段(振动相位角由 $\varphi_{a1}\sim\varphi_{a2}$)；

(2)抛离运动阶段(振动相位角由 $\varphi_{b1}\sim\varphi_{b2}$)；

(3)冲击阶段(振动相位角由 $\varphi_{c1}\sim\varphi_{c2}$)。

这三个阶段铸件和机体的惯性力和冲击力的综合表达式为

$$-Q_m(\ddot{x})=\begin{cases}-(m_p+m_m)\ddot{x}, & \varphi=\varphi_{a1}\sim\varphi_{a2}\\ -m_p\ddot{x}, & \varphi=\varphi_{b1}\sim\varphi_{b2}\\ -m_p\ddot{x}-Q_c(t), & \varphi=\varphi_{c1}\sim\varphi_{c2}\end{cases} \tag{6-2}$$

式中 $Q_m(\ddot{x})$——机体的惯性力和冲击力的综合表达式；

m_p 和 m_m——机体质量和物料质量；

$\ddot{x}$——振动加速度；

$Q_c(t)$——冲击作用力。

因此振动落砂机的振动方程是非线性的，并可表示为以下形式

$$Q_m(\ddot{x})+r\dot{x}+kx=Q(t) \tag{6-3}$$

假如铸件作轻微抛离运动，冲击作用力可忽略不计，这时，变质量的非线性力可表示为

$$-Q_m(\ddot{x})=\begin{cases}-(m_p+m_m)\ddot{x}, & \varphi=\varphi_{a1}\sim\varphi_{a2}\\ -m_p\ddot{x}, & \varphi=\varphi_{b1}\sim\varphi_{b2}\end{cases} \tag{6-4}$$

在这种情况下，非线性特性产生于一个周期内铸件在某一时间离开机体而另一时间与机体一起运动，使振动系统产生质量的变化。

铸件抛离机体工作表面和落下时的相位角 φ_{b1}和 φ_{b2}及 φ_{a1}和 φ_{a2}可按振动机上物料运动的理论进行计算，而 $\varphi_{c1}-\varphi_{c2}=\Delta\varphi=0$。在通常情况下有以下关系

$$\varphi_{b1}=\varphi_{a2},\varphi_{b2}=\varphi_{a1} \tag{6-5}$$

6.1.2 阻尼力项为非线性的振动系统

图 6-3 表示具有干摩擦的非线性振动系统。假设在此系统中惯性力与弹性力均是线性的，而阻尼力具有非线性的性质。按照库仑定律，摩擦力 Q_r 是与两摩擦面之间的法向力 N 成正比

$$Q_r=rN,N=W \tag{6-6}$$

式中 r——摩擦系数；

W——物体重量。

实验证明，在低速运动情况下，摩擦力近似等于常数。作用于物体上的摩擦力与该物体的运动方向相反。因此，非线性摩擦力为

$$-Q_r(\dot{x})=\begin{cases}-rN,x>0\\ rN,x<0\end{cases} \tag{6-7}$$

具有干摩擦阻尼的系统的非线性方程式为

$$m\ddot{x}+Q_r(\dot{x})+kx=Q(t) \tag{6-8}$$

式中 $Q_r(\dot{x})$——非线性阻尼力；

$Q(t)$——系统的干扰力。

有一些振动系统，其阻尼力是与速度平方成正比的，而其方向与速度方向相反，即

$$-Q_r(\dot{x})=-r|\dot{x}|\dot{x} \tag{6-9}$$

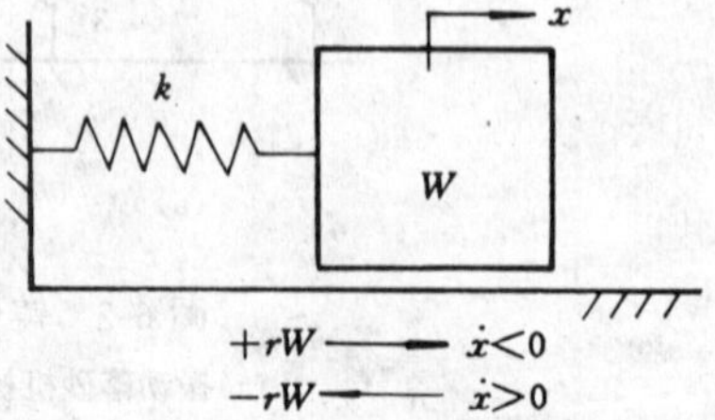

图 6-3 具有干摩擦阻尼的非线性系统

这时，振动方程可表示为

$$m\ddot{x}+r|\dot{x}|\dot{x}+kx=Q(t) \tag{6-10}$$

因为式(6-7)和(6-9)中的阻尼力并不与速度的一次方成正比，也就是说阻尼力是非线性的，所以这两个方程(6-8)和(6-10)是非线性方程式。

6.1.3 弹性力项为非线性的振动系统

图 6-4 表示下端带有重块的摆。设摆锤重为 W，长度为 l。当摆运动到与垂直线之夹角为 θ 的位置时，该摆对摆动中心 O 有一个等于 $Wl\sin\theta$ 的恢复力矩。于是对中心点 O 的摆动方程式为

$$J\ddot{\theta}+Wl\sin\theta=0 \tag{6-11}$$

式中 J——摆对 O 点的转动惯量；

θ 和 $\ddot{\theta}$——摆的转角和角加速度。

当摆的摆动幅角很小时，可近似取

$$\sin\theta\approx\theta \tag{6-12}$$

这时，方程(6-11)成为线性方程。

当摆动幅角不很小，$\sin\theta$ 可表示为以下幂级数形式

$$\sin\theta=\theta-\frac{\theta^3}{6}+\frac{\theta^5}{120}-\frac{\theta^7}{2040}+\cdots\cdots \tag{6-13}$$

在摆动幅角不大的情况下，取右端前两项已有足够的精确度，此时摆动方程式可表示为

$$J\ddot{\theta}+Wl\left(\theta-\frac{\theta^3}{6}\right)=0 \tag{6-14}$$

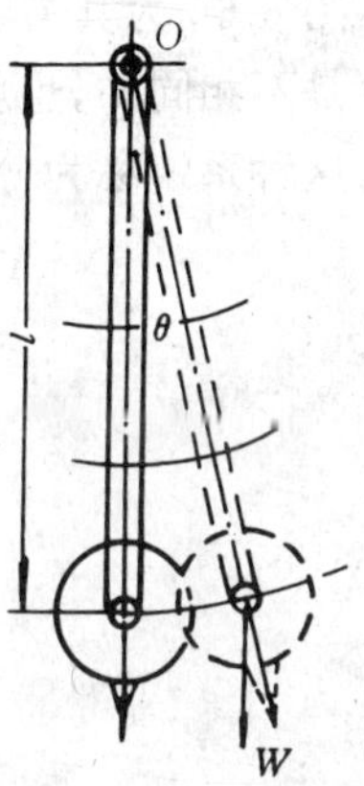

图 6-4 摆的示意图

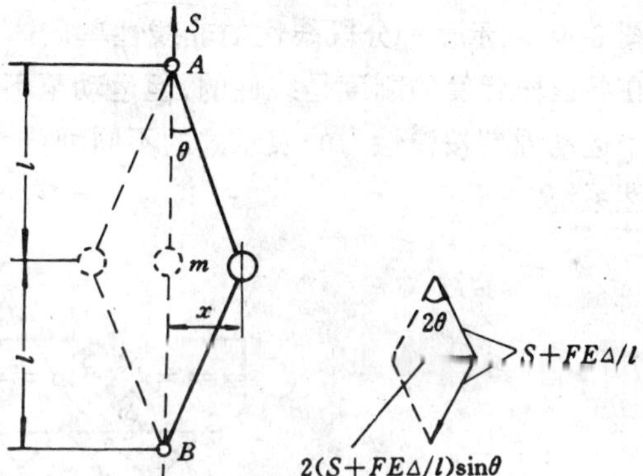

图 6-5 “硬式”非线性恢复力振动系统

当摆锤质量集中于一点及摆杆的质量忽略不计时，可将转动惯量 $J=Wl^2/g$ 代入式(6-14)中，得

$$\ddot{\theta}+\frac{g}{l}\left(\theta-\frac{\theta^3}{6}\right)=0 \tag{6-15}$$

上式中的恢复力(弹性力)是非线性的，因此该方程是非线性方程式。由上式看出，随着 θ 增大，恢复力将减少，所以该种恢复力为“软式”非线性恢复力，这种系统也称为软式非线性振动系统。

图 6-5 表示一个具有对称恢复力的“硬式”非线性振动系统的例子。一个小质量 m 固定于长度为 $2l$ 并且处在张紧情况下的钢丝 AB 中间，该质量所受的初始拉力以 S 表示，质量从其平衡位置横向移动 x 距离时，钢丝产生的恢复力如图 6-5b 所示。这时，系统的自由振动方程可表示为

$$m\ddot{x}+2\left(S+\frac{FE\Delta}{l}\right)\sin\theta=0 \tag{6-16}$$

式中 F——钢丝横截面积；

E——钢丝的弹性模量；

Δ——位移为 x 时，长度等于 l 的钢丝产生的动变形量；

θ——钢丝与垂直线之夹角。

按照图 6-5，有以下几何关系

$$\frac{\Delta}{l}=\frac{\sqrt{l^2+x^2}-l}{l}=1+\frac{1}{2}\left(\frac{x}{l}\right)^2-\frac{1}{8}\left(\frac{x}{l}\right)^4+\cdots-1$$

$$\sin\theta=\frac{x}{\sqrt{l^2+x^2}}\approx\frac{x}{l} \tag{6-17}$$

这时，该系统的运动方程式为

$$m\ddot{x}+\frac{2S}{l}x+\frac{FE}{l^3}x^3=0 \tag{6-18}$$

运动微分方程式(6-18)包含 x 的三次方项，所以该方程是非线性方程。由此式看出，其恢复力随位移的增大而增加，所以该系统是硬式非线性系统。

图 6-6a 表示一种分段线性的非线性单质体共振筛的示意图，图 6-6b 为其力学模型图。虽然在各区段弹簧的刚度是线性的，但运动至不同区段，弹簧刚度是不相同的，也就是说，可将一个运动周期按弹性力的表示式的不同划分为几个区段。因此，这种系统称为分段线性的非线性系统。

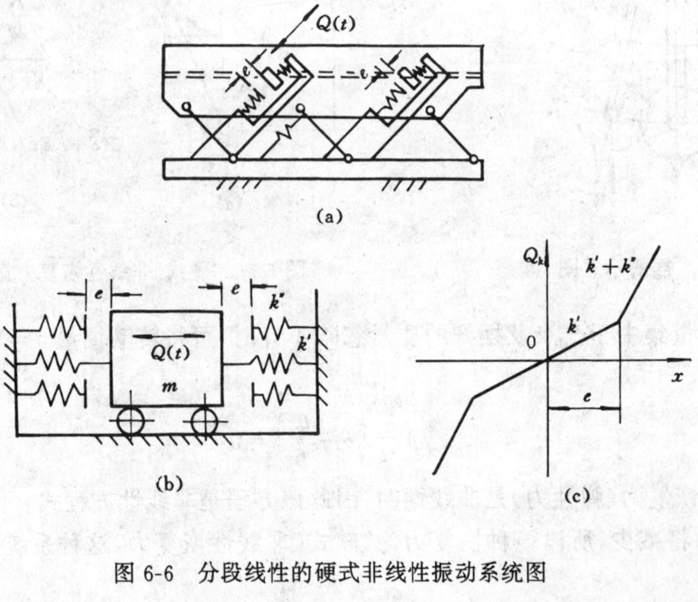

图 6-6　分段线性的硬式非线性振动系统图

按照图 6-6c 写出弹性力数学表达式

$$Q_k(x)=\begin{cases}k'x, & -e\leqslant x\leqslant 0\\ k'x+k''(x-e), & x\geqslant e\\ k'x, & 0\leqslant x\leqslant e\\ k'x+k''(x+e), & x\leqslant -e\end{cases} \tag{6-19}$$

式中 k'——无工作间隙线性弹簧的刚度；

k''——有工作间隙弹簧的刚度；

e——弹簧 k''的安装间隙。

假如该系统阻尼力用等价粘性阻尼来表示，则该系统的振动方程为

$$m\ddot{x}+r_e\dot{x}+Q_k(x)=Q(t) \tag{6-20}$$

因为该弹簧力是折线变化的，当位移超过某定值 e 时，其刚度突然增加，所以该系统为硬式的非线性系统。

6.2 求解非线性振动系统的方法

非线性振动问题的求解方法有：

(1)分析方法；

(2)数值方法；

(3)图解方法；

(4)实验方法。

一般非线性振动问题，可以从两个方面进行研究，一是定量方法，即研究如何求出方程的精确解或近似解；二是定性方法，即研究方程解的存在性、惟一性及解的周期性和稳定性等。

用分析方法求非线性方程的精确解，一般仅对少数特殊的两个自由度以下的非线性方程有效，对于多数非线性的单自由度或多自由度系统，只能求出其近似解。求近似解的方法有以下多种，

(1)等效线性化法；

(2)里兹-加辽金法；

(3)谐波平衡法；

(4)迭代法；

(5)传统小参数法；

(6)多尺度法；

(7)平均法；

(8)渐近法；

(9)能量法。

上述各种方法在非线性振动专门著作中已有详细叙述，读者可参看有关书籍。

数值方法目前已广泛用于计算非线性振动系统，无论对单自由度系统或是多自由度系统，都是一种十分有效的方法，但在求解时必须事先知道该振动系统的具体参数及有关数据，才能进行计算。

用数值积分的方法对系统的动力学特性进行仿真，也是一种有效的基本方法。

图解方法在研究单自由度非线性振动系统时是一种不可缺少的方法，在相平面上进行作图的各种方法，例如，等倾线作图法，点映射与胞映射法等，对于不同类型的非线性振动方程都是有效的。

6.3 等价线性化法

假如已知某非线性振动方程，其阻尼力与弹性力具有非线性特征，其振动方程可表示为以下形式

$$m\ddot{x}+Q_k(\dot{x},x)=Q_0\sin\omega t \tag{6-21}$$

式中 $Q_k(\dot{x},x)$——非线性阻尼力与非线性弹性力的综合表达式。

用等价线性化方法求非线性振动方程的解，首先应建立一个与非线性振动方程相对应的等价线性化方程

$$m\ddot{x}+r_e\dot{x}+k_ex=Q_0\sin\omega t \tag{6-22}$$

式中 r_e——等价阻尼系数；

k_e——等价弹簧刚度。

只要求出等价阻力系数和等价弹簧刚度，则非线性振动方程就可以近似地按照线性振动方程进行求解。

设等价线性化振动方程(6-22)有以下形式的特解

$$x=A\sin(\omega t-\psi)=A\sin\varphi_t,\ \varphi_t=\omega t-\psi \tag{6-23}$$

因此，等价线性化振幅 A 与等价线性化的相位差角 ψ 分别可由下式求出

$$A=\frac{Q_0}{\sqrt{(k_e-m\omega^2)^2-r_e^2\omega^2}}=\frac{Q_0\cos\psi}{k_e-m\omega^2},$$

$$\psi=\arctan\frac{r_e\omega}{k_e-m\omega^2} \tag{6-24}$$

等价阻尼系数 r_e 与等价弹簧刚度 k_e 的值，可以将非线性阻尼力与非线性弹性力 $Q_k(x,\dot{x})$ 按富氏级数展开，得出

$$Q_k(x,\dot{x})=\frac{a_0}{2}+\sum_{n=1}^{\infty}(a_n\cos n\varphi_n+b\sin n\varphi_n) \tag{6-25}$$

$$(n=1,2,3\cdots)$$

若阻尼力与弹性力对称，则上式中之 $a_0=0$。同时，对于一般非线性振动系统，按富氏级数展开的一次谐波分量远远大于二次以及三次以上的谐波分量，若将二次与三次以上的谐波分量略去，则非线性阻尼力与非线性弹力可近似表示为

$$Q_k(x,\dot{x})\approx a_1\cos\varphi_t+b_1\sin\varphi_t \tag{6-26}$$

根据富氏级数的公式，系数 a_1 与 b_1 可按下式计算

$$\begin{aligned} a_1&=\frac{\omega}{\pi}\int_0^T Q_k(x,\dot{x})\cos\varphi_t\mathrm{d}t_1\\ &=\frac{1}{\pi}\int_0^{2\pi}Q_k(A\sin\varphi_t,A\omega\cos\varphi_t)\cos\varphi_t\mathrm{d}\varphi_t\\ b_1&=\frac{\omega}{\pi}\int_0^T Q_k(x,\dot{x})\sin\varphi_t\mathrm{d}t_1\\ &=\frac{1}{\pi}\int_0^{2\pi}Q_k(A\sin\varphi_t,A\omega\cos\varphi_t)\sin\varphi_t\mathrm{d}\varphi_t \end{aligned} \tag{6-27}$$

将式(6-26)代入式(6-21)中，可得

$$
\begin{aligned}
& m\ddot{x}+\left[\frac{1}{\pi}\int_0^{2\pi}Q_k(A\sin\varphi_t, A\omega\cos\varphi_t)\cos\varphi_t \mathrm{d}\varphi_t\right]\cos\varphi_t \\
& +\left[\frac{1}{\pi}\int_0^{2\pi}Q_k(A\sin\varphi_t, A\omega\cos\varphi_t)\sin\varphi_t \mathrm{d}\varphi_t\right]\sin\varphi_t \\
& =Q_0\sin\omega t
\end{aligned} \tag{6-28}
$$

或

$$
\begin{aligned}
& m\ddot{x}+\left[\frac{1}{\pi A\omega}\int_0^{2\pi}Q_k(A\sin\varphi_t, A\omega\cos\varphi_t)\cos\varphi_t \mathrm{d}\varphi_t\right]\dot{x} \\
& +\left[\frac{1}{\pi A}\int_0^{2\pi}Q_k(A\sin\varphi_t, A\omega\cos\varphi_t)\sin\varphi_t \mathrm{d}\varphi_t\right]x \\
& =\boldsymbol{Q}_0\sin\omega t
\end{aligned} \tag{6-29}
$$

对比式(6-29)和式(6-22)，可以看出，等价阻尼系数 r_e 与等价弹簧刚度 k_e 分别为

$$
\begin{aligned}
r_e &= \frac{1}{\pi A\omega}\int_0^{2\pi}Q_k(A\sin\varphi_t, A\omega\cos\varphi_t)\cos\varphi_t \mathrm{d}\varphi_t \\
k_e &= \frac{1}{\pi A}\int_0^{2\pi}Q_k(A\sin\varphi_t, A\omega\cos\varphi_t)\sin\varphi_t \mathrm{d}\varphi_t
\end{aligned} \tag{6-30}
$$

而等价衰减系数 n_e 与等价固有频率 ω_{ne} 分别为

$$
\begin{aligned}
n_e &= \frac{r_e}{2m}=\frac{1}{2\pi mA\omega}\int_0^{2\pi}Q_k(A\sin\varphi_t, A\omega\cos\varphi_t)\cos\varphi_t \mathrm{d}\varphi_t \\
\omega_{ne} &= \sqrt{\frac{k_e}{m}}=\sqrt{\frac{1}{\pi mA}\int_0^{2\pi}Q_k(A\sin\varphi_t, A\omega\cos\varphi_t)\sin\varphi_t \mathrm{d}\varphi_t}
\end{aligned} \tag{6-31}
$$

例 6-1 用等价线性化方法求下述非线性振动方程的等价阻尼系数 r_e 与等价弹簧刚度 k_e。

$$m\ddot{x}+r\dot{x}+kx+\mu x^3+\gamma x^5=Q_0\sin\omega t$$

式中 μ 与 γ 为与位移成三次及五次方的恢复力系数。

解 按照式(6-30)，求等价阻尼系数。

$$r_e=\frac{1}{\pi A\omega}\int_0^{2\pi}(r\dot{x}+kx+\mu x^3+\gamma x^5)\cos\varphi_t \mathrm{d}\varphi_t$$

$$x=A\sin\varphi_t,\quad \dot{x}=A\omega\cos\varphi_t$$

将 x 与 $\dot{x}$ 代入上式中可以求得

$$r_e=r$$

可见，非线性弹性力 $kx+\mu x^3+\gamma x^5$ 对等价阻尼系数 r_e 的值没有影响。

按照式(6-30)可求出等价弹簧刚度

$$k_e=\frac{1}{\pi A}\int_0^{2\pi}(r\dot{x}+kx+\mu x^3+\gamma x^5)\sin\varphi_t \mathrm{d}\varphi_t$$

将 x 和 $\dot{x}$ 代入上式，可得

$$
\begin{aligned}
k_e &= \frac{1}{\pi A}\int_0^{2\pi}[rA\omega\cos\varphi_t+kA\sin\varphi_t+\mu A^3\sin^3\varphi_t \\
&\quad +\gamma A^5\sin^5\varphi_t]\sin\varphi_t \mathrm{d}\varphi_t \\
&= k+\frac{3}{4}\mu A^2+\frac{5}{8}\gamma A^4
\end{aligned}
$$

例 6-2 已知非线性方程

$$m\ddot{x}+Q_k(x)=Q_0\sin\omega t$$

式中　$Q_k(x)$为非线性弹性力，见图 6-6c 有

$$Q_k(x)=\begin{cases}k'x, & -e\leq x\leq e\\ k'x+k''(x-e), & e\leq x\leq\infty\\ k'x+k''(x+e), & -\infty<x\leq -e\end{cases}$$

求等价弹簧刚度、等价固有频率及受迫振动振幅。

解　在一次近似情况下，方程的近似解为

$$x=A\sin\varphi_t=A\sin(\omega t-\psi)=A\sin\omega t_1$$

非线性弹性力为

$$Q_k(x)=\begin{cases}k'x, & \varphi_e>\varphi_t>2\pi-\varphi_e,\pi+\varphi_e>\varphi_t>\pi-\varphi_e\\ k'x+k''(x-e), & \varphi_e<\varphi_t<\pi-\varphi_e\\ k'x+k''(x+e), & \pi+\varphi_e<\varphi_t<2\pi-\varphi_e\end{cases}$$

式中

$$\varphi_e=\arcsin\frac{e}{A}$$

该系统的等价弹簧刚度为

$$k_e=\frac{1}{\pi A}\int_0^{2\pi}Q_k(x)\sin\varphi_t\mathrm{d}\varphi_t$$

将 $Q_k(x)$代入，积分后化简得

$$\begin{aligned}k_e&=k'+k''\left\{1-\frac{2}{\pi}\left[\arcsin\frac{e}{A}+\frac{e}{A}\sqrt{1-\left(\frac{e}{A}\right)^2}\right]\right\}\\&=k'+k''\left[1-\frac{2}{\pi}\left(\varphi_e+\frac{1}{2}\sin2\varphi_e\right)\right]\end{aligned}$$

因为$\frac{e}{A}<1$，所以可将 $\arcsin\frac{e}{A}$和$\frac{e}{A}\sqrt{1-\left(\frac{e}{A}\right)^2}$表示为$\frac{e}{A}$的幂级数，于是有

$$k_e=k'+k''\left\{1-\frac{4}{\pi}\frac{e}{A}\left[1-\frac{1}{6}\left(\frac{e}{A}\right)^2-\frac{1}{40}\left(\frac{e}{A}\right)^4\right]\right\}$$

等价固有频率：
$$\omega_{ne}=\sqrt{\frac{k_e}{m}}$$

振幅：
$$A=\frac{Q_0}{k_e-m\omega^2}$$

6.4　传统小参数法与多尺度法

6.4.1　传统小参数法

在应用这种方法时，先将系统的小参数项从方程中单独地归并为独立项，并在该项前加小参数符号 ε，例如：对激振力较大的情况

$$\ddot{x}+\omega_{n0}^2x=q_0\sin\omega t+\varepsilon Q(x,\dot{x},t)\tag{6-32}$$

式中　$\varepsilon Q(x,\dot{x},t)$——小参数项；

其他符号如前。

令该振动系统的解及其频率为小参数 ε 的幂级数展开式

$$x=x_0+\varepsilon x_1+\varepsilon^2 x_2+\cdots\cdots$$

$$\omega_n=\omega_{n0}+\varepsilon\omega_{n1}+\varepsilon^2\omega_{n2}+\cdots\cdots \tag{6-33}$$

将上式代入式(6-32)中，使方程两端小参数 ε 的同次幂的系数相等，可以求得一组线性微分方程。根据初始条件及不出现久期项 $\tau\sin\omega t$ 和 $\tau\cos\omega t$ 的条件，即当这些项出现时，方程的解是发散的，这时便可求出 x_0、x_1、x_2……及 ω_{n0}、ω_{n1}、ω_{n2}……。再代回式(6-33)，可求得所需的解。取到 ε 的一次方项的解为一次近似解，取到 ε^2 项的解称为二次近似解，以下类推。

非线性系统的振动方程有以下形式

$$\ddot{x}+\omega_{n0}^2 x+\varepsilon x^3=q_0\sin\omega t \tag{6-34}$$

将上式改写成

$$\ddot{x}+\omega_{n0}^2 x=q_0\sin\omega t-\varepsilon x^3 \tag{6-35}$$

并设

$$x=x_0+\varepsilon x_1+\varepsilon^2 x_2+\cdots\cdots$$

$$\omega_n=\omega_{n0}+\varepsilon\omega_{n1}+\varepsilon^2\omega_{n2}+\cdots\cdots$$

将上式的第一式代入式(6-35)中可得

$$\ddot{x}_0+\varepsilon\ddot{x}_1+\varepsilon^2\ddot{x}_2+\omega_{n0}^2(x_0+\varepsilon x_1+\varepsilon^2 x_2)+\varepsilon(x_0+\varepsilon x_1+\varepsilon^2 x_2)^3=q_0\sin\omega t \tag{6-36}$$

当方程等号前后 ε 的零次幂、一次幂和二次幂的系数相等时，可得

$$\ddot{x}_0+\omega_{n0}^2 x_0=q_0\sin\omega t$$

$$\ddot{x}_1+\omega_{n0}^2 x_1+x_0^3=0$$

$$\ddot{x}_2+\omega_{n0}^2 x_2+3x_0^2 x_1=0 \tag{6-37}$$

式(6-37)第一个方程的稳态解显然是

$$x_0=A_0\sin\omega t,\quad A_0=\frac{q_0}{\omega_{n0}^2-\omega^2} \tag{6-38}$$

代入第二式，可得

$$\ddot{x}_1+\omega_{n0}^2 x_1=-A_0^3\sin^3\omega t \tag{6-39}$$

因为

$$\sin^3\omega t=\frac{3}{4}\sin\omega t-\frac{1}{4}\sin 3\omega t$$

代入式(6-39)中，则有

$$\ddot{x}_1+\omega_{n0}^2 x_1=-A_0^3\left(\frac{3}{4}\sin\omega t-\frac{1}{4}\sin 3\omega t\right) \tag{6-40}$$

由上式可求出方程的稳态解

$$x_1=-\frac{3}{4}\frac{A_0^3}{\omega_{n0}^2-\omega^2}\sin\omega t+\frac{1}{4}\frac{A_0^3}{\omega_{n0}^2-9\omega^2}\sin 3\omega t \tag{6-41}$$

于是方程的第一近似解为

$$\begin{aligned}x&=x_0+\varepsilon x_1\\&=A_0\left(1-\frac{3}{4}\frac{\varepsilon A_0^2}{\omega_{n0}^2-\omega^2}\right)\sin\omega t+\frac{1}{4}\frac{\varepsilon A_0^3}{\omega_{n0}^2-9\omega^2}\sin 3\omega t\end{aligned} \tag{6-42}$$

当等号后第一项括弧中的后项远小于 1 时，则有以下近似关系

$$A_0\left(1-\frac{3}{4}\frac{\varepsilon A_0^2}{\omega_{n0}^2-\omega^2}\right)\approx\frac{q_0}{\omega_{n0}^2-\omega^2}\frac{1}{1+\frac{3}{4}\frac{\varepsilon A_0^2}{\omega_{n0}^2-\omega^2}}$$

$$\approx \frac{q_0}{\omega_{n0}^2+\frac{3}{4}\varepsilon A_0^2-\omega^2} \tag{6-43}$$

这时系统的固有频率可近似地表示为

$$\omega_n=\omega_{n0}+\varepsilon\omega_{n1}=\sqrt{\omega_{n0}^2+\frac{3}{4}\varepsilon A_0^2}\approx\omega_{n0}+\frac{3}{8}\varepsilon A_0^2 \tag{6-44}$$

它随着振幅 A_0 的增大而增大，而位移的近似表达式可写成

$$x\approx\frac{q_0}{\omega_{n0}^2+\frac{3}{4}\varepsilon A_0^2-\omega^2}\sin\omega t+\frac{1}{4}\frac{\varepsilon A_0^3}{\omega_{n0}^2-9\omega^2}\sin 3\omega t \tag{6-45}$$

6.4.2 多尺度法

非线性方程的周期解可写为 $x(\varepsilon,t)$ 或 $x(\varepsilon,\tau)$，其中 τ 为变换尺度后的时间变量，也就是说方程的解是一个自变量的函数。如果我们对系统引入多个自变量，或多个不同尺度的时间变量，那么其解也将成为多个自变量的函数，这时可将解的展开式考虑成为多个时间自变量的函数，这种求解方法称为多尺度法。用该法可求自治系统的解，也可求非自治系统的解；既可用它来求定常解，也可求非定常解。

可将时间表示为以下不同尺度

$$T_n=\varepsilon^n t$$
$$n=0,1,2,\cdots\cdots \tag{6-46}$$

引进以下一些新的自变量 T_0、T_1、T_2、……。因此对于 t 的导数变成为对于 T_n 的偏导数的展开式，即

$$\begin{aligned}\frac{d}{dt}&=\frac{dT_0}{dt}\frac{\partial}{\partial T_0}+\frac{dT_1}{dt}\frac{\partial}{\partial T_1}+\frac{dT_2}{dt}\frac{\partial}{\partial T_2}+\cdots\\&=D_0+\varepsilon D_1+\varepsilon^2 D_2+\cdots\\\frac{d^2}{dt^2}&=D_0^2+2\varepsilon D_0D_1+\varepsilon^2(D_1^2+2D_0D_2)+\cdots\end{aligned} \tag{6-47}$$

设一个自由度非线性振动方程的解可表示成多个不同时间尺度的函数

$$x(t,\varepsilon)=x_0(T_0,T_1,T_2,\cdots)+\varepsilon x_1(T_0,T_1,T_2,\cdots)+\varepsilon^2 x_2(T_0,T_1,T_2,\cdots)+\cdots \tag{6-48}$$

在上式中所需的独立时间尺度变量的个数，取决于需要求到哪一阶近似解。如果式(6-48)算到 $O(\varepsilon^2)$，那么独立时间变量应为 T_0 和 T_1。在式(6-48)中如需算到 $O(\varepsilon^3)$，我们需要求到 T_0,T_1 和 T_2。

为了确定函数 x_0、x_1、x_2、…。将式(6-47)和式(6-48)代入原振动方程式，把所有各项移到方程的左端后，令 ε^0、ε^1、ε^2、…的系数为零，则可得到 x_0、x_1、x_2、…的线性微分方程组，各方程的解中含有待确定的任意函数，这些未知的任意函数又是不同尺度的时间变量 T_0、T_1、T_2、…的函数，利用消除解中出现久期项的条件就可确定这些函数。久期项即是指在方程的解中出现随时间 t 不断增大的项，因此，这些项是没有意义的。

下面用多尺度法来研究一个自由度的非线性系统。

1. 自治系统

$$\ddot{x}+f(x)=0 \tag{6-49}$$

设非线性函数 $f(x)$ 在原点可以展成泰勒级数，则上式可写为

$$\ddot{x}+\sum_{n=1}^{N}a_{n}x^{n}=0 \tag{6-50}$$

其中

$$a_{n}=\frac{1}{n\,!}f^{(n)}(0) \tag{6-51}$$

而 $f^{(n)}$ 是对于自变量 x 的 n 阶导数，对于原点有 $f(0)=0$，且 $f'(0)>0$，假设(6-50)的解可表示为

$$x(t,\varepsilon)=\varepsilon x_{1}(T_{0},T_{1},T_{2})+\varepsilon^{2}x_{2}(T_{0},T_{1},T_{2})+\varepsilon^{3}x_{3}(T_{0},T_{1},T_{2}) \tag{6-52}$$

将上式和式(6-47)代入式(6-50)，并令 $\varepsilon,\varepsilon^{2},\varepsilon^{3}$ 的系数为零，则得

$$\begin{aligned}
D_{0}^{2}x_{1}+\omega_{0}^{2}x_{1}&=0\\
D_{0}^{2}x_{2}+\omega_{0}^{2}x_{2}&=-2D_{0}D_{1}x_{1}-a_{2}x_{1}^{2}\\
D_{0}^{2}x_{3}+\omega_{0}^{2}x_{3}&=-2D_{0}D_{1}x_{2}-(D_{1}^{2}+2D_{0}D_{1})x_{1}\\
&\quad-2a_{2}x_{1}x_{2}-a_{3}x_{1}^{3}
\end{aligned} \tag{6-53}$$

对多尺度法我们取式(6-53)第一式的解为

$$x_{1}=A(T_{1},T_{2})\mathrm{e}^{\mathrm{i}\omega_{0}T_{0}}+\overline{A}\mathrm{e}^{-\mathrm{i}\omega_{0}T_{0}} \tag{6-54}$$

其中 A 为 T_{1}、T_{2} 的复函数，而 $\overline{A}$ 为 A 的共轭函数，A 将由 x_{2} 和 x_{3} 的周期条件来确定。

将式(6-54)代入式(6-53)第二式的右端，则得

$$D_{0}^{2}x_{2}+\omega_{0}^{2}x_{2}=-2i\omega_{0}D_{1}A\mathrm{e}^{\mathrm{i}\omega_{0}T_{0}}-a_{2}[A^{2}\mathrm{e}^{2\mathrm{i}\omega_{0}T_{0}}+A\,\overline{A}]+cc \tag{6-55}$$

其中 cc 表示前面各项的共轭函数。

为使 x_{2} 的解中不出现久期项，必有

$$D_{1}A=0 \tag{6-56}$$

这时式(6-53)第二式的解可取为

$$x_{2}=\frac{a_{2}A^{2}}{3\omega_{0}^{2}}\mathrm{e}^{2\mathrm{i}\omega_{0}T_{0}}-\frac{a_{2}}{\omega_{0}^{2}}A\,\overline{A}+cc \tag{6-57}$$

将 x_{1}、x_{2} 的表示式代入式(6-53)第三式，并考虑式(6-56)，则得

$$\begin{aligned}
D_{0}^{2}x_{3}+\omega_{0}^{2}x_{3}&=-\left[2\mathrm{i}\omega_{0}D_{2}A-\frac{10a_{2}^{2}-9a_{3}\omega_{0}^{2}}{3\omega_{0}^{2}}A^{2}\overline{A}\right]\mathrm{e}^{\mathrm{i}\omega_{0}T_{0}}\\
&\quad-\frac{3a_{3}\omega_{0}^{2}+2a_{2}^{2}}{3\omega_{0}^{2}}A^{3}\mathrm{e}^{3\mathrm{i}\omega_{0}T_{0}}+cc
\end{aligned} \tag{6-58}$$

为了使解 x_{3} 中不出现久期项，必须

$$2\mathrm{i}\omega_{0}D_{2}A+\frac{9a_{3}\omega_{0}^{2}-10a_{2}^{2}}{3\omega_{0}^{2}}A^{2}\overline{A}=0 \tag{6-59}$$

设 A 为指数函数的形式，即

$$A=\frac{1}{2}a\mathrm{e}^{\mathrm{i}\beta} \tag{6-60}$$

式中 α、β 是 T_{2} 的实函数。将上式代入式(6-59)，将实部和虚部分开，得

$$\begin{aligned}
\omega_{0}a'&=0\\
\omega_{0}a\beta'+\frac{10a_{2}^{2}-9a_{3}\omega_{0}^{2}}{24\omega_{0}^{2}}a^{3}&=0
\end{aligned} \tag{6-61}$$

上式中 α、β 右上角的撇表示对 T_{2} 的导数。

从上式知，a 是常数。于是有

$$\beta=\frac{9a_3\omega_0^2-10a_2^2}{24\omega_0^3}a^3T_2+\beta_0 \tag{6-62}$$

式中 β_0 是任意常数。将 β 和 $T_2=\varepsilon^2 t$ 代入式(6-60),则得

$$A=\frac{1}{2}a\exp\left(\mathrm{i}\,\frac{9a_3\omega_0^2-10a_2^2}{24\omega_0^3}\varepsilon^2a^3t+\mathrm{i}\beta_0\right) \tag{6-63}$$

将 x_1 和 x_2 及 A 代入式(6-52),则有

$$x=\varepsilon a\cos(\omega t+\beta)-\frac{\varepsilon^2a^2a_2}{2a_1}\left[1-\frac{1}{3}\cos(2\omega t+2\beta_0)\right]+0(\varepsilon^3) \tag{6-64}$$

其中

$$\omega=\sqrt{a_1}\left[1+\frac{9a_1a_3-10a_2^2}{24a_1^2}\varepsilon^2a^3\right]+0(\varepsilon^3) \tag{6-65}$$

2. 非自治系统

现用多尺度法研究杜芬方程

$$\ddot{x}+\omega_0^2x=-2\varepsilon\mu\dot{x}-\varepsilon bx^3+K\cos\Omega t \tag{6-66}$$

式中 $\mu>0$,而 b 为正时为硬式弹性特性,b 为负时为软式弹性特性。

下面研究主共振情况下的近似解。

取
$$\Omega-\omega_0=\varepsilon\sigma \tag{6-67}$$

式中,调谐参数 σ 是 Ω 和 ω_0 接近程度的定量描述。参数 σ 还将帮助我们识别导致久期项的一些因素。如欲使共振干扰力不引起久期项,应设 $K=\varepsilon K$。

如果我们只采用两个不同的时间尺度 T_0、T_1,则式(6-52)将变成以下形式

$$x(t,\varepsilon)=x_0(T_0,T_1)+\varepsilon x_1(T_0,T_1)+\cdots \tag{6-68}$$

干扰力也用 T_0、T_1 表示

$$\varepsilon K\cos\Omega t=\varepsilon K\cos(\omega_0T_0+\sigma T_1) \tag{6-69}$$

将式(6-68)和式(6-69)代入方程,令等式两端的 ε^0、ε 的系数相等,则得

$$\begin{aligned}&D_0^2x_0+\omega_0^2x_0=0\\&D_0^2x_1+\omega_0^2x_1=-2D_0D_1x_0-2\mu D_0x_0\\&\qquad\qquad\qquad -bx_0^3+K\cos(\omega_0T_0+\sigma T_1)\end{aligned} \tag{6-70}$$

式(6-70)第一式的通解可写为

$$x_0=A(T_1)\mathrm{e}^{\mathrm{i}\omega_0T_0}+\overline{A}(T_1)\mathrm{e}^{-\mathrm{i}\omega_0T_0} \tag{6-71}$$

式中 $A(T_1)$将由 x_1 的周期性条件确定。将 $\cos(\omega_0T_0+\sigma T_1)$用复数形式表示,并把 x_0 代入式(6-70)的第二式,则得

$$\begin{aligned}&D_0^2x_1+\omega_0^2x_1\\&=-[2i\omega_0(A'+\mu A)+3bA^2\overline{A}]\mathrm{e}^{\mathrm{i}\omega_0T_0}\\&\quad-bA^3\mathrm{e}^{3\mathrm{i}\omega_0T_0}+\frac{1}{2}K\mathrm{e}^{\mathrm{i}(\omega_0T_0+\sigma T_1)}+cc\end{aligned} \tag{6-72}$$

式中 cc 代表前面各项的共轭复数。欲使 x_1 有周期解,应设

$$2i\omega_0(A'+\mu A)+3bA^2\overline{A}-\frac{1}{2}K\mathrm{e}^{\mathrm{i}\sigma T_1}=0 \tag{6-73}$$

为了求出函数 A,现将 A 表示为指数函数

$$A=\frac{1}{2}a\mathrm{e}^{\mathrm{i}\beta} \tag{6-74}$$

式中 α、β 都是实数，将上式代入式(6-73)，将实部和虚部分开，得到

$$\begin{aligned} \alpha' &= -\mu\alpha+\frac{1}{2}\frac{K}{\omega_0}\sin(\sigma T_1-\beta) \\ \alpha\beta' &= \frac{3b}{8\omega_0}a^3-\frac{1}{2}\frac{K}{\omega_0}\cos(\sigma T_1-\beta) \end{aligned} \tag{6-75}$$

如设

$$\gamma=\sigma T_1-\beta \tag{6-76}$$

则式(6-75)将变为

$$\begin{aligned} \alpha' &= -\mu a+\frac{1}{2}\frac{K}{\omega_0}\sin\gamma \\ \alpha\gamma' &= \sigma a-\frac{3b}{8\omega_0}a^3+\frac{1}{2}\frac{K}{\omega_0}\cos\gamma \end{aligned} \tag{6-77}$$

式(6-77)和我们用其他方法研究一个自由度分段线性系统的强迫振动时所得的结果类似。方程(6-77)即相迹方程。

为了得到定常解，令式(6-77)的右端等于零，则得

$$\left[\mu^2+\left(\sigma-\frac{3b}{8\omega_0}a^2\right)^2\right]a^2=\frac{K^2}{4\omega_0^2} \tag{6-78}$$

这是振幅 a 作为调谐参数 σ(即干扰频率)和干扰力幅 K 的隐函数方程，或称为共振曲线方程。为了计算共振曲线，常将式(6-78)对 σ 解出

$$\sigma=\frac{3b}{8\omega_0}a^2\pm\left(\frac{K^2}{4\omega_0^2\alpha^2}-\mu^2\right)^{\frac{1}{2}} \tag{6-79}$$

计算结果指出，共振曲线将发生拐弯，因而会出现跳跃和滞后等现象。

6.5 渐近法

6.5.1 自治系统

自治系统指无干扰力作用的系统，即自由振动系统。

假如非线性方程有以下形式

$$\frac{\mathrm{d}^2x}{\mathrm{d}t^2}+\omega_n^2x=\varepsilon Q\left(x,\frac{\mathrm{d}x}{\mathrm{d}t}\right) \tag{6-80}$$

式中 $\varepsilon Q\left(x,\frac{\mathrm{d}x}{\mathrm{d}t}\right)$——非线性小参数项，其中 ε 表示小参数。

设上述方程的解有以下形式

$$x=a\cos\varphi_1+\varepsilon u_1(a,\varphi_1)+\varepsilon^2u_2(a,\varphi_1)+\cdots \tag{6-81}$$

式中 $u_1(a,\varphi_1)$和 $u_2(a,\varphi_1)$是角 φ_1 的周期函数，其周期为 2π，而 a、φ_1 是时间的函数，可由下面的微分方程确定

$$\begin{aligned} \frac{\mathrm{d}a}{\mathrm{d}t} &= \varepsilon A_1(a)+\varepsilon^2A_2(a)+\cdots \\ \frac{\mathrm{d}\varphi_1}{\mathrm{d}t} &= \omega_n+\varepsilon B_1(a)+\varepsilon^2B_2(a)+\cdots \end{aligned} \tag{6-82}$$

这样，在我们面前提出的问题是：函数 $u_1(a,\varphi_1)$、$u_2(a,\varphi_1)\cdots A_1(a)$、$A_2(a)$、$B_1(a)$、$B_2(a)$、……应该如何选择，才能使式(6-81)成为方程(6-80)的解。为此，先求出下列各值

$$
\begin{aligned}
\frac{\mathrm{d}x}{\mathrm{d}t}=&\frac{\mathrm{d}a}{\mathrm{d}t}\left(\cos\varphi_1+\varepsilon\frac{\partial u_1}{\partial a}+\varepsilon^2\frac{\partial u_2}{\partial a}+\cdots\right)\\
&+\frac{\mathrm{d}\varphi_1}{\mathrm{d}t}\left(-a\sin\varphi_1+\varepsilon\frac{\partial u_1}{\partial\varphi_1}+\varepsilon^2\frac{\partial u_2}{\partial\varphi_1}+\cdots\right)\\
\frac{\mathrm{d}^2x}{\mathrm{d}t^2}=&\frac{\mathrm{d}^2a}{\mathrm{d}t^2}\left(\cos\varphi_1+\varepsilon\frac{\partial u_1}{\partial a}+\varepsilon^2\frac{\partial u_2}{\partial a}+\cdots\right)\\
&+\frac{\mathrm{d}^2\varphi_1}{\mathrm{d}t^2}\left(-a\sin\varphi_1+\varepsilon\frac{\partial u_1}{\partial\varphi_1}+\varepsilon^2\frac{\partial u_2}{\partial\varphi_1}+\cdots\right)\\
&+\left(\frac{\mathrm{d}a}{\mathrm{d}t}\right)^2\left(\varepsilon\frac{\partial^2u_1}{\partial a^2}+\varepsilon^2\frac{\partial^2u_2}{\partial a^2}+\cdots\right)\\
&+2\frac{\mathrm{d}a}{\mathrm{d}t}\frac{\mathrm{d}\varphi_1}{\mathrm{d}t}\left(-\sin\varphi_1+\varepsilon\frac{\partial^2u_1}{\partial a\partial\varphi_1}+\varepsilon^2\frac{\partial^2u_2}{\partial a\partial\varphi_1}+\cdots\right)\\
&+\left(\frac{\mathrm{d}\varphi_1}{\mathrm{d}t}\right)^2\left(-a\cos\varphi_1+\varepsilon\frac{\partial^2u_1}{\partial\varphi_1^2}+\varepsilon^2\frac{\partial^2u_2}{\partial\varphi_1^2}+\cdots\right)
\end{aligned}
\tag{6-83}
$$

由式(6-82)可得

$$
\begin{aligned}
&\frac{\mathrm{d}^2a}{\mathrm{d}t^2}=\varepsilon^2A_1\frac{\mathrm{d}A_1}{\mathrm{d}a}+\varepsilon^3\cdots\\
&\frac{\mathrm{d}^2\varphi_1}{\mathrm{d}t^2}=\varepsilon^2A_1\frac{\mathrm{d}B_1}{\mathrm{d}a}+\varepsilon^3\cdots\\
&\left(\frac{\mathrm{d}a}{\mathrm{d}t}\right)^2=\varepsilon^2A_1^2+\varepsilon^3\cdots\\
&\frac{\mathrm{d}a}{\mathrm{d}t}\frac{\mathrm{d}\varphi_1}{\mathrm{d}t}=\varepsilon\omega_\mathrm{n}A_1+\varepsilon^2(A_2\omega_\mathrm{n}+A_1B_1)+\varepsilon^3\\
&\left(\frac{\mathrm{d}\varphi_1}{\mathrm{d}t}\right)^2=\omega_\mathrm{n}+\varepsilon2\omega_\mathrm{n}B_1+\varepsilon^2(B_1^2+2\omega_\mathrm{n}B_2)+\varepsilon^3
\end{aligned}
\tag{6-84}
$$

将式(6-83)和式(6-81)代入式(6-80)的左端，便得

$$
\begin{aligned}
\frac{\mathrm{d}^2x}{\mathrm{d}t^2}+\omega_\mathrm{n}^2x=&\varepsilon\left(-2\omega_\mathrm{n}A_1\sin\varphi_1-2\omega_\mathrm{n}aB_1\cos\varphi_1+\omega_\mathrm{n}^2\frac{\partial^2u_1}{\partial\varphi_1^2}+\omega_\mathrm{n}^2u_1\right)\\
&+\varepsilon^2\left[\left(A_1\frac{\mathrm{d}A_1}{\mathrm{d}a}-aB_1^2-2\omega_\mathrm{n}aB_2\right)\cos\varphi_1\right.\\
&-\left(2\omega_\mathrm{n}A_2+2A_1B_1+A_1a\frac{\mathrm{d}B_1}{\mathrm{d}a}\right)\sin\varphi_1\\
&\left.+2\omega_\mathrm{n}A_1\frac{\partial^2u_1}{\partial a\partial\varphi_1}+2\omega_\mathrm{n}B_1\frac{\partial^2u_1}{\partial\varphi_1^2}+\omega_\mathrm{n}^2\frac{\partial^2u_2}{\partial\varphi_1^2}+\omega_\mathrm{n}^2u_2\right]+\varepsilon^3\cdots
\end{aligned}
\tag{6-85}
$$

而将式(6-81)代入式(6-80)的右端，并对其按泰勒级数展开，则得

$$
\begin{aligned}
\varepsilon Q\left(x,\frac{\mathrm{d}x}{\mathrm{d}t}\right)=&\varepsilon Q(a\cos\varphi_1,-a\omega_\mathrm{n}\sin\varphi_1)\\
&+\varepsilon^2[u_1\dot{Q}_x(a\cos\varphi_1,-a\omega_\mathrm{n}\sin\varphi_1)\\
&+\left(A_1\cos\varphi_1-aB_1\sin\varphi_1+\omega_\mathrm{n}\frac{\partial u_1}{\partial\varphi_1}\right)\\
&\times\dot{Q}_{\dot{x}}(a\cos\varphi_1,-a\omega_\mathrm{n}\sin\varphi_1)]+\varepsilon^3\cdots
\end{aligned}
\tag{6-86}
$$

$\dot{Q}_x$ 与 $\dot{Q}_{\dot{x}}$ 为分别表示 Q 对位移 x 及速度 $\dot{x}$ 的一阶导数。令式(6-85)、式(6-86)中的 ε 的同次

幂系数相等,得到

$$\omega_n^2\left(\frac{\partial^2 u_1}{\partial\varphi_1^2}+u_1\right)=Q_0(a,\varphi_1)+2\omega_n A_1\sin\varphi_1+2\omega_n aB_1\cos\varphi_1$$

$$\omega_n^2\left(\frac{\partial^2 u_2}{\partial\varphi_1^2}+u_2\right)=Q_1(a,\varphi_1)+2\omega_n A_2\sin\varphi_1+2\omega_n aB_2\cos\varphi_1 \tag{6-87}$$

式中

$$Q_0(a,\varphi_1)=Q(a\cos\varphi_1,-a\omega_n\sin\varphi_1)$$

$$\begin{aligned}Q_1(a,\varphi_1)=&u_1\dot{Q}_x(a\cos\varphi_1,-a\omega_n\sin\varphi_1)\\&+\left(A_1\cos\varphi_1-A_1B_1\sin\varphi_1+\omega_n\frac{\partial u_1}{\partial\varphi_1}\right)\\&\times\dot{Q}_{\dot{x}}(a\cos\varphi_1,-a\omega_n\sin\varphi_1)\\&+\left(aB_1^2-A_1\frac{\mathrm{d}A_1}{\mathrm{d}a}\right)\cos\varphi_1\\&+\left(2A_1B_1+A_1\frac{\mathrm{d}B_1}{\mathrm{d}a}a\right)\sin\varphi_1\\&-2\omega_n A_1\frac{\partial^2 u_1}{\partial a\partial\varphi_1}-2\omega_n B_1\frac{\partial^2 u_1}{\partial\varphi_1^2}+\cdots\end{aligned} \tag{6-88}$$

为了确定 $A_1(a)$,$B_1(a)$和 $u_1(a,\varphi_1)$,可先将 $Q_0(a,\varphi_1)$和 $u_1(a,\varphi_1)$展为富氏级数

$$Q_0(a,\varphi_1)=g_0(a)+\sum_{n=1}^{\infty}[g_n(a)\cos n\varphi_1+h_n(a)\sin n\varphi_1]$$

$$u_1(a,\varphi_1)=\nu_0(a)+\sum_{n=1}^{\infty}[\nu_n(a)\cos n\varphi_1+w_n(a)\sin n\varphi_1] \tag{6-89}$$

将上式代入式(6-87)的第一式,可得

$$\begin{aligned}&\omega_n^2\nu_0(a)+\sum_{n=1}^{\infty}\omega_n^2(1-n^2)[\nu_n(a)\cos n\varphi_1+w_n(a)\sin n\varphi_1]\\&=g_0(a)+[g_1(a)+2\omega_n aB_1]\cos\varphi_1+[h_1(a)+2\omega_n A_1]\sin\varphi_1\\&\quad+\sum_{n=2}^{\infty}[g_n(a)\cos n\varphi_1+h_n(a)\sin n\varphi_1]\end{aligned} \tag{6-90}$$

使以上等式同阶谐波的系数相等,则得

$$\begin{cases}g_1(a)+2\omega_n aB_1=0\\h_1(a)+2\omega_n A_1=0\\\nu_0(a)=g_0(a)/\omega_n^2\\\nu_n(a)=g_n(a)/\omega_n^2(1-n^2)\\\omega_n(a)=h_n(a)/\omega_n^2(1-n^2)\\\qquad(n=2,3,\cdots)\end{cases} \tag{6-91}$$

由于 $u_1(a,\varphi_1)$中应当没有一次谐波项,所以有

$$u_1(a,\varphi_1)=\frac{g_0(a)}{\omega_n^2}+\frac{1}{\omega_n^2}\sum_{n=2}^{\infty}\frac{g_n(a)\cos n\varphi_1+h_n(a)\sin n\varphi_1}{1-n^2} \tag{6-92}$$

由式(6-91)可求得

$$A_1=-\frac{1}{2\pi\omega_n}\int_0^{2\pi}Q_0(a,\varphi_1)\sin\varphi_1\mathrm{d}\varphi_1$$

$$B_1=-\frac{1}{2\pi\omega_n a}\int_0^{2\pi}Q_0(a,\varphi_1)\cos\varphi_1\mathrm{d}\varphi_1 \tag{6-93}$$

当 A_1、B_1 和 $u_1(a,\varphi_1)$已知时,便可按式(6-88)求出 $Q_1(a,\varphi_1)$。我们将 $Q_1(a,\varphi_1)$展为富氏级数

$$Q_1(a,\varphi_1)=g_0^{(1)}(a)+\sum_{n=1}^{\infty}\{g_n^{(1)}(a)\cos n\varphi_1+h_n^{(1)}(a)\sin n\varphi_1\} \tag{6-94}$$

利用式(6-94)和式(6-87)的第二式，则可得

$$u_2(a,\varphi_1)=\frac{g_0^{(1)}(a)}{\omega_n^2}+\frac{1}{\omega_n^2}\sum_{n=1}^{\infty}\frac{g_n^{(1)}(a)\cos n\varphi_1+h_n^{(1)}(a)\sin n\varphi_1}{1-n^2}$$

$$A_2=-\frac{1}{2\pi\omega_n}\int_0^{2\pi}Q_1(a,\varphi_1)\sin\varphi_1\mathrm{d}\varphi_1$$

$$B_2=-\frac{1}{2\pi\omega_n a}\int_0^{2\pi}Q_1(a,\varphi_1)\cos\varphi_1\mathrm{d}\varphi_1 \tag{6-95}$$

根据以上结果，可以按下式计算非线性方程的第一次近似解

$$x=a\cos\varphi_1 \tag{6-96}$$

其中

$$\frac{\mathrm{d}a}{\mathrm{d}t}=\varepsilon A_1(a)=-\frac{\varepsilon}{2\pi\omega_n}\int_0^{2\pi}Q_0(a,\varphi_1)\sin\varphi_1\mathrm{d}\varphi_1$$

$$\begin{aligned}\frac{\mathrm{d}\varphi_1}{\mathrm{d}t}&=\omega_n+\varepsilon B_1(a)\\&=\omega_n-\frac{\varepsilon}{2\pi\omega_n a}\int_0^{2\pi}Q_0(a,\varphi_1)\cos\varphi_1\mathrm{d}\varphi_1\end{aligned} \tag{6-97}$$

第二次近似解为

$$x=a\cos\varphi_1+\varepsilon^2u_1(a,\varphi_1)$$

其中

$$\frac{\mathrm{d}a}{\mathrm{d}t}=\varepsilon A_1(a)+\varepsilon^2A_2(a)$$

$$\frac{\mathrm{d}\varphi_1}{\mathrm{d}t}=\omega_n+\varepsilon B_1(a)+\varepsilon^2B_2(a) \tag{6-98}$$

例 6-3 求以下非线性方程的一次近似解

$$m\frac{\mathrm{d}^2x}{\mathrm{d}t^2}+r\frac{\mathrm{d}x}{\mathrm{d}t}+m\frac{g}{l}\sin x=0$$

解 当 x 的值较小时，有

$$m\frac{\mathrm{d}^2x}{\mathrm{d}t^2}+r\frac{\mathrm{d}x}{\mathrm{d}t}+m\frac{g}{l}\left(x-\frac{x^3}{6}\right)=0$$

将上述方程写成

$$\frac{\mathrm{d}^2x}{\mathrm{d}t^2}+\omega_n^2x=\varepsilon Q_0\left(x,\frac{\mathrm{d}x}{\mathrm{d}t}\right)$$

其中

$$\omega_n^2=\frac{g}{l},\quad \omega_n=\sqrt{\frac{g}{l}}$$

$$Q_0\left(x,\frac{\mathrm{d}x}{\mathrm{d}t}\right)=-\frac{r}{m}\frac{\mathrm{d}x}{\mathrm{d}t}+\frac{g}{6l}x^3$$

设方程的一次近似解为

$$x=a\cos\varphi_1$$

其中 a 和 φ_1 可由式(6-97)来确定

$$\begin{aligned}\frac{\mathrm{d}a}{\mathrm{d}t}&=-\frac{\varepsilon}{2\pi\omega_n}\int_0^{2\pi}Q_0(a,\varphi_1)\sin\varphi_1\mathrm{d}\varphi_1\\&=-\frac{\varepsilon}{2\pi\omega_n}\int_0^{2\pi}\left(-\frac{r}{m}\frac{\mathrm{d}x}{\mathrm{d}t}+\frac{g}{6l}x^3\right)\sin\varphi_1\mathrm{d}\varphi_1\end{aligned}$$

$$=-\frac{\varepsilon}{2\pi\omega_n}\int_0^{2\pi}\left(\frac{r}{m}a\omega_n\sin\varphi_1+\frac{g}{6l}a^3\cos^3\varphi_1\right)\sin\varphi_1\mathrm{d}\varphi_1$$

$$=-\varepsilon\frac{r}{2m}a=-\varepsilon na$$

$$\frac{\mathrm{d}\varphi_1}{\mathrm{d}t}=\omega_n-\frac{\varepsilon}{2\pi a\omega_n}\int_0^{2\pi}Q_0(a,\varphi_1)\cos\varphi_1\mathrm{d}\varphi_1$$

$$=\omega_n-\frac{\varepsilon}{2\pi a\omega_n}\int_0^{2\pi}\left(\frac{r}{m}a\omega_n\sin\varphi_1+\frac{g}{6l}a^3\cos^3\varphi_1\right)\cos\varphi_1\mathrm{d}\varphi_1$$

$$=\omega_n\left(1-\frac{\varepsilon a^2}{16}\right)$$

$$n=\frac{r}{2m},\quad \omega_n=\sqrt{\frac{g}{l}}$$

取 $t=0$ 时 a 的初始值为 a_0，则由上式中的第一式可求出

$$a=a_0\mathrm{e}^{-nt}$$

按第二式可求出

$$\varphi_1=\omega_n\left[t+\frac{a_0^2}{32n}(\mathrm{e}^{-2nt}-1)\right]+\psi_0$$

式中　ψ_0——相位角的初始值。

将求得的振幅和相位代入位移公式，得

$$x=a_0\mathrm{e}^{-nt}\cos\left\{\omega_n\left[t+\frac{a_0^2}{32n}(\mathrm{e}^{-2nt}-1)\right]+\psi_0\right\}$$

由上式看出，振动是衰减的。由于频率是振幅的函数，随着振幅减少，频率将增大。用前述方法还可求出二次近似解。

6.5.2　非自治系统

非自治系统是指具有干扰力的系统，即受迫振动系统。

下面仅研究具有简谐干扰力作用的非线性系统。该系统的运动微分方程式可表示为

$$m\frac{\mathrm{d}^2x_1}{\mathrm{d}t^2}+kx_1=\varepsilon F\left(x_1,\frac{\mathrm{d}x_1}{\mathrm{d}t}\right)+\varepsilon F_0\sin\nu t \tag{6-99}$$

为加速对实际工况的逼近，可取非线性函数等于等效线性作用力加附加非线性作用力，即

$$F\left(x_1,\frac{\mathrm{d}x_1}{\mathrm{d}t}\right)=r_e\frac{\mathrm{d}x_1}{\mathrm{d}t}+k_ex_1+\varepsilon f\left(x_1,\frac{\mathrm{d}x_1}{\mathrm{d}t}\right) \tag{6-100}$$

式中　$f\left(x_1,\frac{\mathrm{d}x_1}{\mathrm{d}t}\right)$——残余非线性函数。

因而方程可表示为

$$m\frac{\mathrm{d}^2x_1}{\mathrm{d}t^2}+r_e\frac{\mathrm{d}x_1}{\mathrm{d}t}+k_ex_1=\varepsilon f\left(x_1,\frac{\mathrm{d}x_1}{\mathrm{d}t}\right)+\varepsilon F_0\sin\nu t \tag{6-101}$$

下面我们来求方程的非共振解和共振解。

(1)方程的非共振解

对以上方程进行以下变换

$$x_1=x+A\sin(\nu t-\alpha) \tag{6-102}$$

代入方程(6-101)，得

$$\begin{aligned}m\ddot{x}+r_e\dot{x}+k_ex=&\varepsilon f[x+A\sin(\nu t-\alpha),\dot{x}+A\nu\cos(\nu t-\alpha)]\\&+\varepsilon F_0\sin\nu t-(k_e-m\nu^2)A\sin(\nu t-\alpha)-r_e\nu A\cos(\nu t-\alpha)\end{aligned} \tag{6-103}$$

设方程的解为

$$x=a\cos(\omega_0 t+\beta)=a\cos\psi$$

$$\frac{\mathrm{d}a}{\mathrm{d}t}=-\varepsilon A_1(a)=-\frac{1}{4\pi^2\omega_0}\int_0^{2\pi}\int_0^{2\pi}f_0(a,\psi,\theta)\sin\psi\mathrm{d}\psi\mathrm{d}\theta \tag{6-104}$$

$$\frac{\mathrm{d}\psi}{\mathrm{d}t}=\omega_0+\varepsilon B_1(a)=\omega_0-\frac{1}{4\pi^2\omega_0 a}\int_0^{2\pi}\int_0^{2\pi}f_0(a,\psi,\theta)\cos\psi\mathrm{d}\psi\mathrm{d}\theta$$

式中

$$\theta=\nu t,\omega_0=\sqrt{\frac{k_e}{m}}$$

$$f_0(a,\psi,\theta)=f(a\cos\psi,-a\omega_0\sin\psi,\nu t) \tag{6-105}$$

而改进的一次近似解为

$$x=a\cos\psi+\varepsilon u_1(a,\psi,\theta)$$

$$u_1(a,\psi,\theta)=\frac{1}{4\pi^2}\sum_{\substack{n \quad m\\ [n^2+(m^2-1)^2\neq 0]}}\sum \frac{\mathrm{e}^{\mathrm{i}(n\theta+m\psi)}}{\omega_0^2-(n\theta+m\omega_0)^2} \tag{6-106}$$

$$\times\int_0^{2\pi}\int_0^{2\pi}f_0(a,\psi,\theta)\mathrm{e}^{-\mathrm{i}(n\theta+m\psi)}\mathrm{d}\theta\mathrm{d}\psi$$

由于阻尼的存在,自由振动将衰减为零,即 $x\to 0$。实际上,对工作有意义的是方程的强迫振动解,其振幅和相位差角为

$$A=\frac{F_0\cos\alpha}{k_e-m\nu^2},\quad \alpha=\arctan\frac{r_e\nu}{k_e-m\nu^2} \tag{6-107}$$

(2)方程的主共振解

若系统在主共振情况下($\omega_n=q=1$)振动,则第一近似解为

$$x=a\cos(\nu t+\gamma)=a\cos\psi \tag{6-108}$$

式中的 a 和 γ 可由下式求出

$$\frac{\mathrm{d}a}{\mathrm{d}t}=\varepsilon A_1(\nu t,a,\gamma)+\cdots$$

$$\frac{\mathrm{d}\gamma}{\mathrm{d}t}=\omega_n-\nu+\varepsilon B_1(\nu t,a,\gamma)+\cdots \tag{6-109}$$

为了求出 $A_1(\nu t,a,\gamma)$,$B_1(\nu t,a,\gamma)$,可利用谐波平衡法,即

$$\frac{\mathrm{d}x}{\mathrm{d}t}=\frac{\mathrm{d}a}{\mathrm{d}t}\cos(\theta+\gamma)-a\sin(\theta+\gamma)\frac{\mathrm{d}(\theta+\gamma)}{\mathrm{d}t}$$

$$=\varepsilon A_1\cos(\theta+\gamma)-a(\omega_n+\varepsilon B_1)\sin(\theta+\gamma)$$

$$\frac{\mathrm{d}^2x}{\mathrm{d}t^2}=\varepsilon\left[(\omega_n-\nu)\frac{\partial A_1}{\partial\gamma}-2a\omega_n B_1\right]\cos(\theta+\gamma)-a\omega_n^2\cos(\theta+\gamma)$$

$$-\varepsilon\left[(\omega_n-\nu)a\frac{\partial B_1}{\partial\gamma}+2\omega_n A_1\right]\sin(\theta+\gamma) \tag{6-110}$$

将以上方程代入方程(6-99)的左边,可得

$$m\frac{\mathrm{d}^2x}{\mathrm{d}t^2}+kx=\varepsilon m\left[(\omega_n-\nu)\frac{\partial A_1}{\partial\gamma}-2a\omega_n B_1\right]\cos(\theta+\gamma)$$

$$-\varepsilon m\left[(\omega_n-\nu)a\frac{\partial B_1}{\partial\gamma}+2\omega_n A_1\right]\sin(\theta+\gamma) \tag{6-111}$$

方程的右边按富氏级数展开,且干扰力记为 $\sin(\theta+\gamma-\gamma)$,则

$$\left\{\varepsilon F\left(x,\frac{\mathrm{d}x}{\mathrm{d}t}\right)+\varepsilon F_0\sin\theta\right\}_{x=a\cos(\theta+\gamma)}$$

$$
\begin{aligned}
&=\frac{\varepsilon\cos(\theta+\gamma)}{\pi}\int_0^{2\pi} f(a\cos\psi,-a\omega_n\sin\psi)\cos\psi d\psi \\
&+\frac{\varepsilon\sin(\theta+\gamma)}{\pi}\int_0^{2\pi} f(a\cos\psi,-a\omega_n\sin\psi)\sin\psi d\psi \\
&+\varepsilon\sum_{n\neq 1}\{f_n^{(1)}(a)\cos n(\theta+\gamma)+f_n^{(2)}(a)\sin n(\theta+\gamma)\} \\
&+\varepsilon F_0(\tau)[\cos\gamma\sin(\theta+\gamma)-\sin\gamma\cos(\theta+\gamma)]
\end{aligned}
\tag{6-112}
$$

式中

$$
\begin{aligned}
f_n^{(1)}(a)&=\frac{1}{\pi}\int_0^{2\pi} f(a,\psi)\cos n\psi d\psi \\
f_n^{(2)}(a)&=\frac{1}{\pi}\int_0^{2\pi} f(a,\psi)\cos n\psi d\psi
\end{aligned}
\tag{6-113}
$$

令方程两边一次谐波的系数相等，可得

$$
\begin{aligned}
m\left[(\omega_n-\nu)\frac{\partial A_1}{\partial\gamma}-2a\omega_n B_1\right]&=\frac{1}{\pi}\int_0^{2\pi} f_0(a,\psi)\cos\psi d\psi-F_0\sin\gamma \\
m\left[(\omega_n-\nu)a\frac{\partial B_1}{\partial\gamma}-2a\omega_n A_1\right]&=-\frac{1}{\pi}\int_0^{2\pi} f_0(a,\psi)\sin\psi d\psi-F_0\cos\gamma
\end{aligned}
\tag{6-114}
$$

设以上方程的解有以下形式

$$
\begin{aligned}
A_1&=-\frac{1}{2\pi\omega_n m}\int_0^{2\pi} f_0(a,\psi)\sin\psi d\psi+c_1\frac{F_0}{m}\cos\gamma \\
B_1&=-\frac{1}{2\pi\omega_n am}\int_0^{2\pi} f_0(a,\psi)\cos\psi d\psi+c_2\frac{F_0}{m}\sin\gamma
\end{aligned}
\tag{6-115}
$$

由上式得

$$
\begin{aligned}
\frac{\partial A_1}{\partial\gamma}&=-c_1\frac{F_0}{m}\sin\gamma \\
\frac{\partial B_1}{\partial\gamma}&=-c_2\frac{F_0}{m}\cos\gamma
\end{aligned}
\tag{6-116}
$$

代入式(6-114)，得

$$
c_1=-\frac{1}{\omega_n+\nu},\quad c_2=\frac{1}{a(\omega_n+\nu)}
\tag{6-117}
$$

最后可求得

$$
\begin{aligned}
A_1&=-\frac{1}{2\pi\omega_n m}\int_0^{2\pi} f_0(a,\psi)\sin\psi d\psi-\frac{F_0}{m(\omega_n+\nu)}\cos\gamma \\
B_1&=-\frac{1}{2\pi\omega_n am}\int_0^{2\pi} f_0(a,\psi)\cos\psi d\psi+\frac{F_0}{ma(\omega_n+\nu)}\sin\gamma
\end{aligned}
\tag{6-118}
$$

采用以下符号

$$
\begin{aligned}
\delta_e(a)&=\frac{\varepsilon}{2\pi m\omega_n a}\int_0^{2\pi} f(a\cos\psi,-a\omega_n\sin\psi)\sin\psi d\psi \\
\omega_{ne}(a)&=\omega-\frac{\varepsilon}{2\pi m\omega_n a}\int_0^{2\pi} f(a\cos\psi,-a\omega_n\sin\psi)\cos\psi d\psi
\end{aligned}
\tag{6-119}
$$

由此得

$$
\frac{da}{dt}=-\delta_e(a)a-\frac{\varepsilon F_0}{m(\omega_n+\nu)}\cos\gamma
\tag{6-120}
$$

$$\frac{d\gamma}{dt}=\omega_{ne}(a)-\nu+\frac{\varepsilon F_0}{ma(\omega_n+\nu)}\sin\gamma \tag{6-120}$$

由于 εu_1 是由 $\varepsilon\sum_{n\neq 1}[f_n^{(1)}\cos n(\theta+\gamma)+f_n^{(2)}\sin n(\theta+\gamma)]$所激发的，故其表示式为

$$\varepsilon u_1(a,\theta,\theta+\gamma)=\frac{1}{m\omega_n^2}\sum_{n\neq 1}\frac{1}{1-n^2}[\cos(\theta+\gamma)$$

$$\times\int_0^{2\pi}f_0(a,\psi)\cos n\psi d\psi+\sin(\theta+\gamma)\int_0^{2\pi}f_0(a,\psi)\sin n\psi d\psi] \tag{6-121}$$

改进的一次近似解为

$$x=a\cos(\theta+\gamma)+\varepsilon u_1(a,\theta,\theta+\gamma) \tag{6-122}$$

式中的 a 和 γ 可按式(6-120)计算

例 6-4 某一在简谐力作用下硬式非线性振动系统，其运动微分方程式为

$$M\frac{d^2x}{dt^2}+r\frac{dx}{dt}+bx+dx^3=E\sin\nu t$$

解 引入以下符号：$x_1=\sqrt{\frac{d}{b}}x,t_1=\sqrt{\frac{b}{M}}t,\delta=\frac{r}{\sqrt{Mb}},E_1=\frac{E}{b}\sqrt{\frac{d}{b}}$，方程可写为

$$\frac{d^2x_1}{dt_1^2}+2\delta\frac{dx_1}{dt_1}+x_1+x_1^3=E_1\sin\nu t$$

若阻尼很小，δ,E_1,x_1^3 都很小，非线性函数及干扰力可表示为

$$\varepsilon f\left(x_1,\frac{dx_1}{dt_1}\right)=-2\delta\frac{dx_1}{dt_1}-x_1^2 \qquad \varepsilon E=E_1$$

利用以前的公式，在靠近主共振时的一次近似解为

$$x=a\cos(\nu t+\gamma)$$

$$\frac{da}{dt}=-\delta a+\frac{E_1}{1+\nu}\cos\gamma$$

$$\frac{d\gamma}{dt}=1-\nu+\frac{3a^2}{8}+\frac{E_1}{a(1+\nu)}\sin\gamma$$

在稳态情况下，$\frac{da}{dt}=\frac{d\gamma}{dt}=0$，则有

$$-\delta a+\frac{E_1}{1+\nu}\cos\gamma=0$$

$$1-\nu+\frac{3a^2}{8}+\frac{E_1}{a(1+\nu)}\sin\gamma=0$$

当系统处于主共振，即 $\nu=1$ 时，上式可写为

$$-2\delta a+E_1\cos\gamma=0$$

$$a\left[\left(1+\frac{3a^2}{8}\right)^2-\nu^2\right]+E_1\sin\gamma=0$$

由此可求得在稳态情况下的振幅和激振频率的关系式

$$a^2\left\{\left[\left(1+\frac{3a^2}{8}\right)^2-\nu^2\right]^2+4\delta^2\right\}=E_1^2$$

或

$$\nu=\sqrt{\omega_e^2(a)\pm\sqrt{\left(\frac{E_1}{a}\right)^2-4\delta^2}}$$

式中

$$\omega_e(a)=1+\frac{3a^2}{8} \qquad \delta_e(a)=\delta$$

二次近似解为

$$x=a\cos(\nu t+\gamma)+\frac{a^3}{32}\cos3(\nu t+\gamma)$$

式中

$$\frac{da}{dt}=-\delta a-\frac{3a^2\delta}{8}-E_1\left[\frac{1}{1+\nu}-\frac{3a^2(7-\nu)}{8(3-\nu)(1+\nu)^2}\right]\cos\gamma-\frac{E_1\delta}{(1+\nu)^2}\sin\gamma$$

$$\frac{d\gamma}{dt}=1-\nu+\frac{3a^2}{8}-\frac{\delta^2}{4}-\frac{15a^4}{256}+\frac{E_1}{a}\left[\frac{1}{1+\nu}-\frac{3a^2(5-3\nu)}{8(3-\nu)(1+\nu)^2}\right]\sin\gamma-\frac{E_1\delta}{a(1+\nu)^2}\cos\gamma$$

一次近似解与二次近似解的差异已示于图 6-7 中，它们之间的差异是因为在二次近似解中有高次谐波存在。

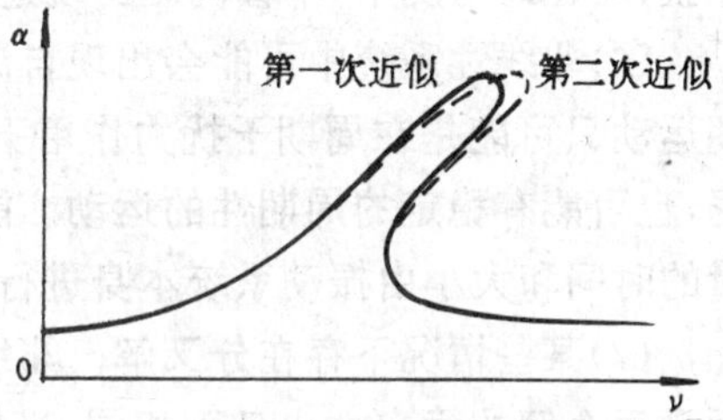

图 6-7 一次近似解与二次近似解共振曲线的比较

6.6 非线性振动系统的某些物理性质

必须指出，非线性系统具有与线性系统若干本质不同的性质。主要有以下几点：

(1)固有频率与振幅大小有关。恢复力为非线性时，系统的固有频率与振幅的大小有关，而线性系统固有频率与振幅没有关系。此外，其共振曲线与线性系统的曲线也有区别。

(2)非线性系统的强迫振动会出现跳跃现象和滞后现象。对于硬式非线性系统(图 6-8a、b)，当激振力大小不变，缓慢地增加激振力频率，其强迫振动振幅将逐渐增大，直至某点，振幅会突然下降，即发生一次降幅跳跃。此后若继续增加激振力频率，振幅将逐渐减小。反之从高频开始逐步减小频率，振幅将逐渐增大，直至某点振幅突然增大，即发生一次增幅跳跃，这种振幅的突变称为跳跃现象。但在激振力频率增加和减少的过程中产生跳跃现象的位置是不一样的，正过程跳跃在前，逆过程跳跃在后，这种现象称为滞后现象。不仅振幅有跳跃现象发生，相位也会出现跳跃现象，这里不再细述。

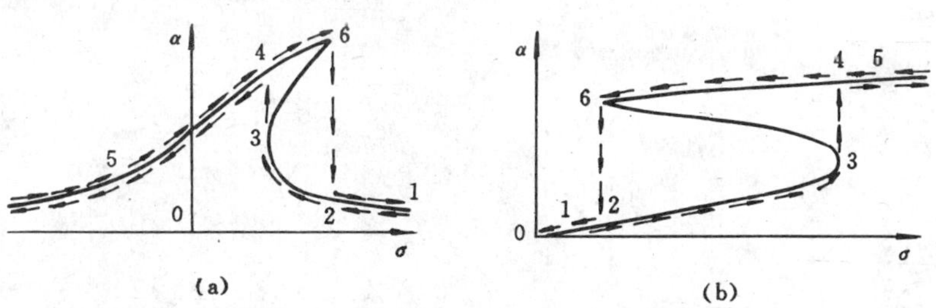

图 6-8 硬式非线性振动系统的跳跃现象和滞后现象

(a)幅频曲线；(b)相频曲线

(3)存在超谐波共振、次谐波共振和组合共振。在非线性系统中，由简谐干扰力引起的强迫振动不仅会出现与干扰力频率 ν 相同的振动($\omega=\nu$)，而且有等于干扰力频率 ν 整数倍的振动，即所谓的超谐波振动($\omega=n\nu, n=2,3,\cdots$)。此外还会产生次谐波振动，即其频率低于干扰频率的振动 $\omega=(1/n)\nu$。对单自由度非线性系统作用一个简谐干扰力，就有可能出现多种共振状态。而线性系统的强迫振动只能出现与简谐干扰力周期相同的共振状态。当两种不

同频率的干扰力作用于系统时，还有各种组合频率的组合振动 $\omega=|(n\nu_1 \pm m\nu_2)|$，其中 n 和 m 为正整数。

(4)叠加原理不适用。非线性系统的解不能像求解线性方程组全解那样，由求得的各个特解叠加而成。如果将作用在系统上的力展开成富里埃级数，那么它对于非线性系统的作用，将不等于这个级数每一个单独简谐分量的作用的线性和。这种情况使得人们寻求非线性系统的全解变得十分复杂。

(5)有频率俘获现象发生。在近共振情况下，频率等于固有振动的频率会被干扰频率所俘获，即在此情况下，不会同时出现这两种频率的振动。

(6)非线性系统中可能会出现自激振动。在线性系统中自由振动总是衰减的，严格的周期运动只可能是在周期干扰力作用下产生的强迫振动。而在非线性系统中，即使是存在阻尼，也可能有稳定的周期性的运动。能量的损失可以由输入该系统的能量得到补偿，输入能量的时间和大小由振动系统本身进行调节。这也是自激振动的内涵 。

(7)某些情况下存在分叉解。非线性振动系统在参数空间的某个区域可能存在多个解，而且每个解的稳定性也各不相同，当系统的参数例如转速、阻尼等发生变化时，可能产生解的分叉，例如，亚谐分叉、Hopf 分叉、全局分叉和局部分叉等。

(8)有时会出现混沌运动。混沌行为是非线性系统的另一个特性，虽然至今对转子动力学中的混沌现象还未很好进行研究，但是在某些特殊情况下，它是可能出现的。混沌动力学这门新兴学科，自 60 年代开始在国际上兴起并形成以来，在短短二三十年中得到迅速发展，被誉为继相对论、量子力学之后的又一重大发现。混沌学的出现是现代科学与现代技术，特别是计算机技术相结合的结果，但这些现象至今还没有研究得很清楚。

附：习题及参考答案

1. 求附图 1 所示系统的等效刚度。

答：$k_e = k_1 + k_2$

2. 如附图 2 所示系统，悬臂梁的自由端刚度分别为 k_1 和 k_3，弹簧刚度分别为 k_2 和 k_4，试求该系统的等效刚度。

答：$k_e = \dfrac{k_1k_2k_4 + k_2k_3k_4 + k_1k_3k_4}{k_1k_2 + k_2k_3 + k_1k_3 + k_1k_4 + k_2k_4}$

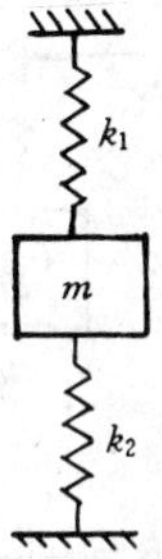

附图 1

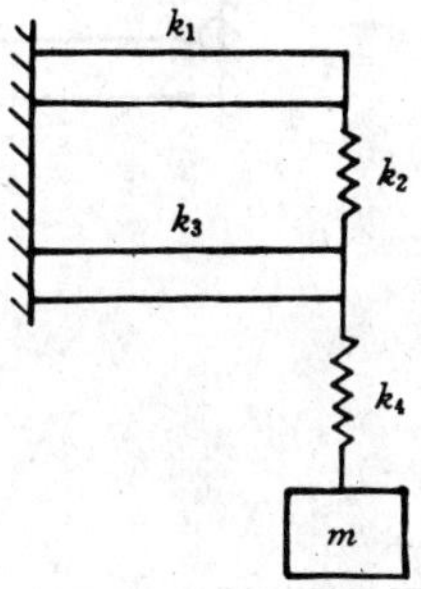

附图 2

3. 附图 3 为一发动机阀门装置，摇杆 AC 对 O 点的转动惯量为 I，顶杆 AB 的质量为 m_1，阀杆 CD 的质量为 m_2，弹簧刚度为 k，试求系统在 x 轴方向上的等效质量和等效刚度。

答：$m_e = \dfrac{I + a^2m_1 + b^2m_2}{a^2}$，$k_e = \dfrac{b^2}{a^2}k$

4. 如附图 4 所示的齿轮传动系统，轴 1 与轴 2 是平行轴，r_1、r_2 与 I_1、I_2 分别为两齿轮分度圆半径及对轴 1、轴 2 的转动惯量，试求齿轮系统对轴 1 的等效转动惯量。

答：$I_e = I_1 + \left(\dfrac{r_1}{r_2}\right)^2 I_2$

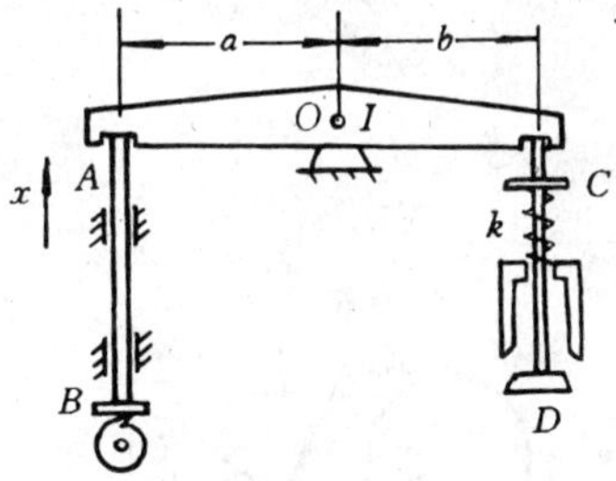

附图 3

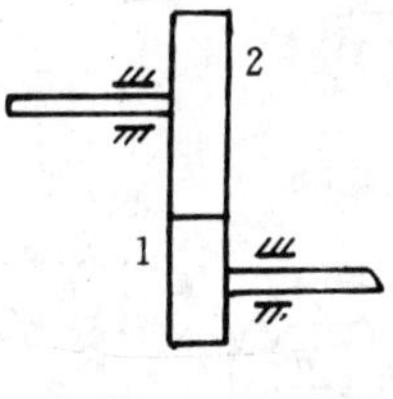

附图 4

5. 求附图 5 所示各系统的固有频率。

答：(a) $f = \dfrac{1}{2\pi}\sqrt{\dfrac{ka^2 + mgl}{ml^2}}$，(b) $f = \dfrac{1}{2\pi}\sqrt{\dfrac{ka^2 - mgl}{ml^2}}$，(c) $f = \dfrac{1}{2\pi}\sqrt{\dfrac{ka^2}{ml^2}}$

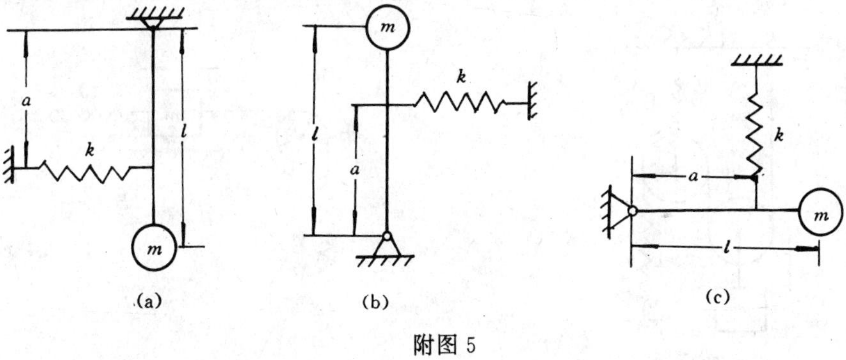

附图 5

6. 求附图 6 所示系统的固有频率。

答： $f = \dfrac{1}{2\pi}\sqrt{\dfrac{k_1k_2a^2}{m(k_1a^2 + k_2l^2)}}$

7. 如附图 7 所示，圆盘与钢丝绳之间无滑动，并忽略圆盘质量，试求系统的固有频率。

答：$f=\frac{1}{2\pi}\sqrt{\frac{k_1k_2k_3}{m(4k_2k_3+k_1k_3+k_1k_2)}}$

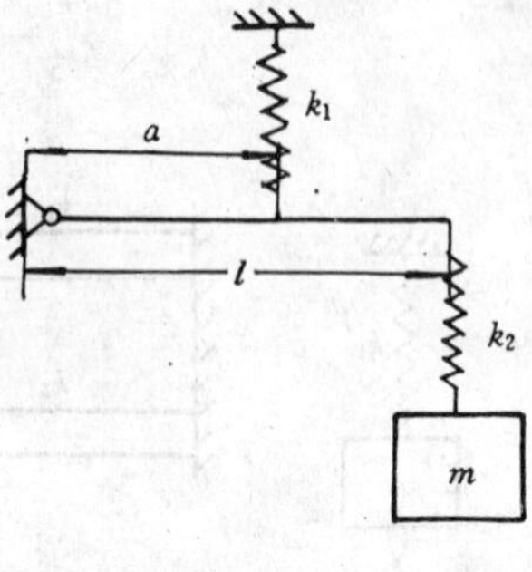

附图 6

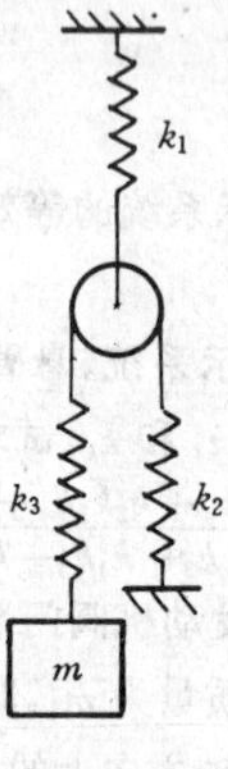

附图 7

8. 如附图 8 所示，圆柱滚子对中心轴的转动惯量为 I，其质量为 m，与地面无滑动的滚动，试用能量法求该系统微幅振动的固有频率。

答：$f=\frac{1}{2\pi}\sqrt{\frac{2k(R+a)^2}{I+mR^2}}$

9. 如附图 9 所示，半径为 r、质量为 m 的圆柱滚子，在半径为 R 的圆柱面内作无滑动的滚动，试求圆柱滚子对圆柱面最低位置作微幅摆动的振动方程。

答：$\ddot{\theta}+\frac{2g}{3(R-r)}\theta=0$

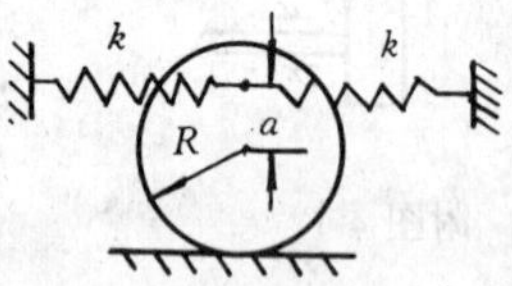

附图 8

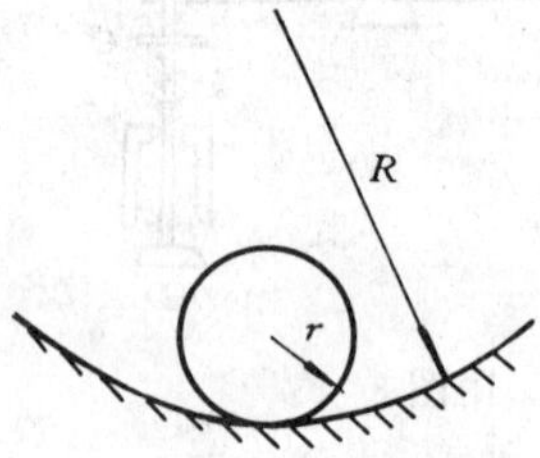

附图 9

10. 系统如附图 10 所示，物体质量为 m，忽略两个圆盘的质量，试求该系统在 x 轴方向上的振动微分方程。

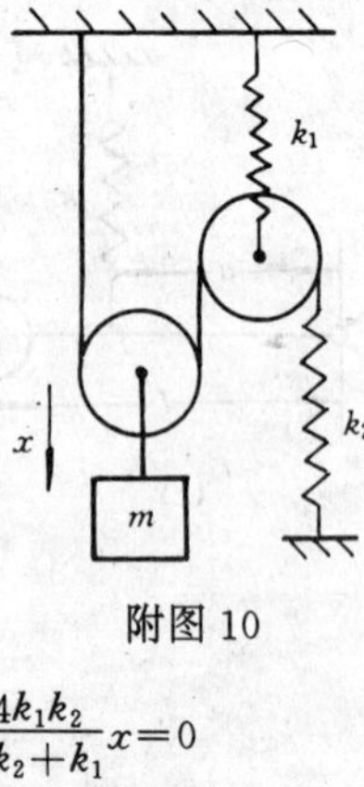

附图 10

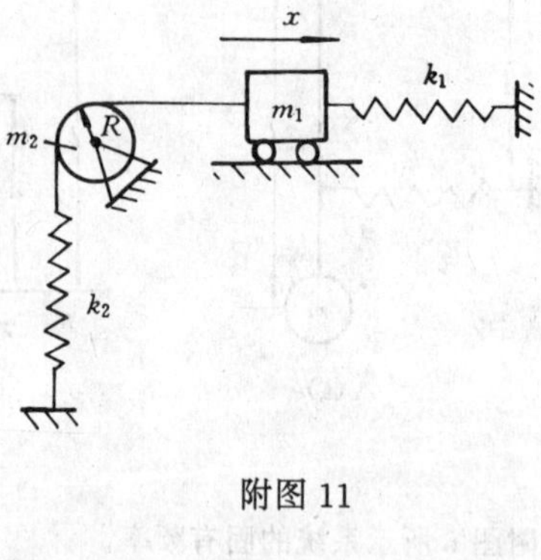

附图 11

答：$m\ddot{x}+\frac{4k_1k_2}{4k_2+k_1}x=0$

11. 附图 11 所示的系统，物体质量为 m_1，圆盘质量为 m_2，半径为 R，试求该系统的振动微分方程。

答：$\ddot{x}+\frac{2(k_1+k_2)}{2m_1+m_2}x=0$

12. 如附图 12 所示，圆盘的转动惯量为 I，轴径均为 d，剪切模量均为 G，试求系统的固有频率（轴的质量不计）。

答：$f=\frac{1}{2\pi}\sqrt{\frac{\pi d^4G(l_1+l_2)}{32Il_1l_2}}$

13. 附图 13 所示系统，质量为 m_1 的物体从高 h 处落下，与悬挂在弹簧 k 下端质量为 m_2 的物体碰撞后，一起产生振动。试写出系统的振动微分方程，并求出其固有频率与响应。

答：$\ddot{x}+\frac{k}{m_1+m_2}x=\frac{m_1g}{m_1+m_2}$，$f=\frac{1}{2\pi}\sqrt{\frac{k}{m_1+m_2}}$，

$$x(t)=\frac{m_1g}{k}\left[\sqrt{\frac{2kh}{g(m_1+m_2)}}\sin\sqrt{\frac{k}{m_1+m_2}}t+\left(1-\cos\sqrt{\frac{k}{m_1+m_2}t}\right)\right]$$

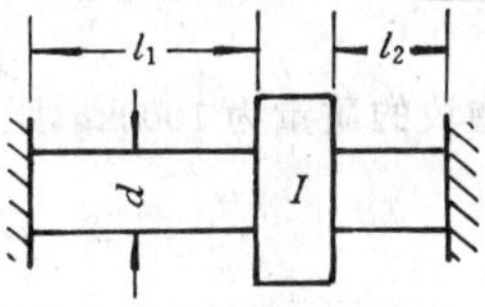

附图 12

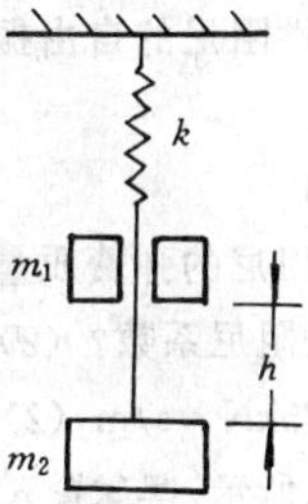

附图 13

14. 如附图 14 所示，物块质量为 20kg，每个弹簧的刚度为 8.5kN/m，阻尼系数为 300N·s/m，试求下列初始条件下的运动方程。

(a) $x_0=20\text{mm}, \dot{x}_0=0$

(b) $x_0=25\text{mm}, \dot{x}_0=300\text{mm/s}$

(c) $x_0=0, \dot{x}_0=300\text{mm/s}$

答：(a) $x(t)=e^{-7.5t}(20\cos 28.17t+5.32\sin 28.17t)$

(b) $x(t)=e^{-7.5t}(25\cos 28.17t+17.31\sin 28.17t)$

(c) $x(t)=e^{-7.5t}(10.65\sin 28.17t)$

15. 求附图 15 所示系统的振动微分方程及固有频率（杆的质量忽略不计）。

答：$\ddot{\theta}+\frac{b^2r}{ml^2}\dot{\theta}+\frac{a^2k}{ml^2}\theta=0$，$f_r=\frac{1}{4\pi ml^2}\sqrt{4ma^2l^2k-b^4r^2}$

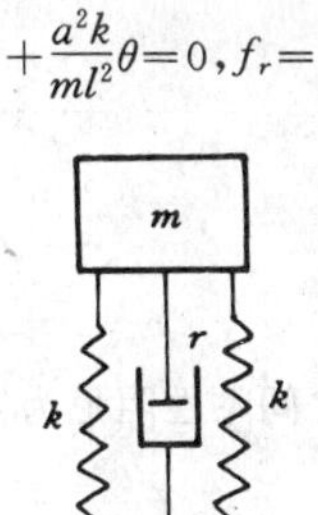

附图 14

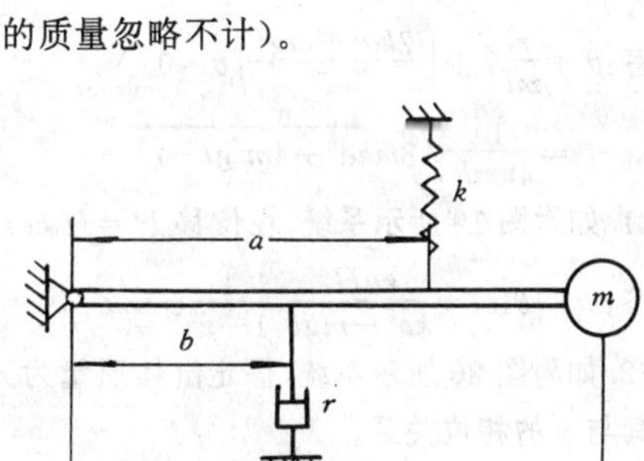

附图 15

16. 如附图 16 所示，该系统在空气中振动周期为 T_1，在液体中振动周期为 T_2，试证明液体的粘性阻尼系数 $r=\frac{4\pi m}{T_1T_2}\sqrt{T_2{}^2-T_1{}^2}$。

17. 附图 17 所示的有阻尼自由振动系统，弹簧刚度为 32.14kN/m，物块质量为 150kg。(1)求此系统的临界阻尼系数 r_c；(2)该系统的阻尼系数为 0.685kN·s/m 时，问经过多长时间后振幅衰减到 10%？(3)衰减振动周期是多少？

答：(1)$r_c=4.39\text{kN}\cdot\text{s/m}$　(2)1.01s　(3)0.434s

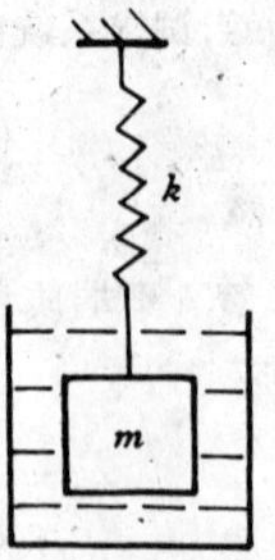

附图 16

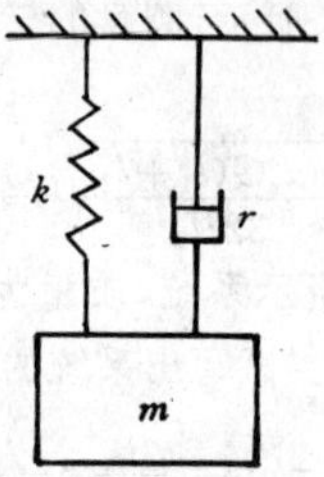

附图 17

18. 一具有粘性阻尼的自由振动弹簧质量系统，已知它的振幅在5个周期后衰减到60%，试求该系统的阻尼比。

答：$\zeta=0.0163$

19. 具有粘性阻尼的弹簧质量系统，已知弹簧刚度为49kN/m，物块的质量为1000kg，阻尼比$\zeta=0.2$，试求：(1)阻尼器的阻尼系数？(2)系统的自由振动频率？

答：(1)$r=2.75\text{kN}\cdot\text{s/m}$，(2)$\omega_r=6.86\text{rad/s}$

20. 如附图18所示，摆球置入阻尼系数为r的粘性液体中，试求摆杆微幅振动方程及系统的固有频率。

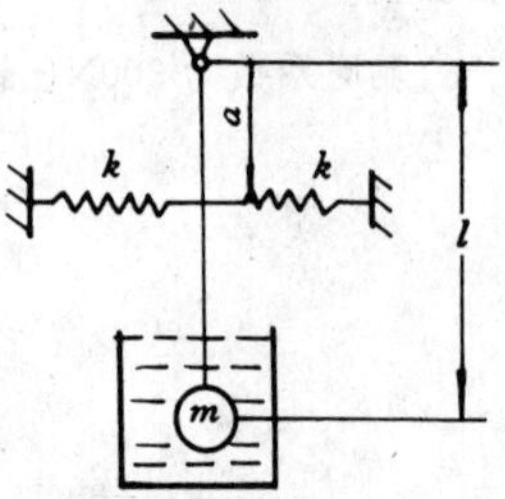

附图 18

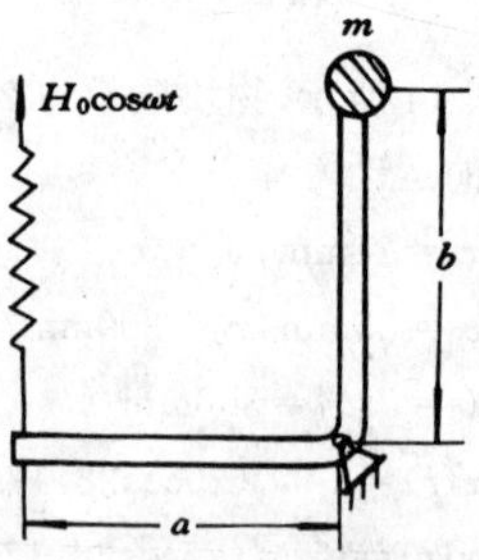

附图 19

答：$\ddot{\theta}+\dfrac{r}{ml}\dot{\theta}+\left(\dfrac{2ka^2+mgl}{ml^2}\right)\theta=0$

$$f_r=\frac{1}{4\pi ml}\sqrt{8mka^2+4m^2gl-r^2}$$

21. 如附图19所示系统，在位移$H=H_0\cos\omega t$激励下，求系统的响应。

答：　$\theta(t)=\dfrac{kaH_0}{ka^2-mgb}\,\dfrac{1}{1-z^2}\cos\omega t$

22. 如附图20所示系统，假定缸体质量为m，活塞杆质量不计，它们之间粘性阻尼为r，试求缸体的振幅及其与y的相位关系。

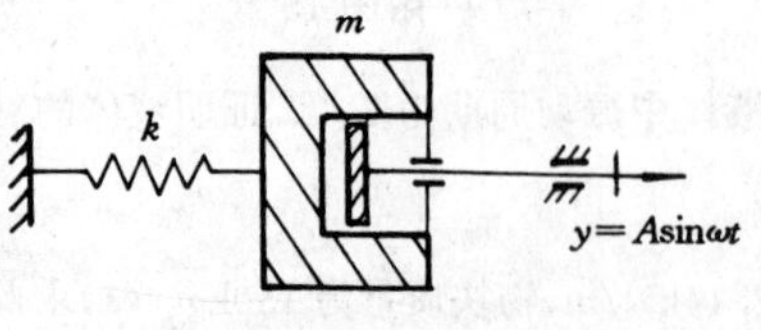

附图 20

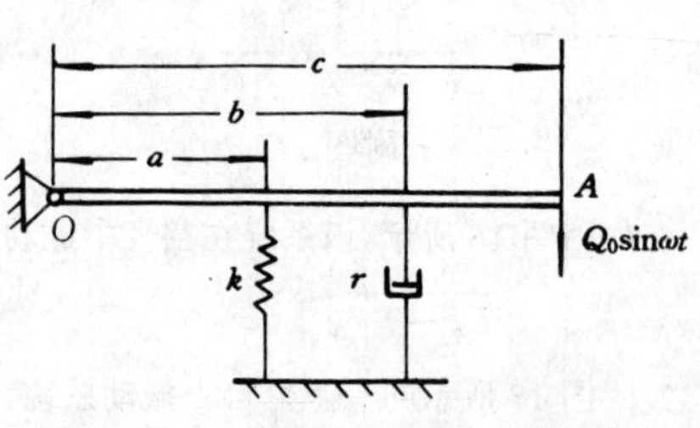

附图 21

答：振幅：$B=\dfrac{A\omega r}{k\sqrt{(1-z^2)^2+(2\zeta z)^2}}$，

相位角：$\psi-\dfrac{\pi}{2}$，$\psi=\arctan\dfrac{2\zeta z}{1-z^2}$

23. 如附图 21 所示系统，在激振力 $Q_0\sin\omega t$ 作用下，求系统的角振幅。假定杆 OA 为刚性杆，质量为 m。

答：$\theta_0=\dfrac{Q_0 l}{ka^2}\cdot\dfrac{1}{\sqrt{\left(1-\dfrac{ml^2\omega^2}{3ka^2}\right)^2+\left(\dfrac{b^2r\omega}{ka^2}\right)^2}}$ (rad)

24. 在附图 22 所示的弹簧质量系统中，在两弹簧连接处作用一激振力 $Q_0\sin\omega t$。试求质量块 m 的振幅。

答：$B=\dfrac{k_2Q_0}{m(k_1+k_2)(\omega_n{}^2-\omega^2)}$

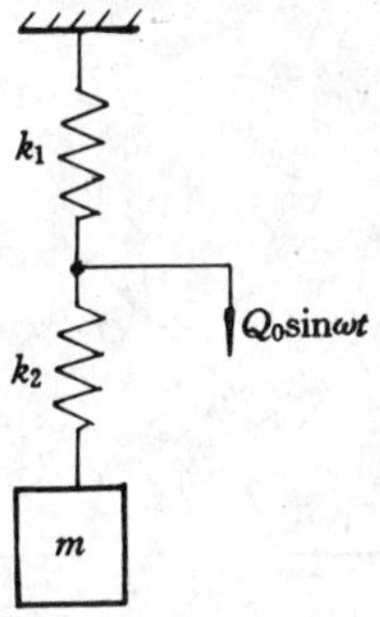

附图 22

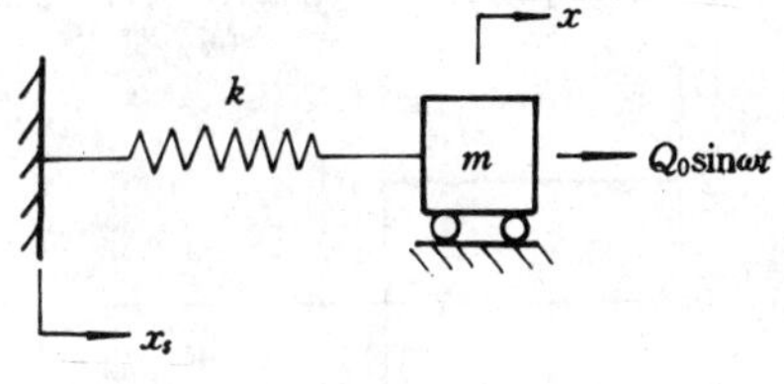

附图 23

25. 附图 23 所示系统，在质量块上作用有激振力 $Q(t)=4900\sin\dfrac{\pi}{2}t$(N)，在弹簧固定端有支承运动 $x_s=0.3\sin\dfrac{\pi}{4}t$(cm)。已知 $m=9800$kg，$k=966280$N/m，试写出此系统的稳态响应。

答：$x=0.32\sin\dfrac{\pi}{4}t+0.676\sin\dfrac{\pi}{2}t$

26. 如附图 24 所示的单摆，其质量为 m，摆杆是无质量的刚性杆，长为 l。它在粘性液体中摆动，粘性阻尼系数为 r，悬挂点 O 的运动 $x(t)=A\sin\omega t$，试写出单摆微幅摆动的方程式并求解。

答：$\ddot{\theta}+\dfrac{r}{m}\dot{\theta}+\dfrac{g}{l}\theta=\sqrt{\left(\dfrac{A\omega^2}{l}\right)^2+\left(-\dfrac{A\omega r}{ml}\right)^2}\sin(\omega t+\alpha)$

$\alpha=\arctan\left(-\dfrac{r}{m\omega}\right)$

$\theta=\theta_0\sin(\omega t+\alpha-\psi)$

$\theta_0=\sqrt{\dfrac{(A\omega^2/l)^2+(A\omega r/ml)^2}{(g/l-\omega^2)^2+(r\omega/m)^2}}$　　$\psi=\arctan\left(\dfrac{r\omega}{g-l\omega^2}\right)$

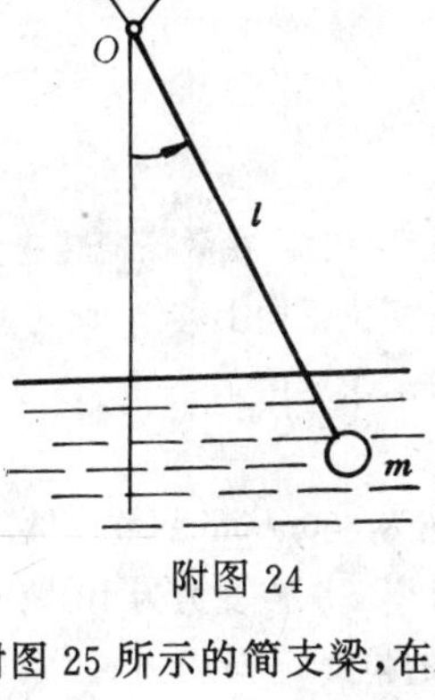

附图 24

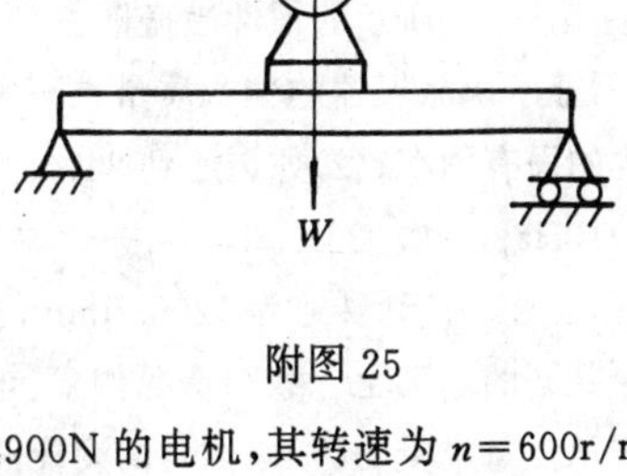

附图 25

27. 如附图 25 所示的简支梁，在跨中央放一个重量 $W=4900$N 的电机，其转速为 $n=600$r/min 时，转子不平衡质量产生的离心力为$Q=196$N，在电机自重作用下，梁产生的静挠度为$\delta_{st}=0.2$cm。粘性阻尼使自由振动荡10周后振幅减小为初始值的一半。若略去梁的质量，试求系统稳态受迫振动的振幅。

答： B=0.407cm

28.单自由度系统承受激振力$Q(t)=Q_0(\sin\omega t-\frac{1}{2}\sin 2\omega t+\frac{1}{3}\sin 3\omega t+\cdots)$作用，若不计阻尼，试求系统的响应（系统的弹簧刚度为k）。

答：$x(t)=\frac{Q_0}{k}\sum_{i=1}^{m}\frac{(-1)^{i+1}}{i(1-i^2z^2)}\sin i\omega t$，其中$z=\frac{\omega}{\omega_n}$

29.单自由度系统的激振函数如附图26所示，当不计阻尼时，试求系统的响应。

答：当$0\leq t\leq t_1$时，$x=\frac{Q_1}{k}(1-\cos\omega_n t)$

当$t_1\leq t\leq t_2$时，$x=\frac{Q_1}{k}[2\cos\omega_n(t-t_1)-\cos\omega_n t-1]$

当$t>t_2$时，$x=\frac{Q_1}{k}[2\cos\omega_n(t-t_1)-\cos\omega_n(t-t_2)-\cos\omega_n t]$

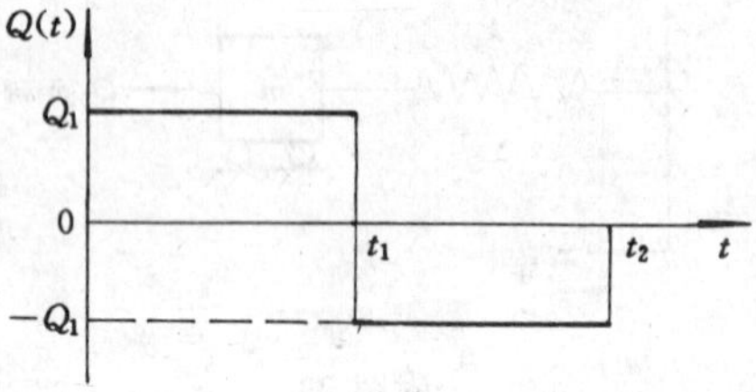

附图26

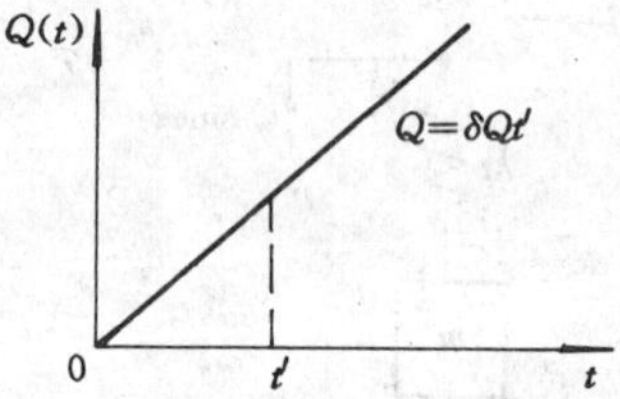

附图27

30.单自由度系统的激振函数如附图27所示，当不计阻尼时，试求系统的响应。

答：$x=\frac{\delta Q}{k}\left(t-\frac{1}{\omega_n}\sin\omega_n t\right)$

31.一机器重4410N，支承在弹簧隔振器上，弹簧的静变形为0.5cm。机器有一偏心重，产生偏心激振力$Q=2.254\frac{\omega^2}{g}$N，$\omega$为激振力频率，$g$为重力加速度，不计阻尼。求：(1)在机器转速为1200r/min时，传入地基的力；(2)机器的振幅。

答：(1)$Q_{max}=514.7$N； (2)$B=0.0584$cm

32.一弹簧质量系统，$m=196$kg，$k=1.96\times10^4$N/m，作用在质量块m上的激振力为$Q=156.8\sin 10t$，阻尼系数$r=627.2$N·s/m。试求：(1)质量块的振幅及放大因子；(2)如果把激振频率调为5Hz，放大因子为多少？(3)如果把激振频率调为15Hz，放大因子为多少？

答：(1)$B=2.5$cm，$\beta=3.125$ (2)$\beta=1.034$ (3)$\beta=0.747$

33.若忽略题32中的阻尼，则在同样的三种情况下放大因子分别为多少？并与上题的结果进行比较，说明阻尼对振幅的影响。

答：(1)B为∞，β为∞；

(2)$\beta=1.33$；

(3)$\beta=0.8$

34.如用附图28所示的惯性激振器去测定一个重180kg结构的振动特性。在激振器转速为600r/min时，一闪光器显示出激振器的偏心质量在正上方，而结构正好通过静平衡位置向上移动，此时振幅为1cm。求：(1)结构的固有频率；(2)如调速到2400r/min时，测得振幅为0.05cm，求ζ值。

答：(1)10Hz；(2)0.025

35.如附图29所示，转速为1200r/min的一台电动机带动一台转速为600r/min的鼓风机，这两个设备安装在一个共同的基础上。载荷情况如下：电机下面有两个支承点，每个支承点受力为181.4N，鼓风机下面的两个支承点每个受力为90.7N，试设计一组能产生85%隔振效率的弹簧(不计阻力)。

答：$k_电=95.5\text{N/cm}$；$k_鼓=47.4\text{N/cm}$

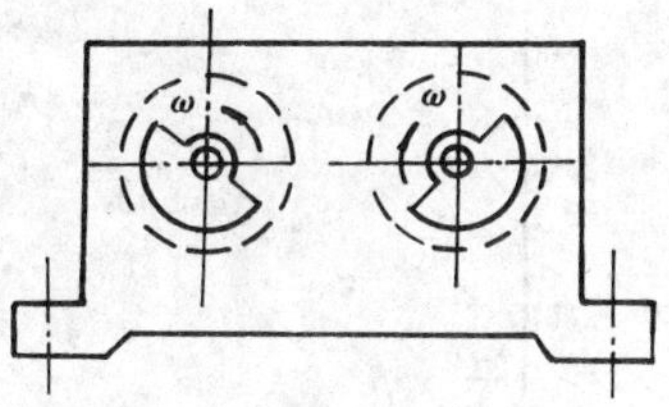

附图 28

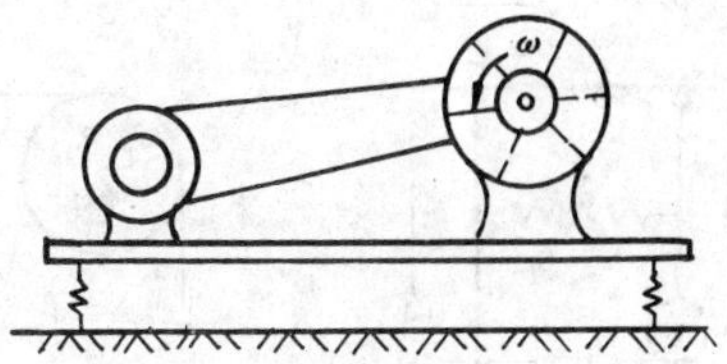

附图 29

36. 叶片模拟实验台如附图 30 所示，叶轮质量为 158kg，转轴跨度为 610mm，轴径为 120mm，材料的弹性模量 $E=2.06\times10^{7}\text{N/cm}^2$，质量密度 $\rho=7.8\times10^{-3}\text{kg/cm}^3$，试求临界转速。

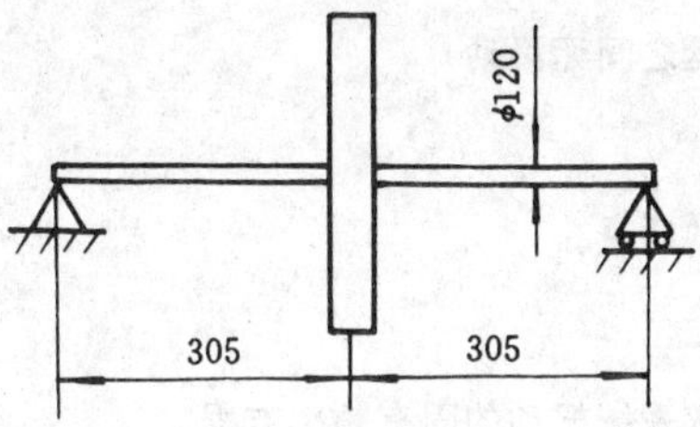

附图 30

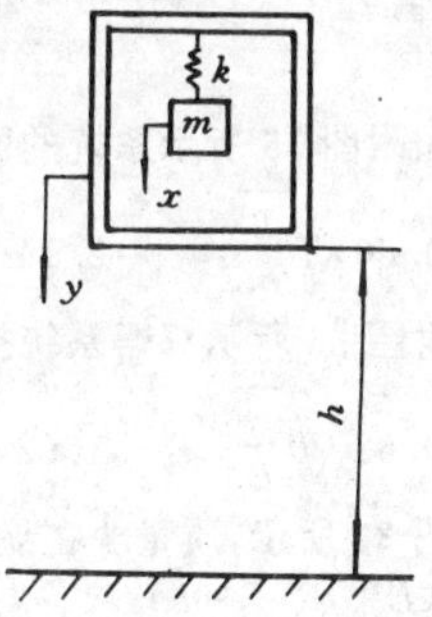

附图 31

答：14820r/min

37. 如附图 31 所示箱中有一无阻尼弹簧质量系统，箱子从高 h 处静止自由下落。试求：(1)箱子下落过程中，质量块 m 相对于箱子的运动 $x(t)$；(2)箱子落地后传到地面上的最大力 $Q_{\max}$。

答：(1) $x(t)=-\dfrac{g}{\omega_n{}^2}(1-\cos\omega_n t)$

(2) $Q_{\max}=\dfrac{kg}{\omega_n{}^2}\sqrt{(\omega_n t_1-\sin\omega_n t_1)^2+(1-\cos\omega_n t_1)^2}$，$t_1=\sqrt{\dfrac{2h}{g}}$

38. 如附图 32 所示，两个球被系于具有很高张力的弦上。已知弦张力为 T，两球质量均为 m，试求系统的固有频率。

答：$\omega_{n1}=\sqrt{\dfrac{T}{mL}}$，$\omega_{n2}=\sqrt{\dfrac{3T}{mL}}$

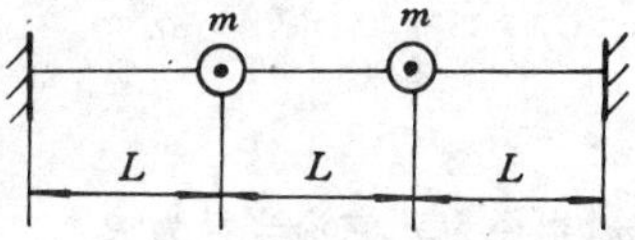

附图 32

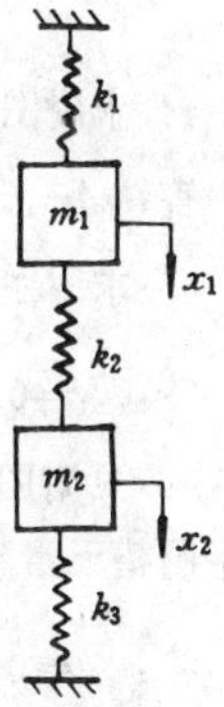

附图 33

39. 如附图 33 所示二自由度弹簧质量系统，试求系统的频率方程及振幅比。

答：$\omega_n{}^4-\left[\dfrac{k_1+k_2}{m_1}+\dfrac{k_2+k_3}{m_2}\right]\omega_n{}^2+\dfrac{k_1k_2+k_2k_3+k_1k_3}{m_1m_2}=0$

$\dfrac{A}{B}=\dfrac{k_2}{k_1+k_2-\omega_n{}^2 m}=\dfrac{k_2+k_3-\omega_n^2 m}{k_2}$

40. 试求如附图 34 所示系统的振动固有频率方程。

答：$\omega_n{}^4-\left[\dfrac{3g}{L}+\dfrac{5k}{16m}\right]\omega_n{}^2+\left(\dfrac{2g^2}{L^2}+\dfrac{3gk}{8mL}\right)=0$

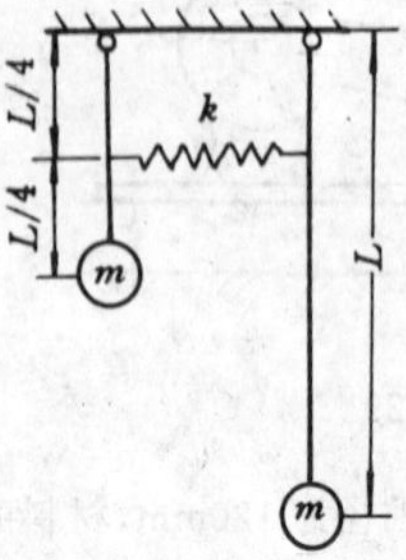

附图 34

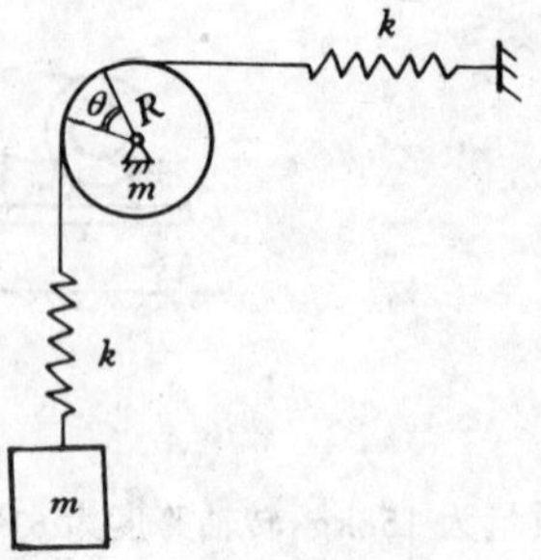

附图 35

附图 36

41. 试求如附图 35 所示系统的固有频率,(假定绳索与圆盘之间无滑动)

答:$\omega_{n1}=0.66\sqrt{\dfrac{k}{m}}$,$\omega_{n2}=2.14\sqrt{\dfrac{k}{m}}$

42. 试求附图 36 所示双摆系统振动固有频率。不计摆杆的质量。

答:$\omega_{n1}=0.62\sqrt{\dfrac{g}{L}}$,$\omega_{n2}=1.62\sqrt{\dfrac{g}{L}}$

43. 如附图 37 所示,质量块在无摩擦的水平表面上滑动,求系统振动的固有频率方程。

答:$\omega_n{}^4-\dfrac{kL+g(M+m)}{ML}\omega_n{}^2+\dfrac{kg}{ML}=0$

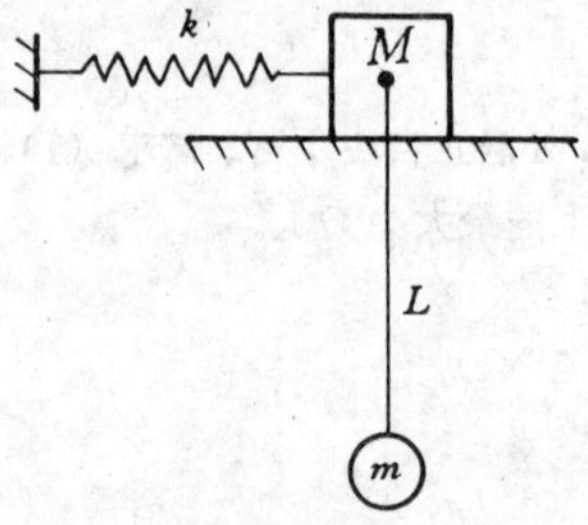

附图 37

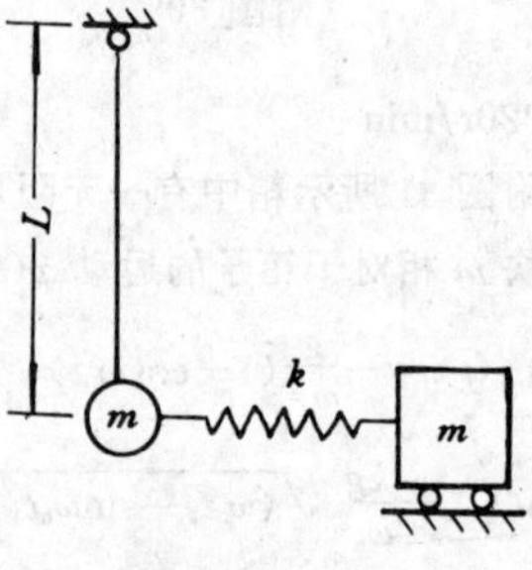

附图 38

44. 求附图 38 所示系统振动的固有频率方程。

答:$\omega_n{}^4-\dfrac{2kL+mg}{mL}\omega_n{}^2+\dfrac{kg}{mL}=0$

45. 求附图 39 所示系统振动的固有频率。

答:$\omega_{n1}=0.4\sqrt{\dfrac{k}{m}}$,$\omega_{n2}=2.4\sqrt{\dfrac{k}{m}}$

46. 见附图 40 所示系统,圆柱体的质量为 m,半径为 r,它沿半径为 R 的半圆槽无滑动地滚动。试求该系统微幅滚动的固有频率。

答:$\omega_{n1}=0$,$\omega_{n2}=\sqrt{\dfrac{2(M+m)g}{(3M+m)(R-r)}}$

47. 求如附图 41 所示系统的固有频率。

答:$\omega_{n1}=\sqrt{\dfrac{k}{m}}$,$\omega_{n2}=\sqrt{\dfrac{2k}{m}}$

48. 求如附图 42 所示系统的固有频率。

答:$\omega_{n1}=\sqrt{\dfrac{k}{3m}}$,$\omega_{n2}=\sqrt{\dfrac{k}{m}}$

附图 39

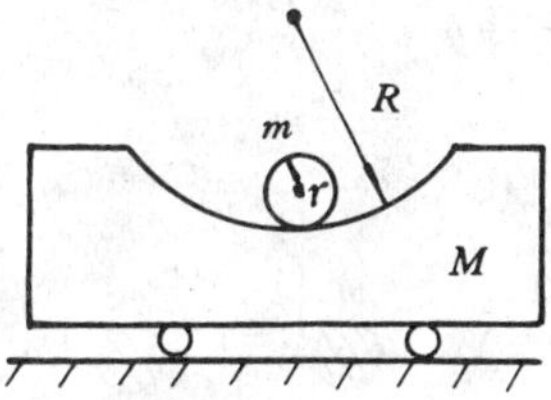

附图 40

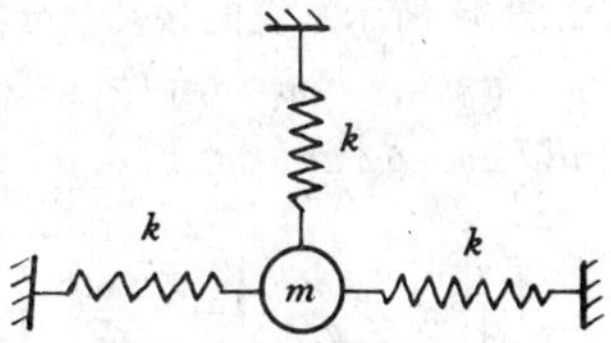

附图 41

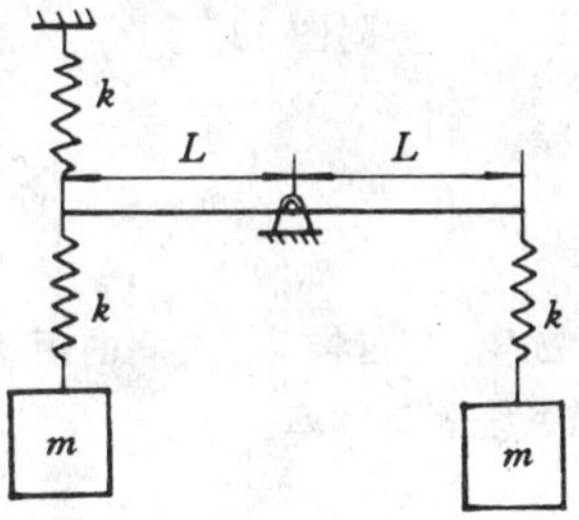

附图 42

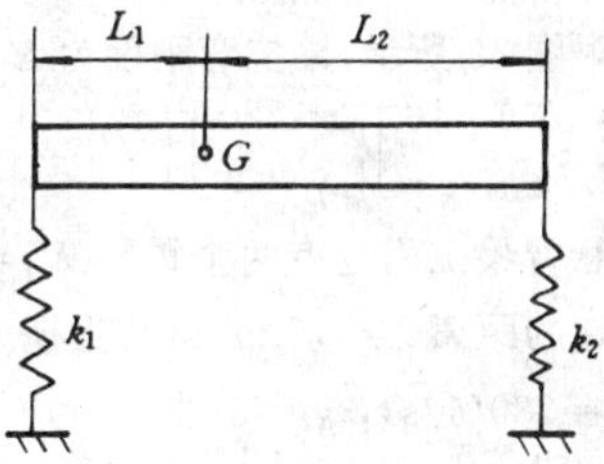

附图 43

49. 如附图 43 所示为机器振动简化力学模型。若杆的重量为 4000kg，它绕重心 G 的回转半径 ρ 为 2m，L_1 为 2m，L_2 为 3m，弹簧刚度 k_1 为 25000N/m，k_2 为 27000N/m。试求系统振动的固有频率。

答：$\omega_{n1}=3.39(\mathrm{rad/s})$，$\omega_{n2}=4.79(\mathrm{rad/s})$

50. 如附图 44 所示系统，若 $m_1=m_2=100\mathrm{kg}$，$k_1=200\mathrm{N/m}$，$k_2=400\mathrm{N/m}$，求系统的固有频率和振型比。

答：$\omega_{n1}=0.94(\mathrm{rad/s})$，$\omega_{n2}=3.02(\mathrm{rad/s})$

$s_1=0.78 \quad s_2=-1.28$

51. 见附图 44，当初始条件为 $x_1(0)=1$，$\dot{x}_1(0)=0$，$x_2(0)=0$，$\dot{x}_2(0)=0$ 时，求质量块 m_1 与 m_2 的位移方程。

答：$x_1=0.351\cos\omega_{n1}t+0.62\cos\omega_{n2}t \qquad x_2=0.481\cos\omega_{n1}t-0.485\cos\omega_{n2}t$

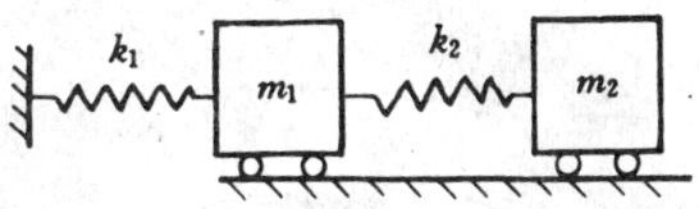

附图 44

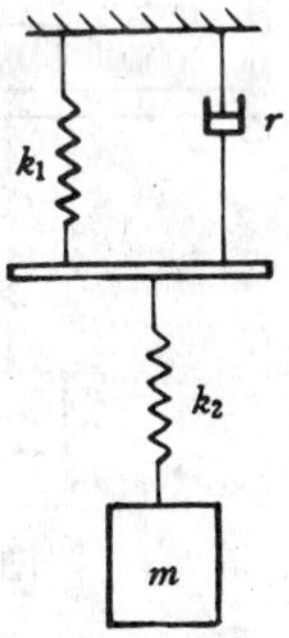

附图 45

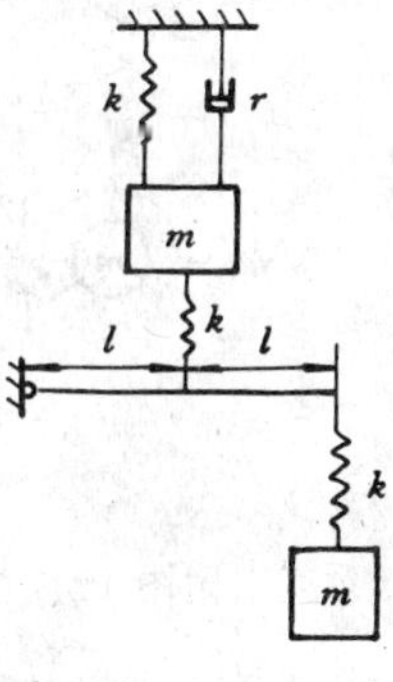

附图 46

52. 试用拉格朗日方程求附图 45 所示系统的振动微分方程。

答：$r\dot{x}_1+(k_1+k_2)x_1-k_1x_2=0$

$m\ddot{x}_2-k_2x_1+k_2x_2=0$

53. 试用拉格朗日方程求附图 46 所示系统的振动微分方程。

答：$m\ddot{x}_1+r\dot{x}_1+\frac{9}{5}kx_1-\frac{2}{5}kx_2=0$

$m\ddot{x}_2-\frac{2}{5}kx_2+\frac{1}{5}kx_2=0$

54. 求附图 47 所示系统的振动微分方程(已知梁的抗弯刚度为 EJ)

答：$\frac{3}{486EJ}\begin{bmatrix}8 & 7\\7 & 8\end{bmatrix}\begin{bmatrix}m_1 & 0\\0 & m_2\end{bmatrix}\begin{Bmatrix}\ddot{x}_1\\\ddot{x}_2\end{Bmatrix}+\begin{Bmatrix}x_1\\x_2\end{Bmatrix}=0$

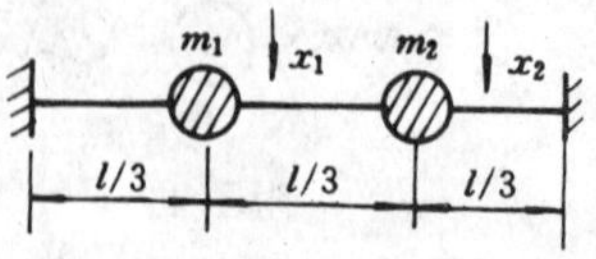

附图 47

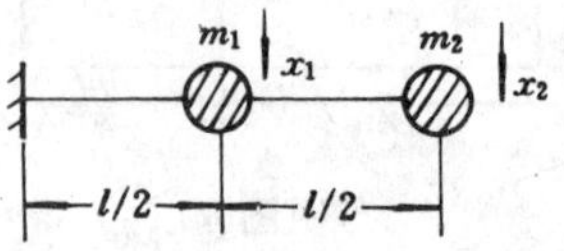

附图 48

55. 如附图 48 所示，梁抗弯刚度为 EJ，试求系统的振动微分方程。

答：$\frac{l^3}{48EJ}\begin{bmatrix}2 & 16\\4 & 5\end{bmatrix}\begin{bmatrix}m_1 & 0\\0 & m_2\end{bmatrix}\begin{Bmatrix}\ddot{x}_1\\\ddot{x}_2\end{Bmatrix}+\begin{Bmatrix}x_1\\x_2\end{Bmatrix}=0$

56. 在悬臂梁上固定有两个重物 $W_1=50\text{N}$ 和 $W_2=100\text{N}$，设重物 W_1 与重物 W_2 之间的距离等于重物 W_1 距固定端的距离 $L=0.5\text{m}$，梁的直径为 $d=0.05\text{m}$，材质为钢，求系统固有频率。

答：$\omega_{n1}=380(1/s)$，$\omega_{n2}=3411(1/s)$

57. 如附图 49 所示系统在水平面上自由振动，试求该系统的固有频率与振型。

答：$\omega_{n1}=\sqrt{\frac{k}{m}}$，　　$\omega_{n2}=\sqrt{\frac{2k}{m}}$。

$\boldsymbol{A}^{(1)}=[0\quad 1]^T$；$\boldsymbol{A}^{(2)}=[1\quad 0]^T$。

58. 如附图 50 所示为桥式起重机的力学简化模型。已知梁的抗弯刚度为 EJ，试求系统振动的固有频率方程。

答：$\omega_n^4-\left(\frac{k'+k}{m_1}+\frac{k}{m_2}\right)\omega_n^2+\frac{kk'}{m_1m_2}=0$；　　$k'=\frac{48EJ}{l^3}$。

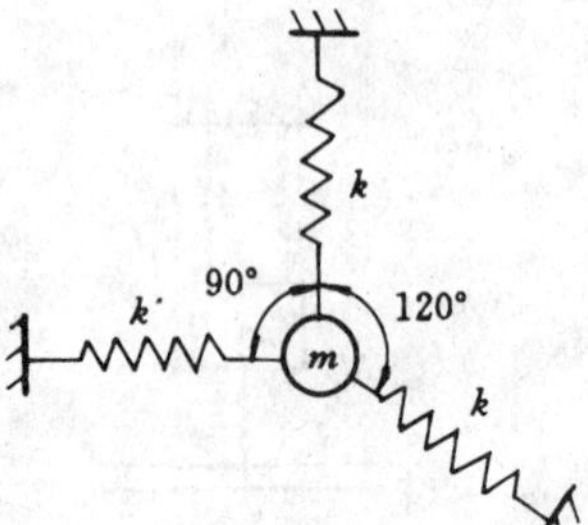

附图 49

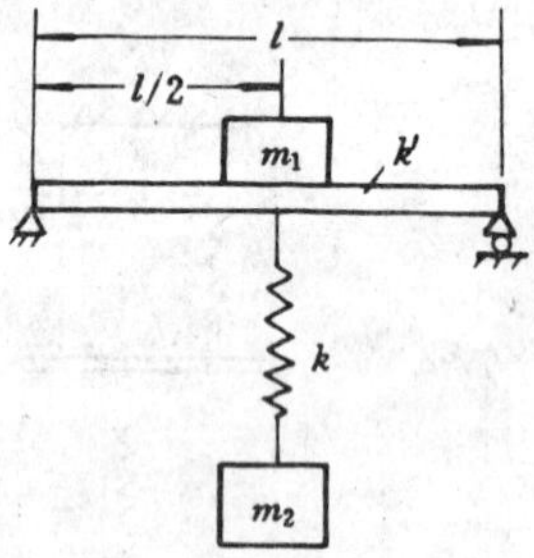

附图 50

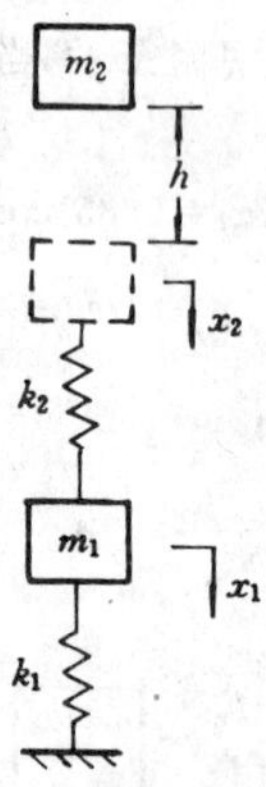

附图 51

59. 质量为 m_2 的物块从高 h 处自由落下，然后与弹簧质量系统一起做自由振动，见附图 51。已知 $m_1=m_2=m$，$k_1=k_2=k$，$h=100\text{mg/k}$。试求系统振动响应。

答：$x_1=\text{mg/k}[10.3\sin(\omega_{n1}t+\psi_1)+3.913\sin(\omega_{n2}t+\psi_2)]$，

$x_2=\text{mg/k}[16.67\sin(\omega_{n1}t+\psi_1)-2.418\sin(\omega_{n2}t+\psi_2)]$

$\omega_{n1}=0.618\sqrt{\frac{k}{m}}$；$\omega_{n2}=1.618\sqrt{\frac{k}{m}}$；

$\psi_1=-6°31'37''$；$\psi_2=-2°30'10''$。

60. 见附图 52，在水平面上一物块 m_1，以 v 速度与物块 m_2 发生完全弹性碰撞。已知$m_1=m_2=m_3$，试求碰撞后系统的响应。

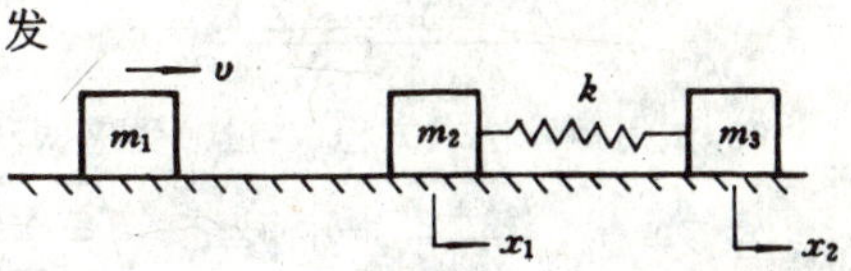

附图 52

答：$x_1=\dfrac{v}{2}\left(t+\dfrac{1}{\omega_n^2}\sin\omega_{n2}t\right)$；

$x_2=\dfrac{v}{2}(t+\dfrac{1}{\omega_{n2}}\sin\omega_{n2}t)$；　　$\omega_{n2}=\dfrac{2k}{m}$。

61. 如附图 53 所示的弹簧质量系统，已知初始条件：$t=0$ 时，$x_{01}=5\text{mm}$；$x_{02}=5\text{mm}$；$\dot{x}_{01}=0$，$\dot{x}_{02}=0$。试求系统响应。

答：$x_1=3.618\cos(0.618\sqrt{k/mt})+1.382\cos(1.618\sqrt{k/mt})$

$x_2=5.854\cos(0.618\sqrt{k/mt})-0.854\cos(1.618\sqrt{k/mt})$

62. 附图 54 所示系统，物体 m_1 存在着以 ω 角速度旋转的偏心质量 m_e，试确定该系统的稳态响应。

答：$x_1=\dfrac{(k_2-\omega^2 m_2)m_e\omega^2 e}{m_1 m_2(\omega^2-\omega_{n1}^2)(\omega^2-\omega_{n2}^2)}\cos\omega t$

$x_2=\dfrac{k_2 m_e\omega^2 e}{m_1 m_2(\omega^2-\omega_{n1}^2)(\omega^2-\omega_{n2}^2)}\cos\omega t$

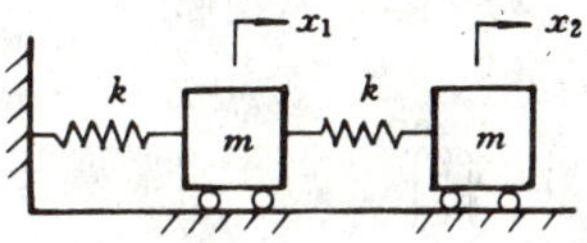

附图 53

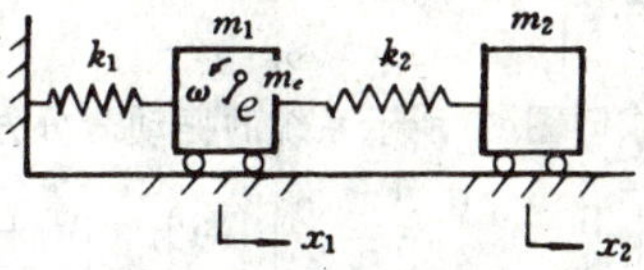

附图 54

63. 一质量为 m 的重块处于无摩擦的水平面上，通过刚度为 k 的弹簧与质量为 M、长度为 L 均质刚杆连接，如附图 55 所示。求重块的稳态响应。

答：$x(t)=\dfrac{F_0(kL^2+Mga-J\omega^2)}{mJ\omega^4-(kJ+mkL^2+mMga)\omega^2+kMga}\sin\omega t$

64. 已知某振动机力学模型如附图 56 所示，设 $m_1=m_2=10.2\text{N}\cdot\text{s}^2/\text{cm}$，$k_1=k_3=5000\text{N/cm}$，$k_2=45000\text{N/cm}$，$r_1=r_3=84\text{N}\cdot\text{s/cm}$，$r_2=42\text{N}\cdot\text{s/cm}$，$m_0=0.1\text{N}\cdot\text{s}^2/\text{cm}$，$e=10\text{cm}$，$\omega=84\text{rad/s}$；求该振动机的振幅。

答：$A_1=0.1059\text{cm}$　　$A_2=0.196\text{cm}$

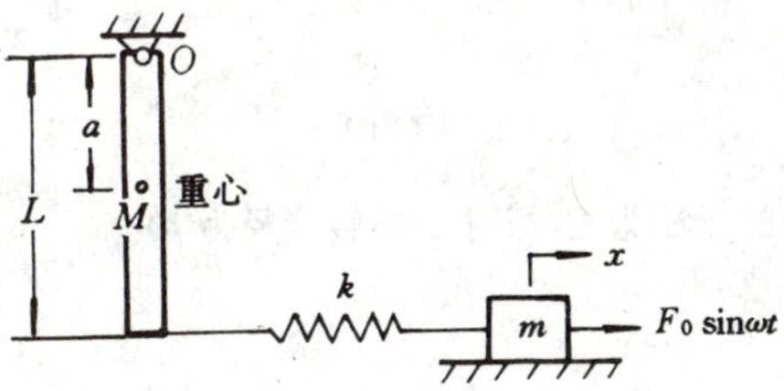

附图 55

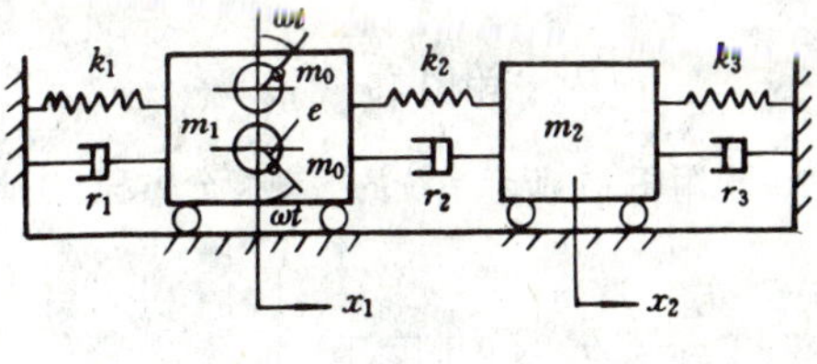

附图 56

65. 对于无阻尼二自由度受迫振动系统，当给定初始条件 $x_{01}=x_{02}=0$；$\ddot{x}_{01}=V_0$，$\ddot{x}_{02}=0$，试求该系统振动方程的解（附图 57）。

附图 57

答：$x_1=S_1D_2\sin\omega_{n1}t+S_2D_4\sin\omega_{n2}t+A_1\sin\omega t$

$x_2=D_2\sin\omega_{n1}t+D_4\sin\omega_{n2}t+A_2\sin\omega t$

$D_2=-\dfrac{A_1\omega-V_0-S_2A_2\omega}{\omega_{n1}(S_1-S_2)}$，$D_1=D_3=0$，

$$D_4=-\frac{A_1\omega-V_0-S_1A_2\omega}{\omega_{n2}(S_1-S_2)}。$$

66. 试用矩阵法求方程(4-110)受迫振动的解。

答：$\bar{z}=Q_1\sqrt{\dfrac{c^2+d^2}{a^2+b^2}}e^{-i\psi_1},\bar{\theta}=Q_2\sqrt{\dfrac{g^2+h^2}{a^2+b^2}}e^{-i\psi_2}$

$$\psi_1=\arctan\frac{bc-ad}{ac+bd},\psi_2=\arctan\frac{bg-ah}{ag+bh}$$

其中：$a=(k_z-m\omega^2)(k_\theta-I_z\omega^2)-r_zr_\theta\omega^2,b=(k_z-m\omega^2)r_\theta\omega+(k_\theta-I_z\omega^2)r_z\omega$

$$c=k_\theta-I_z\omega^2,d=r_\theta\omega,g=k_z-m\omega^2,h=r_z\omega,Q_1=2m_0e\omega^2\cos\gamma,Q_2=2m_0ea\omega^2\sin\gamma$$

67. 求附图 58 所示系统的刚度矩阵。

答：$\boldsymbol{K}=\begin{bmatrix}2k & -2k & 0\\ -2k & 3k & -k\\ 0 & -k & 2k\end{bmatrix}$

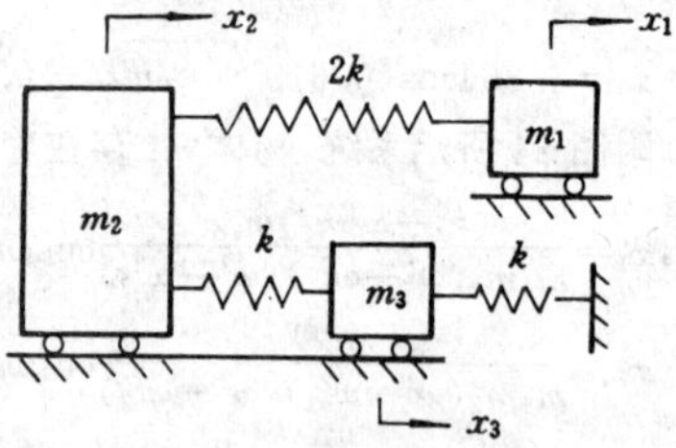

附图 58

68. 求附图 59 所示系统的刚度矩阵。

答：$\boldsymbol{K}=\begin{bmatrix}2k & -k & 0\\ -k & 6k & -k\\ 0 & -k & 2k\end{bmatrix}$

69. 求附图 60 所示系统的振动微分方程。

答：$$\begin{bmatrix}m_1 & 0 & 0\\ 0 & \frac{1}{2}m_2r^2 & 0\\ 0 & 0 & m_3\end{bmatrix}\begin{Bmatrix}\ddot{x}_1\\ \ddot{\theta}\\ \ddot{x}_3\end{Bmatrix}+\begin{bmatrix}k_1+k_2 & -k_2r & 0\\ -k_2r & (k_2+k_3)r^2 & -k_3r\\ 0 & -k_3r & k_3\end{bmatrix}\begin{Bmatrix}x_1\\ \theta\\ x_3\end{Bmatrix}=\begin{Bmatrix}0\\ 0\\ 0\end{Bmatrix}$$

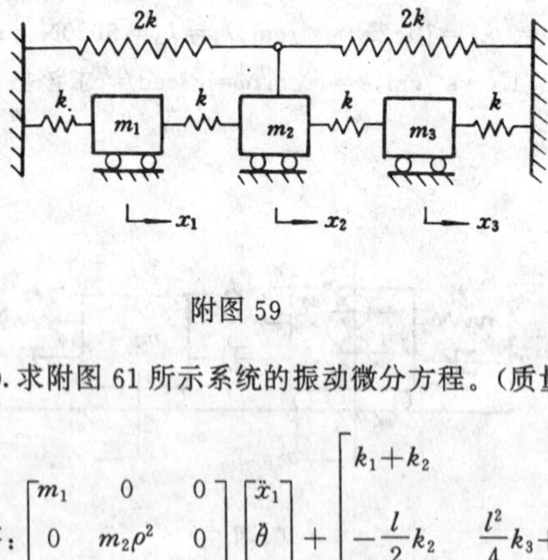

附图 59

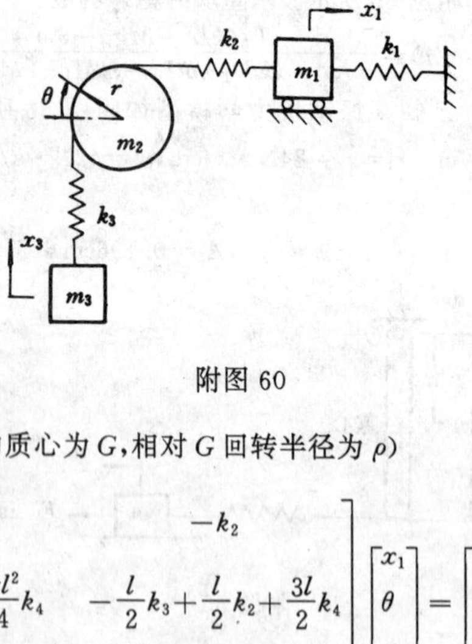

附图 60

70. 求附图 61 所示系统的振动微分方程。(质量块 m_2 的质心为 G，相对 G 回转半径为 ρ)

答：$$\begin{bmatrix}m_1 & 0 & 0\\ 0 & m_2\rho^2 & 0\\ 0 & 0 & m_2\end{bmatrix}\begin{bmatrix}\ddot{x}_1\\ \ddot{\theta}\\ \ddot{x}_2\end{bmatrix}+\begin{bmatrix}k_1+k_2 & -\frac{l}{2}k_2 & -k_2\\ -\frac{l}{2}k_2 & \frac{l^2}{4}k_3+\frac{l^2}{4}k_2+\frac{gl^2}{4}k_4 & -\frac{l}{2}k_3+\frac{l}{2}k_2+\frac{3l}{2}k_4\\ -k_2 & -\frac{l}{2}k_3+\frac{l}{2}k_2+\frac{3l}{2}k_4 & k_2+k_3+k_4\end{bmatrix}\begin{bmatrix}x_1\\ \theta\\ x_2\end{bmatrix}=\begin{bmatrix}0\\ 0\\ 0\end{bmatrix}$$

71. 见附图 62 所示系统，摆杆质量为 M，绕其质心 C 的转动惯量为 I_C，试求系统的振动微分方程。

答：$$\begin{bmatrix}k_1 & -k_1L & 0\\ -k_1L & (k_1+k_2)L^2 & -k_2L\\ 0 & -k_2L & k_2\end{bmatrix}\begin{Bmatrix}x_1\\ \theta\\ x_2\end{Bmatrix}+\begin{bmatrix}m_1 & 0 & 0\\ 0 & I_C+\frac{1}{4}ML^2 & 0\\ 0 & 0 & m_2\end{bmatrix}\begin{Bmatrix}\ddot{x}_1\\ \ddot{\theta}\\ \ddot{x}_2\end{Bmatrix}=\begin{Bmatrix}0\\ 0\\ 0\end{Bmatrix}$$

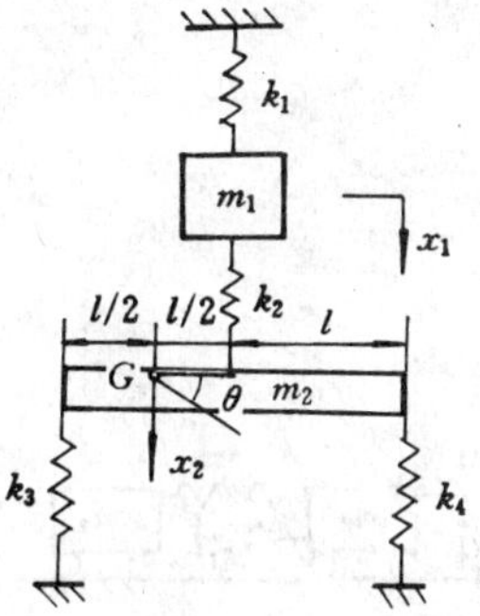

附图 61

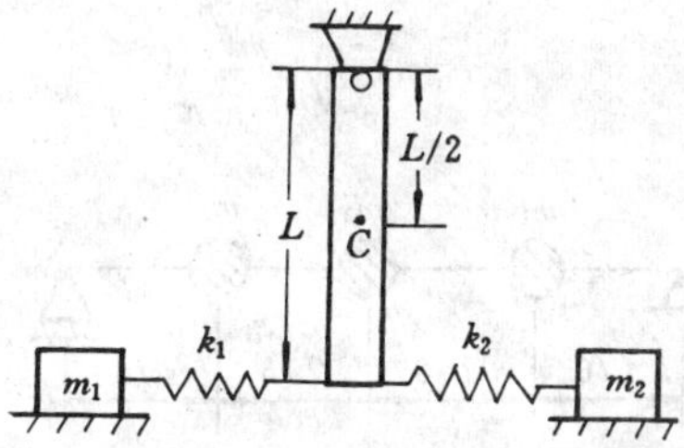

附图 62

72. 如附图 63 所示系统中，设 $k_1=k_2=k_3=k$，试求系统的刚度矩阵与柔度矩阵。

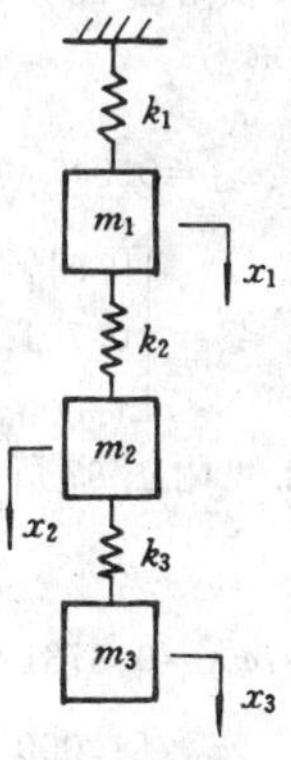

附图 63

答：$\boldsymbol{K}=\begin{bmatrix} 2k & -k & 0 \\ -k & 2k & -k \\ 0 & -k & 2k \end{bmatrix}$ $\quad \boldsymbol{F}=\begin{bmatrix} \frac{1}{k} & \frac{1}{k} & \frac{1}{k} \\ \frac{1}{k} & \frac{2}{k} & \frac{2}{k} \\ \frac{1}{k} & \frac{2}{k} & \frac{3}{k} \end{bmatrix}$

73. 某系统的微分振动方程为

$$\begin{Bmatrix} \begin{bmatrix} 1 & 0 & 0 \\ 0 & 1 & 0 \\ 0 & 0 & 1 \end{bmatrix} \begin{bmatrix} \ddot{x}_1 \\ \ddot{x}_2 \\ \ddot{x}_3 \end{bmatrix} + \begin{bmatrix} 2 & -1 & 0 \\ -1 & 2 & -1 \\ 0 & -1 & 2 \end{bmatrix} \begin{bmatrix} x_1 \\ x_2 \\ x_3 \end{bmatrix} = \begin{bmatrix} 0 \\ 0 \\ 0 \end{bmatrix} \end{Bmatrix}$$

试求系统的固有频率与振型。

答：$\omega_{n1}^2=2-\sqrt{2}$，$\omega_{n2}^2=2$，$\omega_{n3}^2=2+\sqrt{3}$

$$\boldsymbol{A}_P=\begin{bmatrix} 1 & -1 & 1 \\ \sqrt{2} & 0 & -\sqrt{2} \\ 1 & 1 & 1 \end{bmatrix}$$

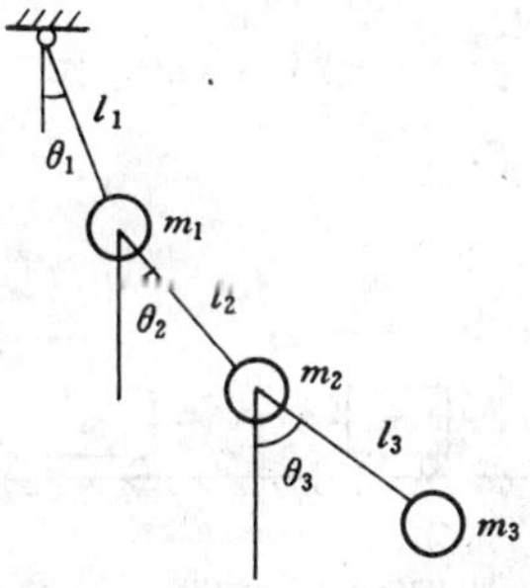

附图 64

74. 附图 64 为三摆系统，试求系统的惯性影响系数与重力影响系数。

答：$\boldsymbol{M}=\begin{bmatrix} m_1l_1^2+m_2l_1^2+m_3l_1^2 & m_2l_1l_2+m_3l_1l_2 & m_3l_1l_3 \\ m_2l_1l_2+m_3l_1l_2 & m_2l_2^2+m_3l_2^2 & m_3l_3l_2 \\ m_3l_1l_2 & m_3l_2l_3 & m_3l_3^2 \end{bmatrix}$

$$\boldsymbol{G}=\begin{bmatrix} (m_1+m_2+m_3)gl_1 & 0 & 0 \\ 0 & (m_2+m_3)gl_2 & 0 \\ 0 & 0 & m_3gl_3 \end{bmatrix}$$

75. 附图 65 为一简支梁，已知梁的抗弯刚度 EJ 为常数，试求系统的柔度矩阵

答：$\boldsymbol{F}=\frac{L^3}{3888EJ}\begin{bmatrix} 25 & 39 & 17 \\ 39 & 81 & 39 \\ 17 & 39 & 25 \end{bmatrix}$

76. 试建立附图 66 系统的振动作用力方程，当 $k_1=k_2=k_3=k$，$k_{12}=k_{23}=2k$ 以及 $m_1=m_2=m_3=m$ 时，试计算固有频率及固有振型。

答：$\omega_{n1}=\sqrt{\frac{k}{m}}$，$\omega_{n2}=\sqrt{\frac{3k}{m}}$，$\omega_{n3}=\sqrt{\frac{7k}{m}}$

$$\boldsymbol{A}_P=\begin{bmatrix}1 & 1 & 1\\ 1 & 0 & -2\\ 1 & -1 & 1\end{bmatrix}$$

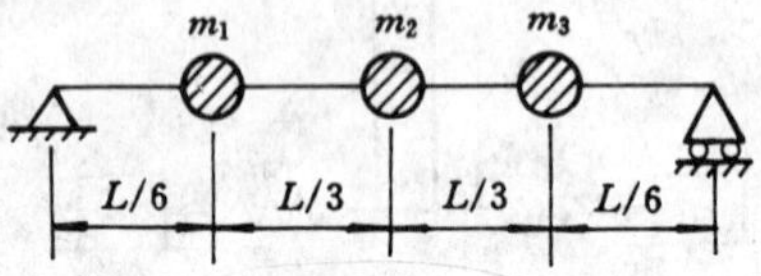

附图 65

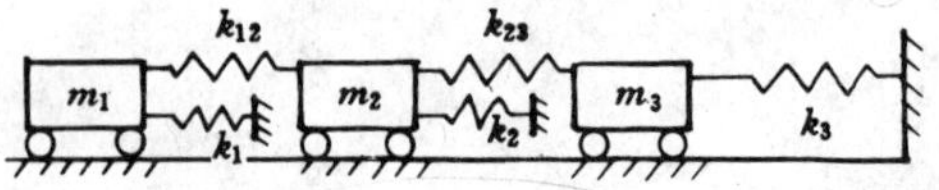

附图 66

77. 设附图 63 所示系统中 $k_1=3k, k_2=2k, k_3=k; m_1=3m, m_2=2m, m_3=m$，试求该系统的固有频率及固有振型。

答：$\omega_{n1}=0.547\sqrt{\frac{k}{m}}, \omega_{n2}=1.41\sqrt{\frac{k}{m}}, \omega_{n3}=1.601\sqrt{\frac{k}{m}}$

$$\boldsymbol{A}_P=\begin{bmatrix}0.416 & -0.560 & 1.161\\ 0.701 & -0.302 & -1.564\\ 1.000 & 1.000 & 1.000\end{bmatrix}$$

78. 见附图 67 所示弹簧质量系统，如 $m_1=m_2=m, m_3=2m; k_1=k_2=k, k_3=2k$，求各阶固有频率及主振型。

答：$\omega_{n1}=0.3731\sqrt{\frac{k}{m}}, \omega_{n2}=1.3721\sqrt{\frac{k}{m}}, \omega_{n3}=2.029\sqrt{\frac{k}{m}}$

$$\boldsymbol{A}_P=\begin{bmatrix}1.000 & 1.000 & 1.000\\ 1.861 & 0.254 & -2.115\\ 2.162 & -0.341 & 0.679\end{bmatrix}$$

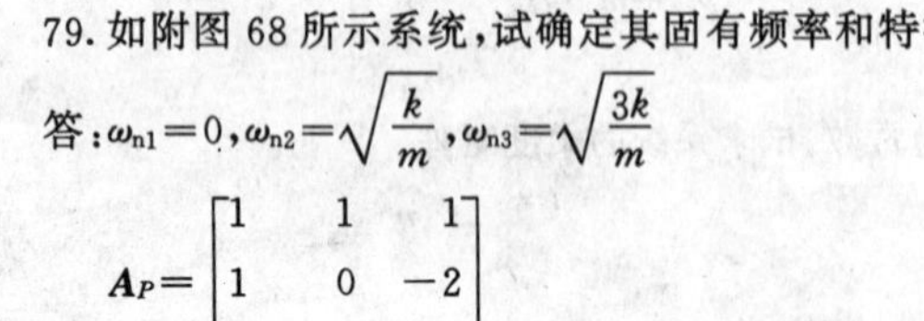

附图 67

附图 68

79. 如附图 68 所示系统，试确定其固有频率和特征向量。

答：$\omega_{n1}=0, \omega_{n2}=\sqrt{\frac{k}{m}}, \omega_{n3}=\sqrt{\frac{3k}{m}}$

$$\boldsymbol{A}_P=\begin{bmatrix}1 & 1 & 1\\ 1 & 0 & -2\\ 1 & -1 & 1\end{bmatrix}$$

80. 试求附图 69 所示系统的扭转振动固有频率和振型矩阵，设 $k_{\theta1}=k_{\theta2}=k_{\theta3}=k_{\theta4}=k_\theta, I_1=I_2=I_3=I_4=I$。

答：$\omega_{n1}^2=0, \omega_{n2}^2=(2-\sqrt{2})\frac{k_\theta}{I}, \omega_{n3}^2=\frac{2k_\theta}{I}, \omega_{n4}^2=(2+\sqrt{2})\frac{k_\theta}{I}$

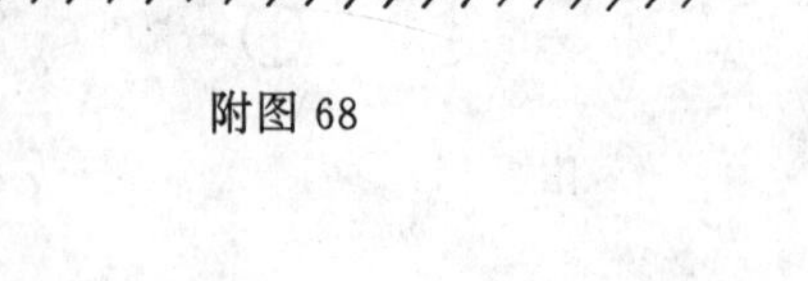

附图 69

$$
A_P=\begin{bmatrix}1 & -\sqrt{2}-1 & -1 & 1\\ 1 & -1 & 1 & -\sqrt{2}-1\\ 1 & 1 & 1 & 1+\sqrt{2}\\ 1 & \sqrt{2}+1 & -1 & -1\end{bmatrix}
$$

81. 均质等截面梁联接的三质量系统如附图 70 所示。设梁的长度为 $2l$，质量比为 $M/m=n$，试求系统的固有频率及固有振型。

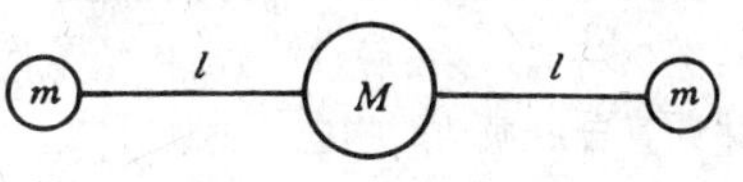

附图 70

答：$\omega_{n1}=0,\omega_{n2}=\sqrt{\dfrac{a}{m}},\omega_{n3}=\sqrt{\dfrac{a}{m}(1+\dfrac{2}{n})}$ $\left(其中\ a=\dfrac{3EJ}{l^3}\right)$

$$
A_P=\begin{bmatrix}1 & 1 & 1\\ 1 & 0 & -\dfrac{2}{n}\\ 1 & -1 & 1\end{bmatrix}
$$

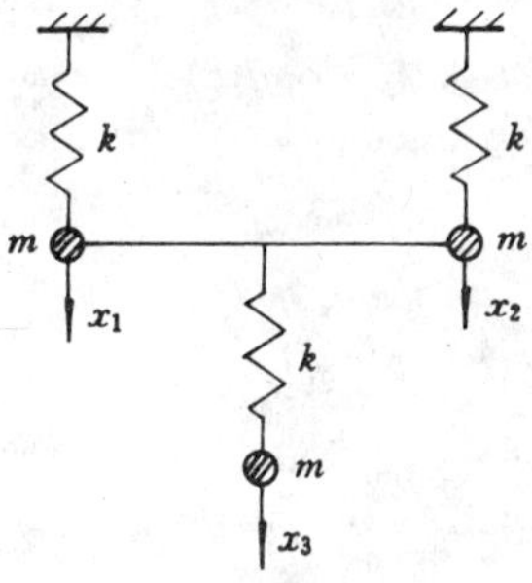

附图 71

82. 试就附图 71 所示系统求解：(1)建立振动微分方程，(2)系统固有频率与固有振型。

答：$\omega_{n1}=0.707\sqrt{\dfrac{k}{m}},\omega_{n2}=\sqrt{\dfrac{k}{m}},\omega_{n3}=1.414\sqrt{\dfrac{k}{m}}$

$$
A_P=\begin{bmatrix}1 & 1 & 1\\ 1 & -1 & 1\\ 2 & 0 & -1\end{bmatrix}
$$

83. 试求附图 72 所示系统的固有频率与振型。

答：$\omega_{n1}=\omega_{n2}=2\sqrt{\dfrac{k}{m}},\omega_{n3}=\omega_{n4}=\sqrt{\dfrac{6k}{m}}$

$$
A_P=\begin{bmatrix}1 & 0 & 1 & 0\\ 1 & 0 & -1 & 0\\ 0 & 1 & 0 & 0\\ 0 & 0 & 0 & 1\end{bmatrix}
$$

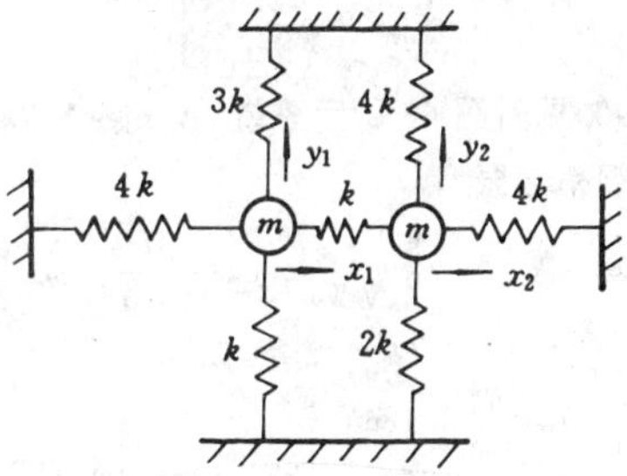

附图 72

84. 附图 63 所示系统，若初始条件为 $x_{01}=x_{02}=x_{03}=1,\dot{x}_{01}=\dot{x}_{02}=\dot{x}_{03}=0$ 时，试求自由振动的响应。

答：$\boldsymbol{X}=\begin{Bmatrix}0.543\cos\omega_{n1}t+0.349\cos\omega_{n2}t+0.107\cos\omega_{n3}t\\ 0.964\cos\omega_{n1}t+0.155\cos\omega_{n2}t-0.134\cos\omega_{n3}t\\ 1.22\cos\omega_{n1}t-0.280\cos\omega_{n2}t+0.059\cos\omega_{n3}t\end{Bmatrix}$

85. 附图 67 的弹簧质量系统中，设 $m_1=m_2=m_3=m,k_1=k_2=k_3=k$，如原先有一力 P 沿 x 方向作用在第三个质量 m_3 上，在 $t=0$ 时突然释放此 P 力，求系统对这种初始条件的响应。

答：$x_1=\dfrac{P}{k}(1.220\cos\omega_{n1}t-0.280\cos\omega_{n2}t+0.060\cos\omega_{n3}t)$

86. 如附图 68 所示系统，若已知初始条件为 $x_{01}=x_{02}=0,x_{03},\dot{x}_{01}=\dot{x}_{02}=\dot{x}_{03}=0$，试求该系统自由振动响应。

答：$x_1=\dfrac{1}{3}-\dfrac{1}{2}\sin(t+\dfrac{\pi}{2})+\dfrac{1}{6}\sin(\sqrt{3}t+\dfrac{\pi}{2})$

$x_2=\dfrac{1}{3}-\dfrac{1}{3}\sin(\sqrt{3}t+\dfrac{\pi}{2})$

$x_3=\dfrac{1}{3}-\dfrac{1}{2}\sin(t+\dfrac{\pi}{2})+\dfrac{1}{6}\sin(\sqrt{3}t+\dfrac{\pi}{2})$

87. 附图 73 为具有一定张紧力 S 的三质量的弦系统，试列出系统的柔度矩阵，并计算其特征值和特征向量。

答：$\lambda_1=(2+\sqrt{2})\dfrac{Lm}{2S};\lambda_2=\dfrac{Lm}{2S}$;

$$\lambda_3=(2-\sqrt{2})\frac{Lm}{2S}$$

$$A_P=\begin{bmatrix}1 & 1 & 1\\ \sqrt{2} & 0 & -\sqrt{2}\\ 1 & -1 & 1\end{bmatrix}$$

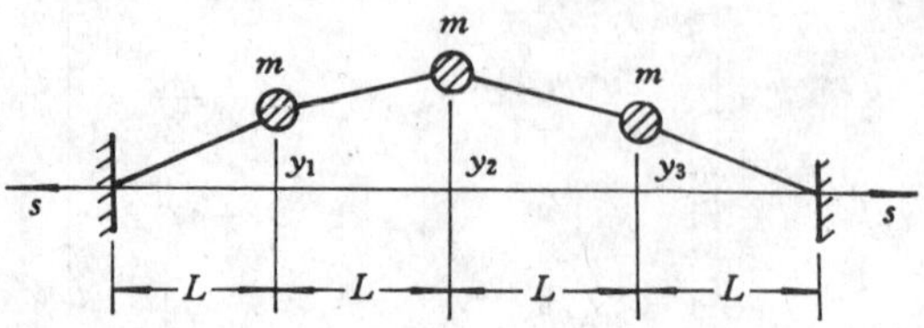

附图 73

88. 假如在附图 73 系统中点处作用一静力 Q_0，当突然将 Q_0 移去后，试列出初始条件 $\{X_0\}$ 与 $\{\dot{X}_0\}$，并计算自由振动的响应。

答：$X_0=\dfrac{Q_0L}{2S}\begin{Bmatrix}1\\2\\1\end{Bmatrix}$，　$\dot{X}_0=\begin{Bmatrix}0\\0\\0\end{Bmatrix}$

$$X=\frac{Q_0L}{4S}\begin{Bmatrix}(1+\sqrt{2})\cos\omega_{n1}t+(1-\sqrt{2})\cos\omega_{n3}t\\ (\sqrt{2}+2)\cos\omega_{n1}t-(\sqrt{2}-2)\cos\omega_{n3}t\\ (1+\sqrt{2})\cos\omega_{n1}t+(1-\sqrt{2})\cos\omega_{n3}t\end{Bmatrix}$$

89. 试用矩阵迭代法与逐次平方法求解附图 64 系统的固有频率与振型。

答：$\omega_{n1}=5.69\sqrt{\dfrac{EJ}{mL^3}}$，$\omega_{n2}=22.05\sqrt{\dfrac{EJ}{mL^3}}$，$\omega_{n3}=36\sqrt{\dfrac{EJ}{mL^3}}$

$$A_P=\begin{bmatrix}0.5 & -1 & 1\\ 1 & 0 & -1\\ 0.5 & 1 & 1\end{bmatrix}$$

90. 见附图 63 所示系统，设 $k_1=3k,k_2=k,k_3=k;m_1=4m,m_2=2m,m_3=m$，试用矩阵迭代法求系统的固有频率与振型。

答：$\omega_{n1}=0.46\sqrt{\dfrac{k}{m}}$，$\omega_{n2}=\sqrt{\dfrac{k}{m}}$，$\omega_{n3}=1.32\sqrt{\dfrac{k}{m}}$

$$A_P=\begin{bmatrix}1.00 & 1 & 0.25\\ 3.18 & 0 & -7.2\\ 4.00 & -1 & 1.00\end{bmatrix}$$

91. 见附图 67 所示系统，设 $k_1=3k,k_2=2k,k_3=k;m_1=m,m_2=2m,m_3=3m$，试用矩阵迭代法求系统的最高阶频率。

答：$\omega_{n3}=2.36\sqrt{\dfrac{k}{m}}$

92. 附图 74 所示系统中，若 $k_1=k_2=k_3=k_4=k,m_1=m_2=m_3=m_4=m$，试用矩阵迭代法求解一、二阶固有频率及相应的振型。

答：$\omega_{n1}=0.343\sqrt{\dfrac{k}{m}}$，　$A^{(1)}=[0.33\quad 0.69\quad 0.88\quad 1.00]^T$

$\omega_{n2}=0.96\sqrt{\dfrac{k}{m}}$，　$A^{(2)}=[-1.00\quad -0.87\quad 0.07\quad 0.09]^T$

附图 74

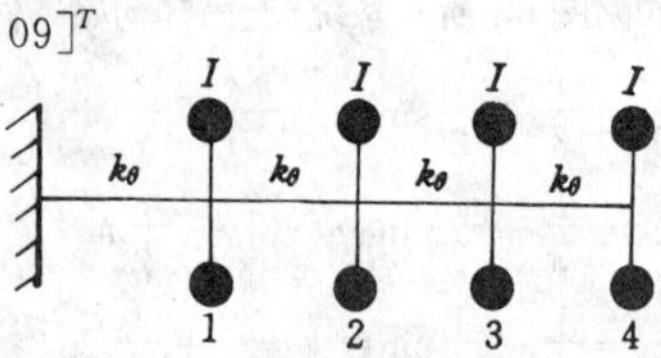

附图 75

93. 附图 75 为一扭振系统，轴的扭转弹簧刚度为 GJ_p/l，各圆盘间距离为 l，当左一跨 k_θ 取不同值时（$k_\theta=0,k_\theta=\infty$两个极端情形），试比较一阶频率的变化，并绘出力学模型图。

答：$\omega_{n(k_\theta=0)}<\omega_{n(k_\theta=k_\theta)}<\omega_{n(k_\theta=\infty)}$

94. 附图 76 所示系统，激振力 $F_0\sin\omega t$ 施加到中间的那个质量上，求系统第一个质量的稳态响应。

答：$x_1=\dfrac{F_0k(2k-m\omega^2)}{\omega^6-(6k/m)\omega^4+(10k^2/m^2)\omega^2-4k^3/m^3}$

95. 附图 77 所示系统受到 $M=M_0\cos\omega t$ 的作用，试求系统的稳态强迫振动的响应。

答：$\omega_{n1}^2=0.198\dfrac{k_\theta}{I}$，$\omega_{n2}^2=1.555\dfrac{k_\theta}{I}$，$\omega_{n3}^2=3.247\dfrac{k_\theta}{I}$

$$\begin{Bmatrix}\theta_1\\\theta_2\\\theta_3\end{Bmatrix}=\frac{M_0}{I}\begin{Bmatrix}\dfrac{0.242}{\omega_{n1}^2-\omega^2}-\dfrac{0.436}{\omega_{n2}^2-\omega^2}+\dfrac{0.194}{\omega_{n3}^2-\omega^2}\\[2mm]\dfrac{0.436}{\omega_{n1}^2-\omega^2}-\dfrac{0.194}{\omega_{n2}^2-\omega^2}+\dfrac{0.242}{\omega_{n3}^2-\omega^2}\\[2mm]\dfrac{0.543}{\omega_{n1}^2-\omega^2}-\dfrac{0.349}{\omega_{n2}^2-\omega^2}+\dfrac{0.108}{\omega_{n3}^2-\omega^2}\end{Bmatrix}$$

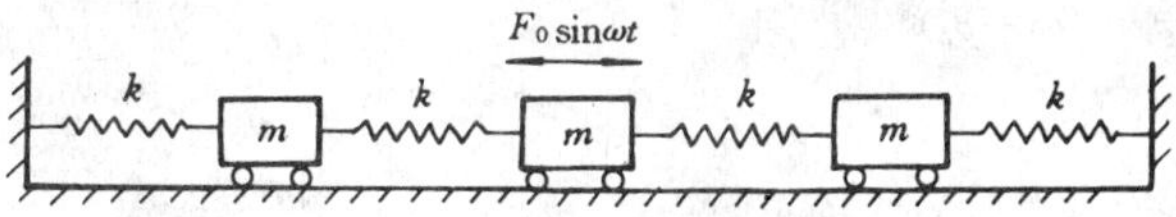

附图 76

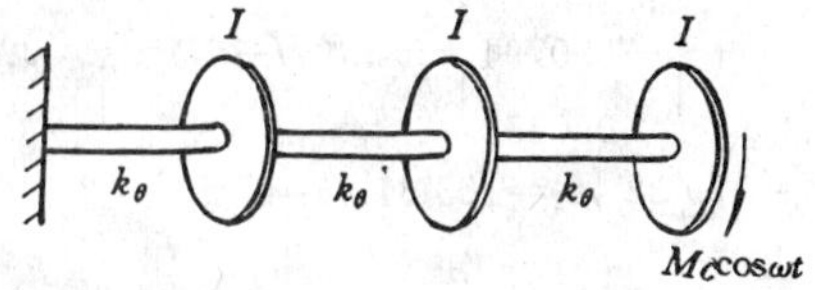

附图 77

96. 附图 78 表示三层建筑结构，假设刚性梁质量 $m_1=m_2=m_3=m$，柔性柱的弯曲刚度 $EJ_1=3EJ$，$EJ_2=2EJ$，$EJ_3=EJ$，而且 $h_1=h_2=h_3=h$，用水平微小位移 x_1、x_2 及 x_3 表示位移坐标，试借位移方程求解特征值与特征向量。

答：$\omega_{n1}^2=10EJ/h^3$，$\omega_{n2}^2=54.96EJ/h^3$，$\omega_{n3}^2=150.94EJ/h^3$

$$\boldsymbol{A}_N=\frac{1}{\sqrt{m}}\begin{bmatrix}0.214 & 0.505 & 0.836\\0.493 & 0.682 & -0.539\\0.846 & -0.527 & 0.102\end{bmatrix}$$

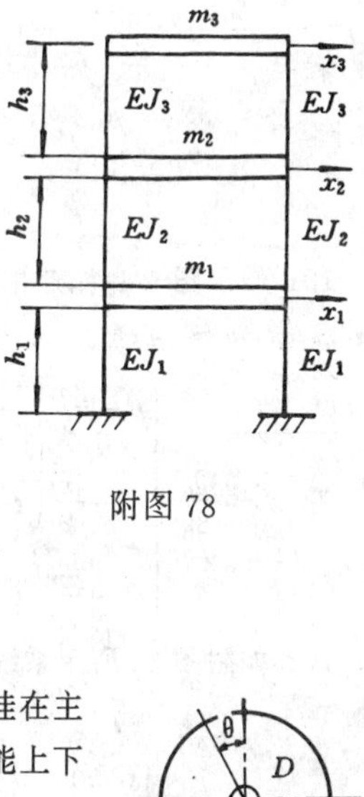

附图 78

97. 若附图 78 所示系统在每层处同时作用有 $Q_1=Q_2=Q_3=Q$ 的作用力，试求系统的响应。

答：$\boldsymbol{X}=\boldsymbol{A}_N\boldsymbol{X}_N=\dfrac{Q}{m}\begin{Bmatrix}0.999-0.862\cos\omega_{n1}t-0.145\cos\omega_{n2}t-0.053\cos\omega_{n3}t\\1.999-1.837\cos\omega_{n1}t-0.196\cos\omega_{n2}t+0.034\cos\omega_{n3}t\\3.000-3.145\cos\omega_{n1}t+0.151\cos\omega_{n2}t-0.0065\cos\omega_{n3}t\end{Bmatrix}$

98. 附图 79 表示一半径为 r_D、转动惯量为 $2mr_D^2$ 的主导轮 D，两相等质量挂在主导轮两边的绳索上。绳索弹簧刚度各为 k 及 $2k$，主导轮可自由转动，二质量只能上下运动，求此系统的固有频率与振型。

答：$\omega_{n1}=0$，$\omega_{n2}=1.104\sqrt{k/m}$，$\omega_{n3}=1.811\sqrt{k/m}$

$$\boldsymbol{A}_P=\begin{bmatrix}1 & 1 & 1\\-1 & 0.593 & -3.563\\\dfrac{1}{r_D} & -0.23\dfrac{1}{r_D} & -2.281\dfrac{1}{r_D}\end{bmatrix}$$

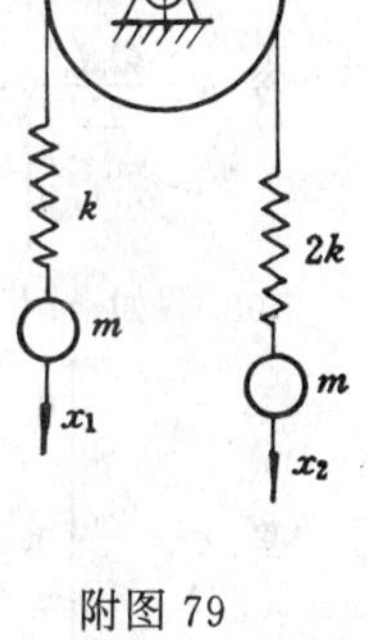

附图 79

99. 附图 80 表示的受迫振动系统，其激振力 $Q(t)$ 假定为 $Q_0f(t)$，现给定 $f(t)$ 是方形波的周期性函数，激振力 $Q(t)=Q_0f(t)=\dfrac{4Q_0}{\pi}\left(\sin\omega t+\dfrac{1}{3}\sin3\omega t+\cdots\cdots\right)$，试计算正则坐标的稳态响应。

$$答：X_N=\frac{4Q_0}{\pi}\begin{Bmatrix} x_{N21}[\beta_{11}\sin\omega t+\frac{1}{3}\beta_{13}\sin3\omega t+\cdots]/\omega_{n1}^2 \\ x_{N22}[\beta_{21}\sin\omega t+\frac{1}{3}\beta_{23}\sin3\omega t+\cdots]/\omega_{n2}^2 \\ x_{N23}[\beta_{31}\sin\omega t+\frac{1}{3}\beta_{33}\sin3\omega t+\cdots]/\omega_{n3}^2 \end{Bmatrix}$$

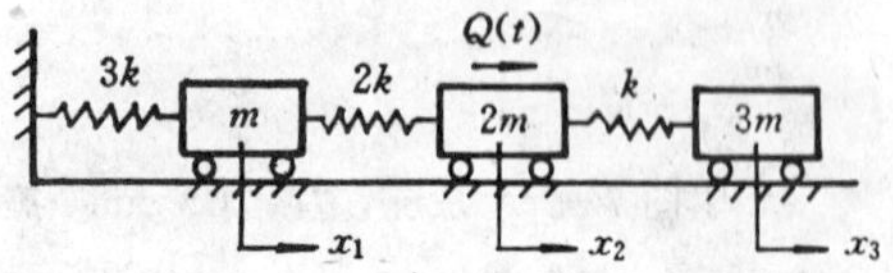

附图 80

100. 附图 81 所示系统是考虑了阻尼后的弹簧质量系统，如 $m_1=m_2=m_3=m$，$k_1=k_2=k_3=k$，各质量上作用有外力 $Q_1=Q_2=Q_3=Q\sin\omega t$，而 $\omega=1.25\sqrt{\frac{k}{m}}$，各阶正则振型的相对阻尼系数 $\zeta_1=\zeta_2=\zeta_3=0.01$，试求各质量的稳态受迫振动。

$$答：\begin{Bmatrix} x_1 \\ x_2 \\ x_3 \end{Bmatrix}=\begin{Bmatrix} 0.398 \\ 0.717 \\ 0.895 \end{Bmatrix}\frac{Q}{k}\sin(\omega t-\theta_1)+\begin{Bmatrix} 10.89 \\ 4.84 \\ -8.73 \end{Bmatrix}\frac{Q}{k}\sin(\omega t-\theta_2)$$

$$+\begin{Bmatrix} 0.0637 \\ -0.0794 \\ 0.0353 \end{Bmatrix}\frac{Q}{k}\sin(\omega t-\theta_3)\approx\begin{Bmatrix} 10.89 \\ 4.84 \\ -8.37 \end{Bmatrix}\frac{Q}{k}\sin(\omega t-\theta_2)$$

$\theta_1=179°32'$，$\theta_2=103°31'$，$\theta_3=1°32'$

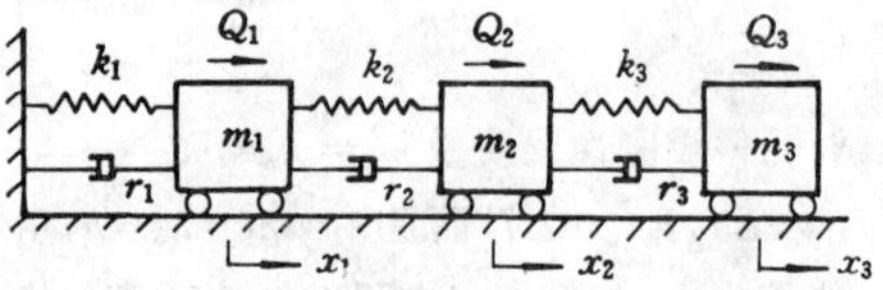

附图 81

101. 假定图 5-1 系统中 $k_1=0$，且 $k_2=k_3=k$ 及 $m_1=m_2=m_3=m$，此半正定系统的特征值为 $\omega_{n1}^2=0$，$\omega_{n2}^2=k/m$，$\omega_{n3}^2=3k/m$，当只 m_2 受 $Q=Q_0t$ 激振时，试求受迫振动的响应。

$$答：X=\frac{Q_0}{18m}\begin{Bmatrix} t^3-\frac{2m}{k}\left(t-\frac{1}{\omega_{n3}}\sin\omega_{n3}t\right) \\ t^3-\frac{4m}{k}\left(t-\frac{1}{\omega_{n3}}\sin\omega_{n3}t\right) \\ t^3-\frac{2m}{k}\left(t-\frac{1}{\omega_{n3}}\sin\omega_{n3}t\right) \end{Bmatrix}$$

102. 如附图 65 所示系统，已知梁的弯曲刚度 EJ 为常数，只有 m_2 受激振力 Q_0t 作用，试计算系统的响应。

$$答：X=\frac{Q_0L^3}{EJ}\begin{Bmatrix} 0.00528\left(t-\frac{1}{\omega_{n1}}\sin\omega_{n1}t\right)+0.000092\left(t-\frac{1}{\omega_{n3}}\sin\omega_{n3}t\right) \\ -0.0105\left(t-\frac{1}{\omega_{n1}}\sin\omega_{n1}t\right)+0.00032\left(t-\frac{1}{\omega_{n3}}\sin\omega_{n3}t\right) \\ 0.00528\left(t-\frac{1}{\omega_{n1}}\sin\omega_{n1}t\right)+0.00025\left(t-\frac{1}{\omega_{n3}}\sin\omega_{n3}t\right) \end{Bmatrix}$$

103. 假如 附图 79 系统主导轮周边作用有 Q_0t 之激振力，试求系统的响应。

$$答：X=\frac{Q_0}{r_D^m}\begin{bmatrix} 0.041t^3+\frac{m}{k}\left[(0.078-0.07/r_D)t-0.078\frac{1}{\omega_{n2}}\sin\omega_{n2}t+0.07/r_D\frac{1}{\omega_{n3}}\sin\omega_{n3}t\right] \\ 0.069t^3+\frac{m}{k}\left[(-0.077+0.025/r_D)t+0.077\frac{1}{\omega_{n2}}\sin\omega_{n2}t-0.025/r_D\frac{1}{\omega_{n3}}\sin\omega_{n3}t\right] \\ 0.017t^3+\frac{m}{k}\left[(0.114-0.064/r_D)t-0.114\frac{1}{\omega_{n2}}\sin\omega_{n2}t+0.064/r_D\frac{1}{\omega_{n3}}\sin\omega_{n3}t\right] \end{bmatrix}$$

104. 如附图 82 所示，长为 l 的细直杆上端与半径为 r 的滚轮固连，其下端与一质量为 m 的重球固连，重球可视为一质点。当此单摆来回摆动时，滚轮随之在固定水平面上作无滑动的滚动。杆和滚轮的质量均不计。试导出此单摆的非线性振动方程。

答：$(l^2+r^2-2lr\cos\theta)\ddot{\theta}+lr\sin\theta\,\dot{\theta}^2+gl\sin\theta=0$

105. 如附图 83 所示系统，一单摆索缠在半径为 R 的固定圆筒上，当摆索位于竖直位置时，索长为 l，试求其大位移摆动时的非线性运动方程$\left(\sin\theta\approx\theta-\dfrac{\theta^3}{6}\right)$。

答：$\ddot{\theta}+\dfrac{R}{l+R\theta}\dot{\theta}^2+\dfrac{g}{l+R\theta}\left(\theta-\dfrac{\theta^3}{6}\right)=0$

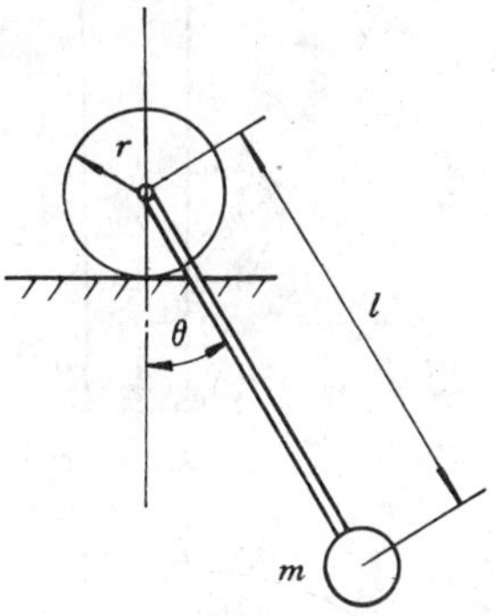

附图 82

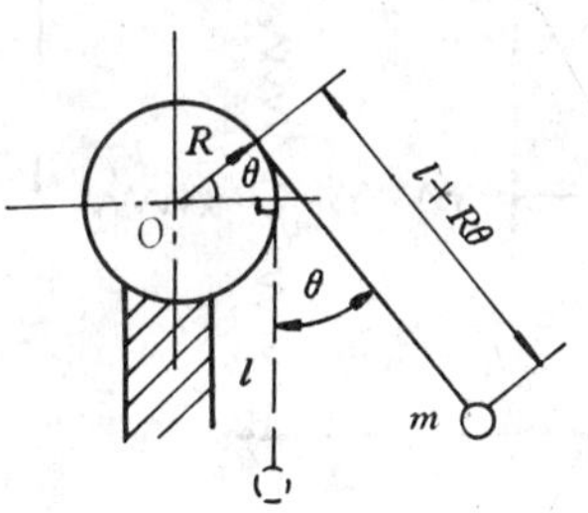

附图 83

106. 如附图 84 所示，货车站台处安装了缓冲减震器，减震器组合弹簧的恢复力为 $Q(x)=k(x+\alpha x^3)$，其中 $k=0.7\text{kN/cm}$，$\alpha=0.31/\text{cm}$。若货车重量 $W=172\text{kN}$，碰到站台时，其速度 $\dot{x}_m=25.4\text{cm/s}$。略去减震器的质量，相碰后保持接触，并具有相同的速度。求减震器的最大位移和相碰时的最大恢复力。

答：最大位移为 5.4cm；最大恢复力为 37.95kN。

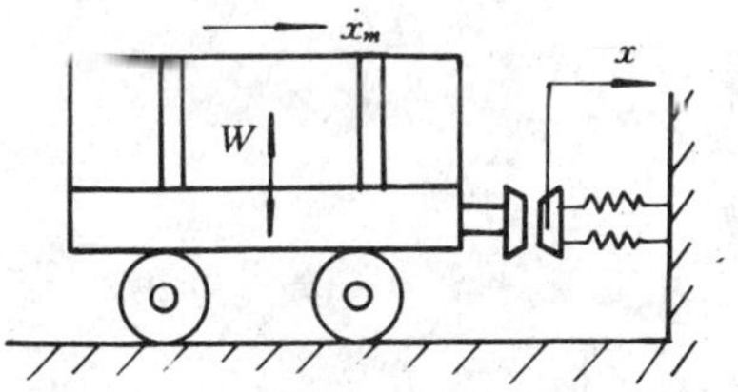

附图 84

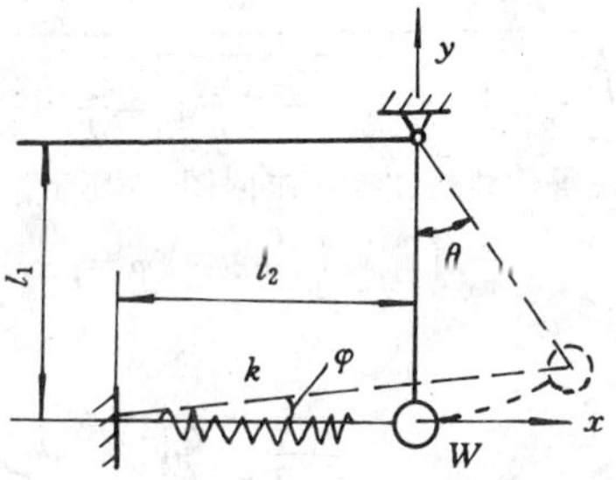

附图 85

107. 如附图 85 所示的系统，试确定：(1) 大角摆动时的非线性运动方程；(2) 小角摆动时的近似线性运动方程。

答：(1) $\ddot{\theta}+\dfrac{g}{l_1}\left[\sin\theta+\dfrac{Q}{W}\cos(\theta-\varphi)\right]=0$

式中　$Q=k\left(\dfrac{l_2+l_1\sin\theta}{\cos\varphi}-l_2\right)$，$\varphi=\arctan\left[\dfrac{l_1(1-\cos\theta)}{l_2+l_1\sin\theta}\right]$

(2) $\ddot{\theta}+\left(\dfrac{1}{l_1}+\dfrac{k}{W}\right)g\theta=0$

108. 由四个线性弹簧支撑着微小质量 m，组成如附图 86 所示的系统，每个弹簧的刚度为 k，自由长度均为 l。试确定：(1) 质量 m 沿 x 方向作大位移振动时的非线性运动方程；(2) 大位移运动时的近似非线性运动方程；(3) 小位移运动时的近似线性方程。

答：(1)$m\ddot{x}+2kx\left(2-\dfrac{l}{\sqrt{l^2+x^2}}\right)=0$　(2)$m\ddot{x}+2kx\left(1+\dfrac{x^2}{2l^2}\right)=0$

(3)$m\ddot{x}+2kx=0$

109. 附图 87 所示的倒置摆，摆锤重为 W，摆长为 l，在其转轴 O 处有一扭转刚度为 k_θ 弹簧，其静平衡位置是铅垂的。试求系统的大摆动非线性振动微分方程。

答：$\ddot{\theta}+\dfrac{k_\theta g}{Wl^2}\theta-\dfrac{g}{l}\sin\theta=0$

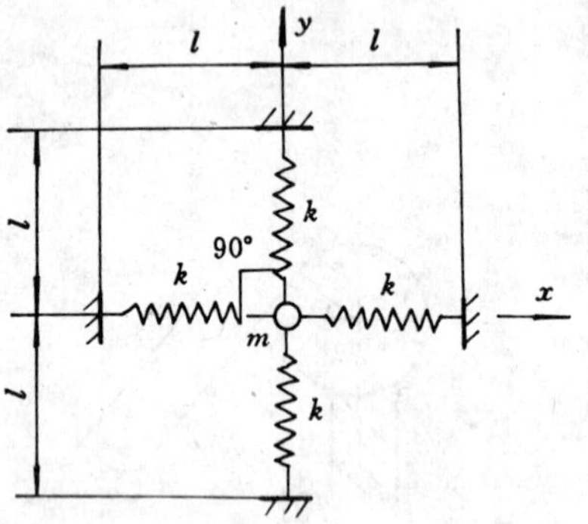

附图 86

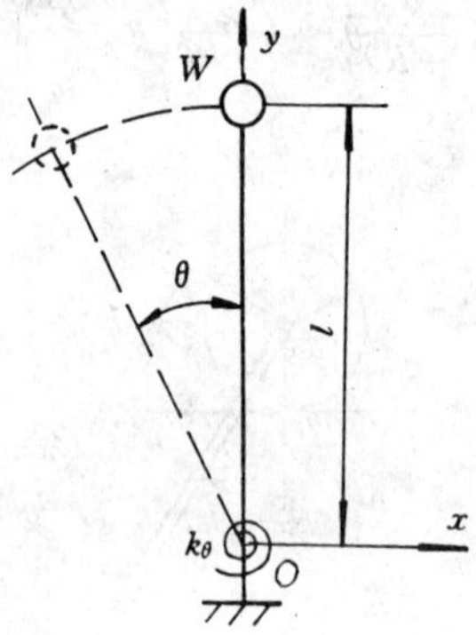

附图 87

110. 已知质量为 m 的物体在非线性硬式弹簧作用下作自由振动，其非线性振动微分方程为：$m\ddot{x}+kx+ax^3=0$，试用等效线性化方法求该系统的自由振动圆频率(A 为初始偏离)。

答：$\sqrt{\dfrac{k}{m}+\dfrac{3aA^2}{5m}}$

111. 刚体绕定轴的转动微分方程为：$\ddot{\theta}+\dfrac{k-QR}{J}\theta+\dfrac{QR}{6J}\theta^3=0$，设初始瞬时刚体的转角 $\theta(0)=0$，角速度 $\dot{\theta}(0)=\dot{\theta}_0$。试用小参数法求系统的基频。

答：$\sqrt{\dfrac{k-QR}{2J}+\dfrac{1}{2}\sqrt{\left(\dfrac{k-QR}{J}\right)^2+\dfrac{QR}{2J}\dot{\theta}_0^2}}$

112. 用等价线性化方法求附图 88 所示系统的等价刚度。

答：$k_e=k+\dfrac{2}{\pi}k\left(\varphi_e+\dfrac{1}{2}\sin2\varphi_e\right)$，$\varphi_e=\arcsin^{-1}\dfrac{e}{A}$

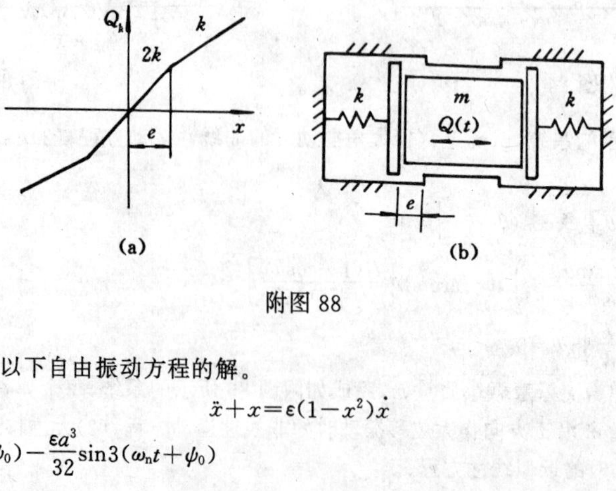

附图 88

113. 用小参数法求以下自由振动方程的解。

$$\ddot{x}+x=\varepsilon(1-x^2)\dot{x}$$

答：$x=a\cos(\omega_n t+\psi_0)-\dfrac{\varepsilon a^3}{32}\sin3(\omega_n t+\psi_0)$

$$\omega_n \approx 1-\varepsilon^2\left(\frac{1}{8}-\frac{a^2}{8}\right), a=2$$

114. 用渐近法求以下非线性方程的解。

$$\frac{d^2x}{dt^2}+\frac{g}{l}\left(x-\frac{x^3}{3!}+\frac{x^5}{5!}+\cdots\cdots\right)=0$$

答：$x=a\cos\varphi_1-\frac{a^3}{192}\left(1+\frac{3}{64}a^2\right)\cos\varphi_1+\frac{a^5}{20480}\cos5\varphi_1$

$$\omega_0{}^2=\omega_n{}^2\left(1-\frac{a^2}{8}+\frac{3a^4}{512}\right),\quad \omega_n=\sqrt{\frac{g}{l}}$$

115. 用渐近法求以下非线性方程的定常解(稳态解)。

$$\frac{d^2y}{dt^2}+y-\varepsilon(1-y^2)\frac{dy}{dt}=Q_0\sin\omega t$$

答：$y=x+\frac{Q_0}{1-\omega^2}\sin\omega t=x+A_0\sin\omega t$

$x=\frac{\varepsilon A_0\omega(4-A_0^2)}{4(1-\omega^2)}\cos\omega t+\frac{\varepsilon A_0^3\omega}{4(1-9\omega^2)}\cos3\omega t$(当 $A_0^2<2$ 时)

主 要 参 考 文 献

1 张维屏主编.机械振动学.北京:冶金工业出版社,1983

2 闻邦椿,刘凤翘著.振动机械的理论及应用.北京:机械工业出版社,1982

3 闻邦椿,刘凤翘,刘杰编著.振动筛振动给料机振动输送机的设计与调试.北京:化学工业出版社,1989

4 刘树英,林向阳,闻邦椿.琴弦筛的设计研究.矿山机械,1991(11)

5 刘树英,闻邦椿.双向半螺旋式振动细筛的设计研究.机械设计与制造,1995(2)

6 刘树英,袁艺,闻邦椿.对直线振动筛上两种物料运动的分析.东北大学学报,振动专辑.1997

7 S. Y. Liu and others. Dynamic Analysis of the Vibrating conveyer with Large Inclination when Considering Material Forces. Proceedings of ACIA-PACIFIC Vibration conference. malaysia:november,1995

8 张纯宇,刘树英.散料在运输过程中的稳定性分析.洛阳:矿山机械.1997(3)

9 B. C. Wen and others. Vibratory Synchronization and controlled Synchronization of Mechanical Syatem. Malaysia: proceedings of ASIA-PACIFIC Vibration conference. November,1995

10 B. C. Wen. Synchronization Theory of Self-Synchronous Vibrators. Shengyang:Proceedings of ICMD August, 1987

11 郑兆昌等编.机械振动(上).北京:机械工业出版社,1980

12 庄表中,刘明杰编.工程振动学.北京:高等教育出版社

13 倪振华编著.振动力学.西安:西安交通大学出版社,1989

14 阎以涌,勒晓雄编著.工程机械动力学.上海:同济大学出版社.1986

15 贺兴书编.机械振动学.上海:上海交通大学出版社,1989

16 林鹤编.机械振动理论及应用.北京:冶金工业出版社,1990

17 王鸿恩主编.机械动力学.重庆:重庆大学出版社,1989

18 陈文一,张庸一编著.应用机械振动学.重庆:重庆大学出版社,1989

19 刘方抗编.机械振动学.北京:航空工业出版社,1992

20 季文美,方同,陈松淇著.机械振动.北京:科学出版社,1985

21 扈英超编.线性振动.北京:高等教育出版社,1981

22 吴福光等编.振动理论.北京:高等教育出版社,1987

23 S.铁摩辛柯等著.明人礼译,杜庆莱校,工程中的振动问题.北京:人民铁道出版社,1978

24 [英]C.F 比尔兹著,宋莜平译,宋庆国校译.振动分析与控制系统动力学.北京:兵器工业出版社

25 赵淳生,汪凤泉,陈卫东编译.工程师机械振动学.南京:南京工学院出版社,1988

26 W.W 赛托著,胡宗武译.机械振动理论与例题.北京:煤炭工业出版社,1982

27 W.T Thomson 著.康渊译著.振动理论与应用译解.晓园出版社,1993

28 庞家驹主编.机械振动习题集.北京:清华大学出版社.1982

29 N.N 包戈留包夫,Y.A 米特罗波尔斯基.非线性振动理论中的渐近方法.上海:上海科学技术出版社,1963

30 A.H 奈弗.摄动方法导论.上海:上海翻译出版公司,1990

31 陈予恕.非线性振动.天津:天津科学技术出版社,1983

冶金工业出版社部分图书推荐

书名	作者		定价(元)
现代机械设计方法(本科教材)	臧勇	主编	22.00
机械可靠性设计(本科教材)	孟宪铎	主编	25.00
机械优化设计方法(本科教材)	陈立周	主编	29.00
机械制造工艺及专用夹具设计指导(第2版)	孙丽媛	主编	20.00
机械制造装备设计(本科教材)	王启义	主编	35.00
机器人技术基础(本科教材)	柳洪义	主编	23.00
机械故障诊断基础(本科教材)	廖伯瑜	主编	25.80
机电一体化技术基础与产品设计(第2版)	刘杰	等编	46.00
机械电子工程实验教程(本科教材)	宋伟刚	等编	29.00
起重运输机械(本科教材)	陈道南	等编	32.00
机器人技术基础(本科教材)	柳洪义	等编	23.00
机械制造装备设计(本科教材)	王启义	主编	35.00
电机拖动基础(本科教材)	严欣平	主编	25.00
环保机械设备设计(本科教材)	江晶	编著	55.00
液压传动(本科教材)	刘春荣	等编	20.00
液压与气压传动实验教程(本科教材)	韩学军	等编	25.00
电液比例与伺服控制(本科教材)	杨征瑞	等编	36.00
工业设计概论(本科教材)	刘涛	主编	26.00
工业产品造型设计(本科教材)	刘涛	主编	25.00
轧钢机械(第3版)(本科教材)	邹家祥	主编	49.00
炼铁机械(第2版)(本科教材)	严允进	主编	38.00
炼钢机械(第2版)(本科教材)	罗振才	主编	32.00
冶金设备(本科教材)	朱云	主编	49.80
环保机械设备设计(本科教材)	江晶	编著	45.00
金属学与热处理(本科教材)	陈惠芬	主编	39.00
炼铁设备及车间设计(第2版)(高职国规教材)	万新	主编	29.00
炼钢设备及车间设计(第2版)(高职国规教材)	王令福	主编	25.00
液压传动(高职高专规划教材)	孟延军	主编	25.00
通用机械设备(第2版)(高职高专规划教材)	张庭祥	主编	26.00
高炉炼铁设备(高职高专规划教材)	王宏启	等编	36.00
机械工程材料(高职高专规划教材)	于钧	主编	32.00
金属材料热加工技术(高职高专规划教材)	甄丽萍	主编	37.00
采掘机械(高职高专规划教材)	苑忠国	主编	38.00
机械设备维修基础(高职高专规划教材)	闫家琪	等编	28.00
机械安装与维护(高职教材)	张树海	主编	22.00
轧钢车间机械设备(高职教材)	潘慧勤	主编	32.00
工厂电气控制设备(高职教材)	赵秉衡	主编	20.00
冶金通用机械与冶炼设备(高职教材)	王庆春	主编	45.00
机械装备失效分析	李文成	主编	180.00
机械安装实用技术手册	樊兆馥	主编	159.00
液力偶合器使用与维护500问	刘应诚	编著	49.00
液力偶合器选型匹配500问	刘应诚	编著	49.00
液压可靠性与故障诊断(第2版)	湛丛昌	等著	49.00

兴顺检2